ÉLECTRICITÉ

PREMIÈRE PARTIE

THÉORIE ET PRODUCTION

TOURS. -- IMPRIMERIE DESLIS FRÈRES.

ÉLECTRICITÉ

PREMIÈRE PARTIE
THÉORIE ET PRODUCTION

ÉTUDE GÉNÉRALE DES PHÉNOMÈNES ÉLECTRIQUES
PILES. — MAGNÉTISME
COURANTS ALTERNATIFS
MACHINES A COURANTS ALTERNATIFS ET A COURANT CONTINU
TRANSFORMATEURS. — ACCUMULATEURS. — MESURES

PAR

Édouard DACREMONT

CONDUCTEUR DES PONTS ET CHAUSSÉES
CHEF DE SECTION AU SERVICE TECHNIQUE MUNICIPAL DE LA VILLE DE PARIS
CHEVALIER DU MÉRITE AGRICOLE

PARIS
Vve Ch. DUNOD, ÉDITEUR
LIBRAIRE DES PONTS ET CHAUSSÉES, DES MINES
ET DES CHEMINS DE FER
49, Quai des Grands-Augustins, 49

1898

ÉLECTRICITÉ

THÉORIE ET PRODUCTION

NOTIONS PRÉLIMINAIRES

ÉNERGIE

La considération de l'énergie et son introduction dans l'étude des sciences date des expériences de Joule, Favre et Hirn sur la transformation du travail en chaleur et sur la transformation réciproque. Ces expériences furent la vérification des principes posés en 1842 par Mayer sur l'équivalence des forces naturelles.

La liaison intime existant entre la chaleur et le travail, établie très nettement par ces expériences, fut reconnue s'étendre aux autres forces naturelles (affinité chimique et électricité). En raison de ce lien de parenté étroit, le mot *énergie* fut appliqué par Th. Young pour désigner d'une manière générale les différentes forces naturelles.

Formes principales de l'énergie. — L'énergie se présente à nous sous les quatre formes principales suivantes :
Énergie thermique ;
Énergie mécanique ;
Énergie chimique ;
Énergie électrique.
Étant donnée l'une quelconque des formes de l'énergie, on peut en tirer, soit directement par une seule transformation, soit indirectement par plusieurs transformations successives, l'une quelconque des autres formes.

Exemples de transformation de l'énergie. — *L'énergie thermique*, appelée couramment chaleur, est transformée :

En énergie mécanique ou travail dans les machines à vapeur, les machines à air chaud, les moteurs à gaz et à pétrole ;

En énergie chimique, pour faciliter ou détruire les combinaisons chimiques ;

En énergie électrique dans les piles thermo-électriques.

L'*énergie mécanique* ou travail se transforme :

En énergie thermique dans le choc des corps, la compression des gaz, les frottements;

En énergie chimique par l'intermédiaire de l'énergie thermique ou de l'énergie électrique ;

En énergie électrique dans les machines électro-statiques, les dynamos, les alternateurs.

L'*énergie chimique* ou affinité se transforme :

En énergie thermique dans la plupart des combinaisons dont les combustions sont un cas particulier ;

En énergie mécanique par l'intermédiaire de la chaleur ou de l'énergie électrique ;

En énergie électrique dans les piles hydro-électriques.

L'*énergie électrique* se transforme :

En énergie thermique dans les conducteurs, les lampes à incandescence et les lampes à arc ;

En énergie mécanique dans les électro-aimants et les moteurs électriques ;

En énergie chimique pour faciliter ou détruire les combinaisons chimiques (galvanoplastie, raffinage des métaux, électro-métallurgie).

Principe de la conservation de l'énergie. — Ainsi les différentes formes de l'énergie sont transformables entre elles ; par conséquent, l'une quelconque de ces formes a son *équivalent* dans les autres formes et cet équivalent est indépendant de la manière dont s'effectue la transformation.

L'énergie ne peut disparaître, elle se transforme, et toute transformation donne toujours naissance à une quantité d'énergie équivalente à celle qui a été transformée, indépendamment de la ou des formes résultant de cette opération. C'est le principe de la *conservation de l'énergie* qui peut s'énoncer sous la forme concise suivante : *on ne peut ni créer ni détruire de l'énergie.*

Générateurs. — Tout appareil qui recevant de l'énergie d'une certaine espèce la convertit en une espèce différente est un *générateur;* ainsi, les piles thermo-électriques, transformant l'énergie thermique en énergie électrique, sont des générateurs thermiques d'énergie électrique.

Transformateurs. — Lorsqu'on veut utiliser une certaine forme de l'énergie, il arrive souvent que celle-ci se présente dans des conditions telles qu'il est nécessaire de lui faire subir une transformation qui, tout en ne changeant pas l'espèce, permet de l'approprier à l'usage qu'on a en vue.

L'appareil qui effectue cette transformation porte le nom de *transformateur.*

Récepteurs. — On donne le nom de *récepteur* à tout appareil qui recevant de l'énergie la transforme en une autre espèce, en vue d'une application directe. Un récepteur n'est souvent qu'un générateur considéré dans sa fonction inverse : ainsi un moteur électrique qui constitue un récepteur mécanique d'énergie électrique est également un générateur électrique d'énergie mécanique.

Énergie électrique. — L'énergie électrique présente sur les autres formes de l'énergie des avantages spéciaux qui en ont généralisé l'emploi industriel.

L'énergie électrique peut manifester instantanément ses effets à distance; un simple fil métallique suffit, en effet, pour la transporter d'un point à un autre ; cette propriété en fait l'agent le meilleur de transport de l'énergie à distance. L'énergie présente également sous la forme électrique une très grande facilité de subdivision qui en rend l'application commode. Si l'on joint à ces propriétés précieuses la facilité avec laquelle l'énergie électrique est produite par l'une quelconque des autres formes de l'énergie, ainsi que son égale facilité de transformation en chaleur, travail et affinité chimique, on comprendra les avantages qui résultent de son emploi comme agent de transformation et de transport de l'énergie.

SYSTÈME C. G. S.

Définitions. — Presque toutes les quantités qui se présentent dans l'étude de la mécanique et de la physique peuvent se définir en fonction de trois quantités dites *quantités fondamentales*. Les quantités qui s'en déduisent portent le nom de *quantités dérivées*.

L'expression de la relation entre une quantité dérivée et les quantités fondamentales s'appelle les *dimensions* de la quantité dérivée.

La mesure des quantités fondamentales étant faite au moyen d'unités convenablement choisies, appelées *unités fondamentales*, on peut, connaissant les dimensions des quantités dérivées, déduire de ces unités fondamentales des unités dérivées qui serviront à la mesure des quantités dérivées.

L'ensemble des quantités et unités fondamentales et dérivées porte le nom de *système*.

Système C. G. S. — Les trois quantités fondamentales qui ont été reconnues comme étant de l'emploi le plus commode sont :

La longueur ;

La masse;

Le temps.

Ces trois quantités avaient été choisies par Gauss et Weber pour leurs travaux sur le magnétisme ; les unités correspondantes étaient le *millimètre*, la *masse du milligramme* et la *seconde*.

La masse avait été choisie de préférence au poids, adopté dans le système métrique des poids et mesures, parce que le choix du poids comme quantité fondamentale aurait eu l'inconvénient de faire dépendre, en vertu de la relation connue $M = \dfrac{F}{g}$, l'unité de masse et avec elle la majeure partie des unités mécaniques, magnétiques et électriques, de la valeur de l'accélération de la pesanteur. C'est ce qui a conduit Gauss à choisir la masse comme quantité fondamentale pour évaluer les actions magnétiques qui n'ont aucune relation directe avec la pesanteur. Les mesures sont ainsi exprimées indépendamment du lieu où elles ont été effectuées.

L'Association britannique étendit à toute l'électricité le système employé par Gauss pour le magnétisme, en modifiant la valeur des unités. Les Congrès internationaux des Electriciens de 1881, 1889, 1891 et 1893 adoptèrent définitivement les unités suivantes:

Unité de longueur................ *Le centimètre*
Unité de masse.................. *Le gramme-masse*
Unité de temps .... *La seconde*

Le système basé sur ces trois unités fondamentales a reçu le nom de *système centimètre-gramme-seconde*, et par abréviation *système C. G. S.*

QUANTITÉS ET UNITÉS FONDAMENTALES

Les quantités fondamentales : longueur, masse, temps, se désignent respectivement par les symboles L. M. T. Ces symboles serviront à exprimer les dimensions des quantités dérivées.

Les unités fondamentales sont ainsi définies:

Unité de longueur. — L'unité C. G. S. de longueur est le *centimètre* (cm) qui est égal à la centième partie du *mètre* (m), le mètre étant la dix-millionième partie du quart du méridien terrestre. Pratiquement, le mètre est représenté par l'étalon du Bureau international des Poids et Mesures, à Sèvres.

Unité de masse. — L'unité C. G. S. de masse est le *gramme* (g) : c'est la masse d'un centimètre cube d'eau pure prise à son maximum de densité, c'est-à-dire à 4° C. Pratiquement, le gramme est la millième partie du *kilogramme-étalon*, déposé à Sèvres.

Unité de temps. — L'unité C. G. S. de temps est la *seconde* (^{s}) : c'est la 86400ème partie du jour solaire moyen. Les unités pratiques sont la *minute* (^{m}) qui vaut 60 secondes, et l'*heure* (^{h}) qui vaut 60 minutes.

Multiples et sous-multiples. — Les multiples et sous-multiples des unités C. G. S. et des unités dérivées sont formés à l'aide des préfixes bien connus, déca, hecto, kilo, déci, centi, milli, utilisés dans le système métrique, auxquels on a ajouté *meg* ou *méga*, qui veut dire un million de fois plus grand, et *micr* ou *micro*, qui veut dire un million de fois plus petit.

QUANTITÉS ET UNITÉS DÉRIVÉES

Surface (S, s). — Une surface étant égale au produit de deux longueurs, les dimensions de la surface sont $L \times L = L^2$. L'unité de surface est le *centimètre carré* (cm²). L'unité pratique la plus employée est le *mètre carré* (m²).

Volume (V). — Dimensions L^3. L'unité de volume est le *centimètre cube* (cm³). L'unité pratique la plus employée est le *mètre cube* (m³).

Angle (α, β). — Un angle est mesuré par le rapport de la longueur d'un arc de cercle compris dans cet angle et décrit du sommet comme centre, au rayon du cercle ; c'est donc le rapport de deux longueurs. Un angle n'a pas de dimensions et s'exprime simplement par un nombre. L'unité C. G. S. d'angle ou *radian* est l'angle pour lequel la longueur de l'arc est égale au rayon. Les unités pratiques sont le *degré*, la *minute* et la *seconde :*

$$1 \text{ radian} = \frac{360°}{2\pi} = 57° \, 14' \, 44''.$$

Vitesse (*v*). — La vitesse d'un mobile animé d'un mouvement uniforme est le quotient de l'espace parcouru par le temps correspondant, $v = \frac{l}{t}$. Les dimensions sont $\frac{L}{T}$ ou LT^{-1}.

L'unité C. G. S. de vitesse est le *centimètre par seconde* (cm : s), les unités pratiques sont le *mètre par seconde* (m : s), le *mètre par minute* (m: m), ou le *kilomètre par heure* (km : h).

Vitesse angulaire (ω). — La vitesse angulaire d'un mobile tournant autour d'un axe est le quotient du déplacement angulaire par le temps mis à décrire cet angle, $\omega = \frac{\alpha}{t}$. Dimensions T^{-1}.

Un angle se mesurant en radians, l'unité C. G. S. de vitesse angulaire sera le *radian par seconde*. Les unités pratiques généralement employées sont le *tour par seconde* (t : s) et le *tour par minute* (t : m).

1 tour par seconde = 2π radians par seconde,

1 tour par minute = $\frac{2\pi}{60}$ = 0,1047 radian par seconde.

Une machine faisant n tours en t secondes a une vitesse angulaire égale à $\omega = \frac{2\pi.n}{t}$ radians par seconde.

Accélération (a). — L'accélération d'un corps animé d'un mouvement uniformément varié est le quotient de l'accroissement de vitesse par l'accroissement du temps $a = \frac{dv}{dt}$.

Dimensions de l'accélération LT^{-2}.

Unité C. G. S. d'accélération : le (*centimètre par seconde*) *par seconde* (c : s²).

L'accélération de la pesanteur se représente par la lettre (g) pour la distinguer d'une autre accélération.

L'accélération de la pesanteur a les valeurs suivantes :

Équateur............................	978,10 cm : s²
Paris................................	980,99 —
Pôle.................................	983,11 —

Force (F). — Une force F appliquée à une masse M lui communique une accélération telle que : $F = Ma$.

Une force peut être définie comme étant le produit d'une masse par une accélération. Dimensions : LMT^{-2}.

L'unité C. G. S. de force est la force qui, appliquée à une masse de 1 gramme, lui communique une accélération de 1 cm : s². Cette unité a reçu le nom de *dyne*.

A Paris, la masse du gramme tombant sous l'action de la pesanteur prend une accélération de 981 cm : s². En vertu de la proportionnalité des accélérations aux forces, la dyne vaut donc $\frac{1}{981}$ gramme-force (g').

Les unités pratiques de force sont le *gramme* (g*) et le *kilogramme* (kg*), dont on fait suivre les abréviations d'un astérisque, afin de les distinguer du gramme-masse (g) et du kilogramme-masse (kg) :

$$1 \text{ dyne} = \frac{1}{981} \text{ g}^* = 1{,}01937 \text{ mg}^*$$

$$1 \text{ mégadyne} = 1{,}01937 \text{ kg}^*$$

$$1 \text{ gramme} = 981 \text{ dynes}$$

$$1 \text{ kilogramme} = 0{,}981 \text{ mégadyne.}$$

Le kilogramme et la mégadyne ont donc à 2 p. 100 près la même valeur.

Énergie (W). — a. *Énergie mécanique ou travail.* — Une force F dont le point d'application se déplace d'une longueur *l* dans la direction de cette force produit un travail :

$$W = Fl.$$

Dimensions du travail ou énergie : $L^2 MT^{-2}$.

L'unité C. G. S. de travail est le travail produit par une force de 1 dyne dont le point d'application se déplace de 1 centimètre. Cette unité est appelée *erg*.

L'unité pratique de travail la plus employée est le *kilogrammètre* (kgm) :

$$1 \text{ kgm} = 98{,}1 \text{ megergs}$$

$$1 \text{ megerg} = 0{,}01019 \text{ kgm.}$$

b. *Énergie thermique.* — Lorsque l'énergie se présente sous la forme thermique, l'unité pratique de mesure est la *calorie*.

La calorie est la quantité de chaleur nécessaire pour élever de 1° C. la température de 1 kilogramme d'eau. Le kilogrammètre et la calorie sont deux unités pratiques d'énergie qui n'ont pas la même valeur. Le rapport de la calorie au kilogrammètre a reçu le nom d'*équivalent mécanique de la chaleur*. L'équivalent mécanique de la chaleur étant le rapport de deux quantités d'énergie n'a pas de dimensions, c'est un simple nombre.

La valeur admise généralement est 425 :

$$1 \text{ calorie} = 425 \text{ kilogrammètres}$$
$$- = 41692 \text{ megergs.}$$

L'inverse de l'équivalent mécanique de la chaleur $\frac{1}{425}$ est quelquefois appelé *équivalent calorifique du travail*.

c. *Énergie chimique.* — L'énergie chimique qui se transforme intégralement en chaleur se mesure avec l'unité pratique de chaleur, la *calorie*.

d. *Énergie électrique.* — L'énergie électrique peut se mesurer avec l'une des unités d'énergie déjà citées, erg, kgm, calorie. En pratique, on fait usage d'unités spéciales que l'on indiquera dans ce qui va suivre.

Puissance (P). — Une certaine quantité d'énergie ou travail W peut être produite par un générateur ou utilisée dans un récepteur en un temps plus ou moins long ; ce fait est caractérisé par la notion de puissance.

La puissance est le quotient du travail considéré par le temps mis à le produire ou à l'utiliser :

$$P = \frac{W}{t}.$$

La puissance est donc un travail divisé par un temps ; ses dimensions sont L^2MT^{-3}.

L'unité C. G. S. de puissance est l'*erg par seconde*.

L'unité pratique employée généralement est le *kilogrammètre par seconde* (kgm : s).

Le *cheval-vapeur*, autre unité industrielle de puissance, vaut 75 kgm : s.

Le *poncelet*, unité industrielle adoptée par le Congrès international de Mécanique appliquée de 1889, vaut 100 kgm : s.

$$1 \text{ kgm : s} = 98,1 \text{ megergs : s.}$$
$$1 \text{ megerg : s} = 0,01019 \text{ kgm : s.}$$
$$1 \text{ cheval-vapeur} = 7360 \text{ megergs : s.}$$
$$1 \text{ poncelet} = 9,81 \times 10^3 \text{ megergs : s.}$$

Le tableau ci-après (extrait d'un tableau publié par M. Hospitalier dans *l'Industrie Électrique*) résume ce qui vient d'être dit sur les quantités et unités C. G. S. fondamentales et dérivées.

SYSTÈME C. G. S. — *Tableau des quantités et unités fondamentales et dérivées*

QUANTITÉS PHYSIQUES	SYMBOLES	ÉQUATIONS de DÉFINITION	DIMENSIONS des QUANTITÉS PHYSIQUES	NOMS DES UNITÉS C. G. S.	ABRÉVIATIONS DES UNITÉS C. G. S.	UNITÉS PRATIQUES	ABRÉVIATIONS DES UNITÉS PRATIQUES
Fondamentales.							
Longueur	L, l	»	L	Centimètre.	cm	Mètre.	m
Masse	M	»	M	Masse du gramme.	g	Masse du kilogramme.	kg
Temps	T, t	»	T	Seconde.	s	Minute, heure.	m , h
Géométriques.							
Surface	S, s	$S = L.L$	L^2	Centimètre carré.	cm2	Mètre carré.	m2
Volume	V	$V = L.L.L$	L^3	Centimètre cube.	cm3	Mètre cube.	m3
Angle	α, β	$\alpha = \dfrac{\text{arc}}{\text{rayon}}$	Un nombre	Radian.	»	Degré, minute, seconde, grade.	»
Mécaniques.							
Vitesse	v	$v = \dfrac{L}{T}$	LT^{-1}	Centimètre par seconde.	cm : s	Mètre par seconde.	m : s
Vitesse angulaire	ω	$\omega = \dfrac{v}{L}$	T^{-1}	Radian par seconde.	»	Tour par minute.	t : m
Accélération	a	$a = \dfrac{v}{T}$	LT^{-2}	Cent. par seconde par seconde.	cm : s2	Mètre par seconde par seconde.	m : s2
Force	F	$F = M.a$	LMT^{-2}	Dyne.	dyne	Gramme, kilogramme.	g* ; kg*
Energie ou travail	W	$W = F.L$	L^2MT^{-2}	Erg.	erg	Kilogrammètre.	kgm
Puissance	P	$P = \dfrac{W}{T}$	L^2MT^{-3}	Erg par seconde.	erg : s	Kilogrammètre par seconde.	kgm : s
Pression	p	$p = \dfrac{F}{S}$	$L^{-1}MT^{-2}$	Dyne par centimètre carré.	dyne : cm2	Kilogr. par centimètre carré.	kg : cm2
Moment d'inertie	K	$M.L^2$	L^2M	Gramme-masse-cent.-carré.	g-cm2		

CHAPITRE PREMIER

ÉTUDE GÉNÉRALE DES PHÉNOMÈNES ÉLECTRIQUES [1]

Électricité. — Conducteurs. — Isolants. — Le premier phénomène électrique qui ait été connu est celui de l'attration des corps légers par l'ambre préalablement frottée avec une étoffe. D'autres substances, telles que le verre, la résine, la cire, etc., jouissent de la même propriété. On dit alors que ces corps sont électrisés (du grec ἤλεκτρον, ambre jaune), et on appelle *électricité* la cause inconnue de ce phénomène.

Le phénomène d'électrisation peut se transmettre à travers certains corps qu'on appelle *conducteurs*, par opposition aux corps qui ne transmettent pas l'électrisation et qui sont appelés *non conducteurs* ou *isolants*.

Dans la pratique on emploie un certain nombre de substances imparfaitement isolantes et dont on forme quelquefois une classe intermédiaire de corps dits *semi-conducteurs*. Dans cette catégorie se rangent les substances telles que l'ardoise, la porcelaine, le bois, le papier, etc. En réalité, on n'a affaire qu'à des mélanges de matières isolantes avec des matières conductrices. Ainsi l'ardoise est rendue un peu conductrice par la présence de sulfures métalliques qu'elle renferme toujours en plus ou moins grande proportion ; la porcelaine, le bois, le papier, etc., ne sont jamais exempts de traces d'humidité qui leur donnent une faible conductibilité. En prenant des soins particuliers dans la préparation et la manipulation, on peut obtenir des solides et des liquides absolument isolants : entre autres, le mica et un grand nombre d'huiles.

[1] En ce qui concerne l'induction se reporter au chapitre IV.

Dans la liste suivante, les corps de la colonne de gauche sont les plus conducteurs; ceux de la colonne de droite les plus isolants; ceux du milieu ne sont ni bons conducteurs ni bons isolants :

Argent.	Air raréfié.	Laine.
Cuivre.	Eau pure.	Soie.
Or.	Bois sec.	Verre ordinaire.
Aluminium.	Porcelaine.	Gutta-percha.
Zinc.	Ivoire.	Caoutchouc.
Fer.	Fibre vulcanisée.	Gomme laque.
Plomb.	Pierre.	Ébonite.
Mercure.	Glace.	Paraffine.
Charbon de cornue.		Cristal.
Acides.		Air sec.
Solutions salines.		

Deux espèces d'électrisation. — Les corps électrisés exercent entre eux des attractions et des répulsions qu'on met en évidence au moyen du pendule électrique. On constate toujours que les corps chargés se comportent soit comme le verre, soit comme la résine, ces deux substances étant frottées avec de la laine. Dans le premier cas (verre), les corps sont dits électrisés positivement ou chargés d'*électricité positive*; dans le second cas (résine), ils sont électrisés négativement ou chargés d'*électricité négative*.

Les actions électriques sont régies par la loi suivante :

Deux corps possédant des charges de nom contraire s'attirent.

Deux corps possédant des charges de même nom se repoussent.

Production simultanée des deux états électriques. — Lorsqu'on frotte deux corps, il y a production simultanée des deux états électriques, et ils se présentent toujours comme absolument dépendants l'un de l'autre dans toutes leurs manifestations, de telle manière qu'*on ne peut produire ou détruire une quantité quelconque d'électricité sans produire ni détruire une quantité équivalente d'électricité de nom contraire.*

Dans la liste suivante, les substances sont placées dans un ordre tel qu'étant données deux d'entre elles, c'est celle qui est le plus près de la tête qui prend l'électricité positive, et l'autre l'électricité négative :

+ Peau de chat ;
Verre poli ;
Drap de laine ;
Plumes ;
Bois ;
Papier ;
Soie ;
Gomme laque ;
— Verre dépoli.

Quantité d'électricité. — Les forces qui s'exercent entre les corps chargés conduisent directement à la notion de quantité d'électricité, la charge d'un corps ou quantité d'électricité qu'il renferme étant dite m fois plus grande que la charge d'un autre corps, lorsque la force qu'exerce le premier sur un troisième est m fois plus grande que la force qu'exerce le second placé à la même distance.

Loi des actions électrostatiques ou loi de Coulomb. — Système électrostatique C. G. S. — Deux corps chargés de quantités q et q' d'électricité exercent l'un sur l'autre une force F qui est proportionnelle aux quantités q et q', à un facteur K variable avec la nature du milieu ambiant et inversement proportionnelle au carré de leur distance d :

$$F = K \frac{qq'}{d^2}.$$

Dans le système de mesure dit *système électrostatique C. G. S.*, on donne au facteur K la valeur 1 dans l'air, en ne lui attribuant pas de dimensions, ce qui permet de déduire les dimensions de la quantité d'électricité en faisant $q = q'$:

$$q = d \sqrt{F} = L \sqrt{LMT^{-2}} = L^{\frac{3}{2}}M^{\frac{1}{2}}T^{-1}.$$

La même relation sous sa forme simplifiée pour l'air :

$$F = \frac{qq'}{d^2}$$

permet, en faisant tout égal à 1 unité C. G. S. dans la formule, de définir l'unité électrostatique C. G. S. de quantité comme étant la quantité d'électricité qui repousse avec une force de 1 dyne [1] une quantité égale et de même signe placée à 1 centimètre de distance.

Champ électrique. Intensité de champ. — Un champ électrique est défini par ce fait que tout corps électrisé qui y est placé est soumis à une force. L'espace qui entoure un ou plusieurs corps électrisés constitue un champ électrique. Chaque point d'un champ est caractérisé par l'intensité du champ en ce point. L'intensité étant H, la force F qui s'exerce sur une quantité q, assez petite pour ne pas troubler le champ, est :

$$F = Hq,$$

soit pour l'intensité de champ la valeur

$$H = \frac{F}{q}.$$

Cette relation permet de tirer les dimensions de l'intensité du champ $L^{-\frac{1}{2}}M^{\frac{1}{2}}T^{-1}$ et de définir l'unité électrostatique C. G. S. en procédant comme pour l'unité de quantité [2].

Potentiel. — Soit un champ électrique dû à une charge q placée en A (*fig.* 1); en un point B de ce champ si l'on place une charge q', quel sera le travail à accomplir pour transporter la charge de B en C, suivant une ligne quelconque reliant ces deux points ?

Si l'on considère sur cette ligne un déplacement élémentaire dl de q', à une distance x de A, la charge q' sera soumise à une force F donnée par la loi de Coulomb :

$$F = \frac{qq'}{x^2},$$

[1] Pa e 7, *Préliminaires.*
[2] Le système électrostatique C. G. S. ne sera pas développé en raison de son peu d'intérêt pratique.

et le travail élémentaire dw correspondant au développement dl sera :

$$dw = \frac{qq'}{x^2} \, dl \cos\alpha,$$

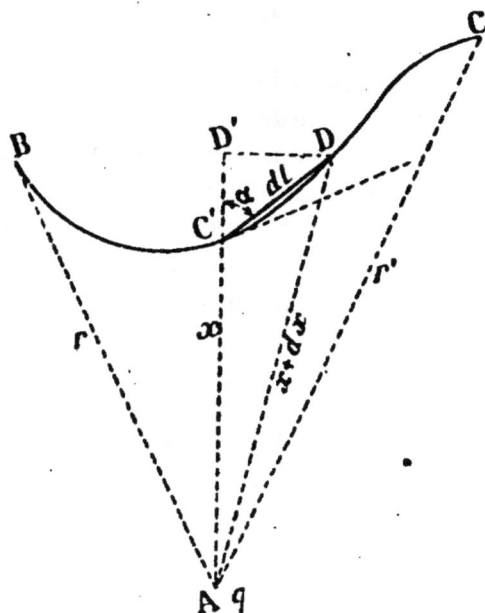

Fig. 1.

dl cos α étant la projection de dl sur la ligne AC′, direction de la force F ; AD′ ne différant de AD $= x + dx$ que par un infiniment petit du deuxième ordre, on peut écrire :

$$dw = \frac{qq'}{x^2} \, dx.$$

Lorsque la charge q' ira de B en C, le travail total sera :

$$W = \int_{x=r}^{x=r'} qq' \frac{dx}{x^2}$$

d'où :

$$W = -\frac{qq'}{r'} + \frac{qq'}{r}.$$

Le travail ne dépend donc que de la position des points A et B et non du chemin parcouru.

Si on exprime le quotient du travail par la charge transportée de A en B :

$$\frac{W}{q'} = -\frac{q}{r'} + \frac{q}{r}.$$

Si le point C est à l'infini, le quotient $\frac{W}{q'}$ devient égal à $\frac{q}{r}$.

En considérant maintenant le cas d'un champ dû à plusieurs charges q_1, q_2, q_3, q_4, etc. :

La charge q' sera soumise à une force qui sera la résultante des forces dues à q_1, q_2, q_3, etc.; le travail de cette résultante sera égal à la somme des travaux des composantes

$$\frac{W}{q'} = \Sigma \left(-\frac{q}{r'} + \frac{q}{r} \right) = -\Sigma \frac{q}{r'} + \Sigma \frac{q}{r}.$$

Dans le cas où le point C sera à l'infini, on aura :

$$\frac{W}{q'} = \Sigma \frac{q}{r}.$$

La quantité $\Sigma \frac{q}{r}$ a été appelée *potentiel* par Gauss, elle sera désignée par la lettre U.

Le potentiel U dû, en un point, à des charges q, q', q'', placées à des distances r, r', r'', etc., sera donc :

$$U = \Sigma \frac{q}{r}.$$

On appelle potentiel en un point d'un champ électrique le quotient du travail nécessaire pour amener une charge positive d'une distance infinie jusqu'à ce point, par la valeur de cette charge.

Le potentiel, à une distance r d'une charge q, est égal à :

$$U = \frac{q}{r}.$$

Cette relation donne les dimensions du potentiel dans le système électrostatique : $U = L^{\frac{1}{2}} M^{\frac{1}{2}} T^{-1}$.

Différence de potentiel. — Expérimentalement on ne peut évaluer la valeur absolue du potentiel d'un point; on ne peut que mesurer sa *différence de potentiel* avec un autre point. Les phénomènes électriques, statiques ou dynamiques ne dépendent d'ailleurs que des différences de potentiel en jeu et non des valeurs absolues des potentiels.

La différence de potentiel entre deux points est le quotient du travail nécessaire pour transporter une charge positive q d'un point à l'autre par cette charge q.

L'unité C.G.S. de potentiel est égale à la différence de potentiel existant entre deux points pour lesquels il faut dépenser un travail égal à 1 *erg* (p. 8, *Préliminaires*) pour transporter 1 unité électrostatique C.G.S. de quantité d'un point à l'autre.

On a choisi pour la mesure des potentiels un zéro qui est le potentiel de la terre.

Courant électrique. — Le potentiel a la même valeur en tous les points d'un corps conducteur chargé, ce potentiel étant celui de la charge à la surface. Si l'on fait communiquer deux conducteurs à des potentiels différents, ils forment un conducteur unique sur lequel le potentiel tend à devenir uniforme. Il se produit alors un échange de charges qui donne lieu à un écoulement ou *flux d'électricité* appelé *courant électrique*, ce courant étant supposé aller du corps du potentiel le plus élevé au corps du potentiel le plus faible. Ce courant dure tant que le potentiel n'a pas la même valeur en tous les points du système de corps conducteurs.

Si, par un moyen quelconque, on maintient une différence de potentiel constante entre les deux extrémités d'un conducteur, celui-ci est le siège d'un courant qui est également constant. Tout appareil qui permet de produire un courant permanent est un *générateur électrique* et la cause du courant s'appelle la *force électromotrice du générateur*.

Les appareils producteurs d'énergie électrique ou générateurs se divisent en trois classes, suivant le mode d'énergie utilisé :

Générateurs mécaniques ou machines électriques;
— thermiques ou piles thermo-électriques;
— chimiques ou piles hydro-électriques.

L'énergie électrique produite sous forme de courant électrique peut inversement donner lieu à des effets mécaniques, thermiques ou chimiques. Chacun des effets du courant peut servir à le mesurer. On a choisi les actions magnétiques du courant et constitué un système de mesures dit *système électro-magnétique C. G. S.;* ce système, qui sera développé au chapitre consacré à l'électro-magnétisme, a donné lieu à un système pratique qui sera seul étudié dans ce chapitre.

Force électromotrice de contact. — Loi de Volta. — Le simple contact de deux métaux suffit pour qu'ils présentent entre eux une différence de potentiel déterminée. Le même phénomène se produit entre des liquides dissemblables, entre métaux et liquides, entre un métal chaud et le même métal froid. Dans chaque cas il est fonction de la température.

Cette différence entre les potentiels de deux corps en contact a reçu le nom de force électromotrice de contact; elle a donné lieu à une loi de contact ou de Volta.

Loi de Volta. — Deux corps en contact présentent entre eux une différence de potentiel dépendant uniquement de la nature des deux corps et de leur température; elle est indépendante de leurs dimensions, de leur forme, de l'étendue des surfaces en contact et de la valeur absolue du potentiel sur chacun d'eux.

On représente la différence de potentiel entre deux corps A et B par le symbole A | B, et on écrit :

$$U = U_A — U_B = A \mid B,$$

A | B représentant l'excès du potentiel de A sur le potentiel de B.

Loi des contacts successifs. — Lorsque plusieurs corps conducteurs forment une chaîne continue, que tous les points sont à la même température et qu'il ne se produit pas de réactions chimiques, la différence de potentiel entre les conducteurs extrêmes est la même que si ces corps étaient directement en contact.

On a :

$$A \mid B + B \mid C + C \mid D + ... + R \mid S = A \mid S,$$

A, B, C, D, ..., R, S, désignant les conducteurs qui forment la chaîne.

Si A | S était différent de la somme algébrique de toutes les différences de potentiel, il s'en suivrait qu'en fermant la chaîne on devrait avoir un courant dû à cette différence. Ce courant se produirait sans dépense d'énergie, ce qui est impossible, en raison du principe de la conservation de l'énergie. Le circuit étant fermé, la somme des forces électromotrices de contact est nulle et il ne peut, par conséquent, exister aucun courant dans un circuit métallique fermé dont tous les points sont à la même température.

La chaîne étant ouverte, si les deux extrémités sont du même métal, la différence de potentiel est nulle.

Piles hydro-électriques. — Piles thermo-électriques. — Lorsque, dans la chaîne formée par plusieurs corps, l'un d'eux a une action chimique sur l'un de ses voisins, comme par exemple lorsqu'on interpose dans le circuit un liquide qui attaque l'un des corps qui y est plongé, la loi précédente cesse d'être vérifiée et, les deux extrémités de la chaîne étant réunies, il se produit un courant permanent dû à la somme des forces électromotrices de contact de tout le circuit, somme qui, dans ce cas, n'est pas nulle. La découverte de ce phénomène est due à Volta.

L'énergie électrique produite résulte de la transformation de l'énergie chimique mise en jeu dans les réactions ; le générateur ainsi constitué est une *pile hydro-électrique.*

La loi des contacts successifs n'est également pas applicable dans le cas où le point de contact de deux corps de la chaîne est porté à une température différente de celle des autres conducteurs. Ce fait a été découvert par Seebeck. Le circuit étant fermé, la somme algébrique des forces électromotrices de contact n'est pas nulle et il se produit un courant dû à la transformation de la chaleur en énergie électrique. Le générateur ainsi constitué est une *pile thermo-électrique.*

Les piles thermo-électriques ou hydro-électriques présentent deux parties appelées pôles : l'un, du potentiel le plus élevé, pôle positif ; l'autre, pôle négatif. Le courant va à l'intérieur de la pile du pôle négatif au pôle positif, et à l'extérieur du pôle positif au pôle négatif.

Une pile hydro-électrique se présente généralement sous la forme de deux conducteurs plongeant dans un liquide attaquant l'un d'eux. La pile de Volta se compose d'une lame de zinc et d'une lame de cuivre plongeant dans de l'eau acidulée sulfurique (*fig. 2*). Le zinc est attaqué et constitue le pôle négatif, le cuivre est le pôle positif.

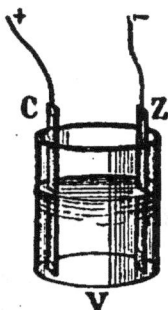

Fig. 2.
Pile de Volta.

Une pile thermo-électrique se compose généralement de deux métaux hétérogènes soudés l'un à l'autre par une extrémité. On chauffe cette soudure; celle-ci, étant à la même température que les extrémités des deux métaux qu'elle réunit, n'intervient pas, en raison de la loi des contacts successifs, applicable pour les parties du circuit qui sont à la même température, et il naît entre les extrémités libres une différence de potentiel; l'une d'elles constitue le pôle positif, l'autre le pôle négatif. Dans le cas du bismuth et du cuivre, le cuivre est le pôle positif, et le bismuth le pôle négatif.

Intensité de courant. — Densité de courant. — Lorsqu'un conducteur est traversé par un courant électrique constant, une quantité Q d'électricité traverse une section de ce conducteur en un temps *t*. *Le quotient* $\frac{Q}{t}$ *de la quantité d'électricité par le temps qu'elle met à s'écouler est appelé l'intensité du courant* (I) :

$$I = \frac{Q}{t}.$$

Cette relation s'exprime souvent sous la forme :

$$Q = It,$$

qui est connue sous le nom de *loi de Faraday :*

La quantité d'électricité qui correspond à un courant I pen-

dant un temps t est égale au produit de cette intensité par le temps considéré.

La section d'un conducteur traversée par un courant d'intensité I étant s, on appelle *densité de courant le quotient :*

$$\sigma = \frac{I}{s},$$

de l'intensité par la section du conducteur.

Unité électro-magnétique C. G. S. pratique d'intensité de courant ou ampère. — L'unité pratique d'intensité de courant est l'ampère.

L'ampère est le courant constant qui dépose en 1 seconde une masse d'argent de 0,00118 g. d'une solution d'azotate d'argent.

Unité pratique de quantité ou Coulomb. — Ampère-heure. — *Le coulomb, ou unité de quantité, est la quantité d'électricité qui correspond au passage d'un courant constant de 1 ampère pendant 1 seconde :*

1 coulomb = 1 ampère × 1 seconde.

La loi de Faraday :

$$Q = It,$$

permet de calculer la quantité Q qui correspond au passage, pendant un temps *t*, d'un courant I.

Soit par exemple un courant de 10 ampères pendant 2 heures ; il faut dans la relation Q = It exprimer *t* en unités C. G. S., c'est-à-dire en secondes pour avoir Q en ampères-secondes ou coulombs. On aura donc $Q = 10 \times 2 \times 60 \times 60 = 10 \times 7200 = 72000$ coulombs.

Le coulomb est souvent, dans la pratique, une unité trop petite et l'on se sert de *l'ampère-heure*, qui est *la quantité correspondant au passage de 1 ampère pendant une heure, soit à 3600 coulombs :*

1 ampère-heure = 3600 coulombs.

Dans l'exemple numérique précédent, un courant de

10 ampères pendant deux heures correspond à une quantité de 20 ampères-heure.

D'après la définition de l'ampère, *un coulomb est la quantité d'électricité qui dépose une masse de 0gr,00118 d'argent d'une solution d'azotate d'argent.*

Le coulomb est une quantité beaucoup plus grande que l'unité électrostatique déjà définie :

$$1 \text{ coulomb} = 3 \times 10^9 \text{ unités électrostatiques.}$$

Résistance d'un conducteur. — Loi d'Ohm. — Lorsqu'on maintient entre les deux extrémités d'un conducteur une différence de potentiel U constante, il passe un courant I également constant. On peut constater expérimentalement, en faisant varier U, que le quotient $\frac{U}{I}$ conserve toujours la même valeur. C'est la valeur de ce quotient qu'on appelle la *résistance du conducteur* (R) :

$$R = \frac{U}{I}.$$

Cette relation, exprimée généralement sous la forme $I = \frac{U}{R}$, est connue sous le nom de *loi d'Ohm*.

La loi d'Ohm se met d'ailleurs sous les trois formes :

$$I = \frac{U}{R}, \qquad U = RI, \qquad R = \frac{U}{I},$$

qui peuvent s'énoncer ainsi :

1° L'intensité d'un courant dans un conducteur est le quotient de la différence de potentiel qui lui est appliquée par sa résistance ;

2° La différence de potentiel aux extrémités d'un conducteur est le produit de sa résistance par l'intensité qui le traverse ;

3° La résistance d'un conducteur est égale au quotient de la différence de potentiel qui y est appliquée par l'intensité du courant qu'elle y produit.

Unité pratique de résistance ou ohm. — L'unité pratique de résistance porte le nom d'*ohm*.

L'ohm est égal à la résistance qu'offre au passage du courant une colonne de mercure de section constante prise à 0° C., la masse de mercure étant de 14,4521 g., et la longueur de la colonne de 106,3 cm.

La section correspondante du tube est de 1 millimètre carré ; mais dans la définition de l'ohm on a énoncé simplement la masse comme étant d'une mesure plus facile que la section du tube.

Conductance. — L'inverse de la résistance est également une quantité constante qui porte le nom de *conductance* (G) :

$$G = \frac{I}{U}.$$

L'unité pratique de conductance, dont il est fait peu usage, est appelée *mho* et sa valeur est l'inverse de celle de l'ohm.

Expression de la résistance d'un conducteur. — Résistivité. — La résistance d'une colonne de mercure de 106,3 cm. de longueur et d'une section de 1 millimètre carré a, par définition, une valeur de *un ohm*.

Si l'on prenait un conducteur d'une autre nature, mais de même section et de même longueur, on aurait une valeur différente de la résistance ; ainsi un fil de cuivre serait soixante fois moins résistant que la même colonne de mercure. — Chaque conducteur est caractérisé par un facteur qui lui est propre, qu'on appelle sa *résistivité* (ρ) ou *résistance spécifique.*

D'autre part, la résistance d'un conducteur de section constante est proportionnelle à la longueur considérée et, pour une longueur donnée, inversement proportionnelle à la section.

En appelant R la résistance d'un conducteur de section *s*, de longueur *l* et de résistivité ρ, on a, entre ces quantités, la relation

$$R = \rho \frac{l}{s},$$

qui s'exprime ainsi :

La résistance d'un conducteur de section constante est égale au produit de sa résistivité, par sa longueur divisée par sa section.

Unité pratique de résistivité. — Ohm-centimètre. — La relation

$$R = \rho \frac{l}{s},$$

de laquelle on tire :

$$\rho = \frac{Rs}{l},$$

permet de définir l'unité pratique de résistivité en faisant *l* et *s* respectivement égaux à 1 unité C. G. S., c'est-à-dire *l* = 1 centimètre et *s* = 1cm².

On trouve que *la résistivité d'un conducteur est numériquement égale à la résistance d'un cube de 1 centimètre de côté pris entre deux de ses faces.*

On dit numériquement égale, car la résistivité n'a pas les mêmes dimensions que la résistance, c'est-à-dire n'est pas une quantité homogène à une résistance.

L'équation $\rho = R\frac{s}{l}$ montre que la résistivité est une résistance multipliée par le quotient d'une surface par une longueur.

De là le nom de l'unité pratique de résistivité *ohm-centimètre*. On prend souvent une unité un million de fois plus petite, le *microhm-cm*.

L'inverse de la résistivité ou résistance spécifique est ce qu'on appelle la *conductibilité* ou *conductivité* [1]. La conductivité est donc par rapport à la résistivité ce que la conductance est à la résistance. On fait peu usage de cette quantité.

---

[1] D'une manière générale, les mots terminés en *ance*, comme résistance, conductance, sont relatifs aux propriétés générales des corps sans distinction de dimension, et les mots correspondants, en *ité* (résistivité, conductivité), sont relatifs à ces mêmes propriétés, mais prises spécifiquement, c'est-à-dire rapportées aux unités de dimensions.

Variation de la résistance des conducteurs avec la température. — La résistance des conducteurs est une quantité qui varie avec l'état physique et qui dépend par conséquent de la température.

La résistance des métaux augmente avec la température; cette variation peut en général se représenter par la formule

$$R_\theta = R_0 (1 + a\theta + b\theta^2),$$

R_θ et R_0 étant les résistances à $\theta°$C. et à $0°$ C.; a et b deux coefficients numériques :

	a	b
Métaux très purs.	+ 0,003824	+ 0,00000126
Mercure	+ 0,00078881	— 0,00000101

Lorsque l'élévation de température est telle qu'elle détermine la fusion, la résistivité et les coefficients de température se trouvent profondément modifiés; mais la variation de résistance du conducteur, pris à l'état liquide, suit une loi analogue à celle qui correspond à l'état solide.

Entre des limites de température assez rapprochées, on peut négliger le second facteur b et la variation s'exprime simplement par la formule

$$R_\theta = R_0 (1 + a\theta).$$

La valeur moyenne du coefficient a pour le cuivre pur, qui est le conducteur le plus employé, est égale à 0,004.

On est parvenu à réaliser des alliages dont le coefficient de température est nul et même négatif. Ces alliages, qui ont en général des résistivités assez élevées, sont utiles pour composer des résistances étalons.

Les dissolutions de sels, d'acides ou de bases présentent une diminution de résistance quand la température augmente.

Résistance des métaux et alliages usuels à la température
de 0° C. en unités légales

NATURE DES CONDUCTEURS	RÉSISTIVITÉS en microhms-centimètres	RÉSISTANCE de 1 mètre pesant 1 gramme	RÉSISTANCE de 100 mètres de 1 millimètre de diamètre	COEFFICIENT de température vers 20° C.
Argent recuit..................	1,492	0,1517	1,899	0,00377
— écroui.................	1,620	0,1650	2,062	0,00385
Cuivre recuit..................	1,584	0,1415	2,017	0,00388
— écroui..................	1,621	0,1443	2,063	0,00410
Or recuit.....................	2,041	0,4007	2,598	0,00365
— écroui	2,077	0,4076	2,645	»
Aluminium recuit	2,889	0,0743	3,679	0,00390
Zinc comprimé................	5,580	0,3995	7,105	0,00365
Platine recuit	8,981	1,9250	11,435	0,00247
Fer recuit....................	9,636	0,7518	12,270	0,00500
Nickel recuit..................	12,356	1,0520	15,730	0,00500
Etain comprimé................	13,103	0,9564	16,680	0,00365
Plomb comprimé..............	19,465	2,2170	24,780	0,00387
Antimoine comprimé...........	35,210	2,3700	44,830	0,00389
Bismuth comprimé	130,100	12,8000	165,600	0,00354
Mercure liquide...............	94,340	12,8260	120,120	0,00072
Alliage 2Pt + 1Ag............	24,187	2,9070	30,780	0,00031
— 2Au + 1Ag............	10,776	1,6380	13,720	0,00065
— 9Pt + 1Ir............	21,633	4,6510	27,540	0,00133
Maillechort...................	20,760	1,8170	26,430	0,00044

Calcul de la résistance d'un conducteur. — Soit à calculer la résistance, à 25° C., d'un fil de cuivre de 1 kilomètre de longueur, 1,6 millimètre de diamètre, la résistivité étant 1,6 microhm-cm. à 0° C., et le coefficient de température 0,004.

On se servira de la relation (p. 23) :

$$(1) \qquad R_0 = \rho_0 \frac{l}{s},$$

pour calculer la résistance à 0° C., et ensuite de la formule (p. 25) :

$$(2) \qquad R_\theta = R_0 (1 + a\theta),$$

pour calculer la résistance à $\theta = 25°$ C. Il faudra toujours exprimer les quantités en unités du système pratique, c'est-à-dire les résistivités en ohms-cm, les longueurs en cm, et les sections en cm². On aura donc :

$$R_0 = \frac{1,6}{10^6} \cdot \frac{1000.100}{\pi \cdot \dfrac{\overline{0,16}^2}{4}} = 7,96 \text{ ohms.}$$

La résistance à 25° C. sera :

$$R_{25°} = 7,96 (1 + 0,004 \times 25) = 8,75 \text{ ohms.}$$

Force électromotrice d'un générateur. — Différence de potentiel aux bornes. — Soit un générateur électrique, une pile par exemple, fermée sur un circuit de résistance R (*fig.* 3).

Ce générateur a une résistance propre *r*, appelée *résistance intérieure*, et il est le siège d'une force électromotrice E qui produit dans le circuit un courant d'intensité I. Ce courant I est le quotient de la force électromotrice E du générateur par la résistance totale du circuit, c'est-à-dire R + *r* :

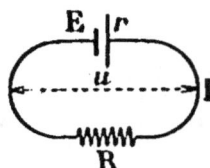

Fig. 3.

$$I = \frac{E}{R + r}.$$

D'autre part, il y a aux bornes de la résistance extérieure R et par conséquent du générateur, une différence de potentiel *u*, telle que

$$u = RI.$$

De ces deux équations on tire une relation entre la différence de potentiel *u* et la force électromotrice :

$$u = E - rI.$$

La différence de potentiel aux bornes d'un générateur est égale à sa force électromotrice diminuée du produit de sa résistance intérieure par l'intensité du courant qu'il débite.

Expression générale de la loi d'Ohm. — Si l'on considère un circuit fermé comprenant plusieurs forces électromotrices, la loi d'Ohm est applicable sous sa forme générale :

$$I = \frac{\Sigma E}{\Sigma R}.$$

L'intensité du courant est égale à la somme algébrique des forces électromotrices, divisée par la résistance totale du circuit. Les forces électromotrices agissant dans le circuit sont prises soit avec le signe +, soit avec le signe —, suivant qu'elles tendent respectivement à accroître on à diminuer l'intensité, c'est-à-dire à agir soit dans le même sens, soit en sens inverse de la différence de potentiel produite par le courant. Dans le cas où une force électromotrice agit pour diminuer le courant, elle porte le nom de *force contre-électromotrice*.

Soient, par exemple, trois éléments Daniell pour lesquels $E = 1,07$ volt et $r = 2$ ohms, chargeant un accumulateur pour lequel $E = 2$ volts et $r = 0,05$ ohm. La résistance totale du circuit sera de $3 \times 2 = 6$ ohms pour les trois piles et 0,05 ohm pour l'accumulateur, soit en tout :

$$R = 6,05 \text{ ohms.}$$

L'accumulateur produira une force contre-électromotrice qui se retranchera de la force électromotrice des 3 piles, soit

$$3 \times 1,07 = 3,21 \text{ volts.}$$

L'intensité du courant sera donc :

$$I = \frac{3,21 - 2}{6,05} = 0,2 \text{ ampère ;}$$

et la différence de potentiel aux bornes des piles égale à :

$$u = E - rI = 3,21 - 6 \times 0,2 = 2,01 \text{ volts.}$$

Réseaux de conducteurs. — Règles de Kirchhoff. — Des conducteurs de natures, de sections et de longueurs différentes sont souvent réunis de manière à former un assemblage complexe, ou réseau, dans lequel il existe des forces électromotrices thermiques ou chimiques. Les deux règles suivantes, dues à Kirchhoff, permettent dans ce cas de calculer les intensités de courant relatives aux différents conducteurs.

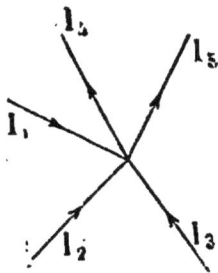

Fio. 4.

PREMIÈRE RÈGLE. — *Pour tout point de concours, c'est-à-dire pour tout point où aboutissent plusieurs conducteurs, la somme algébrique des intensités de courant qui le traversent est nulle.*

Cette règle résulte de ce qu'il ne se produit pas, au point considéré, une accumulation d'électricité. On donne un signe aux intensités, en considérant comme positifs les courants qui se dirigent vers le point et comme négatifs ceux qui s'en éloignent.

Ainsi dans la figure 4 on a au point de concours :

$$I_1 + I_2 + I_3 - I_4 - I_5 = 0.$$

DEUXIÈME RÈGLE. — *Pour toute partie du réseau formant un circuit fermé, la somme algébrique des forces électromotrices est égale à la somme algébrique des pro-duits des intensités par les résistances des conducteurs.*

Cette seconde règle résulte direc-tement de la loi d'Ohm. On con-sidère les forces électromotrices comme positives ou négatives, sui-vant qu'elles produisent respective-ment un accroissement ou une di-minution de potentiel.

Dans le cas de la figure 5 on a, par exemple, suivant que l'on consi-dère les circuits fermés ABC, ACD ou ABCD, les trois équa-tions :

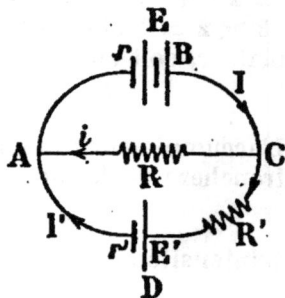

FIG. 5.

$$E = rI + Ri,$$
$$E' = Ri - r'I' - R'I',$$
$$E - E' = rI + R'I' + r'I'.$$

Il faut remarquer que l'une quelconque de ces trois équa-tions résulte des deux autres.

L'application des deux règles précédentes à un réseau de n conducteurs conduit à n équations distinctes entre les résis-tances, les forces électromotrices et les intensités, et permet de déduire la valeur de n quantités si les autres sont connues.

Si dans le cas de la figure 5 on suppose que les incon-nues sont I, i et I', il faudra trois équations pour les déterminer.

L'application de la première règle donnera l'équation $I = i + I'$, à laquelle on adjoindra deux des trois équations obtenues plus haut par application de la seconde règle de Kirchhoff. On aura ainsi tous les éléments nécessaires pour calculer I, i et I'.

Couplage des résistances. — Les résistances sont dites couplées en *tension*, lorsqu'elles sont disposées les unes à la suite des autres, de manière que le courant qui passe dans l'une traverse toutes les autres (*fig.* 6).

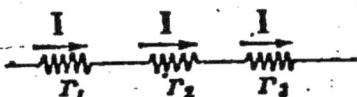

Fig. 6.

Dans ce cas, la résistance totale est la somme des résistances :

$$R = r_1 + r_2 + r_3 + \dots + r_n.$$

On peut disposer les résistances autrement, de manière que le courant se partage entre elles ; on a alors ce qu'on appelle des *circuits dérivés* et les résistances sont dites couplées en *quantité* ou en *dérivation*.

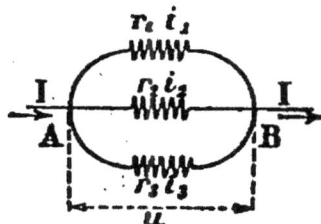

Fig. 7.

Soient n circuits dérivés de résistance r_1, r_2, r_3, etc., réunissant deux points A et B d'un circuit traversé par une intensité I (*fig.* 7).

La première règle de Kirchhoff donne :

$$I = i_1 + i_2 + i_3 + \dots + i_n.$$

Entre les deux points A et B, il y a une différence de potentiel u, telle que l'on ait :

$$i_1 = \frac{u}{r_1}, \quad i_2 = \frac{u}{r_2} \dots i_n = \frac{u}{r_n},$$

soit :

$$I = \frac{u}{r_1} + \frac{u}{r_2} + \frac{u}{r_3} + \dots + \frac{u}{r_n}.$$

Cette relation permet de calculer la *résistance réduite* des n résistances, c'est-à-dire une résistance R telle que, mise entre A et B à la place des n résistances, l'intensité qui la traverse soit égale à I.

On aura donc :

$$I = \frac{u}{R} = u \left(\frac{1}{r_1} + \frac{1}{r_2} + \frac{1}{r_3} + \dots + \frac{1}{r_n} \right);$$

ce qui donne :

$$R = \cfrac{1}{\dfrac{1}{r_1} + \dfrac{1}{r_2} + \dfrac{1}{r_3} + \cdots + \dfrac{1}{r_n}}.$$

La résistance réduite de plusieurs résistances couplées en quantité est égale à la réciproque de la somme des réciproques de ces résistances.

Dans le cas de deux résistances seulement, r_1 et r_2, la formule se simplifie et on a :

$$R = \cfrac{1}{\dfrac{1}{r_1} + \dfrac{1}{r_2}} = \frac{r_1 r_2}{r_1 + r_2}.$$

Si les n résistances sont égales à r :

$$R = \frac{r}{n}.$$

On peut combiner entre eux les deux modes de couplage des résistances, soit en tension, soit en dérivation ; la résistance réduite se trouve par application des formules qui précèdent.

Calcul de la résistance totale d'un circuit complexe. — Soit un circuit formé de trois résistances de 1, 2 et 4 ohms, montées en dérivation entre elles et en tension avec un groupe de deux résistances de 1 ohm en quantité (*fig.* 8). Quelle est la résistance totale du circuit ?

Les trois résistances de 1, 2 et 4 ohms ont une résistance réduite égale à :

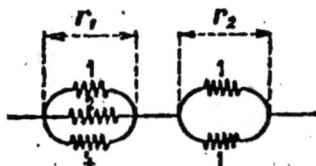

Fig. 8.

$$r_1 = \cfrac{1}{1 + \dfrac{1}{2} + \dfrac{1}{4}} = 0{,}5 \text{ ohm.}$$

Les deux résistances de 1 ohm ont une résistance réduite :

$$r_2 = \frac{1}{2} \text{ ohm.}$$

La résistance totale R du circuit sera la somme des deux résistances réduites r_1 et r_2, c'est-à-dire :

$$R = r_1 + r_2 = 1 \text{ ohm.}$$

Application des règles de Kirchhoff. — Pont de Wheatstone. — On dispose quatre résistances a, b, c, d, en tension de manière à former un circuit fermé ABCD (*fig. 9*).

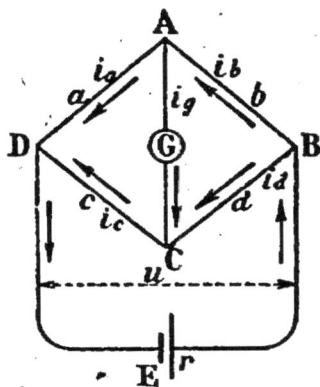

Fig. 9.

On relie deux sommets opposés, D et B par exemple, à une pile E et les deux autres sommets A et C à un appareil permettant de voir s'il existe une différence de potentiel entre les points A et C.

Lorsque, par un arrangement convenable des quatre résistances, la différence de potentiel entre A et C est nulle, il existe une relation simple entre a, b, c et d. — Il ne passe à ce moment aucun courant en AC; on a par conséquent $i_a = i_b = i$; $i_c = i_d = i'$:

$$ai = ci',$$
$$bi = di',$$

soit en faisant le rapport membre à membre :

(1)
$$\frac{a}{b} = \frac{c}{d}.$$

Cette disposition de résistances est connue sous le nom de *Pont de Wheatstone.*

L'application des règles de Kirchhoff permet de traiter la question d'une manière plus générale :

Admettons que le circuit de la pile ait une résistance r et que l'appareil placé en G ait une résistance G.

Les flèches représentent le sens des courants et on peut poser les équations :

$$I - i_b - i_d = 0,$$
$$i_b - i_g - i_a = 0,$$
$$i_d + i_g - i_c = 0,$$
$$rI + bi_b + ai_a = E,$$
$$Gi_g + ci_c - ai_a = 0,$$
$$bi_b + Gi_g - di_d = 0.$$

On peut tirer de ces six équations la valeur du courant i_g dans le bras G, on obtient :

$$i_g = \frac{I\,(ad - bc)}{G\,(a + b + c + d) + (a + c)\,(a + d)}.$$

Pour que le courant i_g soit nul, il faut que :

$$ad = bc.$$

C'est la relation (1), déjà trouvée, qui permet de tirer la valeur de l'une des résistances en fonction des trois autres :

$$d = \frac{b}{a} \cdot c.$$

Pour mesurer d, il suffit de connaître c et simplement le rapport de b à a.

Ajustement d'une résistance au moyen d'un circuit dérivé. — On a une résistance de 1,01 ohm ; on demande quelle est la résistance qu'il faudrait monter en dérivation pour avoir exactement 1 ohm.

On appliquera la relation :

$$R = \frac{rr'}{r + r'}$$

et on écrira, r' étant l'inconnue et $r = 1,01$ ohm,

$$1 = \frac{1,01\,r'}{1,01 + r'},$$

soit pour r' :

$$r' = \frac{1,01}{0,01} = 101 \text{ ohms.}$$

CONDENSATEURS

Capacité. — Condensateur. — Un conducteur chargé à un potentiel U renferme une charge q ; si on double le potentiel, la charge double également ; le quotient $\frac{q}{U}$, qui a une valeur constante, est appelé la *capacité du conducteur*.

Un condensateur est un système de deux conducteurs appelés armatures, disposés en regard l'un de l'autre de manière à accroître la capacité et séparés par un *isolant* ou *diélectrique.*

Pour charger un condensateur, on met les deux armatures en relation l'une avec le pôle positif du générateur, l'autre avec le pôle négatif. Il s'établit entre ces deux armatures une différence de potentiel égale à celle que fournit le générateur et, si C est la capacité du condensateur, la quantité d'électricité correspondante ou charge du condensateur est :

$$Q = CU.$$

Unité pratique de capacité ou Farad. — L'expression de la capacité

$$C = \frac{Q}{U}$$

permet de définir *l'unité pratique de capacité* comme étant *la capacité d'un condensateur qui renferme une quantité de 1 coulomb lorsque la différence de potentiel entre ses deux armatures est de 1 volt.* — On a donné à cette unité le nom de *Farad.*

En pratique, le farad est une unité trop grande et on fait usage du *microfarad*, qui vaut un million de fois moins qu'un farad.

Capacité inductive spécifique des diélectriques. — Lorsque dans un condensateur isolé à l'air on remplace l'air par un autre diélectrique, on constate que la capacité augmente. Le rapport des deux capacités est appelé la *capacité inductive spécifique* du diélectrique considéré.

Tableau des capacités inductives spécifiques
des principaux diélectriques

Air........................	1		Soufre...................	2 à 3,8
Pétrole..................	1,6 à 2		Gutta-percha...........	2,4 à 4,2
Paraffine................	1,8 à 2,5		Gomme laque..........	2,7 à 3,8
Essence de térébenthine..	2,2 à 2,3		Verre...................	3 à 7
Caoutchouc pur..........	2,1 à 2,8		Mica...................	4 à 8
— vulcanisé.....	2,5 à 3		Huile de ricin..........	4,4 à 4,8
Ébonite.................	2,2 à 2,8		Alcool.................	24,3 à 27,4
			Eau...................	75,7 à 82

Différentes formes de condensateurs. — La forme la plus usitée dans les expériences d'électrostatique est la bouteille de Leyde. C'est une bouteille en verre dont les deux faces, intérieure et extérieure, sont garnies de papier d'étain jusqu'à une certaine distance de l'ouverture.

Une tige métallique terminée par un bouton traverse le bouchon et communique avec l'armature intérieure. Lorsque la bouteille est de grandes dimensions, elle constitue une jarre et une réunion de plusieurs jarres forme une batterie (*fig.* 10).

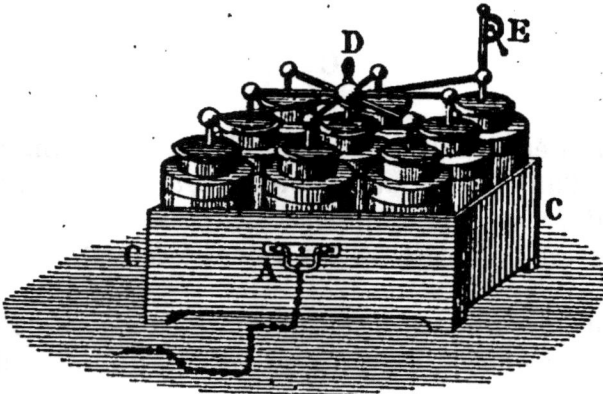

Fig. 10.

Les condensateurs de plus grande capacité sont obtenus en superposant des feuilles d'étain séparées par un diélectrique, papier paraffiné ou mica généralement. Les feuilles d'étain réunies alternativement entre elles forment les deux armatures.

Une sphère isolée de rayon r possédant une charge q est au potentiel $\frac{q}{r}$; sa capacité est donc égale à r. *La capacité d'une sphère est égale à son rayon.* — Si ce dernier est exprimé en centimètres, la capacité est exprimée en unités électrostatiques C. G. S.

Pour un condensateur formé de deux armatures planes parallèles de surfaces s, séparées par une épaisseur d d'un diélectrique de capacité spécifique k, la capacité est donnée en

unités électrostatiques par la formule

$$C = k \frac{S}{4\pi d}.$$

REMARQUE. — Pour une forme quelconque de condensateur, le produit de la capacité par la résistance intérieure est égal à $\frac{1}{4\pi}$ fois le produit de la capacité spécifique k par la résistivité ρ de son diélectrique, soit :

$$CR = \frac{k\rho}{4\pi}.$$

Couplage des condensateurs. — Les condensateurs peuvent se coupler entre eux de différentes façons : en surface ou quantité, en cascade ou tension, ou en combinant ces deux modes de couplage.

Couplage en quantité ou surface. — On couple en quantité ou surface plusieurs condensateurs de capacité c, c', c'', etc., en réunissant électriquement d'une part toutes les armatures internes et d'autre part toutes les armatures externes (*fig.* 11). On obtient ainsi un condensateur dont la surface est la somme des surfaces des armatures et dont la capacité est égale à la somme des capacités :

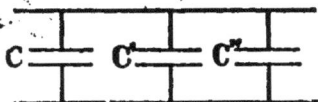

Fig. 11.

$$C = c + c' + c'' + \dots$$

Si les condensateurs possèdent avant le couplage des charges $q = cu$, $q' = c'u'$, $q' = c'u'$, ... la charge totale Q est naturellement égale à :

$$Q = q + q' + q' + \dots$$

et la différence de potentiel finale à :

$$U = \frac{Q}{C} = \frac{q + q' + q' + \dots}{c + c' + c' + \dots}.$$

Couplage en cascade ou tension. — On couple en cascade ou tension plusieurs condensateurs de capacité c, c', c'', etc...., en réunissant électriquement l'armature externe de c et l'armature interne de c', l'armature externe de c' à l'armature interne de c'', et ainsi de suite (*fig.* 12).

Si on charge les condensateurs ainsi réunis sous une différence de potentiel U, la différence de potentiel aux bornes de chacun des condensateurs est respectivement u, u', u''..., de telle façon qu'on ait :

$$U = u + u' + u''.$$

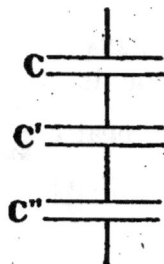

Fig. 12.

Les charges prises par les armatures sont égales et successivement de signe contraire ; on a donc :

$$Q = cu = c'u' = c''u'' = ...$$

et

$$\frac{u}{Q} = \frac{1}{c}, \qquad \frac{u'}{Q} = \frac{1}{c'}, \qquad \frac{u''}{Q} = \frac{1}{c''} \; ...$$

en additionnant :

$$\frac{u + u' + u'' + ...}{Q} = \frac{1}{c} + \frac{1}{c'} + \frac{1}{c''} \; ...$$

d'où :

$$\frac{U}{Q} = \frac{1}{c} + \frac{1}{c'} + \frac{1}{c''} + ...$$

mais :

$$C = \frac{Q}{U},$$

donc :

$$C = \frac{1}{\frac{1}{c} + \frac{1}{c'} + \frac{1}{c''} + ...}.$$

Si les n condensateurs ont même capacité c, on a

$$C = \frac{c}{n},$$

et entre les armatures de chaque condensateur :

$$u = \frac{U}{n}.$$

Le couplage en série est employé lorsque chaque condensateur ne peut supporter la différence de potentiel de charge ou lorsqu'on veut constituer un condensateur de capacité plus faible que ceux qu'on possède.

Période variable de charge d'un condensateur. — Quand on met un condensateur de capacité C (*fig.* 13) en relation avec une source de force électromotrice E, ce condensateur ne prend pas instantanément une charge $Q = CE$. On peut, par l'application de la loi d'Ohm, calculer comment se fait cette charge.

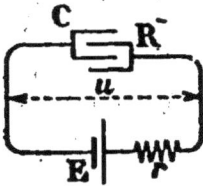

Fig. 13.

Soient R la résistance d'isolement entre les deux armatures du condensateur et r la résistance totale du circuit de charge auquel sont réunies les armatures.

Si l'on considère la charge au bout d'un temps t, il y a aux bornes du condensateur une différence de potentiel u_t, et le courant de charge est alors :

$$I_t = \frac{E - u_t}{r}.$$

Mais le condensateur tend à se décharger partiellement, la résistance entre les deux armatures étant R, le courant de décharge i_t est égal à :

$$i_t = \frac{u_t}{R}.$$

Pendant un temps dt, la source amènera sur les armatures une quantité :

$$dQ = \frac{E - u_t}{r}\, dt,$$

et il se sera déchargé une quantité :

$$dq = \frac{u_t}{R}\, dt.$$

Pendant le temps dt, la charge du condensateur se sera

donc accrue de la différence :

$$(1) \qquad dQ_1 = dQ - dq = \left(\frac{E - u_t}{r} - \frac{u_t}{R}\right) dt.$$

Cet accroissement de charge correspondra à un accroissement de u donné par la relation :

$$(2) \qquad\qquad dQ_1 = C du_t.$$

Soit, en égalant (1) et (2),

$$C du_t = \left(\frac{E - u_t}{r} - \frac{u_t}{R}\right) dt.$$

En intégrant cette équation de 0 à t, il vient :

$$u_t = E \frac{R}{R + r} \left(1 - e^{-\frac{t(R + r)}{CRr}}\right).$$

Si r est négligeable devant R, ce qui est le cas général, on a :

$$u_t = E \left(1 - e^{-\frac{t}{Cr}}\right),$$

et la charge acquise au bout du temps t est égale à :

$$Q_t = C u_t = CE \left(1 - e^{-\frac{t}{Cr}}\right).$$

Décharge d'un condensateur sur une résistance. — Si l'on prend le même condensateur chargé $Q = CE$ et qu'on le décharge sur une résistance r (*fig.* 14), au bout d'un temps t la différence de potentiel aux bornes de r sera u_t et pour un temps dt on aura (la perte de charge du condensateur égale à ce qui passe dans r et dans R) :

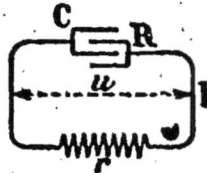

Fig. 14.

$$- C du_t = \frac{u_t}{R} dt + \frac{u_t}{r} dt,$$

soit :

$$- C \frac{du_t}{u_t} = \left(\frac{1}{R} + \frac{1}{r}\right) dt.$$

En intégrant de 0 à t, on a :

$$u_t = Ee^{-\frac{t(R+r)}{CRr}}$$

Si R est très grand par rapport à r, on a :

$$u_t = Ee^{-\frac{t}{Cr}}.$$

La quantité restant dans le condensateur au bout d'un temps t est égale à :

$$Q_t = Cu_t = CEe^{-\frac{t}{Cr}},$$

et la quantité déchargée est :

$$Q_0 - Q_t = CE\left(1 - e^{-\frac{t}{Cr}}\right).$$

Décharge d'un condensateur isolé. — Un condensateur isolé perd sa charge en se déchargeant sur lui-même. Dans ce cas $r = \infty$ dans la formule :

$$u_t = Ee^{-\frac{t(R+r)}{CRr}},$$

et on a :

$$u_t = Ee^{-\frac{t}{CR}}.$$

La charge restant au bout du temps t est égale à :

$$Q_t = Cu_t = CEe^{-\frac{t}{CR}} = Q_0 e^{-\frac{t}{CR}}.$$

Cette expression permet de tirer la valeur de la résistance d'isolement R, si on connaît Q_0, Q_t et t. On a :

$$R = \frac{t}{C \log \frac{Q_0}{Q_t}}.$$

Décharges résiduelles d'un condensateur. — Lorsque, après une première décharge brusque, un condensateur reste isolé pendant un certain temps, il apparaît peu à peu sur ses armatures une nouvelle charge plus faible que la première qui peut fournir une décharge dite résiduelle. L'expérience peut être répétée plusieurs fois sans qu'il soit nécessaire de recharger, mais les décharges résiduelles successives vont en s'affaiblissant.

Ce fait s'observe en général avec les condensateurs à diélectrique solide. On l'expliquait par une sorte de pénétration de la charge dans le diélectrique et par sa réapparition à la surface pendant la période de repos du condensateur.

M. Hess [1] a donné une explication simple de ce phénomène en le rattachant à la théorie des diélectriques hétérogènes de Maxwell. Le diélectrique des condensateurs de la pratique est, en effet, rarement pur; il est presque toujours constitué par un mélange de diverses substances de capacités spécifiques et de résistivités différentes. Si l'on considère un petit cylindre élémentaire découpé dans un tel mélange, on se trouve en présence de plusieurs couches superposées qui forment plusieurs condensateurs couplés en tension. A l'aide de ce qui précède, ce cas est facile à traiter.

Prenons deux condensateurs en tension. Si, après une première charge, on réunit leurs armatures extrêmes en court circuit, l'un des condensateurs se déchargera dans l'autre et la différence de potentiel finale entre leurs armatures respectives sera u_1. Rompons alors le circuit et laissons les armatures isolées ; chaque condensateur perdra une partie de sa charge dans sa résistance intérieure. En se référant au paragraphe précédent, on voit que les différences de potentiel respectives des condensateurs sont :

$$u_t = u_1 e^{-\frac{t}{CR}},$$

$$u'_t = u'_1 e^{-\frac{t}{C'R'}}.$$

En remarquant que $- u_1 = u'_1$ au moment de la rupture du circuit, on trouve pour la différence de potentiel totale entre les armatures extrêmes du système :

$$U = u_t + u'_t = u_1 \left(e^{-\frac{t}{CR}} - e^{-\frac{t}{C'R'}} \right).$$

Ainsi donc, la différence de potentiel totale, nulle immédiatement après la décharge, augmente pendant l'isolement; une charge résiduelle apparaît.

Si $CR = C'R'$, ce qui revient (p. 36) à l'égalité des produits de la capacité spécifique par la résistivité (cas d'une substance homogène), il n'y a pas formation de résidu.

Il faut tenir compte de ce phénomène dans les mesures de capacités et d'isolements.

[1] *Journal de Physique*, avril 1893.

ÉNERGIE DU COURANT ÉLECTRIQUE

D'après la définition du potentiel, une quantité Q d'éleccité passant d'un potentiel U_1 à un potentiel U_2 plus faible produit un travail W égal à :

(1) $$W = Q (U_1 - U_2).$$

Si l'on considère un récepteur électrique quelconque traversé par un courant I qui est produit par une différence de potentiel U :

$$U = U_1 - U_2,$$

la loi de Faraday donne, pour la quantité d'électricité correspondant à un temps t :

$$Q = It.$$

En remplaçant dans l'expression (1) Q par la valeur précédente et $U_1 - U_2$ par U, on a :

(3) $$W = UIt.$$

La puissance correspondante P est :

(4) $$P = \frac{W}{t} = UI.$$

Dans le cas où U et I sont variables, la puissance est toujours égale au produit de la différence de potentiel U par l'intensité I et le travail est donné par l'expression

$$W = \int_0^t UI dt.$$

L'énergie des courants électriques peut se transformer en énergie thermique, en énergie chimique ou en énergie mécanique.

On a étudié successivement ces différentes transformations

en indiquant rapidement les effets dus aux courants variables et de très courte durée produits par les décharges des condensateurs.

Unité pratique de puissance ou watt. — La relation (4)

$$P = UI$$

permet, les unités de différence de potentiel et d'intensité ayant été déjà définies, de trouver la valeur de l'*unité de puissance*. Cette unité a pour valeur *la puissance qui correspond à une différence de potentiel de 1 volt produisant un courant de 1 ampère.* On lui a donné le nom de *Watt*.

1 unité de puissance = 1 volt . ampère = 1 watt.

L'unité C. G. S. de puissance est l'erg par seconde, le watt a une valeur égale à 10^7 ergs : seconde :

$$1 \text{ watt} = 10^7 \text{ ergs : sec.}$$
$$- = \frac{1}{9,81} \text{ kilogrammètre par seconde.}$$

Unité pratique de travail ou joule. — La relation (3)

$$W = UIt$$

permet de définir l'unité pratique de travail comme étant égale à 1 *volt-ampère-seconde* ou 1 *volt-coulomb* ou 1 *watt-seconde;* on lui a donné le nom de *joule :*

$$1 \text{ unité pratique de travail} = 1 \text{ watt-seconde} = 1 \text{ joule ;}$$
$$1 \text{ joule} = 10^7 \text{ ergs.}$$

On emploie souvent une unité plus grande, le *watt-heure*, et ses multiples, l'*hectowatt-heure* et le *kilowatt-heure* :

$$1 \text{ watt-heure} = 3600 \text{ watts-seconde} = 3600 \text{ joules ;}$$
$$1 \text{ joule} = \frac{1}{9,81} \text{ kilogrammètre} = \frac{1}{4,17} \text{ calorie (gd).}$$

Pratiquement, on compte généralement 10 joules pour 1 kilogrammètre et 10 watts pour 1 kilogrammètre par seconde.

Évaluation du cheval-vapeur et du poncelet en watts. — 1 cheval-vapeur, ou 75 kilogrammètres : seconde, a une valeur en watts égale à :

$$75 \times 9,81 = 736 \text{ watts,}$$

puisque 1 watt vaut $\dfrac{1}{9,81}$ kgm : sec :

$$1 \text{ cheval-vapeur} = 736 \text{ watts,}$$

1 poncelet qui vaut 100 kgm : sec est donc équivalent à :

$$100 \times 9.81 = 981 \text{ watts,}$$
$$1 \text{ poncelet} = 981 \text{ watts.}$$

Pratiquement, on peut considérer le poncelet comme valant 1000 watts ou 1 kilowatt.

Énergie potentielle des condensateurs. — Un condensateur chargé donne lieu, lorsqu'on le décharge, à l'apparition d'une quantité d'énergie qui représente sous forme mécanique, thermique ou chimique, l'équivalent de l'énergie qu'il avait fallu dépenser pour le charger.

Si la capacité est C, et le potentiel de charge U, la quantité d'énergie correspondante est égale à :

$$W = \frac{1}{2} CU^2 = \frac{1}{2} QU = \frac{1}{2} \cdot \frac{Q^2}{C}.$$

Dans ces formules W est exprimé en joules, lorsque C est en farads, U en volts, et Q en coulombs.

EXEMPLE. — Un condensateur de 10 microfarads chargé sous une différence de potentiel de 1000 volts, renferme une quantité d'énergie égale à :

$$W = \frac{1}{2} \cdot \frac{10}{10^6} \cdot 1000^2 = 5 \text{ joules.}$$

Si l'on exprime cette énergie en kilogrammètres, on a sensiblement :

$$W = 0,5 \text{ kgm.}$$

C'est une très petite quantité d'énergie ; mais, comme dans la décharge d'un condensateur elle se dépense en un temps très court, la puissance correspondante est très élevée.

§ 1. — ACTIONS THERMIQUES DU COURANT

Conducteurs homogènes. — Loi de Joule. — Lorsqu'un courant I traverse un conducteur homogène de résistance R, la différence de potentiel entre les extrémités étant U, il se produit pendant un temps t une dépense d'énergie :

$$W = UIt.$$

Or U, R et I sont liés par la relation d'Ohm :

$$U = RI.$$

Il en résulte que :

$$W = RI^2t.$$

Cette relation est connue sous le nom de *loi de Joule*, du nom du physicien qui l'a établie. Joule a vérifié expérimentalement, par des mesures calorimétriques, que toute l'énergie électrique est transformée en chaleur dans le conducteur.

Un conducteur traversé par un courant s'échauffe donc jusqu'à ce que la puissance dissipée par rayonnement et convection soit égale à la puissance électrique due à l'effet Joule :

$$P = RI^2,$$

qui s'y dépense.

Suivant les cas, on pourra prendre pour l'expression de l'*énergie* l'une des relations suivantes :

$$W = QU = UIt = RI^2t = \frac{U^2}{R}t,$$

et pour expression de la *puissance* :

$$P = UI = RI^2 = \frac{U^2}{R}.$$

La puissance électrique dépensée dans un conducteur est donc égale :

Au produit de la différence de potentiel par l'intensité du courant $P = UI$;

Ou encore, *au produit de la résistance par le carré de l'intensité* $P = RI^2$;

Ou bien, *au quotient du carré de la différence de potentiel par la résistance* $P = \dfrac{U^2}{R}$.

Conducteurs hétérogènes. — Effet Peltier. — Ce phénomène, qui peut être déduit de la loi des contacts successifs de Volta, sera étudié plus loin (chap. II, p. 65).

Effets thermiques des décharges électriques. — On distingue deux sortes de décharges, suivant qu'elles s'opèrent dans un conducteur ou dans un isolant. Dans le premier cas on a une *décharge conductive ;* dans le second, une *décharge disruptive ;* dans les deux cas, la quantité d'énergie est égale à :

$$ W = \frac{1}{2}\, QU = \frac{1}{2}\, CU^2 = \frac{1}{2} \cdot \frac{Q^2}{C}. $$

Décharge conductive. — La décharge d'un condensateur dans un conducteur correspond à un courant variable, d'une durée très faible, que les formules déjà établies (p. 39) permettent d'exprimer :

$$ I_t = \frac{u_t}{R} = \frac{E}{R}\, e^{-\frac{t}{CR}}. $$

La puissance, après un temps t de décharge, est égale à :

$$ P_t = U_t I_t = \frac{E^2}{R}\, e^{-\frac{2t}{CR}}. $$

On constate expérimentalement, lorsque le phénomène est suffisamment rapide, que le développement de chaleur dû à la décharge est surtout localisé à la surface du conducteur ; la densité de courant dans celui-ci n'est donc pas uniforme et, dans ce cas, il agit comme s'il avait une résistance plus élevée que celle qu'il possède. Ce cas sera traité dans l'étude des courants variables.

Les effets thermiques des décharges permettent de faire rougir et fondre les fils et même de volatiliser les métaux.

Décharges disruptives. — Rigidité électrostatique. — Les décharges dans les isolants ne se produisent que pour une différence de potentiel variable avec l'isolant, son épaisseur, la forme des électrodes entre lesquelles se produit la décharge, la température, la pression, etc.

Pour les diélectriques solides ou liquides, cette différence de potentiel varie proportionnellement à l'épaisseur. Le quotient de la différence de potentiel nécessaire pour traverser un isolant par l'épaisseur de celui-ci est donc une quantité constante ; on lui a donné le nom de *rigidité électrostatique*.

La connaissance de cette quantité est des plus importantes pour la construction des condensateurs ou des pièces isolantes d'appareils portés à de hauts potentiels. La différence de potentiel à laquelle doit être soumis un condensateur étant donnée, la rigidité électrostatique du diélectrique employé fixe l'épaisseur minima d'isolants à interposer entre les armatures de manière à ce que l'isolant ne puisse être percé et le condensateur mis hors de service.

Les chiffres suivants sont relatifs à quelques rigidités électrostatiques d'isolants connus :

Huile de térébenthine.............	90000	volts : cm.
Paraffine solide...................	60000	»
d° fondue................	135000	»
Papier paraffiné...................	360000	»
Air (5 millim. d'épaisseur)........	21000	»

La rigidité électrostatique des gaz, mesurée de la même manière, est beaucoup plus faible que celle des diélectriques solides ; de plus, elle ne reste pas constante lorsqu'on fait varier la longueur de l'étincelle et diminue rapidement avec cette longueur ; enfin elle est essentiellement variable avec la forme des électrodes. L'étincelle éclate d'autant plus facilement que la densité électrostatique sur les parties en regard est plus grande, la pression électrostatique qui tend à enlever la charge étant proportionnelle au carré de la densité.

La pression du gaz a une influence des plus considérables : la rigidité décroît, passe par un minimum, puis croît à mesure que la pression diminue. Dans le vide, il ne se produit plus de décharge disruptive.

La température exerce également une influence sur la rigidité ; celle-ci diminue lorsque la température augmente.

Dans l'air, les étincelles affectent des formes très variées et donnent toujours lieu à des effets lumineux. Dans les gaz raréfiés il se produit, en plus des effets lumineux caractéristiques des gaz, d'autres phénomènes particuliers, étudiés par M. Crookes, et d'autres, tout récemment, par M. Röntgen.

Rayons cathodiques. — Rayons X ou de Röntgen. — Lorsqu'une source fournissant une grande différence de potentiel (une machine statique ou une bobine d'induction de Ruhmkorff par exemple) est reliée à un tube de verre par l'intermédiaire de deux fils de platine soudés dans le verre et appelés électrodes, on constate, en faisant dans ce tube un vide de plus en plus grand, que la décharge y change d'aspect suivant la valeur de la pression. Pour la pression ordinaire, la décharge se produit sous forme d'étincelles qui nécessitent des différences de potentiel très élevées ; pour des pressions plus faibles, il se produit des aigrettes ininterrompues et, enfin, lorsqu'il n'y a plus que quelques millimètres de pression, une lueur part du pôle positif ou anode, le pôle négatif ou cathode étant entouré d'une auréole violette suivie d'un espace plus obscur. On constate également que la différence de potentiel nécessaire pour la production de ces lueurs est bien plus faible que celle que nécessitaient les étincelles à la pression ordinaire. On a alors ce qu'on appelle un tube de Geissler. La lueur des tubes de Geissler est de couleur variable avec le gaz contenu dans le tube ; cette lueur examinée au spectroscope donne les raies caractéristiques des gaz.

Si l'on pousse la raréfaction plus loin, les électrodes se trouvent reliées par des bandes alternativement brillantes et obscures. C'est le *phénomène de la stratification.*

En continuant à faire le vide de manière à n'avoir plus

qu'une pression d'environ un millionième d'atmosphère, le physicien anglais Crookes remarqua que les lueurs disparaissaient et que la décharge partait de la cathode, ou électrode négative, sous forme de rayons rectilignes réfléchis normalement à sa surface et indépendamment de la position de l'anode dans le tube. Ce fait distingue les tubes de Crookes des tubes de Geissler ; dans ces derniers un faisceau lumineux réunit toujours d'une manière visible la cathode et l'anode.

La décharge est d'autant plus intense dans les tubes de Crookes que la surface de la cathode est plus grande ; on donne généralement à celle-ci, constituée par du platine ou du palladium, la forme d'un miroir concave.

Les rayons émis par la cathode et appelés *rayons cathodiques* partent de celle-ci sous forme d'un faisceau qui produit à l'endroit où il arrive sur le verre de l'ampoule une belle fluorescence verte. Il se produit également à cet endroit un dégagement de chaleur qui peut être suffisant pour fondre le verre.

Les rayons cathodiques jouissent de propriétés magnétiques et mécaniques. Ils sont déviés par l'aimant et il est possible de leur faire mouvoir un moulinet en mica disposé à l'intérieur du tube. On combine même ces deux propriétés dans certains tubes de démonstration : un moulinet placé devant la cathode est masqué en partie par un écran de mica ; lorsque les rayons ne sont pas déviés, ils viennent frapper cet écran et ne font pas tourner la roue. Au moyen d'un aimant, on peut les dévier de manière à ce qu'ils passent d'un côté ou de l'autre de l'écran ; ils viennent alors frapper la roue dont la rotation change de sens suivant qu'elle reçoit les rayons en haut ou en bas.

Crookes attribua ces effets nouveaux à un nouvel état de la matière, distinct de l'état gazeux, qu'il appela l'*état radiant*. Suivant ce physicien, les molécules de gaz se trouvant très écartées les unes des autres sont, après avoir été électrisées, repoussées par la cathode viennent frapper le verre de l'ampoule sans rencontrer d'autres molécules sur leur chemin. Sous l'action de ce bombardement moléculaire le verre de l'ampoule devient fluorescent.

D'autres savants ont émis des hypothèses différentes : radiations de très faible longueur d'onde ou vibrations longitudinales de l'éther.

Les rayons cathodiques peuvent traverser une feuille de métal de faible épaisseur. Lenard utilisa cette propriété pour les étudier hors du tube. Il reconnut, en se servant d'un écran fluorescent, qu'une partie seulement de ces rayons était déviée par l'aimant. La partie non déviée de ces rayons constitue ce qu'on a appelé ensuite les *rayons X*.

Les propriétés de ces rayons X ont été mises en évidence par le professeur Röntgen. Un tube de Crookes étant enfermé dans une boîte absolument opaque, Röntgen remarqua que les cristaux de platinocyanure de baryum placés près de la boîte devenaient fluorescents. Il fallait donc que des radiations puissent traverser les corps opaques entourant le tube de Crookes ; c'est à ces radiations que le professeur Röntgen donna le nom de rayons X.

Il rechercha ensuite si tous les corps étaient traversés par ces rayons et trouva que la transparence variait sensiblement comme la densité des corps, les corps moins denses étant les plus transparents. Des corps opaques pour les rayons lumineux, tels que le carton, le bois, l'aluminium, sont transparents pour les rayons X et, par contre, le verre est presque opaque pour ces mêmes rayons.

Le professeur Röntgen reconnut que ces rayons se propagent en ligne droite, que l'aimant n'a pas d'action sur eux, ce qui les différencie des rayons cathodiques, qu'ils ne présentent pas les phénomènes de réfraction, de réflexion, d'interférence et de polarisation. Les rayons X déchargent les corps électrisés sur lesquels ils tombent ; ils ont une action très rapide sur les préparations photographiques qu'ils influencent à travers le carton ou le bois.

Dans un tube de Crookes, les rayons X se produisent à l'endroit où les rayons cathodiques frappent le verre.

Il résulte de la différence d'opacité des différents corps pour les rayons X et de l'action de ceux-ci sur les préparations sensibles, un nombre considérable d'applications dont la plus intéressante est l'étude des parties internes du corps humain.

La figure 15 représente le dispositif généralement adopté pour l'application à la photographie. Une bobine de Ruhmkorff, alimentée par des piles ou des accumulateurs, est reliée à un tube de Crookes. Dans la figure, la cathode étant au

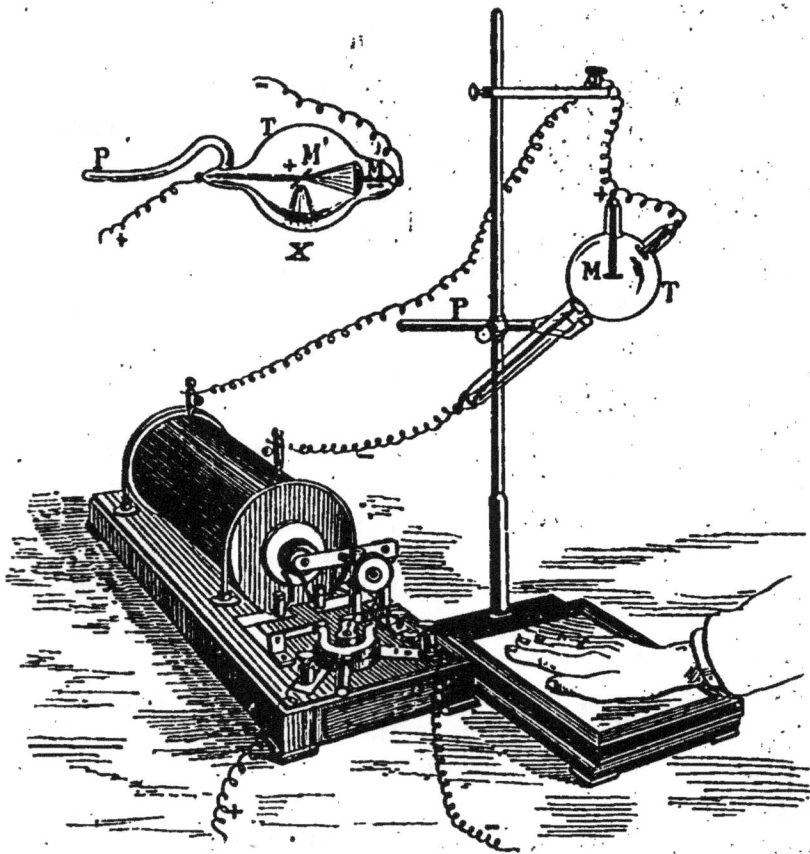

Fig. 15. — Dispositif pour la production des rayons Röntgen.

haut du tube, les rayons cathodiques viennent frapper le verre dans le bas de l'ampoule et y produire les rayons X; ceux-ci, après avoir traversé l'objet à photographier, agissent sur une plaque sensible contenue soit dans du papier, soit dans un châssis fermé par une plaque d'aluminium.

La figure 16 représente une main ainsi photographiée; on y distingue très nettement les os, les chairs étant plus transparentes que les os. Ces épreuves, qui diffèrent des épreuves ordinaires en ce qu'elles ne représentent que des silhouettes résultant d'ombres portées plus ou moins intenses, ont reçu le nom de *radiographies.*

Au lieu de faire des photographies, on peut se servir d'écrans fluorescents. L'objet à examiner est placé entre l'écran et l'ampoule, le plus près possible de l'écran. Celui-ci s'illumine d'autant plus que les parties qui portent ombre sont plus transparentes. On emploie pour ces écrans du platinocyanure de baryum, de potassium ou de sodium, du tungstate de chaux cristallisé, etc.

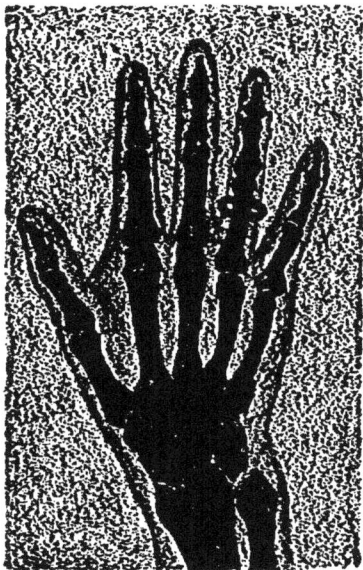

Fig. 16. — Radiographie de la main.

§ 2. — Actions chimiques du courant

Corps soumis aux actions chimiques du courant. — L'énergie électrique, de quelque manière qu'elle soit produite, peut effectuer, dans des conditions qui vont être examinées, des combinaisons ou des décompositions chimiques.

Le passage d'un courant étant nécessaire pour que ces actions se produisent, les isolants solides ou liquides ne présentent pas d'actions bien définies en raison de leur faible conductivité. Les corps conducteurs solides ne donnent lieu à aucun phénomène chimique; il n'y a que les conducteurs liquides dans lesquels les effets chimiques du courant peuvent se manifester. Il faut en excepter naturellement les corps simples, tels que le mercure et les métaux fondus. Il ne reste donc à considérer que les sels, les acides et les bases, soit fondus, soit en dissolution.

L'eau chimiquement pure semble devoir appartenir à la classe des isolants ; les nombres trouvés pour sa résistivité sont de plus en plus grands à mesure qu'on sait mieux la purifier, mais il suffit de traces d'impuretés pour la rendre conductrice.

Définitions. — Tout liquide dans lequel le passage d'un courant produit une action chimique est un *électrolyte*, et l'opération elle-même constitue l'*électrolyse*.

Les corps non décomposés par le courant sont dits à *conductivité métallique* et les corps décomposés à *conductivité électrolytique*. Les conducteurs amenant le courant dans l'électrolyte sont les *électrodes ;* il y a par conséquent deux électrodes : celle du potentiel le plus élevé ou reliée au positif du générateur est l'*électrode positive* ou *anode ;* l'autre, reliée au pôle négatif, est l'*électrode négative* ou *cathode*. On dit encore quelquefois, en considérant respectivement le sens du courant, électrode d'entrée et électrode de sortie.

Conservation de l'énergie dans l'électrolyse. — Force contre-électromotrice ou de polarisation. — Soit une cuve électrolytique, entre les deux électrodes de laquelle il existe une différence de potentiel U et qui est traversée par un courant I. L'électrolyte, ne pouvant avoir une conductibilité infinie, présentera une résistance électrique R. Comme il se produit une réaction chimique endothermique, c'est-à-dire donnant lieu à une absorption d'énergie, la puissance totale UI dépensée dans la cuve électrolytique n'est pas entièrement transformée par effet Joule en chaleur RI^2 dans la résistance R, et une partie est employée à produire la réaction électrolytique. Il naît de ce fait une force électromotrice inverse ou négative E, appelée *force contre-électromotrice* ou *force électromotrice de polarisation*, qui est telle que le produit EI représente la fraction de la puissance totale utilisée pour les actions chimiques :

$$EI = UI - RI^2,$$

d'où :

$$I = \frac{U - E}{R}.$$

Mais le phénomène n'est pas aussi simple, car on constate, par des mesures calorimétriques, que le dégagement de chaleur produit par le passage du courant, est, suivant les cas, plus grand ou plus petit que celui qui correspond à la perte par effet Joule. Cette différence, ou chaleur secondaire, est due à un phénomène thermo-électrique qui a déjà été signalé sous le nom d'effet Peltier et qui, dans ce cas, se produit aux surfaces de contact des électrodes et de l'électrolyte. La fraction de la puissance consacrée au travail chimique n'est donc pas EI, mais en diffère en plus ou en moins, suivant la valeur de la somme des effets Peltier dus au passage du courant. Si l'on représente la valeur de cette somme par e, on aura :

$$E = E_1 \pm e,$$

et

$$UI = RI^2 + E_1I \pm eI,$$

d'où :

$$I = \frac{U - E_1 \pm e}{R}.$$

La partie E_1I de la puissance totale UI sera seule utilisée pour la réaction et la somme $RI^2 \pm eI$ constituera la perte en chaleur. Cette perte est donc composée d'une partie non reversible RI^2 et d'une partie reversible eI.

Ions. — Anions. — Cathions. — Actions secondaires. — On

constate expérimentalement que le passage d'un courant dans un électrolyte sépare toujours celui-ci en deux parties qu'on appelle *ions* et qui apparaissent uniquement aux surfaces de contact des électrodes avec l'électrolyte. L'ion qui se porte à l'électrode positive ou anode est l'*anion* ; celui qui se porte à l'électrode négative ou cathode est le *cathion*. On dit encore, quelquefois, en considérant le courant comme un transport d'électricité positive : corps, ion ou radical électro-positif pour cathion, et corps, ion ou radical électro-négatif pour anion.

Il se produit très souvent dans l'électrolyse des réactions chimiques entre les ions, d'une part, et, d'autre part, les électrodes ou l'électrolyte, ou encore un autre corps en dissolution dans l'électrolyte. Ces *actions secondaires*, qui sont la conséquence de l'électrolyse, mais qui ne se confondent pas avec elle, modifient les produits ou résultats de l'électrolyse. Il y aura donc lieu, dans chaque cas, de distinguer l'action primaire et les actions secondaires.

On reconnaît, en opérant de préférence sur des électrolytes fondus, plutôt que dissous, et avec des électrodes inattaquables de manière à écarter les actions secondaires, qu'un même corps pris dans deux composés différents peut être anion dans l'un et cathion dans l'autre. Un corps n'est donc pas forcément anion ou cathion, il ne l'est que relativement et, en fait, on peut classer les corps d'une manière telle que chacun d'eux est anion par rapport à ceux qui le suivent et cathion par rapport à ceux qui le précèdent.

Quelques remarques intéressantes peuvent être signalées à ce sujet :

L'oxygène est toujours anion par rapport à tous les autres corps simples, métaux et métalloïdes. Les métalloïdes sont anions par rapport à l'hydrogène et aux métaux.

Ainsi, dans un composé binaire renfermant un métal et un métalloïde, le métal se portera toujours à la cathode et le métalloïde à l'anode. On dit encore que le métal va dans le sens du courant ou le descend et que le métalloïde va en sens inverse ou remonte le courant.

Lois de l'électrolyse ou de Faraday. — Il n'existe pas d'électrolytes possédant à la fois la conductibilité métallique et la conductibilité électrolytique, c'est-à-dire dans lesquels une portion du courant passerait sans produire d'action chimique. La quantité d'électrolyte décomposé dépend de la nature du composé, de l'intensité du courant et du temps de passage de celui-ci.

La masse M d'un électrolyte, décomposée par le passage d'un courant I, pendant un temps t, est égale au produit de la quantité correspondante d'électricité It par un facteur k caractéristique du corps et qu'on appelle son équivalent électro-chimique :

$$M = kIt = kQ.$$

Si le courant est variable :

$$M = k \int_0^t I\,dt = kQ.$$

L'équivalent électrochimique est le quotient $\dfrac{M}{Q}$ de la masse décomposée par la quantité d'électricité qui a produit cette action ; il se mesure donc numériquement par la masse décomposée par le passage de l'unité de quantité d'électricité.

Les équivalents électrochimiques sont pour tous les corps pro-
portionnels à leur poids atomique ; mais le facteur de propor-
tionnalité varie en raison inverse du nombre de valences qui
lient les deux ions du composé considéré.

m étant le poids moléculaire d'un composé, n le nombre de valences reliant les deux ions, et a un facteur constant pour tous les corps, on peut écrire :

$$k = a \cdot \frac{m}{n},$$

et pour la masse M décomposée par une quantité d'électricité Q :

$$M = a \cdot \frac{m}{n} \cdot Q.$$

Le poids moléculaire m représentant n valences entre les deux ions, la masse M en comprendra $\dfrac{Mn}{m} = aQ$ qui s'exprime de la manière suivante (Lespieau) :

Dans toute électrolyse, le nombre de valences rompues est
indépendant de l'électrolyte et proportionnel à la quantité
d'électricité qui a passé.

Toutes les lois précédentes sont applicables à un ion quelconque en considérant, pour chacun des composés chimiques qu'il peut former, le nombre de valences qui le lient à l'ion.

L'équivalent électrochimique d'un même ion variera donc en raison inverse du nombre de valences n qu'il faudra rompre pour le libérer, et la masse M déposée par une quantité Q d'électricité sera :

$$M = \left(a \cdot \frac{m}{n} \right) Q,$$

m étant le poids moléculaire de l'ion, et a un facteur constant pour tous les corps.

THÉORIE DE L'ÉLECTROLYSE

La plus ancienne explication du phénomène de l'électrolyse est celle de Grotthus. Cet auteur admettait que, sous l'influence d'une différence de potentiel entre deux points d'un électrolyte, les molécules de celui-ci se polarisent, l'anion se chargeant négativement et le cathion positivement; sous l'action d'une différence de potentiel suffisante, l'anion et le cathion se séparent. L'anion libéré se combine immédiatement avec le cathion libéré de la molécule voisine, et cela de proche en proche jusqu'aux électrodes où les constituants de l'électrolyte se dégagent.

En 1857, Clausius fit remarquer que, d'après cette théorie, tant que la force électromotrice reste au-dessous d'une certaine valeur, il ne doit se produire ni courant ni décomposition, mais qu'une fois cette limite dépassée, la décomposition doit être très active et accompagnée d'un courant intense. Il n'en est pas ainsi, puisque l'intensité du courant est rigoureusement proportionnelle à la force électromotrice.

Voici comment Clausius explique le phénomène : chacune des molécules de l'électrolyte se meut d'une manière très irrégulière dans un sens, puis dans un autre, par les chocs des autres molécules également dans un état d'agitation. Pour quelques molécules, le choc peut être si violent, même à basse température, qu'il détermine la séparation des constituants, en sorte qu'il existe toujours un certain nombre de molécules séparées en leurs atomes constituants. C'est sur ces atomes libres que la force électromotrice agit en les obligeant à se mouvoir dans un sens déterminé.

Cette hypothèse de Clausius a été, dans ces dernières années surtout, soumise à de nombreuses vérifications expérimentales, et c'est grâce à la théorie cinétique des solutions de Van't Hoff et aux expériences d'Ostwald et d'Arrhénius que cette théorie de l'électrolyse a pu prendre place dans la science, parce que ces travaux ont permis de démontrer l'existence des ions libres dans l'électrolyte.

Théorie des solutions de Van't Hoff. — En étudiant les propriétés de la matière diluée, on est frappé de l'analogie qu'offrent les solutions et les gaz à un état de dilution suffisante. Pour mettre cette analogie en évidence, on plonge dans le dissolvant pur un vase perméable contenant la solution diluée. On constate alors que les solutions exercent une pression sur la paroi, acquérant ainsi les propriétés de l'état gazeux. Cette pression dite *osmotique* est due à la force tendant à faire passer le corps dissous dans le vase extérieur contenant le dissolvant pur.

Cette pression a été déterminée; par exemple, pour une solution de sucre à 1 p. 100 à 14° C., elle a pour valeur dans ce cas 0,693 kg par cm². En faisant varier la concentration de la solution, la pression a été trouvée proportionnelle à la concentration et à la température absolue, ce qui conduit à une relation analogue à celle obtenue pour les gaz : $PV = RT$, où P représente la pression, V le volume occupé par le poids moléculaire, et T la température absolue.

La valeur de la constante R trouvée pour les solutions diffère très peu de celle trouvée pour les gaz, et il est permis de conclure de cette égalité que les lois de Mariotte et de Gay-Lussac, comprises dans l'équation précédente, sont applicables aux solutions sucrées, ce qui entraîne aussi pour ces solutions l'application de la loi d'Avogadro qu'un même volume de différents gaz, dans les mêmes conditions de température et de pression, contient le même nombre de molécules.

On peut montrer, par exemple, que la pression de l'hydrogène, lorsque ce gaz renferme par unité de volume le même nombre de molécules que la solution sucrée à 1 0/0, est à une pression précisément égale à la pression osmotique de la solution. Cette identité remarquable est l'expression d'une loi générale qui s'applique non seulement au sucre dans sa solution aqueuse, mais aux corps les plus divers dans des solutions quelconques. Cette loi a d'ailleurs été vérifiée en s'adressant à d'autres propriétés du dissolvant : aux relations qui existent entre les tensions de vapeur, le point de congélation des solutions et leur pression osmotique.

On a trouvé toutefois pour les solutions salines des dérogations à la règle générale ; la théorie moderne de l'électrolyse se base précisément sur ces exceptions apparentes.

Dissociation électrolytique. — Les exceptions à la règle précitée consistent en ce que, pour un certain nombre de corps, la valeur de R dans l'équation $PV = RT$ est plus grande que ne l'indiquerait la théorie générale. Ainsi, pour le chlorure de sodium en solution dans l'eau, on trouve une tension osmotique 1,8 fois plus grande que celle qui correspond à la constitution moléculaire de ce sel.

L'origine de cette anomalie a été mise en lumière par les expériences de Kohlrausch, sur la conductibilité des électrolytes, qui montrent que la conductivité moléculaire, c'est-à-dire celle d'une colonne liquide d'un centimètre carré de se n divisée par la quantité de sel qu'elle contient, tend ver une constante quand la solution est de plus en plus diluée. Autrement dit, la conductivité spécifique est proportionnelle à la concentration. L'eau dans la dissolution ne joue aucun rôle, car à l'état pur elle est très peu conductrice ; ce sont les molécules de sel qui forment le véhicule du courant.

Dans les solutions plus concentrées, pour lesquelles la conductivité moléculaire n'est pas constante, il doit donc exister, comme le suppose Arrhénius, un certain nombre de molécules du sel qui ne sont pas conductrices, mais qui le deviennent par addition d'eau. La présence de ces deux variétés de molécules dans une solution de concentration moyenne ne contenant qu'un seul composé dissous ne s'explique qu'en supposant, comme le font Clausius et Arrhénius, qu'un certain nombre de molécules du composé sont *dissociées* en leurs ions, nombre augmentant avec la dilution, et les ions étant seuls capables de conduire l'électricité.

Une solution qui a été formée avec A molécules de sel

contient, par exemple, une fraction xA de molécules dissociées. Chaque molécule dissociée forme n ions. La solution
contient donc A $- x$A molécules complètes et xnA ions, soit
au total $[1 + (n - 1) x]$A molécules libres, alors que le calcul
part de A molécules.

Pour retrouver les chiffres expérimentaux indiquant la
tension osmotique, il faut donc multiplier les résultats du
calcul par le rapport de ces nombres, soit par :

$$1 + (n - 1) x.$$

On a vu que, pour une solution aqueuse (demi-normale)
de chlorure de sodium, le rapport trouvé expérimentalement était 1,8. Il est intéressant de voir si la formule ci-dessus conduit au même résultat.

La conductivité moléculaire étant proportionnelle, par
hypothèse, au nombre de molécules dissociées, on obtient
le *degré de dissociation*, x, en prenant le rapport des
conductivités de la solution de concentration demi-normale et de la solution très diluée. Suivant les résultats des
expériences de Kohlrausch, ce rapport est 0,75 pour le chlorure de sodium. Chaque molécule donnant deux ions, on
a $n = 2$ et, par suite,

$$1 + (n - 1) x = 1 + (2 - 1) 0,75 = 1,75.$$

Malgré la parfaite concordance de ces nombres et de ceux
trouvés pour une foule d'autres sels, bien des objections ont
été faites à la nouvelle théorie. Il semble étrange, par
exemple, que dans une solution de chlorure de potassium il
y ait du chlore et du potassium libres sans que leurs propriétés, en tant qu'éléments isolés, ne se manifestent ; en réalité, ce qui existe dans la solution ce n'est pas des atomes
libres comme on les conçoit d'habitude, mais des atomes
possédant d'énormes charges d'électricité et ayant par conséquent des propriétés toutes spéciales. Aussitôt qu'on
enlève à ces ions de potassium leurs charges électriques, il
se forme du potassium libre reconnaissable à ses propriétés
ordinaires.

Il est du reste facile de mettre en évidence l'existence de ces ions libres dans le sein de l'électrolyte.

Soient deux récipients remplis d'une solution de chlorure de potassium et reliés par un siphon. Si l'on approche d'un des récipients un corps chargé d'électricité négative : ce récipient s'électrise positivement, l'autre vase négativement. Si, après avoir enlevé le corps inducteur et le siphon, on décharge le récipient chargé positivement, les ions de potassium qui s'y sont portés perdent leur charge et, revenus à l'état de molécules libres, décomposent l'eau avec dégagement d'hydrogène.

Calcul des forces électromotrices de polarisation. — La force électromotrice de polarisation E d'un électrolyte est égale à la somme de deux forces électromotrices, l'une E_i due directement à la réaction chimique qui s'accomplit, l'autre e représentant la somme des effets Peltier :

$$E = E_i + e.$$

E_i peut se calculer directement, connaissant la chaleur de combinaison des deux ions séparés par l'électrolyse. En vertu du principe de la conservation de l'énergie, l'énergie électrique dépensée pour la séparation est égale à l'énergie thermique que produit la combinaison. — Soit C la chaleur de formation rapportée à l'unité de masse du corps considéré. D'après la loi de Faraday, la masse M décomposée par une quantité Q d'électricité est égale à :

$$M = a \cdot \frac{m}{n} \cdot Q.$$

L'énergie thermique de combinaison pour la masse M sera :

$$MC = a \cdot \frac{m}{n} \cdot QC.$$

Cette énergie est égale à l'énergie QE_i correspondant à la quantité Q et à la force contre-électromotrice E_i, soit :

$$MC = QE_i = a \cdot \frac{m}{n} \cdot QC;$$

on en déduit :

$$E_1 = a \cdot \frac{m}{n} \cdot C.$$

E_1 n'est qu'une partie de la force électromotrice de polarisation ; la seconde partie e, due aux effets de Peltier, ne peut se déterminer qu'expérimentalement.

Les actions secondaires qui se produisent souvent dans l'électrolyse viennent modifier la valeur de la force électromotrice de polarisation ; on doit tenir compte dans le calcul de l'énergie dégagée par ces réactions chimiques. Ainsi, par exemple, si on électrolyse une solution de sulfate de cuivre entre deux lames de cuivre, le sulfate de cuivre de la solution sera bien décomposé et du cuivre se déposera à la cathode ; mais le groupe SO^4 qui se portera à l'anode reformera du sulfate de cuivre.

L'énergie thermique due à la somme des actions chimiques sera donc nulle, puisqu'il se formera une quantité de sulfate de cuivre égale à celle qui se sera décomposée. Il y a donc lieu, dans le calcul de la force électromotrice de polarisation, de considérer pour E_1 la somme algébrique des chaleurs de combinaison de toutes les réactions chimiques :

$$E_1 = a \cdot \Sigma \frac{m}{n} \cdot C.$$

Dans le cas de l'électrolyse précédente il y aura une force électromotrice de polarisation, très faible, due uniquement à l'effet Peltier.

Actions chimiques des décharges. — Les décharges peuvent produire tous les effets chimiques des courants, et c'est ainsi qu'on a d'abord effectué la décomposition de l'eau et vérifié la loi de Faraday.

Les décharges, sous forme d'étincelles ou d'effluves, ont été appliquées à la synthèse de beaucoup de corps, tels que l'acétylène, l'acide cyanhydrique. On utilise également l'effluve pour la production de l'ozone.

§ 3. — ACTIONS MÉCANIQUES DU COURANT

L'énergie électrique peut se transformer, ainsi qu'on le verra, en énergie mécanique.

Les appareils dans lesquels le passage d'un courant fournit du travail ne permettent jamais d'opérer intégralement cette transformation : une partie de l'énergie se transforme toujours en chaleur.

Soit r la résistance du récepteur, et U la différence de potentiel aux bornes. I étant l'intensité du courant, la puissance totale est UI ; une partie EI de cette puissance est transformée en travail et une partie rI^2 en chaleur par effet Joule :

$$UI = EI + rI^2,$$

d'où :

$$I = \frac{U - E}{r}.$$

E est ce qu'on appelle la force contre-électromotrice du récepteur.

La puissance EI n'est pas entièrement utilisée, une partie étant transformée en chaleur dans les frottements. La puissance mécanique est donc toujours moindre que celle qui correspond à EI.

CHAPITRE II

PILES THERMO-ÉLECTRIQUES

Courants thermo-électriques. — Effet Seebeck. — Deux métaux différents mis en contact présentent entre eux une différence de potentiel variable avec les métaux considérés, fonction de la température du point de jonction et qu'on appelle force électromotrice de contact. Ce phénomène, découvert par Volta, conduit à la loi des contacts successifs.

Une série de métaux différents formant une chaîne fermée dont tous les points sont à la même température ne peut être le siège d'aucun courant, en vertu du principe de la conservation de l'énergie. Il s'ensuit que la somme algébrique des forces électromotrices de contact doit être nulle; si on ouvre la chaîne, les deux métaux extrêmes présentent entre eux une différence de potentiel égale à celle qui correspond à leur liaison directe, c'est-à-dire égale à leur force électromotrice de contact.

La loi des contacts successifs n'est plus applicable si on chauffe l'un des points de contact ou de soudure et, dans ce cas, il se produit un courant lorsque le circuit est fermé.

La somme des forces électromotrices a alors une certaine valeur et l'ensemble constitue un *couple* ou *pile thermo-électrique.*

Ce phénomène a été découvert en 1821 par Seebeck; on lui donne le nom d'*effet Seebeck.*

L'énergie électrique produite est due à la transformation de l'énergie thermique fournie par la source de chaleur. Dans toute pile thermo-électrique la loi des contacts successifs sera applicable à toutes les parties successives du circuit qui se trouveront à la même température.

Cette observation a donné lieu à la loi suivante due à Becquerel.

Loi des métaux intermédiaires. — *Lorsque deux métaux* A *et* B *sont séparés dans un circuit par un ou plusieurs métaux intermédiaires, mais qui sont tous maintenus à une même température, la force électromotrice est la même que si les deux métaux* A *et* B *étaient directement réunis et leur point de jonction porté à la même température.*

L'interposition d'une soudure pour réunir les deux métaux n'aura donc pas d'influence sur la valeur de la force électromotrice.

Si l'on prend un barreau de bismuth dont les extrémités sont soudées à une lame de cuivre (*fig.* 17) et qu'on chauffe l'une des extrémités avec une lampe à alcool ou un bec de gaz, on peut constater, dans le circuit fermé, l'existence d'un courant formé par les deux métaux en plaçant entre eux une aiguille aimantée mobile sur un pivot. Cette aiguille est déviée de sa position d'équilibre ; son sens de déviation permet de trouver le sens du

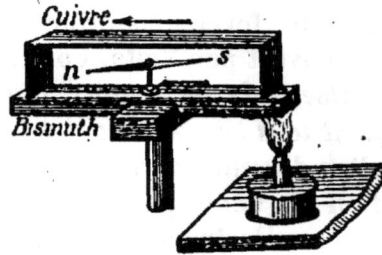

Fig. 17.

flux de force produit par le courant et, par conséquent, le sens de celui-ci. On constate que le courant va du bismuth au cuivre à travers la soudure la plus chaude. On dit alors que le bismuth est positif par rapport au cuivre.

On peut également faire l'expérience en intercalant un galvanomètre dans le circuit de la pile. — Si l'on prend de l'antimoine et du cuivre, on remarque que le courant va du cuivre à l'antimoine à travers la soudure chauffée, le cuivre est donc positif par rapport à l'antimoine. Ces deux expériences permettent donc de supposer qu'en prenant du bismuth et de l'antimoine ce sera le bismuth qui sera positif ; c'est en effet ce qui a lieu.

Effet Peltier. — Ce phénomène est l'inverse de l'effet Seebeck. On constate expérimentalement qu'un courant électrique, traversant le contact de deux métaux, produit, suivant son sens, soit un dégagement de chaleur, soit, au contraire, une absorption. Cet effet résulte directement de l'existence de forces électromotrices de contact. Soit en effet un courant d'intensité I traversant le contact de deux métaux dont la force électromotrice de contact est $E = U_1 — U_2$. Pendant un temps dt, il passera une quantité d'électricité :

$$dQ = Idt,$$

et si le courant va du métal de potentiel le plus élevé au métal de potentiel le plus bas, le potentiel de la quantité dQ d'électricité diminuera d'une valeur E, ce qui correspond, d'après la loi de Joule, à une production de chaleur égale à :

$$dW = EdQ = EIdt.$$

Si au contraire le courant va en sens inverse des potentiels de contact, la quantité dQ passant d'un certain potentiel U_2 à un potentiel plus élevé U_1, produira une absorption d'énergie égale à :

$$dW = EdQ = EIdt.$$

L'accroissement d'énergie électrique ne pourra être emprunté qu'à l'énergie thermique du système au point considéré, et il s'y produira un refroidissement.

L'effet Peltier se distingue nettement de la perte par effet Joule qui se produit dans toute résistance traversée par un courant et qui est égale à

$$W = RI^2t;$$

car il se trouve localisé aux points de contact où se produisent des variations brusques de potentiel et, de plus, au lieu d'être proportionnel à I^2 et de ne pas changer avec le sens du courant comme l'effet Joule, il est simplement proportionnel à I et change de signe avec le changement de sens du courant. — Il y a avantage à employer des courants faibles pour distinguer facilement l'effet Peltier de l'effet Joule.

La détermination de l'effet Peltier peut se faire par des mesures calorimétriques en utilisant les observations ci-dessus.

Soit un circuit formé de deux métaux ; la résistance de la partie considérée comprenant le point de contact étant R et la force électromotrice de contact E. Si un courant I tend à échauffer la soudure, l'énergie transformée en chaleur sera pendant un temps t :

$$W_1 = RI^2 t + EI t.$$

En changeant le sens du courant, on aura :

$$W_2 = RI^2 t - EI t,$$

et la différence

$$W_1 - W_2 = 2 (EI t)$$

donnera pour l'énergie relative à l'effet Peltier :

$$EI t = \frac{W_1 - W_2}{2}.$$

On pourra ainsi déterminer la force électromotrice de contact

$$E = \frac{W_1 - W_2}{2 I t}.$$

Dans une pile thermo-électrique, l'effet Peltier produit par le courant même de la pile agira donc, quels que soient les signes relatifs des forces électromotrices de contact à la soudure chaude et à la soudure froide, pour réduire les effets dus à la différence de température de ces soudures et par conséquent la force électromotrice de la pile. Il fera l'effet d'une force contre-électromotrice, en modifiant les températures de contact, soit par une production, soit par une absorption de chaleur.

Loi des températures successives (Becquerel). — *La force électromotrice d'un couple thermo-électrique produite par des températures θ_1 et θ_2 aux soudures, est égale à la somme algébrique des forces électromotrices produites respectivement par des températures θ_1 et θ d'une part, θ et θ_2 d'autre part, θ étant compris entre θ_1 et θ_2.*

Phénomène d'inversion. — Ce phénomène a été découvert par Cumming, en 1823. La force électromotrice d'un couple n'est pas seulement fonction de la différence de température des soudures, mais elle varie également avec la valeur moyenne des deux températures.

On peut, avec un fil de fer et un fil de cuivre .reliés entre eux et à un galvanomètre de manière à former un circuit fermé vérifier ce phénomène ; si on chauffe progressivement le point de jonction, on constate que la déviation du galvanomètre varie de zéro jusqu'à une certaine valeur pour diminuer ensuite et changer de sens.

Le maximum correspond à une température d'environ 260° C. pour la soudure chaude et le passage à zéro en sens inverse pour une température double, les extrémités non chauffées restant à la même température pendant toute la durée de l'expérience.

La majeure partie des couples thermo-électriques présentent un phénomène analogue d'*inversion* du courant pour une certaine température.

La température d'inversion dépend de la température de la soudure froide, mais on vérifie que *la moyenne des températures des deux soudures au moment de l'inversion est toujours égale à la température correspondant au maximum d'intensité*, ainsi qu'il a été constaté pour le couple fer-cuivre.

Quelques couples ne présentent pas le phénomène d'inversion et leur force électromotrice est simplement proportionnelle à la différence de température des deux soudures :

$$E = K (\theta_1 - \theta_2).$$

Ces couples sont dits à *marche uniforme.*

Courbes de Gaugain. — Gaugain a représenté le résultat de ses expériences sur les couples thermo-électriques par des courbes obtenues en portant en abscisses la différence de température des deux soudures et en ordonnées les intensités du courant observé. L'une des soudures était maintenue à une température constante de 20° C. Les valeurs des ordonnées sont, d'après la loi d'Ohm,

$$I = \frac{E}{R}.$$

c'est-à-dire proportionnelles à la force électromotrice du couple.

Ces courbes affectent la forme de paraboles à axe vertical (*fig.* 18). Elles indiquent donc un maximum pour la force électromotrice, ainsi qu'on l'a déjà constaté, et leur symétrie par rapport à l'ordonnée maxima vérifie la loi rela-

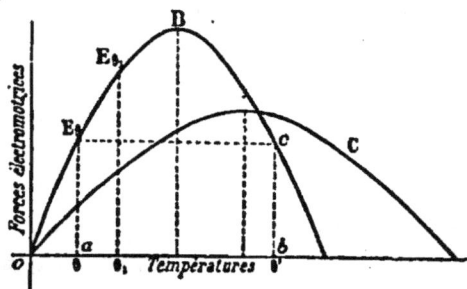

Fig. 18.

tive à la température maxima : celle-ci est égale à la moyenne des températures des soudures correspondant à l'inversion.

Si l'on considère un point E_0 de la courbe correspondant à une température θ et la ligne horizontale passant par ce point, les ordonnées prises à partir de cette droite représentent les forces électromotrices obtenues lorsqu'on maintient l'une des soudures à cette température θ. La loi des températures successives se trouve vérifiée, car pour un point de la courbe correspondant à une température $\theta_1 > \theta$, on a :

$$E_{\theta_1} = E_\theta + E_{\theta_1 \theta_1}.$$

La température d'inversion pour une température de la soudure froide $\theta = Oa$ correspond à un point c pour lequel $\theta' = Ob$.

Si deux courbes indiquent les résultats relatifs à des métaux A et B, et A et C, l'expérience montre que la différence des ordonnées des deux courbes représente, pour chaque valeur de la température, la force électromotrice du couple BC à la température considérée.

La loi des métaux intermédiaires se trouve ainsi vérifiée.

Conséquences de l'inversion ([1]). — Soit un circuit composé de deux métaux A et B dans lequel on maintient l'une des soudures à une température constante θ_1, l'autre étant soumise à des températures variables. Si l'on admet que la force électromotrice du couple E est due uniquement aux

([1]) MASCART et JOUBERT, *Leçons sur l'Électricité et le magnétisme.*

phénomènes de contact, elle est égale à la somme algébrique des deux forces électromotrices E_1 et E_2, de sens contraire, qui existent aux deux soudures:

$$E = E_2 - E_1.$$

La force électromotrice E_1, correspondant à la soudure de température θ étant constante, il faut, pour qu'il y ait inversion du couple, que la force électromotrice E_2 de l'autre contact présente les mêmes variations que le courant avec la température, c'est-à-dire passe par un maximum pour décroître en passant par une valeur E_1, courant nul, et finalement changer de signe.

Lorsque le courant aura changé de signe, l'effet Peltier aura changé également, il tendra alors à refroidir la soudure froide θ_1 et à réchauffer la soudure chaude θ_2.

On peut alors imaginer que les causes de refroidissement par rayonnement soient suffisamment diminuées de manière que, la source de chaleur étant supprimée, le seul passage du courant suffise pour maintenir constantes les températures des soudures et même pour échauffer plus la soudure chaude et refroidir encore l'autre (ce qui aurait pour résultat d'exagérer le courant). Il y aurait donc courant, c'est-à-dire production d'énergie électrique sans dépense correspondante, ce qui est incompatible avec le principe de la conservation de l'énergie.

L'hypothèse des forces électromotrices de contact aux soudures n'est donc pas suffisante pour expliquer les phénomènes thermo-électriques. On démontre d'ailleurs que leur influence seule exigerait pour tous les couples une marche uniforme, c'est-à-dire une force électromotrice proportionnelle aux différences de température des deux soudures.

Effet Thomson. — Il faut donc admettre l'existence de forces électromotrices autres que celles de contact et qui soient également reversibles. Ces forces électromotrices proviennent de ce fait qu'il existe une différence de potentiel entre deux points d'un même métal portés à des températures différentes. Ce phénomène porte le nom d'effet

Thomson, du nom du savant (maintenant lord Kelvin) qui l'a signalé.

La force électromotrice due à l'effet Thomson pour une même différence de température est variable avec la nature du métal et elle ne se produit pas dans le même sens pour tous les métaux.

Dans le fer, le potentiel diminue en allant des parties froides aux parties chaudes ; la variation est inverse et plus faible dans le cuivre ; elle est sensiblement nulle pour le plomb.

Si l'on fait passer un courant dans une barre présentant des variations de température et par conséquent des différences de potentiel, l'effet Peltier doit s'y produire. Si le courant passe dans le sens des potentiels décroissants, il produit un échauffement ; s'il passe dans le sens des potentiels croissants, il produit un refroidissement.

C'est ce que l'expérience de Thomson permet de constater : On fait passer un courant dans une barre de fer, par exemple, maintenue en son milieu à une température constante et les extrémités à 0° C. Si le courant ne produit que l'effet Joule, la distribution des températures doit rester la même de part et d'autre de la partie chauffée artificiellement. On constate qu'il n'en est pas ainsi ; la distribution des températures est dissymétrique, il se produit un échauffement plus grand quand le courant va dans le sens des températures croissantes (potentiels décroissants), et un refroidissement lorsque le courant est dans le sens des températures décroissantes (potentiels croissants). L'effet Peltier correspond bien à ce qui a été indiqué plus haut pour le fer, c'est-à-dire à des potentiels dus à l'effet Thomson plus élevés pour les parties froides que pour les parties chaudes.

La même expérience faite avec le cuivre indiquerait des variations inverses : soit des potentiels plus élevés pour les parties chaudes que pour les parties froides.

Le passage du courant semble produire un transport électrique de chaleur en sens contraire du courant pour le fer, dans le même sens pour le cuivre.

M. Leroux a vérifié que l'effet Peltier, dans ce cas, est bien proportionnel au courant I; il est nul ou négligeable pour le plomb.

Chaleur spécifique d'électricité. — Lorsque deux points d'un même métal sont à des températures différentes, il y a entre eux une différence de potentiel variable avec ces températures et avec la nature du métal.

A une température θ, la variation de potentiel dU produite entre ces deux points, lorsqu'on porte l'un d'eux à une température θ + dθ, est proportionnelle à un facteur σ fonction de θ et à la différence dθ des températures, soit :

$$dU = f(\theta)\,d\theta = \sigma d\theta$$
$$\sigma = \frac{dU}{d\theta}.$$

La quantité σ est ce que lord Kelvin a appelé *chaleur spécifique d'électricité* du corps considéré à la température θ.

La force électromotrice d'effet Thomson, produite entre deux points dont les températures sont θ_1 et θ_2, est égale à :

$$U = \int_{\theta_1}^{\theta_2} \sigma d\theta.$$

La production ou l'absorption de chaleur par effet Thomson est égale à :

$$UI = I \int_{\theta_1}^{\theta_2} \sigma d\theta.$$

La chaleur spécifique d'électricité est, ainsi qu'on le verra, proportionnelle à la température absolue du métal considéré, et le facteur de proportionnalité a les valeurs suivantes pour quelques métaux usuels :

Fer	+ 0,042	microvolt par degré C.
Palladium	+ 0,032	—
Platine	+ 0,018	—
Plomb	0	—
Laiton	— 0,007	—
Cuivre	— 0,014	—
Zinc	— 0,033	—

Pouvoir thermo-électrique. — Le pouvoir thermo-électrique est relatif à deux corps et définit la valeur de la force électromotrice thermique due à l'effet Seebeck.

D'après ce qui précède, l'effet Seebeck ne se compose pas simplement de la résultante des forces électromotrices de contact, ou effet Volta, il comprend en outre la somme des effets Thomson. — L'effet Peltier vient simplement modifier la répartition des températures pour chaque valeur de l'intensité du courant fourni par la pile, ce qui produit une variation de la force électromotrice totale.

Si les deux soudures d'une pile sont à une température θ et qu'on donne à l'une d'elles un accroissement $d\theta$ de température, il en résulte une force électromotrice dE, due à l'effet Seebeck, qui sera proportionnelle à un facteur p fonction de θ et à l'élévation $d\theta$ de température, soit :

$$dE = f(\theta)\, d\theta = p\,d\theta,$$
$$p = \frac{dE}{d\theta};$$

d est ce qu'on appelle le *pouvoir thermo-électrique* des deux corps considérés à la température θ.

La force électromotrice E correspondant à deux températures θ_1 et θ_2 est égale à :

$$E = \int_{\theta_1}^{\theta_2} p\,d\theta.$$

La valeur du pouvoir thermo-électrique peut être tirée des courbes de Gaugain. A une température θ,

$$p = \frac{dE}{d\theta}$$

représente le coefficient angulaire de la tangente du point correspondant de la courbe.

Au lieu de tracer des courbes de la force électromotrice, il vaut mieux tracer, en fonction de la température, les courbes du pouvoir thermo-électrique. L'ensemble des phénomènes relatifs à un certain nombre de métaux se représente très bien, grâce à l'observation suivante:

Le pouvoir thermo-électrique de deux métaux A et B à une température θ est égal à la différence des pouvoirs thermo-électriques de chacun des métaux A et B par rapport à un troisième C, quelconque.

Ce fait résulte de la loi des métaux intermédiaires.

Soient les courbes (*fig.* 19) représentant les pouvoirs thermo-électriques des deux métaux A et B en fonction du troisième C. Pour une valeur quelconque θ = OM de la température, le pouvoir thermo-électrique p de A et B sera égal, d'après l'équation précédente, à la différence

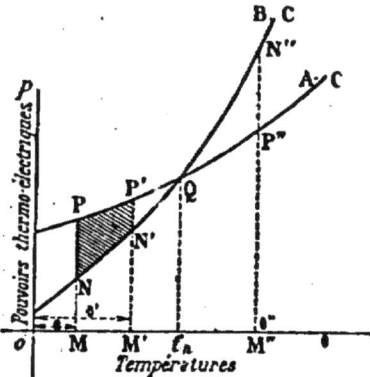

Fig. 19.

MP − MN = NP des pouvoirs thermo-électriques de AC et de BC.

La force électromotrice entre deux températures θ = OM et θ' = OM' est donnée par la relation

$$E_{\theta\theta'} = \int_{\theta}^{\theta'} p\,d\theta.$$

E sera donc égal à la surface NPN'P', comprise entre les deux courbes AC et BC et entre les abscisses MP et M'P' correspondant aux températures θ et θ'.

Le plomb ayant une chaleur spécifique d'électricité nulle, il y a avantage à l'employer comme métal de comparaison, ainsi qu'on le verra quand on aura calculé la force électro-motrice des couples thermo-électriques.

Les chiffres suivants, dus à Matthiessen, représentent en microvolts par degré centigrade les pouvoirs thermo-électriques de différents métaux par rapport au plomb et à la empérature de + 20° C. :

Bismuth du commerce.......................... + 97
    —   cristallisé, suivant l'axe .... + 65
    —   —   normalement à l'axe........ + 45

Cobalt	+	22
Maillechort	+	11,75
Mercure	+	0,42
Plomb		0
Étain	—	0,1
Cuivre du commerce	—	0,1
Platine	—	0,9
Antimoine pur en fil	—	2,8
Argent	—	3
Zinc pur	—	3,7
Cuivre galvanoplastique	—	3,8
Antimoine du commerce en fil	—	6,0
Fer, fil de piano	—	17,5
Antimoine cristallisé, suivant l'axe	—	22,6
— — normalement à l'axe	—	26,4
Tellure	—	502
Sélénium	—	807

Point neutre. — Inversion. — Si l'on maintient l'une des soudures à la température θ et qu'on fasse croître la température de l'autre soudure, la force électromotrice représentée par la surface comprise entre les courbes, prise ainsi qu'il a été indiqué, croîtra jusqu'à une valeur t_n de la température correspondant au point de rencontre Q des deux courbes AC et BC (*fig.* 19). Ce point correspond au maximum des courbes de Gaugain et à une valeur nulle du pouvoir thermo-électrique pour les métaux A et B. On l'appelle *le point neutre*. Pour le couple fer-cuivre, ce point neutre se produit à une température d'environ 260°.

Lorsque la température continue à croître, on voit sur les courbes que cet accroissement correspond à un changement de signe pour le pouvoir thermo-électrique des deux métaux ; la surface au-delà du point Q devra être comptée comme négative. La surface totale, et par conséquent la force électromotrice diminuera jusqu'à une valeur nulle correspondant à une température θ'. Le phénomène d'inversion se produira alors et la force électromotrice sera négative. — Les courbes montrent bien comment les températures des soudures sont liées au phénomène d'inversion. L'inversion se produit lorsque les surfaces de part et d'autre du point Q sont égales.

Force électromotrice d'un couple. — Soit un couple formé de deux métaux A et B dont les forces électromotrices de contact sont e et e' aux températures θ et θ', et les chaleurs spécifiques a et b. La force électromotrice E peut être représentée par la relation

$$(1) \qquad E = e' - e + \int_{\theta}^{\theta'} (a - b) \, d\theta.$$

Si la différence des températures est très petite $\theta' - \theta = d\theta$, on peut écrire :

$$(2) \qquad \frac{dE}{d\theta} = \frac{de}{d\theta} + a - b.$$

Lorsque le courant est très faible, la résistance de la pile et du circuit étant finie, la perte par effet Joule proportionnelle à I^2 est un infiniment petit du deuxième ordre devant les effets Peltier et Thomson reversibles, qui sont, eux, proportionnels à I. Le système est dans ce cas assimilable à une machine thermique reversible à laquelle le principe de Carnot est applicable.

Ce principe indique que, pour tout cycle fermé et réversible, la somme des quotients des quantités de chaleur absorbées ou dégagées, pour des transformations infiniment petites, par la température absolue correspondante est nulle :

$$\Sigma \frac{dW}{T} = 0.$$

En l'appliquant au second membre de l'équation (1), qui représente l'énergie correspondant à l'unité de quantité d'électricité, il vient :

$$(3) \qquad \frac{e'}{T} - \frac{e}{T} + \int_T^{T'} \frac{(a-b)\,dT}{T} = 0.$$

Si $T' - T$ est infiniment petit et égal à dT, on a :

$$(4) \qquad \frac{d}{dT}\left(\frac{e}{T}\right) + \frac{a-b}{T} = 0$$

ou :

$$\frac{1}{T} \cdot \frac{de}{dT} - \frac{e}{T^2} + \frac{a-b}{T} = 0 ;$$

l'équation (2) donne la relation

$$\frac{dE}{dT} = \frac{de}{dT} + a - b,$$

qui, introduite dans l'équation précédente, permet de tirer :

$$\frac{dE}{dT} - \frac{e}{T} = 0,$$

d'où :

$$(5) \qquad e = T \cdot \frac{dE}{dT} \cdot$$

La force électromotrice de contact à la soudure de deux

métaux est donc égale au produit de la température absolue par le pouvoir thermo-électrique correspondant. — À la température du point neutre, le pouvoir thermo-électrique est nul ; on a donc aussi $e = 0$.

D'après M. Tait, la chaleur spécifique d'électricité est proportionnelle à la température absolue, c'est-à-dire qu'on peut écrire, k et k' étant des coefficients constants pour chaque métal,

$$a = kT, \qquad b = k'T.$$

L'équation (4) donne alors :

$$\frac{d}{dT}\left(\frac{e}{T}\right) + k - k' = 0,$$

et en intégrant :

$$\frac{e}{T} + (k - k')\,T + C'^{\cdot} = 0.$$

La valeur de e étant nulle au point neutre T_n, on a pour la constante :

$$C'^{\cdot} = (k' - k)\,(T_n),$$

et en introduisant la valeur de la constante :

$$(6) \qquad \frac{e}{T} = (k - k')\,(T_n - T).$$

La force électromotrice entre les limites de température T et T' est, d'après les relations (5) et (6),

$$(7) \quad E = \int_{T}^{T'} \frac{e}{T}\,dT = (k - k')\,(T - T')\left(T_n - \frac{T + T'}{2}\right).$$

La force électromotrice du couple donnée par l'équation (7) et la force électromotrice de contact déduite de l'équation (6) sont des fonctions paraboliques de la température.

Les courbes de Gaugain trouvées expérimentalement concordent bien avec ces déductions théoriques.

Le pouvoir thermo-électrique est donné par la relation

$$(8) \qquad \frac{dE}{dT} = \frac{e}{T} = (k - k')\,(T_n - T);$$

il peut donc être représenté par une ligne droite en fonction de la température. C'est en effet ce que confirme également l'expérience.

Il est commode de représenter graphiquement, ainsi que l'a fait M. Tait, les pouvoirs thermo-électriques des métaux en fonction du plomb qui a, d'après les expériences de M. Leroux, une chaleur spécifique d'électricité nulle.

On pourra donc écrire pour le plomb :

$$b = k'T = 0 \qquad \text{ou} \qquad k' = 0.$$

L'équation (8) devient :

(9) $$\frac{dE}{dT} = k\,(T_n - T) = k\,(\theta_n - \theta).$$

Les droites qui représentent les pouvoirs thermo-électriques sont inégalement inclinées sur l'axe des températures, cette inclinaison mesurant la chaleur spécifique d'électricité du métal correspondant. En outre de cette particularité, due au choix du plomb comme métal de comparaison, ces droites jouissent naturellement des propriétés déjà signalées pour un métal de comparaison quelconque ; elles coupent l'axe des températures et chacune des courbes relatives aux autres

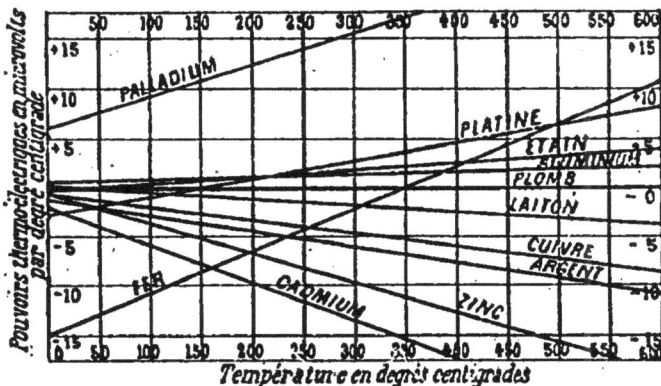

Fig. 20. — Pouvoirs thermo-électriques des métaux par rapport au plomb.

métaux en des points correspondant à la température du point neutre, avec le métal de comparaison pour l'axe et pour chacune des droites avec le métal correspondant.

Le facteur de proportionnalité donné à propos des chaleurs spécifiques d'électricité est le facteur k de la formule (9) qui permet d'obtenir par la relation de Tait $a = kT$ la chaleur spécifique d'électricité a pour une température :

$$\theta = (T - 273).$$

La figure 20 représente un diagramme thermo-électrique de M. Tait relatif à quelques métaux usuels. La force électromotrice relative à un couple donné, entre deux limites de température, s'obtient, ainsi qu'on l'a vu, en mesurant la surface comprise entre les deux droites des métaux de couple, ces droites étant limitées à droite et à gauche par les lignes d'ordonnées correspondant aux deux températures considérées.

Pile thermo-électrique. — Un couple thermo-électrique donne, entre les limites usuelles de température, une force électromotrice relativement faible ; aussi, pour avoir une pile de force électromotrice suffisante, doit-on réunir en tension plusieurs couples thermo-électriques. Un couple se composant toujours de deux métaux ou alliages, pour les réunir en tension on les dispose alternativement l'un à la suite de l'autre, réunis par leurs extrémités, directement ou par soudure, de manière à former un circuit unique dans lequel on chauffe toutes les soudures de même rang, soit les paires, soit les impaires ; les forces électromotrices ainsi développées sont de même sens dans tous les couples et s'ajoutent. Afin de n'avoir pas à employer autant de foyers qu'il y a de couples, on dispose les barres qui les composent en zig-zag de manière que toutes les soudures paires se présentent d'un côté et toutes les soudures impaires de l'autre. Souvent on donne à la pile la forme circulaire, les soudures chauffées se trouvant vers le centre. Cette disposition permet également un bon refroidissement des soudures froides. On facilite le refroidissement en reliant ces soudures à des pièces métalliques de grande surface et noircies pour augmenter le rayonnement. Lorsqu'on craint la fusion des soudures chaudes, ou qu'on veut les

préserver de l'action directe de la flamme, on les recouvre
d'un revêtement solide qui les maintient et les échauffe par
conductibilité en évitant les variations brusques de température préjudiciables à la conservation des couples.

Avant d'aborder l'étude des principaux types de piles
thermo-électriques, quelques notions relatives aux piles en
général vont être exposées.

NOTIONS RELATIVES AUX PILES EN GÉNÉRAL

Définitions. — Les piles thermo-électriques et les piles
hydro-électriques constituent des générateurs d'énergie électrique fournissant un courant toujours de même sens.

Un élément de pile présente deux électrodes: l'une, le pôle
positif, a un potentiel plus élevé que l'électrode négative ou
pôle négatif. — Le courant va dans un circuit extérieur du
pôle positif au pôle négatif; il va en sens inverse à l'intérieur
du générateur.

Un élément de pile est caractérisé par ce qu'on appelle
ses *constantes;* ce sont sa *force électromotrice* E et sa *résistance intérieure* r. Si le circuit extérieur a une résistance R,
on aura :

$$I = \frac{E}{R + r},$$

et la différence de potentiel u aux bornes de l'élément, ou
différence de potentiel utile, sera :

$$u = E - rI = RI.$$

Couplages. — Les éléments de pile peuvent être groupés
entre eux de différentes façons pour former une pile ou batterie de piles.

Si tous les pôles positifs sont reliés entre eux ainsi que
tous les pôles négatifs, les éléments sont dits montés *en dérivation, en quantité* ou *en surface.*

Si le pôle négatif de l'un est monté au pôle positif du

suivant et ainsi de suite, le couplage est dit *en tension* ou *en série*.

Lorsque les éléments sont montés de manière à opposer leurs forces électromotrices, le montage est dit *en opposition*.

Signe conventionnel. — Un élément de pile se représente en général dans les diagrammes par deux traits parallèles et rapprochés; l'un, gros et court, repré-sente le pôle négatif; l'autre, fin et long, le pôle positif (*fig.* 21).

Couplage en tension. — Dans ce cou-plage, les forces électromotrices des élé-ments s'ajoutent ainsi que leurs résis-tances intérieures. La figure 21 représente un certain nombre d'éléments couplés en tension. Si chacun d'eux a pour constantes E et *r*, on aura pour *n* éléments :

Fig. 21.

$$E_1 = nE,$$
$$r_1 = nr.$$

Couplage en quantité. — Dans ce couplage, lorsque les élé-ments sont identiques la force électromotrice totale est égale à celle d'un élément; mais la ré-sistance intérieure est la résis-tance réduite de toutes les résis-tances intérieures des éléments.

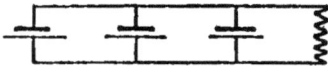

Fig. 22.

La figure 22 représente un certain nombre d'éléments couplés en quantité. Si chacun d'eux a comme constantes E et *r* et qu'il y en ait *n*, on aura :

$$E_1 = E,$$
$$r_1 = \frac{r}{n}.$$

Si les éléments ne sont pas identiques comme force élec-tromotrice ou comme résistances, la résistance intérieure sera toujours la résistance réduite; mais la différence de potentiel aux bornes ne pourra être déduite que par l'appli-cation des règles de Kirchhoff.

Couplage mixte ou en séries multiples. — Les deux modes précédents de couplage peuvent être combinés. Avec n éléments on peut mettre en quantité q groupes de t éléments en tension pourvu qu'on ait :

$$n = tq.$$

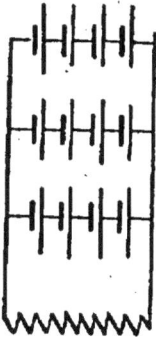

Fig. 23.

La figure 23 représente ce mode de couplage appelé *couplage mixte* ou en *séries multiples.*

Si tous les éléments sont identiques, on a alors :

$$E_1 = tE,$$
$$r_1 = \frac{tr}{q}.$$

Puissance d'une pile. — Pour tous les couplages, lorsque les éléments sont identiques, une batterie de force électromotrice E et de résistance intérieure r se comporte comme un seul élément qui aurait les mêmes constantes.

Les constantes de la batterie seront obtenues avec les formules précédentes.

Si cette pile débite un courant d'intensité I, la puissance totale est égale à EI :

$$P_t = EI,$$

la différence de potentiel aux bornes étant :

$$u = E - rI,$$

la puissance utile est :

$$P_u = uI ;$$

il y a une puissance perdue par effet Joule dans la résistance intérieure de la pile :

$$P_p = rI^2 = (E - u) I.$$

Rendement. — La puissance totale EI n'étant pas utilisée complètement, il y a lieu de considérer le rendement η :

$$\eta = \frac{P_u}{P_t} = \frac{uI}{EI} = \frac{u}{E} = \frac{E - rI}{E}.$$

Ce rendement sera d'autant plus élevé que l'intensité de courant sera plus faible. Si l'élément est en court-circuit :

$$I = \frac{E}{r},$$

et le rendement est nul.

Si le débit est très faible, le rendement est voisin de 1.

Puissance utile maxima. — La puissance utile P_u est, d'après les formules précédentes,

$$P_u = uI = EI - rI^2.$$

Lorsqu'on fait varier I cette puissance varie ; on va rechercher si elle présente un maximum. Pour cela on égalera à zéro la dérivée, par rapport à I, du dernier membre de l'équation précédente :

$$E - 2rI = 0.$$

Cette équation indique un maximum de puissance utile correspondant à une valeur I_1 de l'intensité du courant :

$$I_1 = \frac{E}{2r}.$$

La différence de potentiel utile sera dans ce cas égale à :

$$u_1 = E - \frac{E}{2r}\,r = \frac{E}{2}.$$

La puissance maxima est donc égale à :

$$P_{u\,max} = u_1 I_1 = \frac{E^2}{4r},$$

et le rendement correspondant :

$$\eta_1 = \frac{u_1}{E} = \frac{1}{2}.$$

Lorsque la puissance utile est maxima, le rendement est donc seulement de 50 p. 100.

Lorsque la pile est en court-circuit, le débit est maximum et égal à :

$$I_{max} = \frac{E}{r}.$$

Le débit correspondant à la puissance utile maxima a été trouvé :

$$I_t = \frac{E}{2r}.$$

Il est donc égal à la moitié du débit de la pile en court-circuit.

Connaissant E et I_{max}, la puissance utile maxima est égale à :

$$P_{u\,max} = \frac{EI_{max}}{4}.$$

Il n'a été fait aucune hypothèse sur la nature du travail fourni par la pile. Si le circuit est simplement formé d'une résistance, toute l'énergie utile est dépensée en chaleur par effet Joule et les relations précédentes indiquent que pour la puissance maxima la résistance extérieure est égale à la résistance intérieure. Pour une valeur quelconque R de la résistance extérieure on a :

$$P_t = (R + r)\,I^2,$$
$$P_u = RI^2,$$
$$\eta = \frac{R}{R + r}.$$

Toutes les considérations précédentes sont applicables à tout générateur de courant dans lequel la force électromotrice est indépendante du débit.

Conditions de fonctionnement d'un générateur à force électromotrice constante. — Les relations établies permettent d'étudier plus en détail et au moyen de courbes les conditions de fonctionnement d'un générateur à force électromotrice constante.

Pour plus de simplicité on a considéré une pile dont la

force électromotrice serait de 1 volt, et la résistance intérieure de 1 ohm.

Si le circuit extérieur est une simple résistance, la figure 24 représente en fonction des valeurs de cette résistance les courbes de l'intensité, de la différence de potentiel utile, de la puissance totale, de la puissance utile, de la puissance perdue et du rendement. Ces courbes montrent bien le maximum de puissance utile et elles indiquent, en outre, qu'une même puissance utile peut correspondre à deux rendements, l'un au-dessus, l'autre au-dessous de 50 p. 100 suivant que l'intensité est plus petite ou plus grande que la valeur correspondant à la puissance utile maxima.

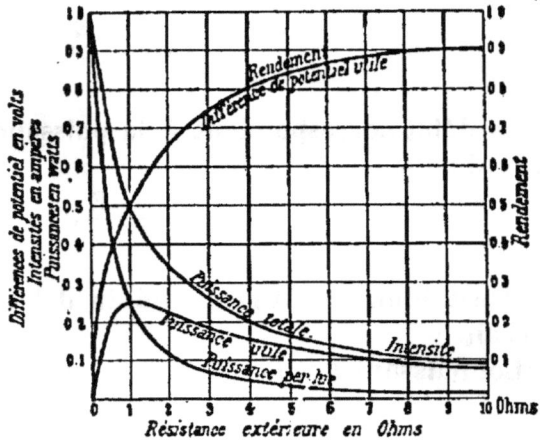

Fig. 24.

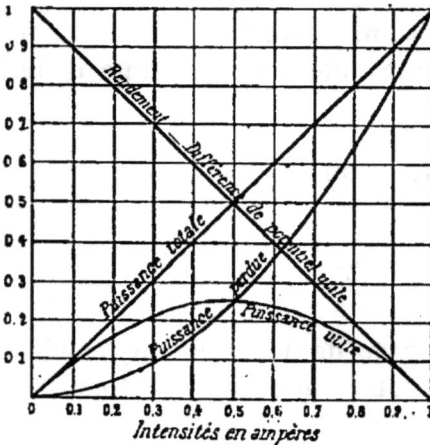

Fig. 25.

Il y aura toujours lieu, autant que possible, d'employer les piles dans des conditions telles que le rendement soit égal ou supérieur à 50 p. 100.

Les courbes de la figure 25 représentent les conditions de fonctionnement en fonction de l'intensité du courant, sans faire aucune hypothèse sur la nature du récepteur utilisant l'énergie électrique.

Application numérique. — Soient douze éléments de pile dont les constantes sont E = 1,07 volt, r = 2 ohms, que l'on couple par 6 en tension et les deux groupes en quantité (*fig.* 26). Quelles sont les constantes de la pile ainsi formée? Quelle est sa puissance maxima? Quels seraient l'intensité, la puissance et le rendement avec une résistance extérieure de 10 ohms?

Les éléments sont couplés en séries multiples. La force électromotrice totale est :

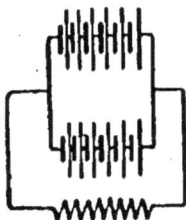

Fig. 26.

$$E_1 = lE = 6 \times 1{,}07 = 6{,}42 \text{ volts,}$$

et la résistance intérieure de l'ensemble :

$$r_1 = \frac{lr}{q} = \frac{6 \times 2}{2} = 6 \text{ ohms.}$$

La puissance maxima est donc égale à :

$$P_{max} = \frac{E_1^2}{4r_1} = \frac{\overline{6{,}42}^2}{4 \times 6} = 1{,}71 \text{ watt.}$$

Pour mettre la pile dans les conditions de puissance maxima (p. 83), il faut un circuit extérieur de résistance égale à celle de la pile, soit R = 6 ohms, et il y a une différence de potentiel aux bornes :

$$u = \frac{E_1}{2} = 3{,}21 \text{ volts.}$$

Le rendement dans ces conditions est, comme il a été dit (p. 85), de 50 p. 100. La puissance perdue par effet Joule dans la pile est égale à la puissance utile, et l'intensité de courant est de :

$$I = \frac{3{,}21}{6} = 0{,}535 \text{ ampère.}$$

Si la résistance extérieure est de 10 ohms, l'intensité de courant est :

$$I = \frac{E_1}{R + r_1} = \frac{6{,}42}{10 + 6} = 0{,}4 \text{ ampère.}$$

et la différence de potentiel aux bornes :

$$u = E - rI = 6{,}42 - 6 \times 0{,}4 = \text{ soit 4 volts.}$$

La puissance utile correspondante est :

$$P_u = uI = 4 \times 0{,}4 = 1{,}6 \text{ watt,}$$

et le rendement :

$$\eta = \frac{u}{E} = \frac{4}{6,42} = 0,62.$$

La puissance totale est :

$$P_t = EI = 6,42 \times 0,4 = 2,568 \text{ watts,}$$

et la puissance perdue par effet Joule dans la pile

$$P_p = P_t - P_u = 2,568 - 1,6 = 0,968 \text{ watt.}$$

DESCRIPTION DES PRINCIPAUX TYPES DE PILES
THERMO-ÉLECTRIQUES

Pile Melloni. — La première pile thermo-électrique a été construite par *Oersted et Fourier* avec le couple bismuth-antimoine ; c'est cette pile modifiée par *Nobili* qui a été employée par *Melloni* pour ses expériences sur la chaleur. — Le thermo-multiplicateur de Melloni se compose (*fig.* 27 et 28)

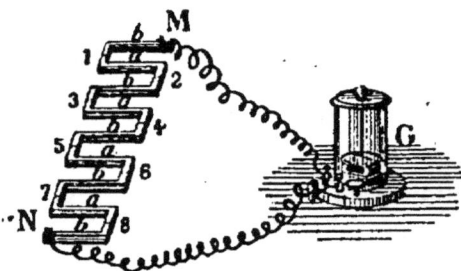

Fig. 27.

Fig. 28.

Pile de Melloni.

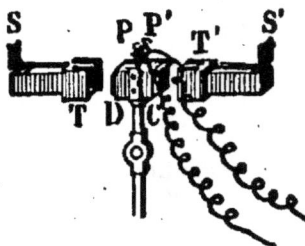

d'une série de barres de bismuth et d'antimoine soudées et disposées en zig-zag de manière que toutes les soudures paires se trouvent d'un côté et les soudures impaires de l'autre ; l'isolement des parties non soudées se fait par l'interposition de papier verni. Le pouvoir thermo-électrique est d'environ 100 microvolts par degré C. à 20° C. — Il suffit de très faibles différences de température entre les deux faces pour qu'un galvanomètre relié aux deux pôles indique le passage d'un courant.

Pile Noé. — On emploie dans cette pile un couple maille-chort et alliage zinc-antimoine. A la soudure chaude les deux alliages sont soudés directement sans intermédiaire ;

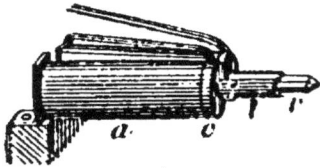

FIG. 29.

le maillechort pénètre dans une capsule en laiton *c* (*fig.* 29) servant de fond au moule dans lequel on coule le barreau d'alliage zinc-antimoine. Une tige de cuivre rouge *r* fixée à la capsule est directement soumise à l'action du foyer (bec Bunsen ou lampe à alcool) et échauffe la soudure par conductibilité. Les éléments sont disposés en couronne suivant les rayons d'un cercle, les tiges de cuivre vers le centre et comprises entre deux lames de mica. On peut ainsi chauffer tous les éléments avec une seule flamme.

A la soudure froide le maillechort d'un couple est réuni à l'alliage zinc-antimoine du couple suivant par une lame de cuivre enroulée et noircie de manière à fournir un très bon refroidissement par convection et rayonnement (*fig.* 30).

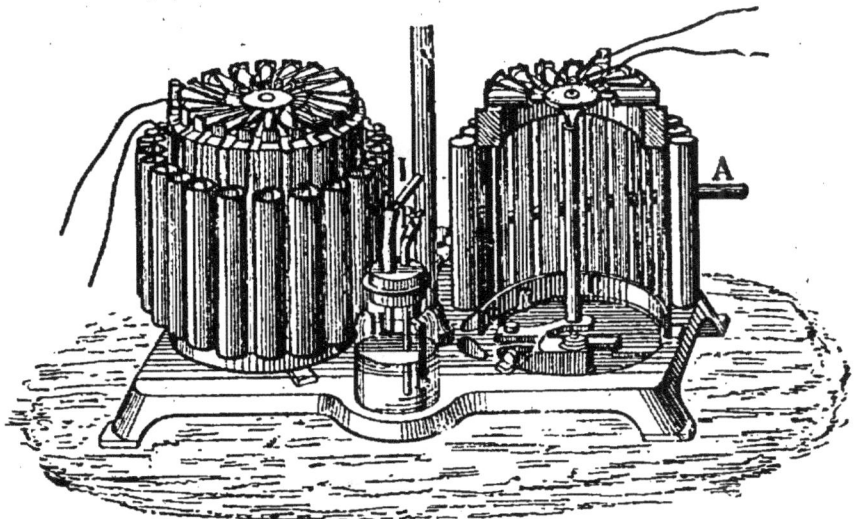

FIG. 30. — Pile Noé.

Chaque élément donne en marche normale une force électromotrice de 0,06 volt et à une résistance de 0,025 ohm.

La puissance maxima correspondante est de (p. 83) :

$$\frac{E^2}{4r} = \frac{0,06^2}{4 \times 0,025} = 0,036 \text{ watt.}$$

Une pile de 100 éléments aurait donc une puissance maxima de 3,6 watts.

Pile Clamond. — Le couple utilisé est composé de fer ou de nickel et d'un alliage de zinc et d'antimoine à parties égales. Dans le modèle que construit M. Carpentier (*fig.* 31), ces couples sont disposés par couronnes horizontales de 10 éléments en tension. Une pile se compose d'un certain nombre de ces couronnes, qu'on peut associer entre elles en tension ou en quantité. Les couronnes sont isolées entre elles par de l'amiante et les soudures chaudes sont logées dans des alvéoles que porte à sa partie extérieure une couronne de

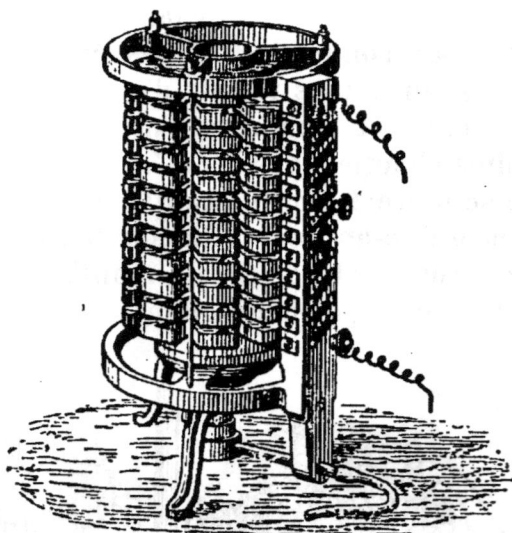

Fig. 31. — Pile Clamond.

terre réfractaire. — L'ensemble des couronnes ainsi constituées est serré par des boulons entre deux cadres de fonte.

Cette pile se chauffe au gaz ; celui-ci arrive mélangé d'air dans un tube en terre réfractaire percé de trous, placé à la partie centrale. Il brûle à chacun de ces trous et chauffe les couronnes de terre dans lesquelles sont logées les soudures ; cette disposition évite l'action directe de la flamme et empêche les variations brusques de température préjudiciables à la conservation des couples. Un régulateur de débit maintient la consommation de gaz constante.

Un type de 12 couronnes de 10 éléments a pour constantes, tous les éléments en tension : force électromotrice, 8 volts ; résistance intérieure, 3,2 ohms, soit une puissance utile maxima de 5 watts. La consommation de gaz est de 180 litres par heure, soit 36 mètres cubes par kilowatt-heure.

Un autre type de 6 couronnes de 10 éléments plus gros a pour constantes, les éléments en tension : force électromotrice, 3,6 volts ; résistance intérieure, 0,65 ohm ; puissance maxima disponible, 5 watts ; consommation de gaz, 180 litres par heure.

Pile Giraud. — Le couple est formé de fer et d'un alliage complexe dans lequel dominent l'antimoine, le zinc et le cadmium.

Le chauffage se fait au coke. Une pile de 700 éléments en tension donne 10 volts et 4 ampères, soit 40 watts de puissance utile. La consommation journalière est de 20 à 28 kilogrammes de coke pour un travail de 600 à 1000 watts-heure utiles.

Prix de revient de l'énergie électrique. — **Rendement des piles thermo-électriques.** — La consommation de gaz ou de combustible quelconque d'une pile thermo-électrique étant une quantité constante quel que soit le débit, il y a avantage à la faire travailler à puissance maxima. On verra que ce n'est pas le cas pour les autres générateurs dans lesquels la puissance absorbée varie avec la puissance utile.

Une pile thermo-électrique travaille donc à rendement maximum lorsque sa puissance utile est maxima, c'est-à-dire quand le débit est sensiblement égal à la moitié de l'intensité de courant en court-circuit.

Pour arriver à ce résultat, on agira soit sur le circuit de décharge, soit sur le couplage des différents éléments de la pile.

Quelle est la valeur de ce rendement maximum ?

Pour les piles Clamond, par exemple, la consommation de gaz est de 36 mètres cubes par kilowatt-heure, soit 0,01 litre par watt-seconde ou joule ; si le gaz a un pouvoir calorifique de 5200 calories gd par litre, un joule qui vaut

$\frac{1}{4,17}$ calorie gd, est donc produit par une quantité de chaleur égale à 5206 . 0,01 = 52 calories.

Le rendement η est donc égal à :

$$\eta = \frac{\frac{1}{4,17}}{52} = \frac{1}{216},$$

c'est-à-dire moindre que 0,5 p. 100.

Toutes les autres piles thermo-électriques donnent des résultats analogues et ne permettent pas de transformer en énergie électrique plus de 1 p. 100 de l'énergie thermique du combustible employé. C'est un rendement excessivement faible et inférieur, comme on le verra, à celui qu'on obtient en passant par l'intermédiaire de l'énergie mécanique avec les machines à vapeur, les moteurs à gaz et les dynamos.

L'augmentation du rendement est liée à la découverte d'un couple présentant un pouvoir thermo-électrique beaucoup plus considérable que les couples usuels.

Lorsqu'on emploie le gaz comme combustible, l'énergie électrique fournie par les piles revient à un prix excessivement élevé. Si l'on compte le gaz à 0,30 fr. le mètre cube et 36 mètres cubes par kilowatt-heure, on voit que le prix de revient est de 10,80 fr. par kilowatt-heure.

Avec le coke, en comptant 25 kilogrammes par kilowatt-heure, et le prix du coke à 40 francs la tonne, le kilowatt-heure revient à 1 franc. Ce prix est en raison du faible rendement de la transformation, encore plus élevé que celui qui correspond à l'emploi de machines à vapeur et de dynamos.

Emploi des piles thermo-électriques. — Mesure des températures. — Le prix de revient élevé de l'énergie fournie par les piles thermo-électriques limite leur emploi aux cas dans lesquels on n'a besoin que d'une faible puissance. Leur simplicité de fonctionnement, le peu de surveillance et d'entretien qu'elles demandent et la constance du courant fourni en font des générateurs commodes dans bien des applications, telles, par exemple, que l'analyse électro-chimique et les petites applications de l'électrolyse.

Les phénomènes thermo-électriques servent également dans les recherches scientifiques et, dans l'industrie, à la mesure des températures.

On a signalé la pile de Melloni, appliquée par ce physicien à ses recherches sur la chaleur.

On peut se servir également des couples thermo-électriques pour la détermination des températures d'endroits peu accessibles, l'une des soudures étant placée en cet endroit, et l'autre maintenue à une température constante, on note la déviation d'un galvanomètre intercalé dans le circuit. Si on a préalablement étalonné l'appareil avec des températures connues, on sait à quelles températures correspondent les déviations lues. On peut encore, afin d'éliminer l'influence de la résistance du couple, opérer comme l'a indiqué Becquerel en plongeant la deuxième soudure dans un liquide isolant qu'on chauffe ou qu'on refroidit de manière que le courant soit nul dans le circuit. Les températures des deux soudures sont les mêmes et il suffit de faire une lecture à un thermomètre plongé dans le liquide.

Industriellement on utilise surtout les couples thermo-électriques à la mesure des températures élevées, et on emploie généralement le couple de Le Chatelier qui se compose d'un fil de platine pur fondu et d'un fil de platine rhodié fondu à 10 p. 100. Ce couple reste très comparable à lui-même et donne d'excellents résultats. On monte simplement un galvanomètre en circuit et on lit les déviations de celui-ci. Un étalonnage préalable permet de déduire les températures.

CHAPITRE II

PILES HYDRO-ÉLECTRIQUES

Les piles hydro-électriques sont des générateurs qui opèrent la transformation de l'énergie chimique en énergie électrique.

La pile et la cuve électrolytique ne diffèrent que par le signe de la force électromotrice développée par les actions chimiques. Dans la pile, ces actions chimiques (combinaisons et décompositions) sont telles que la somme des quantités de chaleur qui leur correspondent soit positive. Cette somme est négative dans la cuve électrolytique.

Calcul de la force électromotrice des piles. — En supposant que toute l'énergie chimique soit transformée en énergie électrique, on peut calculer la force électromotrice résultante pour une pile quelconque. On se reportera aux lois qui ont été établies à propos des actions chimiques du courant et qui sont applicables également à la transformation inverse considérée ici.

Pour un corps quelconque, la masse M engagée dans une combinaison par une quantité Q d'électricité est égale à :

$$M = a \cdot \frac{m}{n} \cdot Q,$$

a étant un coefficient constant pour tous les corps, m le poids moléculaire, et n le nombre de valences à rompre. La valeur de a peut être obtenue à l'aide des résultats d'expérience sur un corps quelconque. Pour l'hydrogène par exemple, $m = 1$, $n = 1$, et 1 coulomb libère ou engage $10,384 \cdot 10^{-6}$ grammes d'hydrogène.

On a donc pour a la valeur :

$$a = 10,384 \cdot 10^{-6},$$

et pour M,

$$M = 10,384 \cdot 10^{-6} \frac{m}{n} \cdot Q.$$

L'énergie thermique de combinaison pour la masse M sera, en appelant c la chaleur de combinaison de 1 gramme de matière :

$$Mc = 10,384 \cdot 10^{-6} \frac{m}{n} \cdot Q \cdot c.$$

Si c est exprimé en calories gd. par gramme de matière, pour avoir Mc en unités électriques de travail ou joules il faut tenir compte de ce que 1 calorie gd. vaut 4,17 joules

$$1 \text{ calorie gd.} = 4,17 \text{ joules.}$$

On aura donc :

$$W = 10,384 \cdot 10^{-6} \frac{m}{n} Q \cdot c \cdot 4,17 \text{ joules.}$$

Cette énergie est égale à l'énergie électrique donnée par la relation

$$W = QE \text{ joules.}$$

En égalant ces deux expressions de W, on a :

$$QE = 10,384 \cdot 10^{-6} \cdot 4,17 \frac{m}{n} Q \cdot c,$$

$$E = 43,3 \cdot 10^{-6} \frac{m}{n} \cdot c.$$

Mais $\frac{m}{n} \cdot c$ représente la chaleur de formation en calories gd. d'un équivalent en grammes du composé produit ; si on pose :

$$\frac{m}{n} \cdot c = C,$$

on a simplement :

$$E = 43,3 \cdot 10^{-6} C.$$

Si C est exprimé en calories Kgd., on a :

$$E = 0,0433 \ C = \frac{1}{23} \ C.$$

Un raisonnement analogue au précédent pourrait être fait pour toutes les réactions qui se produisent dans une pile, les unes donneront lieu à des forces électromotrices positives, c'est-à-dire dégageront de l'énergie ; les autres, au contraire, donneront lieu à une absorption d'énergie et à une force électromotrice négative. En rapportant pour toutes ces réactions la chaleur de formation ou de décomposition à l'équivalent en grammes-masse et en considérant la somme algébrique de ces quantités de chaleur exprimées en calories Kgd., la formule précédente sera applicable, et la force électromotrice de la pile sera numériquement égale à $\frac{1}{23}$ de la somme obtenue,

Cette relation établie par lord Kelvin et connue sous le nom de *théorème* ou *loi de Thomson*, ne donne qu'exceptionnellement des nombres concordants avec la mesure directe des forces électro-motrices des piles.

Généralement le calcul donne des résultats plus élevés que la mesure directe ; dans ce cas, une partie de l'énergie est trans-formée en chaleur, en outre de la perte rI^2 par effet Joule dans la résistance intérieure de la pile. C'est ce que des expériences calo-rimétriques permettent de constater.

Dans quelques cas, la force électromotrice mesurée est plus grande que celle indiquée par la loi de Thomson ; l'excès d'énergie ne peut provenir que de l'énergie thermique que possède la pile, et, lorsque cette absorption de chaleur est plus grande que le déga-gement qui correspond à l'effet Joule rI^2 dans la résistance de la pile, celle-ci doit se refroidir. C'est, en effet, ce qu'on constate expérimentalement.

M. Von Helmholz a établi par des considérations thermodyna-miques une relation qui a été confirmée par des expériences ulté-rieures :

$$E = 0,043\, C + T\, \frac{dE}{dT},$$

T étant la température absolue de l'élément, et dE la variation de force électromotrice correspondant à une variation élémentaire dT de la température ; $\frac{dE}{dT}$ est positif ou négatif, suivant que la force électromotrice augmente ou diminue lorsque la température croit, ce qui donne bien lieu pour E à une valeur plus grande ou plus petite que celle qui correspond directement à la somme des réactions chimiques qui s'accomplissent.

Ce terme $T\,\frac{dE}{dT}$ de la formule d'Helmholz a donné lieu à un cer-tain nombre d'hypothèses ; celle qui parait la meilleure est que ce terme exprime la somme des forces électromotrices des différents contacts des métaux, liquides et précipités, réunis pour former les piles.

La force électromotrice au contact de deux métaux est exprimée en effet par une formule absolument analogue :

$$E = T\, \frac{dE}{dT},$$

$\frac{dE}{dT}$ étant le pouvoir thermo-électrique à la température T.

Des expériences de MM. Chroustchoff et Sitnikoff[1] montrent l'égalité du terme $T \dfrac{dE}{dT}$ de la formule d'Helmholz avec la somme des forces électromotrices de contact entre les différentes parties de la pile.

Le phénomène d'échauffement, ou de refroidissement, qu'on observe suivant que la force électromotrice est plus faible ou plus élevée que celle qui correspond simplement aux réactions chimiques, serait donc dû à la somme des effets Peltier se produisant aux différentes surfaces de contact, en vertu des variations de potentiel qui s'y produisent.

Les forces électromotrices de contact des métaux avec les liquides ou des liquides entre eux sont bien plus élevées que celles que présentent les métaux entre eux, ce qui fait que les différences entre les forces électromotrices calculées et les forces électromotrices vraies sont souvent considérables.

Deux exemples de calcul de force électromotrice de piles sont donnés ci-après pour la pile de Volta et la pile Daniell. La variation de force électromotrice de ce dernier élément est sensiblement nulle et le terme d'Helmholz $T \dfrac{dE}{dT}$ a une valeur négligeable. L'application de la loi de Thomson donne bien dans ce cas la force électromotrice de la pile.

Polarisation. — Si l'on forme une pile de Volta avec une lame de zinc et une lame de cuivre plongeant dans de l'eau acidulée sulfurique, cette pile donne une force électromotrice d'environ 0,85 volt. En reliant les deux pôles de la pile à un circuit de résistance R, il se produira un courant électrique dû à la force électromotrice de la pile, donné par la relation

$$I = \frac{E}{R + r}.$$

Si l'on mesure l'intensité de ce courant, on constate qu'il va en s'affaiblissant peu à peu. On donne le nom de *polarisation* à ce phénomène d'affaiblissement de courant fourni par une pile. Si l'on coupe le circuit de décharge, on constate que la force électromotrice, aussitôt après la rupture, est plus faible qu'avant et qu'elle ne reprend que peu à peu sa valeur primitive. Ce phénomène de polarisation est dû à un grand nombre de causes.

[1] Académie des Sciences, 7 mai 1889.

Quelles sont les réactions qui se produisent dans la pile ? elles sont représentées par l'équation

$$SO^4H^2 + Zn = SO^4Zn + H^2.$$

L'eau acidulée est électrolysée, l'hydrogène se porte sur la lame de cuivre et l'oxygène s'unit au zinc qui, en présence de l'acide sulfurique, donne du sulfate de zinc qui se dissout. La chaleur de formation du sulfate de zinc est supérieure à la chaleur de décomposition de l'eau (54,8 — 34,4 = 20,4 calories), ce qui correspond, d'après la loi de Thomson, à une force électromotrice de :

$$E = 0,043 \times 20,4 = 0,877 \text{ volt.}$$

La polarisation de la pile a pour cause principale le dégagement d'hydrogène qui se produit sur la lame de cuivre et qui forme sur celle-ci une couche gazeuse créant une force électromotrice inverse de celle de la pile. Cette force électromotrice peut facilement être mise en évidence. Une lame de cuivre ainsi polarisée, mise en présence d'une lame de cuivre ordinaire, forme une pile dans laquelle la lame polarisée joue le même rôle que la lame de zinc dans le couple de Volta.

Le dégagement d'hydrogène a, de plus, pour effet d'accroître la résistance intérieure de la pile en réduisant la surface utile de l'électrode positive.

La résistance intérieure augmente également par la formation de sulfate de zinc, moins conducteur que l'eau acidulée.

Dépolarisation des piles. — On diminue la polarisation en facilitant le départ de l'hydrogène qui se dégage sur l'électrode positive. On peut employer une surface grenue obtenue par dépôt électrolytique de platine ou d'argent, ou employer au lieu de cuivre une lame de charbon de cornue ou de charbon artificiel. Les aspérités de la surface facilitent le dégagement de l'hydrogène.

On peut également employer un procédé mécanique, soit qu'on remue ou qu'on brosse l'électrode positive, qu'on fasse circuler le liquide, qu'on insuffle de l'air, etc. Ces procédés mécaniques ont été abandonnés, et maintenant on a uniquement recours à des procédés chimiques de dépolarisation. Ces procédés consistent à mettre en présence de l'hydrogène une substance sur laquelle il puisse réagir de manière à éviter son dégagement sur l'électrode positive. Cette substance chimique s'appelle le dépolarisant.

Les principaux dépolarisants employés sont : l'acide chromique, le chlorure d'argent, le bioxyde de manganèse, le peroxyde de plomb, le chlorure de chaux, le bioxyde de cuivre, le sulfate de cuivre, l'acide azotique, l'eau régale, le perchlorure de fer, le sulfate de mercure, le bioxyde de mercure, l'eau de chlore, etc. Les produits de la dépolarisation varient suivant le dépolarisant employé. Celui-ci peut, suivant les cas, être ajouté au liquide excitateur ou être disposé à part dans un compartiment séparé du liquide excitateur par une cloison poreuse.

Électrodes. — Liquide excitateur. — Le zinc est le plus positif des métaux usuels, aussi le choisit-on généralement pour composer l'électrode négative. On a cherché à remplacer le zinc par un métal moins coûteux, le fer par exemple ; mais le prix de revient de l'énergie est plus élevé qu'avec le zinc en raison de la diminution de la force électromotrice.

Le zinc pur n'est pas attaqué dans l'eau acidulée à moins qu'il ne soit touché par un corps moins positif que lui plongeant dans le liquide. Le zinc ordinaire est toujours attaqué dans l'acide ; c'est, dans les piles, un inconvénient qui a pour effet de produire au repos et en travail une usure inutile du zinc. Cette attaque du zinc ordinaire est due aux impuretés (fer, arsenic, etc.) qu'il contient. Il se forme des couples locaux entre ces impuretés et le zinc, et celui-ci est attaqué. Le moyen employé pour empêcher cette attaque consiste à former à la surface du zinc un amalgame.

L'amalgamation du zinc se fait simplement en mettant le zinc en contact avec du mercure recouvert d'eau acidulée sulfurique et en le frottant ensuite avec un chiffon ou un gratte-bosse pour étendre le mercure. On lave ensuite à grande eau. On peut encore plonger la plaque à amalgamer dans une solution acidulée chlorhydrique de nitrate de mercure.

L'amalgamation ainsi produite n'est que superficielle et il est nécessaire de la renouveler de temps en temps. Il est préférable de produire l'amalgation des zincs dans la masse, en ajoutant du mercure au zinc lorsque celui-ci est fondu et en coulant aussitôt dans les moules. La proportion de mercure est de 4 p. 100.

On emploie souvent un procédé particulier pour entretenir l'amalgation du zinc dans la pile elle-même ; on le fait plonger à sa partie inférieure dans un godet rempli de mercure.

Dans les piles où il tend à se produire des actions locales usant inutilement le zinc, on donne à celui-ci la plus petite surface possible.

L'électrode positive étant inattaquée peut avoir une grande surface, de manière à réduire la résistance intérieure et faciliter la dépolarisation. On la compose suivant les piles en cuivre, en argent, en charbon, en platine, en fer, en mercure ou en plomb.

Le liquide excitateur varie également : on emploie l'eau acidulée sulfurique, l'acide chlorhydrique, le chlorure de sodium, le chlorhydrate d'ammoniaque, la potasse, la soude, le sulfate de zinc, l'acide acétique, l'alun, etc.

Accessoires des piles. — Les vases pour piles se font surtout en grès, en verre, de forme rectangulaire ou cylindrique ; on emploie quelquefois des vases en bois protégés à l'intérieur par un revêtement de résine et de gutta, ou de gutta et de paraffine. Dans certaines piles il se produit des sels grimpants ; on peut les arrêter en enduisant les bords des vases de paraffine, d'un mélange de 2 parties de vaseline et 1 de paraffine, ou encore de vernis.

Les vases poreux employés dans la plupart des piles accroissent la résistance intérieure des éléments, la communication entre l'intérieur et l'extérieur ne s'établissant que par les conduits capillaires que présente la paroi. On peut mesurer la résistance qu'introduit un vase poreux. La quantité de liquide qui s'écoule en temps donné fournit une mesure de leur porosité. Les vases poreux doivent présenter le minimum de résistance ; on les construit en porcelaine dégourdie ou en papier parcheminé ; on en fait également en charbon qui peuvent, en même temps qu'ils renferment le dépolarisant, être utilisés comme électrodes.

Dans les piles transportables on immobilise souvent le liquide en employant de l'éponge, du sable, de la silice, de la sciure de bois, du cofferdam, du silicate de soude ou encore du plâtre. Les éléments ainsi traités ne conviennent en général que pour de faibles débits, la résistance intérieure étant augmentée et les réactions chimiques ne se produisant pas aussi facilement.

Il faut dans les piles assurer de bons contacts entre les électrodes, les prises de courant ou bornes et les fils; ces contacts demandent à être entretenus en bon état et il est bon de les vérifier de temps en temps.

DESCRIPTION DES PRINCIPAUX TYPES DE PILES HYDRO-ÉLECTRIQUES

Classification. — La majeure partie des piles hydro-électriques peuvent être classées en trois groupes :

1º Piles sans dépolarisant ;
2º Piles à dépolarisant solide ;
3º Piles à dépolarisant liquide.

Dans les piles à dépolarisant liquide, le dépolarisant peut être soit ajouté directement à la solution excitatrice et les deux électrodes plongent dans ce mélange, soit contenu dans un vase spécial, les deux électrodes plongeant chacune dans le liquide correspondant et les deux liquides étant séparés par une cloison poreuse. Il y a donc lieu de distinguer :

Piles à dépolarisant liquide
{ à un seul liquide ;
{ à deux liquides séparés.

Piles sans dépolarisant. — Le type des piles sans dépolarisant est la pile de Volta, déjà signalée (p. 20), qui se compose de deux lames, l'une de cuivre, et l'autre de zinc, plongeant dans de l'eau acidulée sulfurique. La force électromotrice normale est de 0,8 volt environ. Cette pile se polarise rapidement, et, si le zinc est impur, il se forme des couples locaux produisant une usure plus grande de celui-ci. L'amalgamation du zinc empêche la formation de ces couples locaux ; aussi amalgame-t-on généralement le zinc pour toutes les piles.

Le liquide excitateur employé peut être l'acide acétique, l'acide chlorhydrique, une solution de chlorure de sodium, de chlorure d'ammonium, d'alun, etc.

L'électrode positive a été, dans les piles sans dépolarisant, modifiée de différentes façons pour faciliter le dégagement de l'hydrogène, et, par conséquent, réduire la polarisation. On a pris du cuivre rugueux, de l'argent platiné, du charbon platiné ou non, du plomb platiné, etc.

On a également essayé de remplacer le zinc de l'électrode négative par d'autres métaux, le fer, par exemple ; mais on a reconnu que, de tous les métaux, c'est le zinc qui, dans tous les générateurs chimiques d'énergie électrique, fournit cette énergie avec le plus faible prix de revient.

Une pile sans dépolarisant, travaillant sous une différence de potentiel aux bornes de 0,5 volt, consomme 2500 grammes de zinc et 6000 grammes d'acide sulfurique ordinaire par kilowatt-heure.

Pile Upward au chlore. — Cette pile est à écoulement de chlore gazeux, le zinc plonge dans une solution de chlorure de zinc où on fait arriver le chlore. Le pôle positif est formé d'un vase poreux dans lequel est placée une lame de charbon entourée de charbon de cornue. Le chlore attaque le zinc pour former du chlorure de zinc qui entre en solution.

La force électromotrice est de 2,1 volts, et la résistance intérieure peut être très faible.

Si l'on compte par élément une différence de potentiel utile de 1 volt aux bornes, la consommation est de 1220 grammes de zinc et 1320 grammes (425 litres) de chlore par kilowatt-heure.

Piles à dépolarisant solide. — Dans ces piles la substance solide dépolarisante doit être conductrice de manière que l'hydrogène s'y dégage et y soit fixé.

Lorsque le liquide excitateur est neutre ou alcalin, ces piles présentent sur toutes les autres l'avantage de ne rien dépenser à circuit ouvert, ce qui fait qu'elles sont très employées pour les usages intermittents.

Élément Leclanché. — Le zinc amalgamé plonge dans une solution de chlorhydrate d'ammoniaque. Le dépolarisant est du bioxyde de manganèse entourant l'électrode positive en charbon, le bioxyde est maintenu autour du charbon par un vase poreux (*fig.* 32). On mélange au bioxyde du charbon de cornue concassé.

Les réactions qui se produisent sont les suivantes :

$$Zn + 2AzH^4Cl + 2MnO^2 = ZnCl^2 + 2AzH^3 + Mn^2O^3 + H^2O.$$

Il se forme de l'ammoniaque qui reste en solution, et le bioxyde de manganèse est transformé en sesquioxyde.

FIG. 32. — Pile Leclanché.

D'après la réaction précédente un ampère-heure demande environ 2 grammes de chlorure d'ammonium.

La force électromotrice est de 1,48 volt.

La dépolarisation ne se fait pas rapidement et l'élément ne peut débiter que des courants faibles. La résistance intérieure des éléments à vase poreux est d'ailleurs assez élevée ; on l'a réduite en employant un mélange de bioxyde de manganèse et de charbon sous forme de plaques agglomérées maintenues contre le charbon par des jarretières en caoutchouc ou par des boulons, ce qui permet de supprimer le vase poreux. Ces agglomérés sont obtenus en comprimant à 300 atmosphères et à une température de 100° C., une pâte composée de 40 parties de

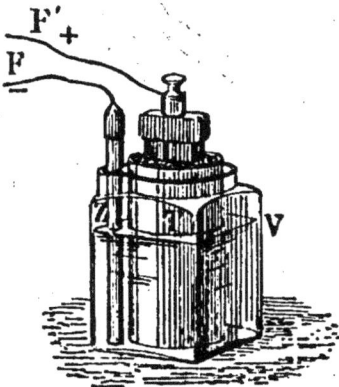

bioxyde de manganèse, 52 parties de charbon et 5 de gomme laque. On peut encore maintenir le mélange dépolarisant autour du charbon par une enveloppe de toile, ce qui réduit beaucoup la résistance intérieure.

M. Barbier emploie comme pôle positif un cylindre creux aggloméré en manganèse et plombagine, terminé à sa partie supérieure par une bague de plomb munie d'une borne. Le zinc occupe la partie centrale et le tout est plongé dans la solution de chlorure d'ammonium.

L'aggloméré est obtenu par le moulage sous pression et à chaud d'un mélange de bioxyde, de plombagine, de brai et de soufre.

La résistance intérieure varie suivant les dimensions de 3 à 10 ohms dans les modèles à vase poreux, et de 0,3 à 1 ohm dans les modèles à agglomérés à sac de toile et dans les éléments Barbier.

Dans les éléments Leclanché, le zinc tend à se couper au niveau du liquide. On peut le protéger à cet endroit au moyen d'une bague de caoutchouc.

Des réactions secondaires donnent lieu à des dépôts cristallins, sur le zinc principalement, lorsque l'élément est au repos. Ces dépôts se produisent beaucoup moins lorsqu'on ajoute à la solution du chlorure de zinc ou quand on emploie des solutions étendues de sel ammoniac.

Il se produit au bord du vase extérieur des sel grimpants qu'on arrête en paraffinant le haut des vases.

Élément de Lalande et Chaperon; à oxyde de cuivre. — Cette pile se compose d'une lame ou d'un cylindre de zinc formant pôle négatif, d'une solution de potasse caustique à 30 ou 40 p. 100, comme liquide excitateur, et d'oxyde de cuivre mis en contact avec une surface métallique comme dépolarisant et pôle positif.

En circuit fermé, le zinc forme un zincate alcalin très soluble et l'hydrogène qui se dégage au pôle positif réduit l'oxyde de cuivre en cuivre métallique :

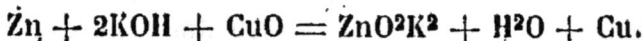

$$Zn + 2KOH + CuO = ZnO^2K^2 + H^2O + Cu.$$

La force électromotrice est de 0,8 à 0,9 volt.

L'attaque à circuit ouvert est négligeable comme dans les éléments Leclanché ; mais la dépolarisation se fait relativement mieux, en raison de la bonne conductibilité du dépolarisant due à la présence de cuivre qui augmente à mesure que la quantité de cuivre libéré est plus grande.

La résistance intérieure peut être très faible, ce qui permet, par des débits élevés, de compenser dans une certaine mesure la faiblesse de la force électromotrice.

Fig. 33. — Pile de Lalande et Chaperon.

Les dispositions adoptées sont de différentes sortes. L'électrode positive est généralement constituée par de la tôle de fer. La figure 33 représente l'élément à auge, A étant une auge en tôle de fer formant pôle positif avec une borne C, B la couche dépolarisante d'oxyde de cuivre au fond de l'auge. La plaque de zinc amalgamé D est supportée par des isolateurs L.

Un élément de 40 centimètres de longueur, 20 de largeur et 10 de hauteur, a une résistance intérieure de 0,03 ohm seulement et peut débiter en service courant de 8 à 12 ampères, la capacité totale étant de 540 ampères-heure. La force électromotrice reste voisine de 0,8 volt.

On recouvre la surface de la solution de potasse d'une couche d'huile lourde pour la soustraire à l'action de l'acide carbonique de l'air. On fait également des modèles hermétiques.

Dans les modèles les plus récents de cette pile, l'oxyde de cuivre, au lieu d'être employé sous forme de grains placés simplement sur le fond d'un vase métallique formant récipient, se présente sous la forme de plaques agglomérées à surface métallisée. Les figures 34 et 35 montrent la nouvelle disposition. Les plaques d'oxyde aggloméré C sont maintenues verticalement en regard des plaques de zinc ZZ contre des supports métalliques DD fixés au couvercle BB des éléments. L'ensemble plonge dans une solution de potasse à 35 p. 100 environ contenue dans un vase en verre A. On a ainsi des éléments plus compacts et plus faciles à déplacer.

Les agglomérés sont obtenus en moulant à la presse

hydraulique un mélange humide de battitures de cuivre avec 4 à 5 p. 100 d'argile et cuisant le produit à une température de 600 à 700° C. On peut encore mélanger les battitures à 6 à 8 p. 100 de goudron et les soumettre à la chaleur rouge dans un four à réverbère. Il se produit d'abord une réduction de l'oxyde, d'où agglomération de la masse, puis, sous l'influence de l'air, le métal s'oxyde sans altération de forme. Les plaques

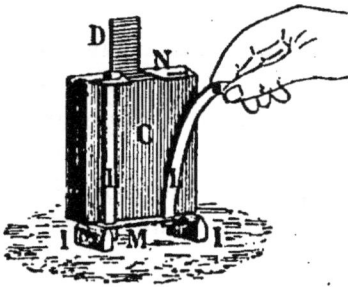

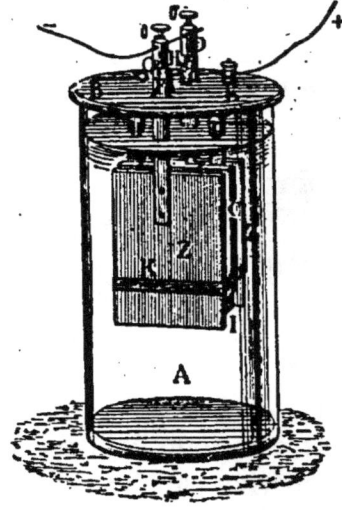

Fig. 34.

Fig. 35.

Pile de Lalande et Chaperon.

ainsi obtenues par les deux procédés sont très solides et suffisamment poreuses pour que la totalité de l'oxyde puisse exercer son action dépolarisante sans introduire de résistance notable dans la pile.

L'oxyde de cuivre étant mauvais conducteur, on recouvre la surface des agglomérés d'une couche de zinc en poudre par immersion dans de l'eau contenant du zinc en suspension, on met ensuite dans de l'eau acidulée ; par suite des couples locaux, l'oxyde de cuivre est réduit et donne du cuivre. Ce cuivre poreux s'oxyderait à l'air, aussi recouvre-t-on ensuite l'aggloméré d'une couche très mince et continue de cuivre par galvanoplastie ; on lave et on sèche les plaques ainsi préparées.

Ces plaques peuvent servir plusieurs fois ; il suffit, lorsqu'elles sont transformées en cuivre métallique par le travail de la pile, de les laver, de les griller et de les métalliser de nouveau.

Les éléments sont construits en trois grandeurs. Le support de l'aggloméré est fixé à un couvercle en faïence B, au moyen de vis et d'écrous. Il se compose d'une plaque de tôle cuivrée de forme rectangulaire évidée au centre et repliée en haut et en bas de manière à recevoir la plaque d'oxyde qui est maintenue par deux clavettes-ressorts LL en cuivre écroui. Chaque zinc est suspendu à une tige passant par un trou du couvercle et maintenu écarté des électrodes positives par des isolateurs d'ébonite. Les zincs sont complètement immergés à cause de la rapidité avec laquelle ils se coupent au niveau du liquide.

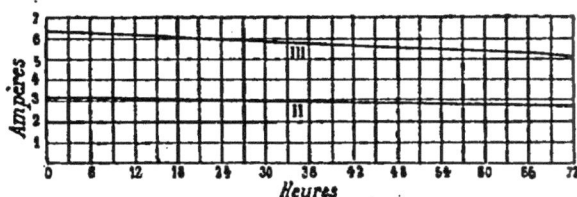

Décharge des éléments de moyen modèle (II).
—   de grand modèle (III).

Fig. 36.

Les courbes (*fig.* 36) représentent les résultats de la décharge des éléments moyen et grand modèle : le premier utilisant un aggloméré de 11 centimètres de côté pesant 450 grammes et deux zincs, le second deux agglomérés pareils et trois zincs. La décharge du premier a été faite sur une résistance de 0,2 ohm, et celle du second sur 0,1 ohm. La capacité totale est respectivement de 300 ampères-heure et 600 ampères-heure.

Pile de Montaud. — Elle se compose d'un zinc à peu près chimiquement pur, allié dans la masse à 4 p. 100 de mercure et trempant dans un godet de mercure.

Le liquide excitateur est de l'eau acidulée sulfurique à 1/10 en volume avec de l'acide sulfurique purifié à l'huile. Le pôle positif est une lame de charbon entourée de peroxyde de plomb, le tout placé dans un vase poreux. La force électromotrice est très élevée, 2,25 volts environ.

L'emploi d'acide à l'huile, d'un godet de mercure et de zinc amalgamé dans la masse, empêche l'attaque du zinc à circuit ouvert.

La purification de l'acide sulfurique par l'huile a été proposée par M. d'Arsonval. Il suffit d'agiter l'acide avec 4 où 5 centimètres cubes d'huile à brûler par litre. Les corps étrangers, arsenic, plomb, etc., qui attaqueraient le zinc sont éliminés.

Piles à dépolarisant liquide et à un seul liquide. — Dans toutes ces piles on emploie comme dépolarisant l'acide chromique, ajouté directement au liquide excitateur, ou obtenu par la réaction de l'acide sulfurique de ce liquide sur du bichromate de potasse ou de soude.

Les réactions sont les suivantes :

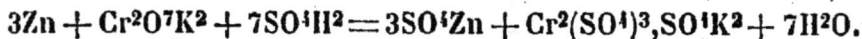

$$3Zn + Cr^2O^7K^2 + 7SO^4H^2 = 3SO^4Zn + Cr^2(SO^4)^3, SO^4K^2 + 7H^2O.$$

Il se forme du sulfate de zinc et de l'alun de chrome. Un ampère-heure intéressant 1,22 gramme de zinc, demande 1,85 gramme de bichromate et 4,27 grammes d'acide sulfurique.

La force électromotrice est de 1,9 à 2 volts ; mais il se produit une action locale énergique et cette pile use considérablement à circuit ouvert. Afin de réduire, en circuit fermé, l'usure du zinc due à ces actions locales, on doit employer des densités de courant élevées pour celui-ci. Sans cette précaution, l'usure, au lieu d'être de 1,22 gramme par ampère-heure, ainsi que l'indique la théorie, peut être deux à trois fois plus grande.

Lorsque la pile ne sert pas, on retire les zincs de la solution.

Ces piles ont, en raison de la grande conductibilité des produits employés, une faible résistance intérieure ; la force électromotrice étant élevée, près de 2 volts, la puissance spécifique peut être très grande. Elles conviennent surtout à des expériences de courte durée. L'une des formes les plus connues de cette pile est celle qu'on appelle *pile-bouteille*, qui est due à M. Grenet (*fig.* 37).

Poggendorf, qui le premier a employé le bichromate comme

dépolarisant, se servait d'une solution de 100 grammes de bichromate de potasse et 50 grammes d'acide sulfurique dans 1 litre d'eau bouillante.

M. Dulaurier met pour 1 litre d'eau, 92 grammes de bichromate et 214 grammes d'acide sulfurique, la proportion relative d'acide et de bichromate étant tirée de la réaction chimique énoncée plus haut.

M. Tissandier a employé pour 1 litre d'eau, 160 grammes de bichromate de potasse et 370 grammes d'acide sulfurique à 66° B.; on met d'abord le bichromate, réduit en poudre très fine, dans l'eau et on ajoute l'acide en agitant jusqu'à dissolution complète. On peut se servir de la solution lorsqu'elle est refroidie à 35° C. La pile employée par M. Tissandier pour ses expériences de navigation aérienne pouvait fournir

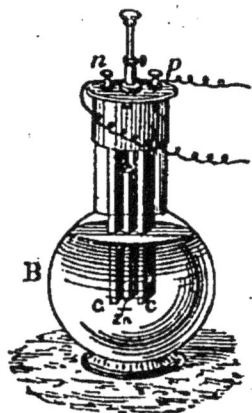

Fig. 37. — Pile-bouteille.

100 ampères sur une résistance de 0,01 ohm. La puissance électrique disponible correspondait à 10 watts par kilogramme total pour un débit d'une durée de deux à trois heures.

Il est difficile d'épuiser complètement la solution de bichromate et, pour arriver à une meilleure utilisation, on ajoute de l'acide chlorhydrique.

On substitue souvent au bichromate de potasse du bichromate de soude qui est moins cher.

Les formes données aux différents éléments au bichromate ne diffèrent entre elles que par des détails de construction.

L'électrode positive est toujours constituée par des plaques de charbon. On se servait avant de charbon de cornue. On emploie maintenant des agglomérés de charbon moins coûteux. Ces charbons doivent être de très bonne qualité pour ne pas s'abîmer rapidement dans les piles au bichromate.

On peut rapprocher beaucoup les deux électrodes et, dans un même élément, composer chacune de ces électrodes d'un grand nombre de plaques, deux plaques successives étant naturellement de signe contraire. La résistance intérieure est ainsi très faible.

Les plaques de zinc sont montées sur un treuil, de manière qu'on puisse les sortir du liquide lorsque la pile est au repos.

Élément Renard. — M. le commandant Renard a employé pour ses expériences de propulsion des ballons une pile d'une puissance et d'une énergie spécifiques très élevées. Chaque élément se compose d'un long vase cylindrique contenant au centre un crayon de zinc et autour de celui-ci une feuille cylindrique en argent platiné sur ses deux faces servant de pôle positif. L'argent platiné a été préféré au charbon à cause de sa conductibilité élevée. La couche de platine est de $\frac{1}{400}$ de millimètre d'épaisseur. Les électrodes sont retirées du liquide lorsque la pile est au repos. Pour le liquide excitateur on emploie l'acide chromique directement, au lieu du bichromate de potasse ou de soude.

On ajoute à 1 litre d'eau : 367 grammes d'acide chromique, 133 grammes d'acide chlorhydrique à 20° B., et 128 grammes d'acide sulfurique à 66° B.

La puissance spécifique de la pile est de 15 à 20 watts-heure par kilogramme de poids total, et l'énergie spécifique de 30 watts-heure par kilogramme.

Pour les applications courantes, les éléments sont disposés de manière à ce qu'on n'ait pas à déplacer les électrodes. Le vase de chaque élément porte une petite ouverture à son extrémité inférieure et plonge dans le liquide qui est contenu dans un vase fermé, en relation avec l'extérieur par un robinet. En insufflant de l'air par ce robinet, le liquide descend et cesse de baigner les électrodes. On peut régler la hauteur de la partie immergée, ce qui fait varier la résistance intérieure de la pile et par conséquent son débit.

Piles à dépolarisant liquide et à deux liquides séparés. — Dans ces piles, le dépolarisant est nettement séparé du liquide excitateur par une cloison poreuse ou simplement par différence de densité. Les actions locales y sont moins grandes que dans les piles à un liquide et la dépolarisation s'y fait plus rapidement que dans les piles à dépolarisant solide.

Élément Daniell, au sulfate de cuivre. — Le dépolarisant est une solution de sulfate de cuivre contenue dans un vase poreux ; une lame de cuivre formant électrode positive plonge dans cette solution. Le vase poreux est mis dans un vase en verre contenant la solution d'eau acidulée et un zinc comme électrode négative (*fig.* 38).

Les réactions sont les suivantes :

$$Zn + SO^4H^2 + SO^4Cu = ZnSO^4 + SO^4H^2 + Cu.$$

Le zinc est attaqué et forme du sulfate de zinc.

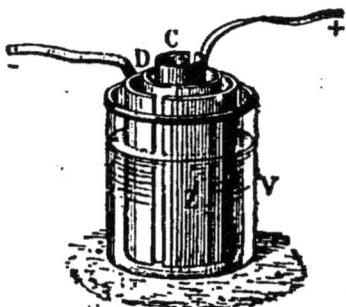

Fig. 38. — Élément Daniell.

Le sulfate de cuivre est décomposé sous l'action de l'hydrogène et donne un dépôt de cuivre et de l'acide sulfurique.

La chaleur de formation du sulfate de zinc est de 54,8 calories et, pour décomposer le sulfate de cuivre, il faut 29,5 calories. La variation de la force électromotrice avec la température étant très faible, on peut négliger le terme correctif d'Helmholz pour le calcul de la force électromotrice et on a simplement (p. 94) :

$$E = 0,043 (54,8 - 29,5) = 1,09 \text{ volt.}$$

On trouve pratiquement 1,08 volt.

On maintient la saturation de la solution dépolarisante en disposant au-dessus du vase poreux un ballon renversé rempli de sulfate de cuivre et ouvert à sa partie inférieure. On opère souvent plus simplement en mettant au fond du vase poreux quelques cristaux de sulfate de cuivre.

Cette pile est remarquable par la constance du courant qu'elle fournit. Il est nécessaire de retirer de temps en temps une partie de la solution de sulfate de zinc qui se concentre de plus en plus par l'attaque du zinc. Il arrive toujours dans ces éléments, au repos et même en service, que la solution de sulfate de cuivre diffuse lentement à travers la cloison poreuse et vient former sur le zinc un précipité noir et boueux de cuivre qui oblige à nettoyer ceux-ci de temps en temps.

La pile Daniell a reçu un très grand nombre de modifications. Dans les unes on a supprimé le vase poreux et utilisé pour la séparation des liquides leur différence de densité (Meidinger, Callaud); dans d'autres on a réduit le plus possible la résistance intérieure des éléments de manière à permettre de grands débits (Carré), et en vue d'un service continu on a même rendu automatique le fonctionnement de la pile (O'Keenan, Barruet).

Élément Meidinger (*fig.* 39). — Un vase extérieur en verre reçoit l'eau acidulée dans laquelle baigne l'électrode de zinc ; un gobelet de verre est disposé au fond de ce vase et contient la solution de sulfate de cuivre dans laquelle arrive un fil de cuivre enroulé en spirale ; ce fil sert d'électrode positive et remonte à la partie supérieure de la pile ; la partie qui traverse la solution acidulée est recouverte d'un isolant. Un ballon renversé, rempli de cristaux de sulfate de cuivre le goulot muni d'un bouchon percé d'un trou, surmonte le gobelet et entretient la concentration de la solution dépolarisante. Le niveau de celle-ci est réglé dans le gobelet et suivant le débit de la pile par la section du trou du bouchon. S'il se forme trop de solution de sulfate, ce qu'on reconnaît quand elle déborde du gobelet, il faut diminuer la section de l'orifice ; si au contraire le liquide

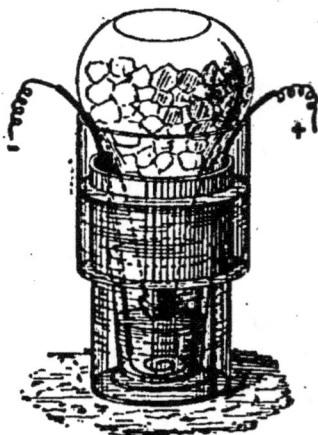

Fig. 39. — Pile Meidinger.

du gobelet se décolore, on augmente la section. Une fois ce réglage fait, l'élément peut fonctionner très longtemps sans surveillance, surtout si le vase extérieur contient suffisamment de liquide pour que la solution de sulfate de zinc qui s'y forme ne s'y concentre pas trop vite. Il est bon de retirer de temps en temps une partie de cette solution qu'on remplace par de l'eau pure.

Cet élément a une résistance intérieure assez grande et ne peut fournir que des courants de faible intensité.

Élément Callaud. — Dans cet élément, les deux liquides sont contenus dans un même vase, le sulfate de cuivre occupe le fond du vase, et l'eau acidulée la partie supérieure. Un fil de cuivre analogue à celui de l'élément Meidinger, ou bien une lame de cuivre repliée, est placé dans la solution cuivrique ; le zinc de forme circulaire supporté sur les côtés du vase par trois crochets baigne seulement dans le liquide excitateur. L'entretien de cet élément exige les mêmes soins que l'élément précédent.

Élément Carré. — Un grand vase de verre cylindrique est rempli d'une solution de sulfate de zinc à 20° B. et contient un zinc de forme cylindrique reposant sur un croisillon en bois. L'électrode positive est un tube de cuivre rouge, fendu longitudinalement, rempli de cristaux de sulfate de cuivre et reposant sur un godet de porcelaine servant de fond à un vase poreux en papier parchemin spécial occupant le milieu de l'élément. Un tube en bois placé en haut du vase en parchemin permet l'écoulement automatique du sulfate de cuivre dont le niveau augmente graduellement avec le travail de la pile.

Un élément dont le zinc avait 24 centimètres de hauteur et pouvant débiter en court-circuit de 8 à 12 ampères, mis en décharge sur une résistance constante, a fourni [1] un courant constant de 3 ampères pendant huit jours et dix-huit heures (210 heures), le rendement électrique étant de 75 p. 100.

Les résultats de cet essai sont les suivants :

Force électromotrice......................	1,06	volt
Résistance intérieure (3 ampères de débit)	0,1	ohm
Courant de décharge......................	3	ampères

(1) *Industrie électrique*, 1895.

Différence de potentiel utile aux bornes.	0,77	volt
Puissance utile......................	2,31	watts
Quantité totale d'électricité produite....	630	ampères-heures.
— d'énergie électrique produite................	485	watts-heures.
Poids total de zinc consommé..........	1000	grammes
— de sulfate de cuivre consommé..................	4730	—
Consommation spécifique de zinc.......	1,58 g.	par ampère-heure
— — de sulfate de cuivre......	7,66 g.	—
Consommation de zinc................	2 kg.	par kilowatt-heure
— de sulfate de cuivre.....	10	—
Cuivre déposé......................	2	—

Élément Bunsen, à l'acide azotique. — Un vase contient de l'eau acidulée et une lame de zinc amalgamé ; un vase poreux renferme de l'acide azotique du commerce et une lame de charbon de cornue ou d'aggloméré (*fig.* 40).

L'élément Bunsen n'est qu'une modification de l'*élément de Grove*, dans lequel il y a, au lieu d'une lame de charbon, une lame de platine.

Fig. 40. — Pile Bunsen.

Les réactions sont les suivantes :

$$Zn + SO^4H^2 + AzO^3H = SO^4Zn + AzO^2H + H^2O.$$

Le zinc se dissout en sulfate de zinc, et l'action de l'hydrogène sur l'acide azotique donne de l'eau et de l'acide nitreux ; celui-ci, au contact de l'air, donne des vapeurs rutilantes d'acide hypo-azotique.

La force électromotrice est de 1,8 volt environ, et la résistance intérieure peut être très faible en raison de la grande conductibilité des produits employés. Ces éléments conviennent donc pour la production de courants intenses ; mais le dégagement de vapeurs nuisibles et l'emploi d'acide azotique en restreignent l'emploi. L'acide azotique est d'ailleurs très mal utilisé ; lorsque celui-ci marque moins de

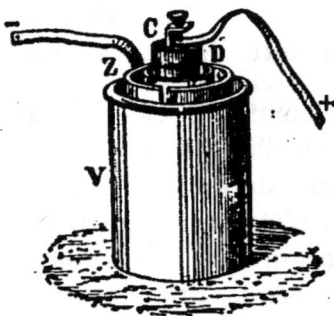

30° B., la pile s'affaiblit rapidement, l'acide du commerce à 36° B. ne peut être utilisé que jusqu'à 28° B., ce qui correspond à une portion utile de 130 grammes seulement par kilogramme d'acide.

L'usure de zinc est de 1,3 gramme par ampère-heure ; l'usure d'acide azotique au moins décuple.

Afin de mieux utiliser les produits, M. *d'Arsonval* a proposé les solutions suivantes :

Liquide excitateur :

Eau......................................	20 volumes
Acide sulfurique à l'huile,................	1 —
Acide chlorhydrique ordinaire.............	1 —

Liquide dépolarisant :

Acide azotique ordinaire..................	1 volume
Acide chlorhydrique ordinaire.............	1 —
Eau acidulée sulfurique à $\frac{1}{20}$	2 —

La force électromotrice initiale atteint 2,2 volts ; la dépolarisation se fait très bien grâce au mélange d'acide azotique et d'acide chlorhydrique.

Éléments à l'acide chromique. — La séparation du dépolarisant et du liquide excitateur a pour effet, dans ces piles, de réduire beaucoup les actions locales qui ont été signalées à propos des éléments dans lesquels on ajoute le dépolarisant à la solution acidulée.

Dans ces piles on met généralement le zinc dans le vase poreux, on réduit ainsi sa surface et on diminue l'influence des actions locales. On peut employer des surfaces de zinc correspondant à un débit de 4 ampères par dm².

La solution est de l'eau acidulée au dixième en volume. Le dépolarisant se compose pour 100 parties d'eau, de 15 à 30 parties d'acide sulfurique et de 10 à 15 parties de bichromate de potasse.

La force électromotrice normale est de 2 volts environ, et la résistance intérieure est très faible en employant de bons vases poreux et comme électrode positive une couronne de lames de charbon ou un charbon circulaire.

On peut admettre par ampère-heure une consommation de 1,3 gramme de zinc et de 3 grammes de bichromate de potasse ou de soude.

Si l'on règle le débit de telle manière que la différence de potentiel utile soit de 1,5 volt, le rendement est sensiblement de 7 p. 100 et la consommation correspondante de 870 grammes de zinc et de 2 kilogrammes de bichromate.

Les éléments au bichromate peuvent très bien servir à la place des éléments Bunsen et ils ont l'avantage de ne pas dégager de vapeurs nuisibles ni de mauvaise odeur.

On peut remplacer le bichromate par de l'acide chromique et, dans ce cas, on forme la solution dépolarisante avec 500 grammes d'acide chromique par litre d'eau, auxquels on ajoute ensuite, en agitant, 300 centimètres cubes d'acide sulfurique à 66° B.

Emploi des piles hydro-électriques. — Prix de l'énergie électrique fournie. — Les piles sont des générateurs commodes pour beaucoup d'applications spéciales, mais le prix de revient élevé de l'énergie ainsi produite limite leur emploi aux cas où la puissance utilisée est faible.

Le kilowatt-heure ne revient pas à moins de 2 fr. 50 à 3 francs avec les piles les plus économiques.

Pour la pile au sulfate de cuivre, par exemple, en prenant les chiffres obtenus sur un élément Carré et en comptant le zinc à 65 francs les 100 kilogrammes, le sulfate de cuivre à 45 francs et le cuivre recueilli à 110 francs, on arrive aux résultats suivants, le rendement étant de 75 p. 100:

Par kilowatt-heure :

Zinc...........................	2 kg. à 0,65	= 1,30
Sulfate de cuivre.............	10 kg. à 0,45	= 4,50
		5,80
Cuivre déposé	2 kg. à 1,10	= 2,20
Prix de revient du kilowatt-heure.............		= 3,60

Si l'on prend un élément au bichromate de soude, celui-ci étant compté 80 francs les 100 kilogrammes et l'acide sulfurique 15 francs, on arrive aux résultats suivants, le rendement étant d'environ 75 p. 100 également.

Par kilowatt-heure :

Zinc.........................	0,9 kg. à 0,65	= 0,60
Bichromate de soude..........	2 kg. à 0,80	= 1,60
Acide sulfurique	3,6 kg. à 0,15	= 0,54
Prix de revient du kilowatt-heure.............		= 2,74

Une simple pile zinc-charbon-acide sulfurique sans dépolarisant, employée dans des conditions analogues de rendement (75 p. 100), permet d'arriver à des résultats analogues. On a en effet :

Par kilowatt-heure :

Zinc.........................	2,5 kg. à 0,65	= 1,62
Acide sulfurique......	6 kg. à 0,15	= 0,90
Prix de revient du kilowatt-heure.............		= 2,52

Le prix de revient de l'énergie électrique fournie par les machines dynamos est incomparablement moins élevé et l'emploi de celles-ci s'impose lorsque la puissance utilisée devient un tant soit peu importante.

En raison du prix élevé d'installation des machines, l'emploi des piles est tout indiqué pour les autres cas de moindre importance, tels que sonneries, téléphonie, télégraphie, applications médicales et certains travaux de laboratoire.

CHAPITRE IV

MAGNÉTISME

Aimants. — Pôles. — On appelle *aimant* tout corps jouissant de la propriété d'attirer le fer. On distingue les *aimants naturels* (oxyde de fer magnétique ou magnétite) et les *aimants artificiels* (barreaux d'acier trempé ou comprimé aimantés au moyen du courant électrique). L'étude des propriétés des aimants constitue le *magnétisme*.

Dans un aimant, certaines parties appelées *pôles* jouissent de la propriété attractive à un plus haut degré que le reste de l'aimant. Un aimant possède généralement deux pôles séparés par une région neutre (*fig.* 41).

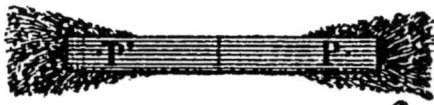

Fig. 41.

Un barreau aimanté étant suspendu librement par son centre de gravité prend toujours la même position par rapport à l'axe de la terre. Le pôle dirigé vers le nord est appelé pôle nord ou pôle N, et celui qui est dirigé vers le sud, pôle sud ou pôle S.

Loi des actions magnétiques. — *Les pôles de même nom se repoussent ; les pôles de nom contraire s'attirent.*

La force F qui s'exerce entre deux pôles est proportionnelle au produit de leurs intensités m et m', inversement proportionnelle au carré de leur distance d et variable avec le milieu ambiant, caractérisé par un facteur k :

$$f = k \cdot \frac{mm'}{d^2}.$$

Système magnétique C. G. S. — Intensité de pôle. — Dans le système magnétique C. G. S. on fait $k = 1$ dans l'air, et la formule simplifiée

$$f = \frac{mm'}{d^2}$$

permet, en faisant $m = m'$, d'avoir les dimensions de l'intensité de pôle et de définir l'unité C. G. S. correspondante :

$$m = d\sqrt{f} = L^{\frac{3}{2}}M^{\frac{1}{2}}T^{-1}.$$

Un pôle aura une intensité de 1 unité C. G. S. lorsque, placé à 1 centimètre d'un pôle semblable, il le repoussera avec une force de 1 dyne.

Champ magnétique. — Intensité de champ. — Unité C. G. S. ou Gauss. — Un *champ magnétique* est caractérisé par ce fait qu'un pôle d'aimant y est soumis à une force. L'espace qui entoure un aimant constitue un *champ magnétique*.

On appelle *intensité de champ* $\mathcal{H}$ en un point, le quotient de la force f qui s'exerce sur un pôle placé en ce point par l'intensité m de ce pôle :

$$\mathcal{H} = \frac{f}{m}.$$

Les dimensions de $\mathcal{H}$ sont :

$$\mathcal{H} = L^{-\frac{1}{2}}M^{\frac{1}{2}}T^{-1}.$$

L'unité C. G. S. d'intensité de champ, qui a reçu le nom de Gauss, est l'intensité d'un champ qui agit avec une force de 1 dyne sur un pôle ayant une intensité de pôle de 1 unité C. G. S.

La direction de la force agissant sur un pôle en un point d'un champ est appelée *direction* du champ. Une courbe telle que la direction du champ lui soit tangente en chaque point est une *ligne de force*. Un pôle magnétique supposé libre de se mouvoir décrirait une ligne de force. Par convention, on considère comme sens des lignes de force le sens de déplacement d'un pôle nord. Chaque ligne de force

forme une courbe fermée allant du pôle nord au pôle sud à
l'extérieur de l'aimant et du pôle sud au pôle nord à l'intérieur.

Une petite aiguille aimantée suspendue à un fil par son
centre de gravité et placée dans un champ s'oriente suivant
les lignes de force du champ de manière que celles-ci entrent
par le pôle sud de l'aiguille et sortent par le pôle nord.

Une telle aiguille per-
met donc d'explorer un
champ et d'en tracer
les lignes de force.

En projetant de la li-
maille de fer sur une
feuille de verre ou de
papier, placée horizon-
talement dans un champ
magnétique, par exem-
ple au-dessus d'un bar-
reau aimanté, on cons-
tate, en donnant de
petites secousses, que

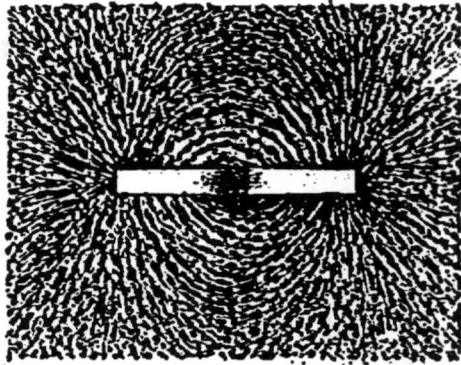

FIG. 42. — Fantôme magnétique.

les grains de limaille se répartissent de manière à former
des lignes correspondant aux lignes de force dont l'ensemble, appelé *fantôme magnétique*, fournit une représentation du champ (*fig.* 42).

Flux de force. — Unité C. G. S. ou Weber. — *Le potentiel
magnétique* $\mathcal{P}$ *en un point d'un champ est le quotient du travail
W nécessaire pour amener un pôle nord m de l'infini jusqu'à ce
point, par l'intensité m de ce pôle :*

$$\mathcal{P} = \frac{W}{m}.$$

Une *surface équipotentielle* est une surface telle qu'on
puisse y déplacer un pôle sans produire de travail. Les lignes
de force sont donc normales aux surfaces équipotentielles.

Un *champ uniforme* est un champ dont l'intensité est constante en grandeur et en direction. Les lignes de force sont

des droites parallèles et les surfaces équipotentielles des plans parallèles.

Si l'on considère une surface plane S placée dans un champ uniforme et faisant un angle α avec une surface équipotentielle, on appelle *flux de force* à travers cette surface, *le produit de la projection de S sur un plan équipotentiel par la valeur* $\mathcal{H}$ *de l'intensité du champ :*

$$\Phi = \mathcal{H}S \cos\alpha.$$

Si la surface est prise normalement aux lignes de force

$$\alpha = 0,$$

et on a

$$\Phi = \mathcal{H}S,$$

relation qui permet de trouver les dimensions du flux de force

$$\Phi = L^{-\frac{3}{2}}M^{\frac{1}{2}}T^{-1}$$

et de définir *l'unité C. G. S. de flux de force* appelée *Weber*.

C'est le flux qui traverse une surface de 1 cm² prise dans un plan équipotentiel d'un champ uniforme d'intensité égale à 1 unité C. G. S. ou Gauss.

Définitions relatives aux aimants. — Le MOMENT MAGNÉTIQUE ($\mathcal{M}$) *d'un aimant est égal au produit*

$$\mathcal{M} = 2ml$$

de l'intensité de pôle m par la distance 2l des pôles. Les dimensions du moment magnétique sont $L^{\frac{5}{2}}M^{\frac{1}{2}}T^{-1}$ et l'unité C. G. S. de moment magnétique est égale au moment d'un barreau pour lequel 2l est égal à 1 centimètre et m à 1 unité C. G. S. d'intensité de pôle.

L'intensité d'aimantation ($\mathfrak{I}$) *est égale au quotient du moment magnétique par le volume du barreau :*

$$\mathfrak{I} = \frac{\mathcal{M}}{V}.$$

Dimensions de l'intensité d'aimantation :

$$L^{-\frac{1}{2}}M^{\frac{1}{2}}T^{-1}.$$

Lorsque le barreau est très long et mince, les pôles sont très voisins des extrémités et on peut écrire :

$$\mathfrak{J} = \frac{2ml}{2ls} = \frac{m}{s}.$$

On considère quelquefois une quantité appelée *magnétisme spécifique. C'est le quotient* $\frac{\mathfrak{M}}{M}$ *du moment magnétique par la masse du barreau.*

Les dimensions sont :

$$L^{\frac{5}{2}}M^{-\frac{1}{2}}T^{-1}.$$

Aimants brisés. — Aimants sans pôles. — Un aimant doit être considéré comme étant le siège et la cause d'un flux de force qui se répand dans le milieu environnant, chaque ligne de force de ce flux formant une courbe fermée dont la trajectoire à l'extérieur de l'aimant dépend de la perméabilité pour le magnétisme des objets qu'elle rencontre.

Les lignes de force passent de préférence par les corps magnétiques tels que le fer, le nickel, le cobalt.

Le flux de force produit par un aimant sort par l'extrémité nord et rentre par l'extrémité sud. C'est dans ces deux parties, ou surfaces polaires, que l'on constate la plus forte attraction pour la limaille de fer.

Si l'on brise un aimant en deux morceaux, chacun des morceaux constitue un aimant complet. On peut pousser aussi loin qu'on le veut cette division (*fig.* 43), le résultat est toujours le même. Chaque morceau est un aimant présentant un pôle nord et un pôle sud et dans lequel le flux de force est de même sens que lorsqu'il faisait partie du carreau. On conclut de l'expérience de l'aimant brisé que chaque molécule d'un aimant concourt à la formation du flux de force et constitue un aimant orienté dans le sens des lignes de force à l'intérieur du barreau.

L'aimantation n'est donc pas un phénomène superficiel résidant sur les surfaces polaires, mais bien un état moléculaire particulier comprenant toute la masse de l'aimant.

Il est d'ailleurs possible d'obtenir un aimant ne présentant pas de pôles en aimantant à l'aide d'un courant électrique un tore d'acier. Le flux de force reste localisé à l'intérieur et l'action extérieure est nulle, aucune ligne de force ne sortant de l'anneau. L'aimantation est mise en évidence lorsqu'on coupe le tore en deux parties, chaque morceau est un aimant et l'on peut remarquer que les pôles sont de nom contraire pour les surfaces qui étaient en regard.

Magnétisme terrestre. — L'orientation prise par un aimant librement suspendu dans l'air est due à l'action du *champ magnétique terrestre*.

On appelle *méridien magnétique* d'un lieu le plan vertical passant par l'axe magnétique de l'aiguille prise dans sa position d'équilibre.

La *déclinaison* est l'angle formé par ce plan avec le méridien géographique du lieu.

L'*inclinaison* est l'angle formé par l'axe de l'aiguille avec un plan horizontal.

Les boussoles de déclinaison ont leur aiguille qui se déplace horizontalement; elles reposent sur un pivot ou sont suspendues à un fil de cocon.

Les boussoles d'inclinaison ont leur aiguille mobile dans un plan vertical autour d'un axe horizontal.

On considère généralement les deux composantes, horizontale et verticale, du magnétisme terrestre.

L'intensité totale du champ terrestre en un point étant H' et l'angle d'inclinaison θ, on a pour la composante horizontale H :

$$H = H' \cos θ.$$

Valeurs absolues des éléments du magnétisme terrestre à l'Observatoire du parc Saint-Maur, le 1er janvier 1897 :

Déclinaison occidentale.......................... 15° 1',5
Inclinaison....................................... 65° 0',8
Composante horizontale en unités C. G. S,....... 0,19693

INDUCTION MAGNÉTIQUE

Induction magnétique. — Aimantation induite. — Champ inducteur. — Un morceau de fer non aimanté placé dans un champ s'y comporte comme un aimant et présente une certaine aimantation. Ce phénomène est appelé *induction magnétique ;* l'aimantation du barreau ou *aimantation induite* est due au champ qui porte le nom de *champ inducteur* ou *force magnétisante.*

Un barreau de fer placé dans un champ inducteur tend à se placer suivant les lignes de force du champ ; celles-ci créent un pôle sud à l'extrémité par laquelle elles entrent dans le barreau, et un pôle nord à l'autre extrémité par laquelle elles sortent.

Magnétisme résiduel. — Aimants permanents. — Lorsque le champ inducteur disparaît, l'aimantation induite disparaît en partie seulement. L'aimantation du barreau porte alors le nom de *magnétisme résiduel* ou *rémanent.* Le magnétisme résiduel est dû à ce qu'on appelle la *force coercitive* de la substance du barreau ; le magnétisme résiduel est d'autant plus fort que celle-ci est plus grande.

L'acier trempé ou comprimé est le corps qui présente la plus grande force coercitive ; aussi est-il choisi pour faire des *aimants permanents.*

Le magnétisme résiduel est fonction de l'intensité du champ inducteur et de la force coercitive.

D'après les expériences de M. Preece sur différentes qualités d'acier pour aimants, sous forme de barreaux de 10 centimètres de long et d'une section circulaire de 1 centimètre carré, l'intensité d'aimantation $\frac{\mathfrak{M}}{V}$ varie de 100 à 225 unités C. G. S., et l'induction résiduelle de 1200 à 2800 gauss.

Corps magnétiques. — Corps diamagnétiques. — Tous les corps ne se comportent pas de la même manière que le fer. Un barreau de bismuth placé dans un champ tend à se placer en travers des lignes de force du champ. Des particules de bismuth, au lieu d'être attirées par un aimant comme la limaille de fer, sont repoussées. Cette répulsion est très faible et ne peut être constatée qu'avec des aimants très puissants.

Les corps qui se comportent comme le fer sont appelés corps *ferromagnétiques, paramagnétiques*, ou simplement *magnétiques;* ceux qui se comportent comme le bismuth sont appelés *corps diamagnétiques.*

Les seuls corps qu'on ait à considérer au point de vue de leurs applications industrielles sont les corps très magnétiques : le *fer*, la *fonte*, l'*acier*, le *nickel*, le *cobalt* et tout particulièrement les trois premiers.

Induction. — Perméabilité. — Unité C. G. S. d'induction ou gauss. — Lorsqu'un barreau de section *s* est placé dans un champ inducteur $\mathcal{H}$, il est traversé par un flux Φ. *Le quotient du flux Φ, par la section s du barreau*, s'appelle INDUCTION MAGNÉTIQUE OU INDUCTION ($\mathfrak{B}$) :

$$\mathfrak{B} = \frac{\Phi}{s}.$$

L'unité C. G. S. d'induction est le gauss.

Le quotient de l'induction $\mathfrak{B}$ par l'intensité $\mathcal{H}$ du champ inducteur porte le nom de *perméabilité* (μ) de la substance considérée :

$$\mu = \frac{\mathfrak{B}}{\mathcal{H}}.$$

La perméabilité étant le quotient de deux quantités ayant mêmes dimensions est un simple rapport numérique.

Circuit magnétique. — Les lignes de force produites par un aimant sont des courbes fermées. L'ensemble des lignes de force constituant le flux de force total suit un chemin qui est appelé *circuit magnétique.*

Pour un barreau, le circuit magnétique comprend l'intérieur du barreau et tout l'espace d'air qui l'environne. Pour un tore aimanté, aucune ligne de force ne sort du métal et le circuit magnétique est tout simplement le tore lui-même; on dit qu'un tel circuit est *fermé.* En réalité, tous les circuits magnétiques quels qu'ils soient sont fermés, ils le sont plus ou moins bien au point de vue magnétique. Pour que le circuit magnétique d'un aimant fût ouvert, il faudrait que cet aimant fût entouré complètement d'une substance ne laissant pas passer les lignes de force, c'est-à-dire de perméabilité nulle, et on ne connaît pas de corps jouissant de cette propriété. Les corps les moins magnétiques, c'est-à-dire ceux qui sont le plus diamagnétiques, ont une perméabilité ne différant qu'excessivement peu de celle de l'air; ainsi le bismuth, le plus diamagnétique des corps, a une perméabilité de 0,999.

L'expression de circuit magnétique fermé est, malgré cela, employée généralement pour désigner un circuit pour lequel les lignes de force ne passent pas ou peu dans l'air. On fermera le circuit magnétique d'un aimant en réunissant par une pièce de fer, ou *armature*, les deux pôles de l'aimant.

Le fer est un chemin plus facile pour le flux de force, il est plus perméable que l'air et les lignes de force iront d'un pôle à l'autre en suivant l'armature. Une partie d'autant plus grande du flux total passe dans l'armature que celle-ci est mieux appliquée contre les pôles. La portion du flux qui passe dans l'air constitue les dérivations magnétiques.

Réluctance. — **Réluctivité.** — **Unité C. G. S. de réluctance ou Oersted.** — Les substances magnétiques offrent au passage des lignes de force une résistance appelée *résistance* *magnétique,* ou *réluctance,* d'autant moins grande que leur perméabilité est plus élevée.

La qualité d'être plus ou moins résistant magnétiquement varie donc pour un corps en raison inverse de sa perméabilité.

L'inverse de la perméabilité $\frac{1}{\mu}$ s'appelle la *réluctivité* (ν):

$$\nu = \frac{1}{\mu}.$$

La réluctivité n'a pas de dimensions. La réluctivité de l'air est égale à 1.

Soit un corps de réluctivité $\nu = \frac{1}{\mu}$, de section constante s parcouru par un certain flux dans le sens de la longueur; la réluctance qu'offrira ce corps au passage du flux de force sera proportionnelle à la longueur. D'autre part si, la longueur restant constante, on augmente la section, la réluctance diminuera; elle variera inversement proportionnellement à cette section. Si la longueur est l, et la section s, on aura pour la réluctance $\mathfrak{R}$:

$$\mathfrak{R} = \nu \frac{l}{s} = \frac{1}{\mu} \cdot \frac{l}{s}.$$

Les dimensions de la réluctance dans le système magnétique C. G. S. sont : L^{-1}.

L'unité C. G. S. de réluctance, qui a reçu le nom d'oersted, est la réluctance qu'offre au passage des lignes de force d'un champ uniforme un cube d'air de 1 centimètre de côté, le flux entrant normalement par une face et sortant par la face opposée.

Force magnétomotrice. — Unité C. G. S. ou gilbert. — Pour produire à travers une réluctance $\mathfrak{R}$ un flux de force Φ, on dit qu'il faut une *force magnétomotrice* $\mathfrak{F}$ égale au produit $\Phi\mathfrak{R}$:

$$\mathfrak{F} = \Phi\mathfrak{R}.$$

Dans le système magnétique C. G. S. les dimensions de la

force magnétomotrice sont les suivantes :

$$L^{\frac{1}{2}}M^{\frac{1}{2}}T^{-1}.$$

L'unité C. G. S. de force magnétomotrice, qui a reçu le nom de gilbert, *est la force magnétomotrice nécessaire pour faire passer un flux égal à 1 unité C. G. S. ou weber dans une réluctance égale à 1 unité C. G. S. ou oersted :*

1 gilbert = 1 weber × 1 oersted.

La force magnétomotrice a les mêmes dimensions que la différence de potentiel magnétique, et celle-ci se mesure avec la même unité.

Il y a d'ailleurs entre ces deux quantités la même relation qu'entre la force électromotrice et la différence de potentiel.

Circuit électrique et circuit magnétique. — La considération du circuit magnétique conduit à des formules absolument analogues à celles qui ont été indiquées pour le circuit électrique. La formule de la réluctance est la même que celle qui donne la résistance d'un fil de longueur l, de section s et de résistivité ρ. La formule fondamentale du circuit magnétique $\Phi = \dfrac{\mathcal{F}}{\mathcal{R}}$ est de même forme que la loi d'Ohm : $I = \dfrac{E}{R}$. En fait on a été amené à la conception du circuit magnétique et aux formules qui s'en déduisent par suite d'une certaine analogie de forme entre la circulation d'un courant électrique dans un conducteur et le passage d'un flux de force dans un milieu magnétique. Mais, malgré cette analogie, il y a des différences essentielles entre les deux genres de phénomènes.

La résistivité pour un corps conducteur, à une température donnée, est une constante ; la quantité correspondante en magnétisme, la réluctivité est, elle, essentiellement variable et dépend non seulement de la valeur du flux, mais des états magnétiques antérieurs de la substance considérée.

Le passage d'un courant électrique dans un conducteur produit un dégagement de chaleur, appelé *effet Joule*. Aucun effet du même genre ne se produit en magnétisme.

Variations de l'induction et de la perméabilité avec la valeur du champ inducteur. — Plusieurs méthodes de mesures dans lesquelles on produit un champ inducteur par un courant électrique permettent de mesurer la perméabilité des corps magnétiques qu'on place dans ce champ. En faisant varier l'intensité du courant, on fait varier la force magnétisante et on peut suivre les variations correspondantes de la perméabilité.

Pour les substances diamagnétiques et les corps faiblement magnétiques, la perméabilité est sensiblement constante, quelle que soit la force magnétisante. L'induction est donc, pour ces corps, proportionnelle au champ inducteur.

Pour les corps très magnétiques, le fer, la fonte, l'acier, le nickel et le cobalt, la perméabilité est fonction de l'intensité du champ inducteur. Elle est aussi fonction de la température et varie avec tout changement d'état moléculaire produit par des actions extérieures.

D'une manière générale, lorsqu'un corps magnétique est pris à l'état neutre et soumis à une force magnétisante croissante, on constate que la perméabilité qui présente une certaine valeur pour une force magnétisante très faible, croît d'abord très lentement, puis de plus en plus rapidement, pour passer ensuite par un maximum (*fig.* 44) et décroître indéfiniment de manière à arriver à des valeurs très faibles pour des champs très puissants ; on dit alors que le métal est saturé.

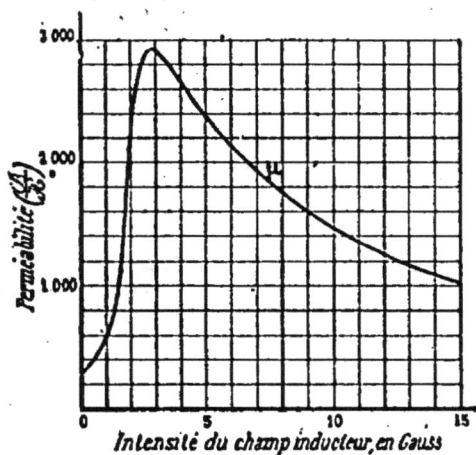

Fig. 44.

L'induction augmente constamment (*fig.* 45) : nulle pour un champ nul, elle présente un accroissement de plus en plus rapide jusqu'à une certaine valeur du champ à partir de laquelle cet accroissement est de plus en plus lent, la différence entre l'induction et le champ inducteur se rapprochant d'une valeur limite qui est sensiblement de 21 400 gauss pour le fer doux et 16 000 gauss pour la fonte et qui correspond à la saturation.

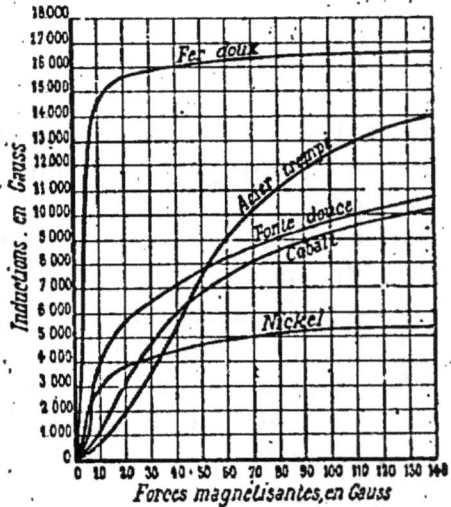

Fig. 45.

Le tableau suivant donnant les valeurs de l'induction et de la perméabilité en fonction de l'intensité du champ inducteur pour du fer forgé très doux et bien recuit montre bien l'allure du phénomène. Les seize premières valeurs ont été obtenues par M. Rössler [1] et les quatre dernières par M. Ewing.

VALEURS DE L'INDUCTION ET DE LA PERMÉABILITÉ EN FONCTION DE L'INTENSITÉ DU CHAMP INDUCTEUR POUR DU FER FORGÉ TRÈS DOUX ET BIEN RECUIT

$\mathcal{H}$ en gauss	$\mathcal{B}$ en gauss	μ	$\mathcal{H}$ en gauss	$\mathcal{B}$ en gauss	μ
0,001	0,26	260	100	18 220	182
0,01	2,60	260	200	19 620	98,1
0,1	29,07	291	400	21 160	52,9
1	577,3	577	1 000	22 300	22,3
1,5	1 511	1 007	1 300	22 670	17,4
2	4 462	2 231			
2,8	8 121	2 911 max	1 490	22 660	15,2
4	10 570	2 642	3 600	24 650	6,85
10	14 450	1 445	8 600	30 270	3,52
20	15 750	787	19 880	41 140	2,07
40	16 870	422			

[1] P. Cullmann, *Industrie électrique*, 25 janvier 1895, p. 30.

Ces deux séries de valeurs étant relatives à des échantillons différents ont été séparées par un trait ; mais on peut remarquer que les fers étaient sensiblement équivalents au point de vue magnétique. La seconde série, relative à des champs très puissants, complète la première et montre la saturation du fer.

Lorsque le champ inducteur passe de 1 490 gauss à 19 880 gauss, c'est-à-dire croît de 18 390 gauss, l'induction passe de 22 660 à 41 140, et l'augmentation est de 18 480. Le gain dû à la présence du fer est donc seulement de 90 gauss, soit 1/200 de la valeur de l'accroissement du champ. Des champs aussi intenses ne peuvent être produits que par des courants et, comme on le verra, ce qu'ils coûtent à établir, toutes choses égales d'ailleurs, varie comme le carré de leur valeur.

Pour passer de 22 660 gauss à 41 140 pour l'induction, il faudra une puissance électrique variant de 1 à 170 environ. Ces faits réduisent pratiquement les valeurs de l'induction à employer, et on ne dépasse généralement pas 18 000 à 20 000 gauss.

Les valeurs de l'induction et de la perméabilité pour l'acier doux sont sensiblement les mêmes que pour le fer doux ; on a même signalé des qualités d'acier pour lesquelles la perméabilité est un peu plus grande que pour le fer doux, à partir d'inductions variant de 10 000 à 15 000 gauss.

Les valeurs fournies par la fonte sont moins élevées, la différence limite dont nous avons parlé entre l'induction et le champ est de 16 000 au lieu de 21 400 pour le fer. La perméabilité, qui atteint jusqu'à 3 000 dans de bons fers, ne dépasse pas généralement 1 000 pour la fonte.

L'induction résiduelle de la fonte, du fer et de l'acier, nulle pour de très petites forces magnétisantes, croît ensuite avec l'intensité du champ, mais de moins en moins, et prend une valeur sensiblement constante pour des champs puissants. Ces métaux ont d'autant plus de tendance à conserver leur aimantation résiduelle que leur force coercitive est plus grande. Elle est plus faible pour le fer que pour la fonte et l'acier et un simple choc suffit à la faire disparaître presque complètement dans ce dernier métal.

Hystérésis. — Lorsqu'une substance magnétique prise à l'état neutre a été amenée à une valeur $\mathfrak{B}_1$ de l'induction dans un champ d'intensité croissant de 0 à $\mathfrak{H}$ en suivant la courbe OA (*fig.* 46) et qu'on réduit le champ inducteur à une valeur nulle, on a vu que le métal conservait une certaine induction résiduelle $\mathfrak{B}'$. Le passage de la valeur $\mathfrak{B}_1$ pour $\mathfrak{H}$ à la valeur $\mathfrak{B}'$ pour $\mathfrak{H} = 0$, se fait suivant une certaine courbe $A\mathfrak{B}'$.

Si on fait ensuite varier à nouveau $\mathfrak{H}$ de 0 à la même valeur que précédemment, on passe de la valeur $\mathfrak{B}'$ à une valeur $\mathfrak{B}_2$ légèrement différente de $\mathfrak{B}_1$, suivant la courbe $\mathfrak{B}'CA'$; en revenant à $\mathfrak{H} = 0$, on revient très sensiblement à la valeur $\mathfrak{B}'$. Si à ce moment on fait varier $\mathfrak{H}$ en

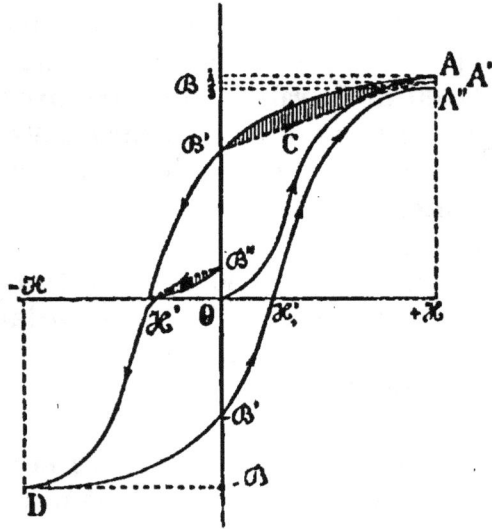

Fig. 46.

sens inverse, c'est-à-dire de 0 à $-\mathfrak{H}$, il faudra arriver à une certaine valeur $-\mathfrak{H}'$ pour que $\mathfrak{B}$ soit égal à 0. Mais cette valeur de $\mathfrak{B}$ n'est nulle que tant que le champ agit ; si on supprime celui-ci, on passe à une valeur $\mathfrak{B}'$ pour $\mathfrak{H} = 0$ $\mathfrak{H}$ variant de nouveau de 0 à $-\mathfrak{H}$, on repasse en suivant une courbe $\mathfrak{B}'\mathfrak{H}'D$ par un point voisin de $\mathfrak{H}'$ pour arriver en D à une valeur $-\mathfrak{B}$ sensiblement égale à $\mathfrak{B}_2$.

En passant de $-\mathfrak{H}$ à $+\mathfrak{H}$ pour le champ inducteur l'induction est représentée par une courbe $D\mathfrak{H}'_1A'$, et en A' pour la valeur $\mathfrak{H}$, l'induction présente une valeur $\mathfrak{B}_3$ très voisine de $\mathfrak{B}_2$. Les valeurs $\mathfrak{B}_1$, $\mathfrak{B}_2$, $\mathfrak{B}_3$ diffèrent d'autant moins que $\mathfrak{H}$ correspond à une plus grande saturation du métal.

Ce phénomène particulier, auquel le professeu Ewing a donné le nom d'*hystérésis* (du grec, rester en arr ère), est commun aux métaux magnétiques, ce n'est d'ailleurs que le phénomène de la rémanence considéré dans toute sa généralité.

Le phénomène d'hystérésis se présente toujours pour des variations cycliques du champ inducteur, quelles que soient les limites entre lesquelles on le fait varier. La courbe qui a été tracée montre des variations se produisant pour trois cycles différents.

L'état magnétique et les qualités magnétiques d'un corps dépendent donc des variations magnétiques antérieures qu'on lui a fait subir, ou, comme on dit souvent, de son histoire magnétique.

Ainsi il est possible d'avoir un corps pour lequel $\mathfrak{B} = 0$, c'est-à-dire dont l'aimantation est nulle et qui ne soit pas à l'état neutre.

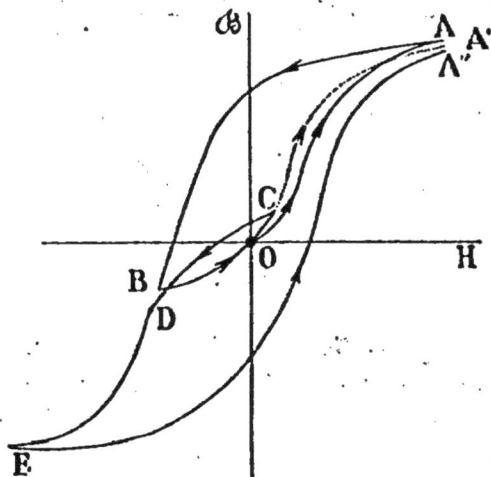

Fig. 47.

La figure 47 explique parfaitement ce fait intéressant. Supposons qu'on soit parti de l'état neutre et qu'on ait décrit, en faisant varier $\mathfrak{K}$, la courbe OAB et que le point B soit celui de la courbe pour lequel, en ramenant $\mathfrak{K}$ au zéro, $\mathfrak{B}$ devienne nul en même temps que $\mathfrak{K}$ en décrivant une courbe BO : Si l'on donne à $\mathfrak{K}$ des valeurs positives, l'induction, au lieu de prendre les valeurs de la courbe OA correspondant au départ de l'état neutre, suit les valeurs d'une autre courbe OCA', pour laquelle le point A' diffère d'autant moins de A que le métal est plus saturé. Le métal n'était donc pas à l'état neutre lorsqu'il était arrivé en O à $\mathfrak{B} = 0$, bien que l'aimantation fût nulle.

Pour ramener à l'état neutre un tel corps, il faudrait lui faire subir des cycles d'aimantation de plus en plus petits, c'est-à-dire compris entre des valeurs positives et négatives de $\mathfrak{K}$ de plus en plus faibles, en s'arrêtant pour $\mathfrak{K}$ à une valeur sensiblement nulle.

Travail d'aimantation. — Perte par hystérésis. — Pour aimanter un barreau, il faut dépenser une certaine quantité d'énergie ; on lui communique, en effet, par le fait de cette aimantation, une énergie magnétique potentielle qui est équivalente à l'énergie dépensée. Lorsque, pour un barreau de volume v, on fait passer l'induction $\mathfrak{B}$ correspondant à une valeur $\mathcal{H}$, à une valeur $\mathfrak{B} + d\mathfrak{B}$ correspondant à $\mathcal{H} + d\mathcal{H}$, on démontre que la quantité d'énergie dépensée est égale à :

$$dW = \frac{V}{4\pi} \cdot \mathcal{H} \cdot d\mathfrak{B}.$$

Soit pour passer de 0 à $\mathfrak{B}_1$

$$W = \frac{V}{4\pi} \int_0^{\mathfrak{B}_1} \mathcal{H} d\mathfrak{B}.$$

Lorsqu'on fait décrire à un barreau un cycle d'aimantation tel que le cycle AC$\mathfrak{B}$DA (*fig.* 48), le barreau restitue moins d'énergie pour passer à l'état primitif $\mathfrak{B}$ que pour être amené de $\mathfrak{B}$ à A, et la dépense d'énergie est égale, en représentant par S la surface AC$\mathfrak{B}$DA, à :

$$W = \frac{VS}{4\pi}.$$

Tout cycle d'hystérésis correspond à une perte d'énergie qui apparaît sous forme de chaleur.

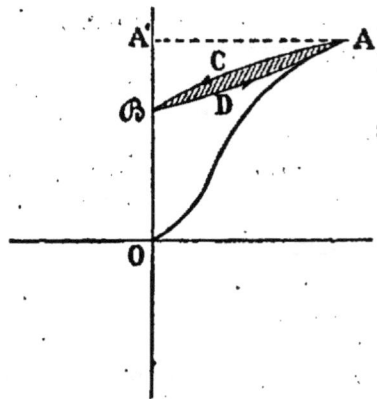

Fig. 48.

Influence de la température sur l'aimantation. — La température des corps magnétiques soumis à l'action d'un champ inducteur a une grande influence sur l'aimantation, influence variable avec l'intensité du champ inducteur. D'une manière générale, au-delà d'une certaine température appelée *température critique*, ces corps ne manifestent plus aucune aimantation, leur perméabilité devenant égale à 1. Le fer et ses composés ne sont plus magnétiques lorsqu'ils sont portés au rouge vif.

Aimants permanents. — L'acier est le corps magnétique qui convient le mieux à la confection des aimants permanents. On peut comparer les qualités des aciers entre eux en mesurant leur induction résiduelle après l'application d'un champ intense et l'intensité de champ nécessaire pour détruire cette aimantation résiduelle. La première valeur sert de mesure à la *rémanence,* et la seconde à la *force coercitive* de l'acier étudié.

M. Hopkinson a trouvé que ces deux quantités variaient, pour de bons aciers, entre 6 000 et 11 000 gauss pour l'induction résiduelle, et 8 à 50 gauss pour le champ détruisant la force coercitive. Le champ inducteur avait une intensité de 250 gauss.

Une qualité d'acier est d'autant plus susceptible de conserver son aimantation résiduelle que sa force coercitive est plus grande.

Ces deux quantités sont des fonctions très complexes et non encore bien définies de l'état de trempe de l'acier et de sa composition chimique.

Pour un aimant de forme donnée et une qualité d'acier, une certaine dureté correspond aux meilleures conditions de rémanence et de force coercitive.

On donne de la dureté à l'acier en le trempant et on peut régler cette dureté par le recuit. On donne également de la dureté en comprimant l'acier soit à froid, soit pendant son refroidissement.

Le premier procédé a l'inconvénient de durcir surtout la surface. Le second procédé agit mieux dans toute la masse et permet, en outre, de travailler ensuite la pièce à la lime ou au tour.

Le fait que la trempe agit inégalement et plus à la surface qu'à l'intérieur d'un barreau a conduit à composer des aimants en lames minces d'acier, trempées et aimantées séparément, réunies ensuite à des pièces polaires en fer doux (*fig.* 49). Les aimants ainsi obtenus sont plus puissants qu'un aimant de même poids et de même forme composé d'un seul morceau du même acier, mais les lames tendent à se désaimanter mutuellement, une portion du flux produit par les lames les plus aimantées passant par les lames qui le sont moins, ce qui diminue et peut même renverser l'aimantation de celles-ci. Le même fait se produit dans un barreau aimanté inégalement, ce qui arrive lorsque la surface est plus dure que l'intérieur.

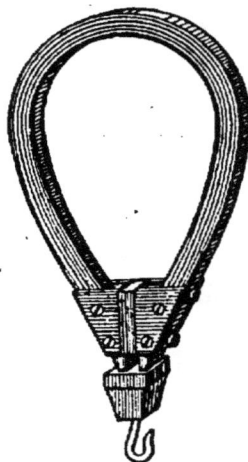

Fig. 49.

On donne aux aimants des formes variables, en rapport avec l'application qu'on veut en faire. Les formes les plus employées sont, outre la forme droite qui a été considérée jusqu'ici, la forme en **U** et la forme en fer à cheval (*fig.* 50 et 51).

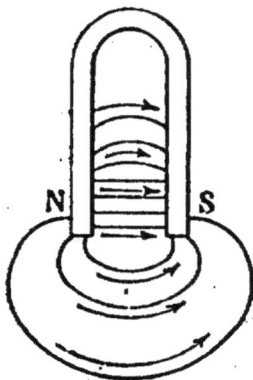

Fig. 50.

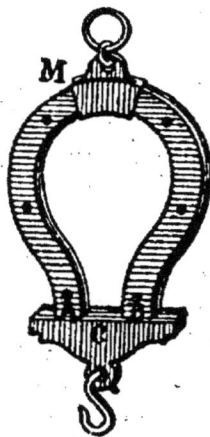

Fig. 51.

Les anciens procédés d'aimantation par touche simple, double, etc., sont abandonnés, et maintenant on a recours aux courants électriques qui permettent de produire facilement

dés champs intenses dans lesquels on place les pièces à
aimanter.

Les aimants abandonnés à eux-mêmes présentent une
désaimantation continue, qui est accrue par les chocs et les
changements de température.

Dans les barreaux droits la désaimantation est d'autant
plus lente qu'ils sont plus longs.

D'une manière générale, la désaimantation est d'autant
moins rapide que le circuit magnétique est mieux fermé,
c'est-à-dire, pour un aimant donné, que la réluctance du
circuit d'un pôle à l'autre est plus faible.

La désaimantation est nulle pour un circuit fermé ; aussi,
pour conserver le magnétisme des aimants en U et en fer à
cheval, les garnit-on toujours de leur armature en fer doux
qui ferme le circuit magnétique. Pour les barreaux aimantés,
on les réunit par paires de mêmes formes et dimensions, on
les dispose parallèlement, leurs extrémités réunies par deux
pièces de fer, de manière que leurs forces magnéto-
motrices s'ajoutent (*fig.* 52). Une armature se trouve ainsi en
contact avec le pôle nord d'un barreau et avec le pôle sud
de l'autre barreau ; l'autre armature, avec les deux autres
pôles.

Fig. 52.

Dans beaucoup d'applications des aimants, par exemple
aux appareils de mesure, on ne peut songer à les munir
d'armatures fermant complètement le circuit magnétique et
conservant ainsi l'aimantation. Il est nécessaire pourtant de
réaliser une constance suffisante des aimants. On y arrive
en proportionnant convenablement leurs dimensions.

MM. Houston et Kennely [1] admettent pour les aimants
en U ou en fer à cheval un champ démagnétisant dont l'intensité est proportionnelle à la différence de potentiel

(1) *Industrie électrique*, 10 juin 1895, n° 83, p. 233.

magnétique entre les deux surfaces polaires en regard de l'aimant.

Pour que la constance de l'aimant soit assurée, il faut que cette valeur du champ démagnétisant soit beaucoup plus faible que la valeur de l'intensité de champ correspondant à l'induction résiduelle de l'aimant dans la courbe descendante du diagramme cyclique d'hystérésis pour l'acier employé.

Le rapport de cette dernière valeur à l'intensité du champ démagnétisant doit être égal ou supérieur à 3. M. Hospitalier donne à ce rapport le nom de *coefficient d'aimantation permanente*.

L'aimant, construit et aimanté, est amené à la valeur convenable de l'induction résiduelle en le laissant un certain temps dans l'eau bouillante ou dans l'huile bouillante et en lui imprimant de violents chocs mécaniques.

Ce procédé de vieillissement des aimants est également employé avec des aimants droits.

Force portante d'un aimant. — Pour faire passer un volume V de substance magnétique d'une valeur nulle de l'induction à une valeur $\mathfrak{B}$, il faut dépenser une quantité d'énergie donnée par la relation

$$W = \frac{V}{4\pi} \int_0^{\mathfrak{B}} \mathfrak{H} \cdot d\mathfrak{B}.$$

Si, en particulier, la substance à aimanter est de l'air pour lequel la perméabilité μ est égale à 1, on a :

$$(1) \qquad \mathfrak{B} = \mathfrak{H} \qquad \text{et} \qquad W = \frac{V}{4\pi} \cdot \frac{\mathfrak{H}^2}{2}.$$

Cette relation va servir à calculer la force portante d'un aimant.

Soit un aimant muni d'une armature dont la surface totale de contact est S et $\mathfrak{B}$ l'induction supposée constante en tous les points de cette surface S. Cette armature est retenue contre l'aimant par une force F ; pour l'écarter d'une distance *dl*, il faut un travail:

(2) $d\mathrm{W} = \mathrm{F}dl.$

Ce travail correspondra à l'aimantation d'un volume d'air égal à S. *dl* ; le champ dans l'intervalle aura la valeur $\mathfrak{B}$, et, d'après la relation (1) posée plus haut, le travail sera :

(3) $d\mathrm{W} = \dfrac{\mathrm{S} \cdot dl}{4\pi} \cdot \dfrac{\mathfrak{B}^2}{2}.$

En égalant (2) et (3), il vient :

$$\mathrm{F} = \frac{\mathfrak{B}^2 \mathrm{S}}{8\pi}.$$

Si $\mathfrak{B}$ est exprimé en gauss et S en cm², la force F sera donnée en dynes. Pour l'avoir en grammes, il suffit de diviser par 981, valeur du gramme en dynes.

La force portante d'un aimant exprimée en grammes est donc donnée par la relation

$$\mathrm{F} = \frac{1}{981} \cdot \frac{\mathfrak{B}^2 \mathrm{S}}{8\pi}.$$

Soit, par exemple, un barreau aimanté d'une section de 1 centimètre carré muni d'une armature de même section. Les bons aciers pour aimants peuvent acquérir une induction résiduelle de 2 000 gauss. Prenons ce chiffre pour $\mathfrak{B}$ dans l'entrefer.

La force qui s'exerce sur l'armature est :

$$\mathrm{F} = \frac{\mathfrak{B}^2\,\mathrm{S.}}{8\pi} = \frac{2000^2 \cdot 1}{8\pi} \text{ dynes} = 159\,155 \text{ dynes.}$$

Si l'on veut exprimer cette force en grammes, il suffit de diviser le résultat ci-dessus par 981, puisque 1 gramme vaut 981 dynes ; on a donc :

$$\mathrm{F} = \frac{159155}{981} = 162 \text{ grammes.}$$

ÉLECTROMAGNÉTISME

Actions magnétiques du courant. — Les actions magnétiques du courant ont été découvertes par Oersted, en 1820.

Un courant traversant un fil crée dans l'espace environnant un champ galvanique dont les propriétés sont absolument identiques à celles du champ magnétique produit par un aimant. Ce champ peut être mis en évidence, en outre de son action sur l'aiguille aimantée (*fig.* 53), au moyen de fantômes obtenus avec la limaille de fer. Dans le cas d'un conducteur rectiligne, les lignes de force sont des cercles fermés concentriques au conduc-

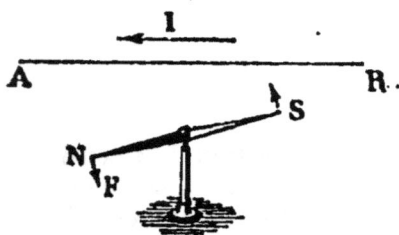

Fig. 53.

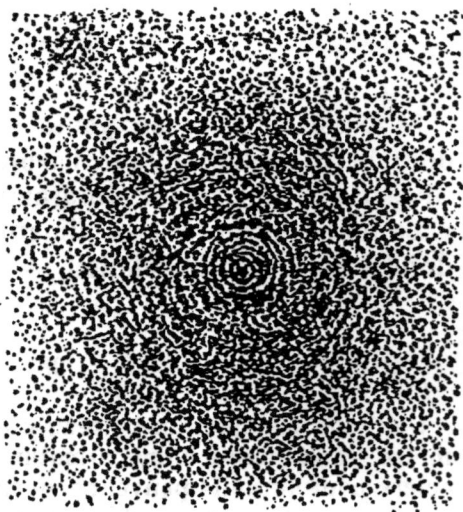

Fig. 54.

teur et situés dans des plans perpendiculaires à sa direction (*fig.* 54).

Les surfaces équipotentielles sont des plans passant par l'axe du conducteur. Une aiguille aimantée mise dans un tel champ se place tangentiellement aux lignes de force, c'est-à-dire perpendiculairement au fil.

Règle d'Ampère. — Règle de Maxwell. — La règle d'Ampère permet de trouver facilement la position prise par une aiguille aimantée en présence d'un conducteur traversé par un courant. — *Si on suppose un observateur placé suivant le* *fil, de manière que le courant lui entre par les pieds et regardant l'aiguille, le pôle nord de celle-ci se place toujours à la gauche de l'observateur.*

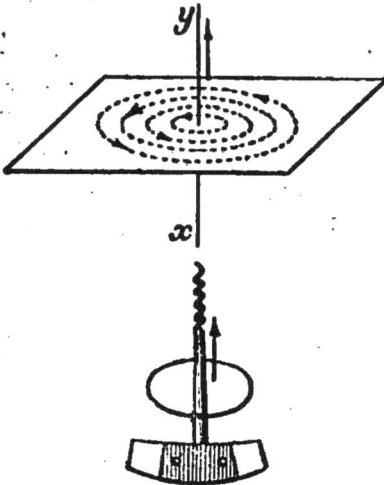

Fig. 55.

La règle de Maxwell permet de déterminer le sens des lignes de force produites par un courant :

Un tire-bouchon étant placé suivant le conducteur, le sens dans lequel il faut le faire tourner pour qu'il avance dans le sens du courant donne le sens des lignes de force autour d'un conducteur (fig. 55). Il est alors facile de déduire la position prise par une aiguille aimantée qui se place toujours suivant les lignes de force du champ et de manière que celles-ci entrent par son pôle sud.

Loi élémentaire des actions électro-magnétiques ou loi de Laplace. — La formule élémentaire de Laplace, déduite des expériences de Biot et Savart, donne la force *df* exercée par

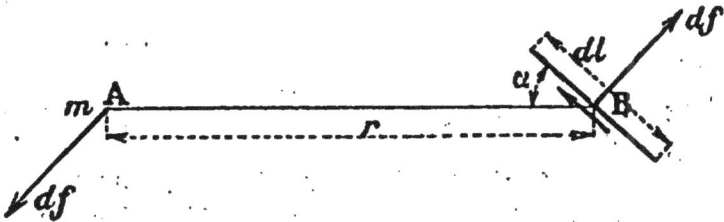

Fig. 56.

un élément, de longueur *dl*, d'un circuit électrique traversé par un courant d'intensité I, sur un pôle magnétique d'intensité *m* (*fig.* 56) :

$$df = k \frac{mIdl \sin \alpha}{r^2}.$$

Dans cette formule k est un facteur dépendant du milieu ambiant et auquel on donne la valeur 1 pour l'air, α l'angle de l'élément dl avec la droite qui le joint au pôle m, r la distance de l'élément au pôle.

La force df est normale au plan passant par l'élément dl et le pôle m ; son sens se trouve par application de la règle d'Ampère ou de celle de Maxwell.

Avec la règle d'Ampère, l'observateur étant placé suivant l'élément regardant le pôle et le courant lui entrant par les pieds, le pôle ira de sa droite à sa gauche si c'est un pôle nord, et de sa gauche à sa droite si c'est un pôle sud.

Avec la règle de Maxwell, le sens des lignes de force étant trouvé donnera immédiatement le sens du déplacement d'un pôle nord. Un pôle sud se déplacerait en sens inverse des lignes de force.

Champ galvanique d'un circuit fermé. — Un circuit fermé plan traversé par un courant, produit un champ galvanique dont les lignes de force sont des courbes fermées traversant toutes le plan en deux points, l'un à l'intérieur du circuit, l'autre à l'extérieur. L'application de la règle du tire-bouchon de Maxwell montre que toutes les parties du courant tendent à fournir des lignes de force de même sens à l'intérieur du

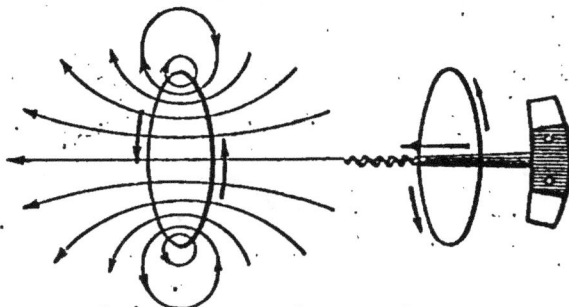

Fig. 57.

circuit. C'est ce qu'on peut constater expérimentalement : Le flux de force sort par une face appelée face positive ou nord, traverse le plan extérieur en sens inverse et revient par la face négative ou sud. Un pôle nord supposé libre de se mou-

voir graviterait constamment autour du circuit en décrivant une ligne de force. La règle du tire-bouchon de Maxwell
donnant le flux de force s'applique généralement dans le
cas d'un circuit fermé sous une forme un peu différente de
celle qui a été donnée à propos d'un fil.

*On place le tire-bouchon normalement au plan, à l'intérieur
du circuit, on le fait tourner dans le sens du courant ; le sens
de son avancement donne le sens des lignes de force (fig.* 57).

Lorsqu'un circuit fermé est soumis à l'action d'un champ
magnétique, ce circuit tend à se déplacer de manière à
embrasser par sa face négative le plus grand flux de force
possible. Cette règle est connue sous le nom de règle de
Maxwell. On peut l'exprimer autrement, en disant que le
circuit se déplace de manière à être traversé par le flux
maximum.

Application de la formule de Laplace à un cadre circulaire.
— Soit un cercle de rayon r traversé par un courant I ; cherchons quelle est la force exercée par ce circuit sur un pôle m
placé à une distance b du centre O en un point A de l'axe
(*fig.* 58).

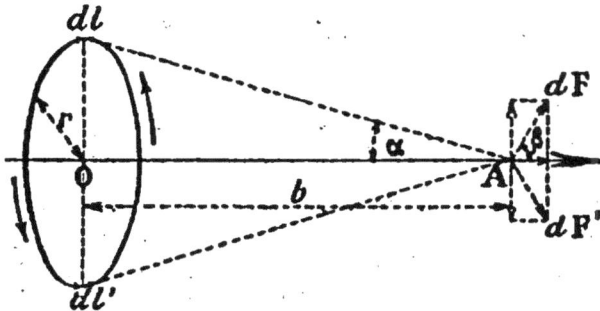

Fıg. 58.

Un élément dl du circuit fait un angle de 90° avec la droite
qui le joint au pôle m et, d'après la formule de Laplace,
produit une force

$$dF = \frac{mIdl}{b^2}.$$

Cette force est perpendiculaire au plan passant par dl et

par le point A; on peut la décomposer en deux forces, l'une suivant l'axe OA, et l'autre perpendiculaire à cet axe. Cette dernière composante est annulée par la composante en sens inverse que fournit l'action de l'élément dl' symétrique de dl par rapport au centre O. Les composantes normales à l'axe se détruisant entre elles, il ne reste à considérer que les composantes suivant l'axe. Exprimons-les en fonction de la composante totale dF :

$$df = dF \cdot \cos \beta$$
$$= \frac{mI\,dl}{b^2} \cdot \frac{r}{\sqrt{r^2 + b^2}}.$$

Le cercle entier produit une force f dirigée suivant l'axe qui est égale à la somme des actions de tous les éléments:

$$f = \int_0^{2\pi r} \frac{mI\,dl}{b^2} \cdot \frac{r}{\sqrt{r^2 + b^2}}.$$

Soit :

$$f = \frac{2\pi r^2 mI}{(r^2 + b^2)^{\frac{3}{2}}}.$$

Si, en particulier, le pôle m est placé au centre O, b est nul, et la formule devient :

$$f = \frac{2\pi mI}{r}.$$

Au cas où il y aurait N tours de fil au lieu d'un seul, la force serait N fois plus grande :

$$f = \frac{2\pi NmI}{r}.$$

Cette formule permet d'exprimer l'intensité du champ au centre du cadre de N tours.
On a en effet :

$$\mathcal{H} = \frac{f}{m} = \frac{2\pi NI}{r}.$$

Si on veut avoir $\mathcal{H}$ en gauss, lorsque I est exprimé en ampères et r en centimètres, il faut diviser par 10 ([1]) la valeur fournie par l'équation précédente, c'est-à-dire $\mathcal{H} = \dfrac{2\pi NI}{10r}$.

Soit par exemple un cadre circulaire de 10 centimètres de rayon comprenant 100 tours de fil, traversé par un courant de 5 ampères. L'intensité du champ au centre est :

$$\mathcal{H} = \frac{2\pi \cdot 100 \cdot 5}{10 \cdot 10} = 31,4 \text{ gauss.}$$

Système électromagnétique C. G. S. — Le facteur k de la loi de Laplace dépend de la nature du milieu et du choix des unités pour la mesure des différentes quantités entrant dans la formule. Si dans cette formule on mesure tout en unités C. G. S., soit dl et r en centimètres, df en dynes, m en unités magnétiques C. G. S. et que, pour simplifier, on donne au facteur k la valeur 1 dans l'air en ne lui attribuant pas de dimensions, il en résulte que l'intensité de courant I se trouve définie en grandeur et en dimensions. L'unité d'intensité de courant, étant ainsi fixée, permet d'établir un système de mesures des diverses quantités électriques qui porte le nom de *système électromagnétique* C. G. S. duquel a été déduit le système électromagnétique pratique dont les unités ont été définies.

Intensité de courant (I, i). — La formule trouvée précédemment (p. 143) qui donne la force s'exerçant sur un pôle m placé au centre d'un cercle de rayon r traversé par un courant I :

$$F = \frac{2\pi mI}{r},$$

permet de tirer les dimensions de l'intensité de courant :

$$I = \frac{Fr}{2\pi m} = L^{\frac{1}{2}} M^{\frac{1}{2}} T^{-1}$$

([1]) A cause du rapport existant, ainsi qu'on le verra ci-après, entre l'unité électromagnétique C. G. S déduite de la loi de Laplace et l'unité pratique d'intensité ou ampère.

et de définir l'*unité d'intensité de courant* comme étant *l'intensité du courant qui, traversant un cadre circulaire de rayon de 1 centimètre, exerce sur l'unité de pôle magnétique placé en son centre une force égale à* 2π *dynes.*

Quantité d'électricité (Q, q). — Un courant d'intensité constante I traversant un conducteur pendant un temps t correspond au passage d'une quantité d'électricité

$$Q = It.$$

C'est la *loi de Faraday ;* elle permet de tirer les dimensions de la quantité

$$Q = L^{\frac{1}{2}}M^{\frac{1}{2}}$$

et de définir l'*unité C. G. S. électromagnétique de quantité* comme *égale à la quantité d'électricité qui traverse un circuit pendant une seconde, lorsque l'intensité est égale à 1 unité électromagnétique C. G. S.*

Force électromotrice (E, e). — La loi de Joule donnant la quantité d'énergie produite par une quantité Q d'électricité agissant sous une force électromotrice E

$$W = QE$$

permet de tirer :

$$E = \frac{W}{Q} = L^{\frac{3}{2}}M^{\frac{1}{2}}T^{-2}$$

et de définir l'*unité C. S. G. électromagnétique de force électromotrice* comme *égale à la force nécessaire pour produire un travail de 1 erg avec une quantité d'électricité égale à 1 unité C. G. S. électromagnétique.*

Différence de potentiel (U, u). — Une force électromotrice agissant sur un circuit pour y faire passer un courant I produit, entre les deux extrémités d'une fraction R de la résistance totale de ce circuit, une différence de potentiel U = RI, et cette partie du circuit est le siège d'un dégagement de chaleur donné par la loi de Joule :

$$W = QU.$$

La différence de potentiel est une quantité de même nature physique que la force électromotrice, elle a les mêmes dimensions et se mesure avec les mêmes unités.

Résistance (R, r). — La loi d'Ohm :

$$I = \frac{U}{R},$$

donne, pour la résistance, l'expression

$$R = \frac{U}{I},$$

soit pour dimensions de R :

$$R = LT^{-1},$$

et pour valeur de l'*unité C. G. S. électromagnétique de résistance, celle d'une résistance telle qu'une différence de potentiel égale à l'unité C. G. S. établie entre ses deux extrémités y produise un courant d'une unité électromagnétique C. G. S.*

Capacité (C, c). — Un condensateur renfermant une charge Q sous une différence de potentiel U a une capacité

$$C = \frac{Q}{U};$$

ses dimensions sont :

$$C = L^{-1}T^{2}.$$

L'unité électromagnétique C. G. S. de capacité est la capacité d'un condensateur qui renferme l'unité C. G. S. de quantité d'électricité lorsque la différence de potentiel entre les deux armatures est égale à l'unité C. G. S. électromagnétique.

Énergie électrique (W). — L'énergie électrique se mesure avec l'unité C. G. S. de travail en *erg* dont la définition a été donnée (Voir *Notions préliminaires*).

Les différentes expressions de la loi Joule

$$W = QU = UIt = RI^2 t = \frac{U^2}{R} t$$

donnent en *ergs* la valeur de l'énergie, lorsque les quantités électriques qui y figurent sont exprimées en unités électromagnétiques C. G. S.

Puissance électrique (P). — *L'unité C. G. S. de puissance est l'erg par seconde.*

La puissance électrique est donnée par les relations suivantes :

$$P = \frac{QU}{t} = UI = RI^2 = \frac{U^2}{R};$$

elle est exprimée en *ergs* par seconde, lorsque Q, U, I et R sont exprimés en unités électromagnétiques C. G. S.

Système électromagnétique C. G. S. pratique. — Les unités électromagnétiques C. G. S., qui viennent d'être définies, conduisent en pratique, pour les grandeurs correspondantes, à des nombres soit trop petits, soit trop grands. Ainsi la résistance d'un fil télégraphique, en fer, de 100 mètres de longueur et de 4 millimètres de diamètre, est exprimée par environ 10^9 unités électromagnétiques C. G. S. ; la force électromotrice des piles varie de 10^8 à 2.10^8 unités électromagnétiques C. G. S. On a été conduit, pour éviter cet inconvénient, à employer, comme unités pratiques, des multiples ou des sous-multiples des unités C. G. S. électromagnétiques.

Les Congrès internationaux des Électriciens, tenus à Paris en 1881 et en 1889, adoptèrent un système d'unités pratiques et donnèrent à ces unités des noms spéciaux en facilitant l'usage.

L'unité pratique de résistance s'appelle OHM et vaut 10^9 unités électromagnétiques C. G. S.

Le VOLT est *l'unité pratique de force électromotrice* ou de *différence de potentiel* et vaut 10^8 unités C. G. S.

On appelle AMPÈRE *le courant produit par la force électromotrice d'un volt dans un circuit ayant une résistance de 1 ohm.*

L'ampère ou *unité pratique d'intensité* vaut 10^{-1} unité C. G. S.

Le COULOMB, ou *unité de quantité*, est *la quantité qui traverse pendant une seconde la section d'un conducteur parcouru par un courant de 1 ampère.* Le coulomb vaut 10^{-1} unité C. G. S.

Le FARAD, *unité de capacité*, est *la capacité d'un condensateur dont les armatures prennent une différence de potentiel de 1 volt, lorsque la charge est de 1 coulomb.* Le farad vaut 10^{-9} unité C. G. S.

L'unité pratique de travail est le JOULE, valant 10^7 unités C. G. S. ou ergs. *C'est l'énergie équivalente à la chaleur dégagée pendant une seconde par 1 ampère dans 1 ohm.*

L'unité pratique de puissance est le WATT, valant 10^7 unités C. G. S. Elle correspond à une *puissance de 1 joule par seconde.*

Dans les applications industrielles on fait souvent usage de multiples particuliers de ces unités pratiques, tels que *l'ampère-heure qui vaut* 3 600 *coulombs,* et le *watt-heure qui vaut* 3 600 *joules.* Ces unités ont d'ailleurs été examinées précédemment (p. 21 et 43).

La mesure des quantités électriques étant faite en partant des considérations théoriques qui ont servi à établir les unités correspondantes, donne lieu à des mesures si délicates et si compliquées que l'application du système de mesures dans de telles conditions serait impossible en pratique. Il est nécessaire d'avoir recours à la représentation matérielle, comme étalons, d'un nombre suffisant de ces unités pour en déduire facilement toutes les autres.

La *seconde* étant conservée comme unité de temps dans le système pratique, il suffit d'avoir les étalons de deux autres unités de ce système.

Les deux quantités qui se prêtent le mieux à une détermination en valeur absolue et à la réalisation d'étalons matériels sont la résistance et l'intensité de courant.

Dans le système adopté en France, par décret du 25 avril 1896 le rendant obligatoire pour tous les services publics et pour tous les contrats et marchés passés pour le compte de l'État, ces deux quantités sont ainsi définies :

L'OHM *est la résistance, à zéro degré centigrade, d'une colonne de mercure de section constante renfermant une masse de mer-*

cure de 15,4521 grammes et ayant une longueur de 106,3 centi-
mètres.

L'AMPÈRE *est égal à* 10^{-1} *unité électromagnétique C. G. S., et il est suffisamment représenté pour les besoins de la pratique par le courant constant qui produit le dépôt d'une masse d'argent de* 0,001118 *gramme par seconde.*

L'ohm et l'ampère ainsi définis suffisent pour la détermination facile des autres unités. Malgré cela il a été jugé utile d'indiquer un étalon de force électromotrice, et le *volt*, qui se définit comme la *différence de potentiel qui appliquée à une résistance de* 1 *ohm y produit un courant de* 1 *ampère, est considéré comme suffisamment représenté par les* $\frac{1000}{1434}$ *de la force électromotrice d'un étalon Latimer Clark à* 15° *C.*

Ces unités et celles qui s'en déduisent portent le nom *d'unités internationales,* pour les distinguer des unités précédemment en usage et qu'on appelait *unités légales.* La seule différence entre les anciennes et les nouvelles unités provient de la valeur pratique admise pour l'*ohm.* On ne comptait pour l'*ohm légal* que 106 centimètres de mercure, soit une différence avec l'*ohm international* d'environ $\frac{3}{1000}$.

Cette différence, qui se retrouve soit en plus soit en moins pour les autres unités, excepté pour l'ampère et le coulomb, est négligeable dans la pratique courante et on se sert sans distinction d'appareils gradués en unités légales ou en unités internationales.

Galvanomètres. — Les galvanomètres sont des appareils fondés sur les propriétés magnétiques du courant et qui permettent de mesurer les intensités. Dans tout galvanomètre on trouve l'action réciproque d'un courant et d'un aimant. L'une de ces parties est fixe, l'autre mobile. La partie mobile prend une position d'équilibre sous l'action de deux couples: l'un qui est dû au courant, et l'autre à un champ magnétique directeur constant ou au système de suspension.

On décrira les types de galvanomètres les plus en usage au chapitre x, consacré aux mesures électriques ; pour le moment on n'examinera qu'un type de ces appareils, le galvanomètre des tangentes qui permet de mesurer les intensités de courant en unités électromagnétiques C. G. S.

Galvanomètre des tangentes. — Cet appareil est formé d'un cadre circulaire de N tours de fil, au centre duquel est placé une aiguille aimantée horizontale et de très petites dimensions par rapport au cadre et qui est suspendue à un fil de cocon sans torsion appréciable. Le cadre est placé dans le plan du méridien magnétique. La composante horizontale $\mathcal{H}$ du champ terrestre agit pour placer l'aiguille dans le plan du cadre, lorsqu'il ne passe aucun courant dans celui-ci. Lorsqu'il passe un courant I, on a trouvé (p. 143) que ce cadre produit en son centre un champ d'intensité égal à :

$$\mathcal{H}_1 = \frac{2\pi NI}{R},$$

R étant le rayon moyen des N spires supposées très rapprochées l'une de l'autre et telles que la section de l'enroulement soit négligeable devant les dimensions du cadre.

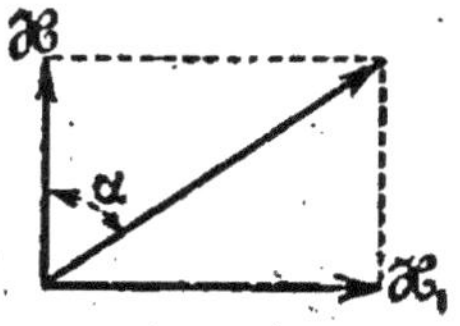

Fig. 59.

Ce champ est perpendiculaire au plan du cadre, c'est-à-dire au méridien magnétique.

L'aiguille étant de très petites dimensions par rapport au cadre, on peut regarder le champ produit par celui-ci comme uniforme dans l'espace occupé par l'aiguille, et celle-ci est soumise à l'action résultante de deux champs perpendiculaires, l'un $\mathcal{H}$ et l'autre $\mathcal{H}_1$ (*fig.* 59). Elle se place suivant la composante de ces deux champs, et l'angle α qu'elle fait avec sa position d'équilibre, c'est-à-dire avec le méridien magnétique, est donné par l'équation

$$\operatorname{tg} \alpha = \frac{\mathcal{H}_1}{\mathcal{H}}$$
$$= \frac{2\pi NI}{R\mathcal{H}}.$$

Les tangentes des angles de déviation sont proportionnelles aux intensités de courant, d'où le nom de l'appareil.

L'intensité I du courant traversant le cadre est :

$$I = \frac{R\mathcal{H}}{2\pi N} \operatorname{tg} \alpha.$$

Connaissant R le rayon du cadre, N le nombre de spires, $\mathcal{H}$ la composante horizontale du champ terrestre, si l'on mesure α par une méthode de lecture au miroir, on tire la valeur du courant I en unités électromagnétiques C. G. S.

Application numérique. — Soit à chercher l'intensité du courant, en ampères, qui produit une déviation de 45° d'une petite aiguille aimantée, placée au centre d'un cadre circulaire de 10 centimètres de rayon comprenant un seul tour de fil.

En portant dans la formule

$$I = \frac{R\mathcal{K}}{2\pi N} \, tg \, \alpha$$

les valeurs ci-après des différentes quantités exprimées en unités électromagnétiques :

Pour la composante horizontale du champ terrestre la valeur de 0,20 gauss, la déviation étant de 45°, tg α est égal à 1, N est également 1 et R = 10 centimètres.

On a pour l'intensité :

$$I = \frac{10 \times 0,2}{2\pi} = 0,3183 \text{ unité électromagnétique.}$$

Mais 1 ampère vaut 10^{-1} ou $\frac{1}{10}$ d'unité électromagnétique ; le nombre qui exprime une intensité en ampères est donc dix fois plus grand que cette intensité exprimée en unités électromagnétiques. On a donc pour l'intensité en ampères du courant qui traverse le cadre, la valeur

$$I = 3,183 \text{ ampères.}$$

Force magnétomotrice d'un circuit fermé plan. — Ampère-tour. — Un circuit fermé traversé par un courant produit un flux de force Φ, qui est dû à une certaine force magnétomotrice $\mathcal{F}$, ces deux quantités étant liées à la réluctance $\mathcal{R}$ du circuit magnétique par la formule établie (p. 127) :

$$\Phi = \frac{\mathcal{F}}{\mathcal{R}}.$$

Il y a une relation très simple entre la force magnétomotrice d'un circuit fermé plan et l'intensité du courant qui la produit. Cette relation est la suivante :

La force magnétomotrice d'un circuit fermé plan traversé par un courant est égale à 4π fois l'intensité, quelle que soit la forme de ce circuit :

$$\mathcal{F} = 4\pi I.$$

Dans cette formule $\mathfrak{F}$ est exprimé en unités C. G. S. de force magnétomotrice ou gilberts, lorsque I est en unités électromagnétiques C. G. S.

Si l'intensité I est en ampères, il faut, puisque 1 ampère vaut $\frac{1}{10}$ unité C. G. S., diviser le second nombre par 10 pour avoir $\mathfrak{F}$ en gilberts.

Dans le cas où N circuits, traversés par un courant I exprimé en ampères, ajoutent leurs forces magnéto-motrices, c'est-à-dire que le flux produit par l'un d'eux quelconque traverse complètement tous les autres, la force magnéto-motrice totale est :

$$\mathfrak{F} = \frac{4\pi}{10} \cdot \text{NI.}$$

Dans les applications de l'électromagnétisme on compte souvent les forces magnéto-motrices en *ampères-tours*, au lieu de les compter en gilberts. L'ampère-tour étant la force magnéto-motrice due à un seul circuit plan traversé par un courant de 1 ampère, c'est-à-dire, d'après la relation précédente,

$$4\,\frac{\pi}{10}\ \text{gilberts.}$$

Lorsqu'une force magnéto-motrice est donnée en ampères-tours, il suffit de la multiplier par $4\,\frac{\pi}{10}$ pour l'avoir en unités C. G. S. ou gilberts.

Inversement, pour obtenir en ampères-tours une force magnéto-motrice exprimée en gilberts, il faut la multiplier par $\frac{10}{4\pi}$. On prend couramment pour $\frac{10}{4\pi}$ la valeur approchée de 0,8, d'où entre l'ampère-tour et le gilbert la relation pratique :

$$1\ \text{gilbert} = 0,8\ \text{ampère-tour.}$$

Solénoïde. — Une série de circuits fermés plans identiques et rapprochés, parcourus par des courants de même sens et de même intensité placés normalement à une courbe directrice passant par leurs centres, constituent un *solénoïde*.

L'intérieur d'un solénoïde est traversé par un flux de force dont les lignes de force sont normales aux plans des courants fermés; ce flux sort par l'extrémité nord du solénoïde, se répand dans l'air et rentre par l'extrémité sud (*fig.*60).

Un solénoïde présente toutes les propriétés d'un aimant de même forme uniformément aimanté, ses deux extrémités polaires attirent la limaille de fer; il s'oriente dans un champ, attire ou repousse des pôles d'aimants ou d'autres solénoïdes, etc.

Le sens du flux de force à l'intérieur du solénoïde se

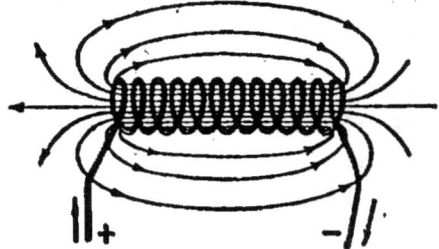

Fio. 60.

détermine par la règle du tire-bouchon de Maxwell, appliquée comme il a été indiqué dans le cas d'un courant circulaire. Les N courants fermés, d'intensité I, qui composent le solénoïde, ajoutent leurs forces magnéto-motrices puisqu'ils tendent tous à produire un flux de même sens, soit une force magnéto-motrice totale

$$\mathcal{F}_{tot.} = 4\pi NI.$$

La réluctance du circuit magnétique étant $\mathcal{R}$, le flux de force totale Φ est égal à :

$$\Phi = \frac{4\pi NI}{\mathcal{R}}.$$

On réalise pratiquement un solénoïde en enroulant d'une manière continue un fil métallique isolé sur un noyau de section uniforme, de manière à constituer une bobine ayant une couche de fil et dont les spires soient très rapprochées. Une telle bobine traversée par un courant peut être assimilée, à l'obliquité près des spires, à un solénoïde, chaque spire remplaçant un circuit fermé.

L'obliquité des spires de la bobine produit une action extérieure qui est compensée si les extrémités du fil sont ramenées à l'intérieur suivant l'axe de la bobine. On peut

également compenser cette action en bobinant sur la première couche une seconde couche de fil dans le même sens
d'enroulement, mais avec une inclinaison contraire des spires.
Le nombre des couches peut être plus grand et pair, avec des
inclinaisons alternativement de sens contraire.

Bobine cylindrique (*fig.* 61). — Lorsque l'enroulement est fait sur
un cylindre, on a une bobine cylindrique assimilable à un solénoïde formé de cercles ayant une droite comme directrice.

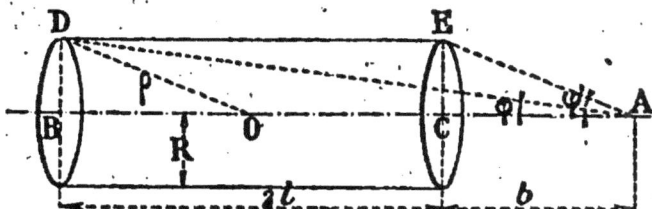

Fig. 61.

Soient N le nombre de spires, $2l$ la longueur totale de la bobine,
R son rayon. L'intensité du champ en un point A sur l'axe, à une
distance b d'un bout de la bobine, est égale à :

$$\mathcal{H} = \frac{\pi NI}{l} \left(\frac{b + 2l}{\sqrt{R^2 + (b + 2l)^2}} - \frac{b}{\sqrt{R^2 + b^2}} \right)$$

ou en fonction des angles BAD $= \varphi$ et EAC $= \varphi'$

$$\mathcal{H} = \frac{\pi NI}{l} (\cos \varphi - \cos \varphi').$$

L'intensité de champ au centre O est maximum et a la valeur

$$\mathcal{H}_0 = \frac{2\pi NI}{\sqrt{R^2 + l^2}} = \frac{2\pi NI}{\rho},$$

Lorsque la longueur de la bobine est très grande par rapport à
son diamètre, l'intensité du champ à l'intérieur peut être considérée
comme constante jusqu'à une certaine distance des extrémités
avec la valeur

$$\mathcal{H} = \frac{4\pi NI}{l}.$$

Soit en posant :

$$\frac{N}{l} = n,$$

n étant le nombre de spires par unité de longueur

$$\mathcal{K} = 4\pi n I.$$

Dans cette formule $\mathcal{K}$ sera exprimée en *gauss*, lorsque n sera le nombre de tours par centimètre de longueur, et I l'intensité du courant en unités électromagnétiques.

Exemple numérique. — Soit à chercher la valeur du champ produit par un solénoïde de 1 mètre de longueur, d'un faible diamètre, traversé par un courant de 2 ampères et comprenant 1 000 spires.

Le nombre de spires par unité de longueur est, en prenant l'unité de longueur C. G. S., c'est-à-dire le centimètre,

$$\frac{N}{l} = \frac{1\,000}{100} = 10$$

et le champ à l'intérieur a une valeur en gauss égale à :

$$\mathcal{K} = 4\pi \cdot 10 \cdot \frac{2}{10}$$
$$= 25,1 \text{ gauss.}$$

Bobine annulaire. — Si on enroule du fil sur un anneau ou tore de manière à le recouvrir entièrement, on a une bobine annulaire assimilable à un solénoïde formé de circuits plans ayant un cercle comme courbe directrice. L'action magnétique extérieure d'une telle bobine est nulle, le flux de force est tout entier à l'intérieur et les lignes de force sont des cercles concentriques à l'anneau.

Soit par exemple un tore de section rectangulaire,

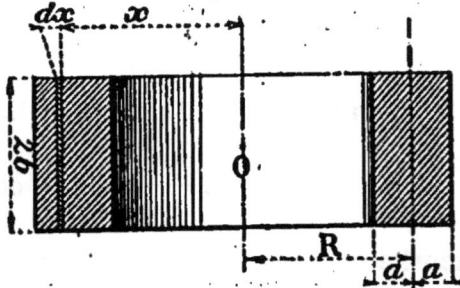

Fig. 62.

d'épaisseur $2a$, de hauteur $2b$ et de rayon intérieur $R - a$.

Si l'on considère un anneau de rayon intérieur x, d'épaisseur dx et de hauteur $2b$ (*fig.* 62); l'inverse de sa réluctance est :

$$d\frac{1}{\mathcal{R}} = \frac{s}{l} = \frac{2b\,dx}{2\pi x} = \frac{b\,dx}{\pi x},$$

et le flux de force qui le traverse :

$$d\Phi = \mathcal{F} \cdot d\frac{1}{\mathcal{R}} = \frac{4\pi N I b\,dx}{\pi x} = \frac{4 N I b\,dx}{x};$$

le champ $\mathcal{H}_x$ a une intensité :

$$\mathcal{H}_x = \frac{d\Phi}{ds} = \frac{d\Phi}{2bdx} = \frac{2NI}{x}.$$

Le champ n'est pas uniforme et diminue à mesure qu'on s'éloigne de l'axe du tore.

L'inverse de la réluctance totale est :

$$\frac{1}{\mathcal{R}} = \int_{R-a}^{R+a} \frac{bdx}{\pi x} =: \frac{b}{\pi} \cdot \log_e \frac{R+a}{R-a}.$$

Le flux total Φ est égal à :

$$\Phi = \frac{\mathcal{F}}{\mathcal{R}} = 4NIb \cdot \log_e \frac{R+a}{R-a} ;$$

ce qui correspond à un champ d'intensité moyenne

$$\mathcal{H}_{moy.} = \frac{2NI}{a} \log_e \frac{R+a}{R-a}.$$

Si le rayon moyen R du tore est très grand par rapport à l'épaisseur, S étant la section du tore, la réluctance totale est sensiblement :

$$\mathcal{R} = \frac{2\pi R}{S}$$

et le flux de force

$$\Phi = \frac{4\pi NI}{\mathcal{R}} = \frac{2NIS}{R}.$$

Si la perméabilité du milieu est μ au lieu d'être 1, le flux est μ fois plus grand :

$$\Phi_\mu = \frac{2\mu NIS}{R}.$$

L'intensité de champ correspondante est :

$$\mathcal{H}_\mu = \frac{2\mu NI}{R}.$$

Application. — Soit un tore de 10 centimètres carrés de section, de rayon moyen égal à 20 centimètres comprenant 1 000 spires traversées par un courant de 2 ampères.

La réluctance est :

$$\mathcal{R} = \frac{2\pi R}{S} = \frac{2\pi \cdot 20}{10} = 12,56 \text{ oersteds.}$$

Le flux de force total :

$$\Phi = \frac{2NIS}{R} = \frac{2 \cdot 1\,000 \cdot \frac{10}{2} \cdot 10}{20} = 200 \text{ webers,}$$

ce qui correspond à une intensité de champ :

$$\mathcal{H} = \frac{\Phi}{S} = \frac{200}{10} = 20 \text{ gauss.}$$

Actions électro-dynamiques. — Un circuit électrique produit un champ galvanique dont les propriétés sont identiquement les mêmes que celles du champ magnétique d'un aimant. D'autre part, *un circuit placé dans un champ magnétique est soumis à une action mécanique qui tend à le déplacer de manière à ce qu'il embrasse par sa face négative le plus grand flux de force possible.* Cette règle est connue sous le nom de *règle de Maxwell.*

Le champ auquel est soumis le circuit considéré peut être produit par un second circuit électrique, et son action sera la même que celle du champ magnétique. Il y a dans ce cas, entre les deux circuits, une *action électro-dynamique* à laquelle la règle de Maxwell citée ci-dessus est applicable.

Cette action électro-dynamique s'exerce non seulement entre deux circuits distincts, mais également, sans aucun champ extérieur, entre toutes les parties d'un même circuit. On le démontre par diverses expériences disposées de manière que les résistances passives s'opposant à la déformation du circuit soient très faibles. Dans tous les cas, l'action est telle qu'elle tend à accroître le flux de force entrant par la face négative.

Action mutuelle de deux éléments de courant. — Une formule analogue à la formule de Laplace pour l'électromagnétisme a été établie pour les actions électro-dynamiques, elle est connue sous le nom de *formule d'Ampère.*

Considérons deux éléments de courants dl et dl' (fig. 63).

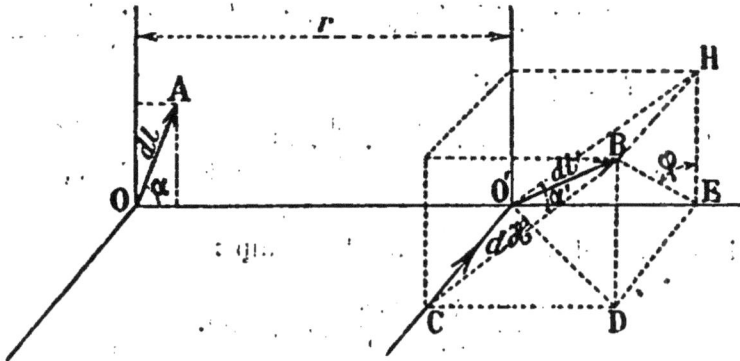

FIG. 63.

L'élément dl, traversé par un courant I, produit au point où est l'élément dl' un champ

$$d\mathcal{K} = \frac{I.dl.\sin\alpha}{r^2},$$

en appelant r la distance OO′ des deux éléments, et α l'angle de dl avec cette droite. Ce champ est dirigé perpendiculairement au plan déterminé par dl et la droite OO′ qui joint les éléments. L'élément dl' fait un angle α' avec la droite OO′, et le plan déterminé par dl' et OO′ un angle dièdre φ avec le plan déterminé par dl et OO′.

L'élément dl', traversé par un courant I′, placé dans un champ $d\mathcal{K}$, est soumis à une force

$$d^2F = d\mathcal{K}I'dl'. \sin CO'B,$$

mais $\sin CO'B = \cos BO'H$ et l'angle BO′H est l'angle de l'élément dl' avec le plan déterminé par l'élément dl et la droite OO′. En appelant β cet angle, la force d^2F est égale à :

$$d^2F = \frac{II'.dl.dl'}{r^2} \sin\alpha \, \cos\beta$$

Cette force est perpendiculaire au plan passant par dl' et les lignes de force dues à dl en O′.

Si l'on exprime cos β en fonction de α′ et de φ, la formule devient :

$$d^2F = \frac{2II'dldl'}{r^2} \left[\sin\alpha.\ \sin\alpha'.\ \cos\varphi - \frac{\cos\alpha\cos\alpha'}{2} \right].$$

Électro-dynamomètres. — La formule d'Ampère montre que deux circuits quelconques exercent l'un sur l'autre une action mécanique, force ou couple, qui peut s'exprimer par la relation :

$$F = KII',$$

K étant un facteur ne dépendant que de la position relative des deux circuits et de leur forme.

Les électro-dynamomètres sont des appareils fondés sur ce principe et servent à mesurer les intensités de courant, en faisant I = I′ : soit

$$F = KI^2.$$

Dans ces appareils la position relative des deux circuits reste généralement la même, et K devient une constante qu'il est possible soit de calculer, soit de déterminer expérimentalement (Voir chapitre x).

ÉLECTRO-AIMANTS

La force magnéto-motrice d'un courant fermé est égale à 4πI ; celle d'un solénoïde composé de N spires est égale à 4πNI. Cette force magnéto-motrice agissant sur un circuit de réluctance 𝓡 produit un flux Φ égal à :

$$\Phi = \frac{4\pi NI}{\mathcal{R}}.$$

Si une partie du circuit magnétique comprend un métal magnétique, la réluctance diminue et le flux augmente. Le flux qui traverse la substance magnétique lui communique toutes les propriétés d'un aimant. — La partie par laquelle le flux entre constitue un pôle sud, et la partie par laquelle il sort, un pôle nord. Le système ainsi constitué est appelé *électro-aimant*. Si le courant disparaît, la partie magnétique conservera une certaine aimantation, variable suivant la rémanence de la substance qui la compose.

Les substances qui présentent les propriétés magnétiques les plus grandes sont le fer, la fonte, l'acier, le nickel et le cobalt. Les trois premières sont les seules employées dans la construction des électro-aimants.

Les électro-aimants servent généralement à produire une action mécanique à distance, soit simplement l'attraction d'une pièce appelée *armature*, soit des mouvements alternatifs de celle-ci. Le principe utilisé dans les électro-aimants est le suivant :

L'action entre les différentes parties d'un électro-aimant est telle qu'elle tend à rendre le flux de force maximum, c'est-à-dire à diminuer la réluctance totale du circuit magnétique.

DIVERSES FORMES D'ÉLECTRO-AIMANTS. — Les électro-aimants affectent les formes les plus diverses. Une bobine cylindrique à l'intérieur de laquelle on place un *noyau* de fer constitue un électro-aimant droit (*fig.* 64). Le noyau de fer peut être fixé à l'intérieur ou susceptible de se déplacer. Dans le cas où l'on utilise les déplacements du noyau on a une bobine à noyau plongeur.

La forme d'électro-aimant

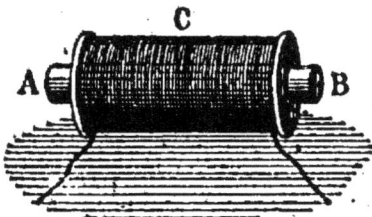

Fig. 64.

Fig. 65.

la plus répandue est celle en fer à cheval (*fig.* 65), qu'on constitue soit avec un circuit magnétique d'une seule pièce, soit généralement avec trois pièces deux noyaux droits réunis par une *culasse* (*fig.* 66). Pour exciter un tel électro, en place une bobine soit sur un des noyaux ou jambe, soit sur la culasse. Dans le premier cas on a un électro-aimant boiteux. Le plus souvent on place une bobine sur chaque jambe

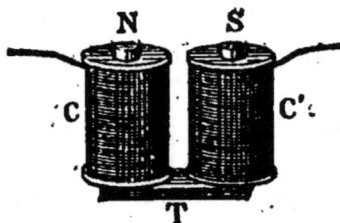

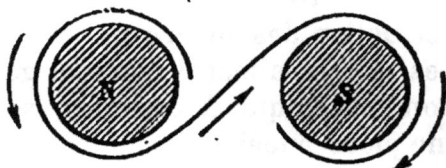

Fig. 66.   Fig. 67.

et on a alors deux bobines. Le sens des enroulements des bobines doit être tel (*fig.* 67) que leurs forces magnéto-motrices s'ajoutent. L'armature, qui se compose généralement de fer, de fonte ou d'acier doux, peut constituer elle-même un électro-aimant ou, dans le cas d'acier dur et trempé, un simple aimant. L'armature dans ce cas est dite *polarisée*. Les déplacements d'une armature polarisée dépendent de la polarité des parties de l'électro qui se trouvent en regard. Il n'en est pas de même d'une armature non polarisée qui se déplace toujours pour fermer le circuit magnétique, sans distinction de polarité.

Dans un électro-aimant on distingue la force portante et l'attraction à distance.

Force portante. — La formule donnant la force portante d'un aimant (p. 138) :

$$F = \frac{\mathfrak{B}^2 S}{8\pi},$$

est applicable à un électro-aimant. Dans cette formule, S représente la surface totale de contact de l'armature, et $\mathfrak{B}$ l'induction en tous les points de cette surface. Lorsque S est en cm² et $\mathfrak{B}$ en gauss, F est exprimé en dynes.

Afin d'obtenir une grande induction pour une force magnéto-motrice donnée, on diminue le plus possible la réluctance du circuit en composant un circuit fermé avec des pièces courtes et massives de fer ou d'acier doux, ce dernier étant comparable au fer forgé comme qualités magnétiques et tendant à se substituer à celui-ci dans les applications en raison des facilités de moulage.

On ne dépasse généralement pas 20 000 gauss pour $\mathfrak{B}$ et pratiquement on emploie des inductions de 16 000 gauss. La perméabilité correspondante est d'environ 320, et la force portante par unité de surface en contact de 10,4 kg : cm².

Le calcul d'un électro-aimant devant porter une charge F est relativement facile.

On se donne une induction $\mathfrak{B}$; il en résulte une surface S de contact :

$$(1) \qquad S = \frac{8\pi F}{\mathfrak{B}^2}.$$

La perméabilité correspondante pour le fer employé étant µ, on compose un électro-aimant de circuit magnétique aussi court que possible; cette longueur doit être juste assez grande pour permettre le logement des bobines d'excitation. La connaissance de la réluctance du circuit $\mathfrak{R}$ permet de calculer la force magnéto-motrice $\mathfrak{F}$ nécessaire pour produire le flux.

On a :

$$\Phi = \mathfrak{B}S$$

et d'autre part :

$$\mathfrak{F} = 4\pi NI = \Phi\mathfrak{R} = \mathfrak{B} \cdot \frac{1}{\mu} \cdot l,$$

ce qui donne :

$$(2) \qquad NI = \frac{\mathfrak{B}l}{4\pi\mu}.$$

Le produit de l'intensité du courant par le nombre de tours est ainsi déterminé et permet la construction des bobines. Il faut bien remarquer que, dans les relations précédentes, tout est exprimé en unités C. G. S.; si l'on veut avoir NI en ampères-tours, il faut se servir de l'équation suivante :

$$(3) \qquad NI = \frac{10\mathfrak{B}l}{4\pi\mu}.$$

On donne souvent aux électro-aimants devant avoir une grande force portante, une surface de contact plus petite que la section des noyaux.

La formule

$$F = \frac{\mathfrak{B}^2S}{8\pi}$$

donne l'explication de ce fait. $\mathfrak{B}$ dans cette formule correspond à l'induction dans la surface de contact et, en réduisant celle-ci, on augmente $\mathfrak{B}$, ce qui peut produire un accroissement de F.

Il y a une valeur de S généralement plus petite que la section des noyaux qui correspond au maximum du produit $\mathfrak{B}^2S$ et par conséquent au maximum de force portante.

Attraction à distance. — Lorsque l'armature est écartée des pôles la force attractive diminue rapidement. Diverses applications nécessitant que l'attraction reste sensiblement constante pour un déplacement relativement grand de l'armature, plusieurs dispositifs ont été réalisés dans ce but. Dans les uns on augmente la course de l'armature par un déplacement oblique de celle-ci ; dans d'autres, par un dispositif de leviers on utilise sur une grande longueur de petits déplacements de l'armature [1].

Dans le cas de grands déplacements on emploie de longues bobines à plongeurs. Un noyau de fer est attiré par une bobine à l'intérieur de laquelle il pénètre ; le noyau tend à se placer au milieu de la bobine. On réalise ainsi des forces attractives moins grandes que dans le cas de circuits magnétiques plus fermés, mais qui varient bien moins avec les déplacements de l'armature. En employant un noyau conique pénétrant dans la bobine par sa pointe, on obtient encore moins de variations de la force attractive.

CALCUL D'UN ÉLECTRO-AIMANT

Soit à calculer un électro-aimant devant porter 200 kilogrammes, l'intensité du courant étant de 1 ampère.

Prenons pour l'induction $\mathfrak{B}$ la valeur 15 000 gauss et soit un fer forgé de perméabilité 525.

La relation 1 (p. 162) donne en exprimant 200 kilogrammes en dynes (1 gramme vaut 981 dynes),

$$S = \frac{8\pi F}{\mathfrak{B}^2} = \frac{8\pi \cdot 200\,000 \cdot 981}{15^2 \cdot 10^6} = 21,9 \text{ centimètres carrés.}$$

[1] Pour l'étude des électro-aimants, voir : *l'Électro-Aimant et l'Électro-Mécanique* de Sylvanus-P. THOMPSON, traduction Boistel.

L'armature portant sur les deux pôles, la surface de contact de chaque pièce polaire est :

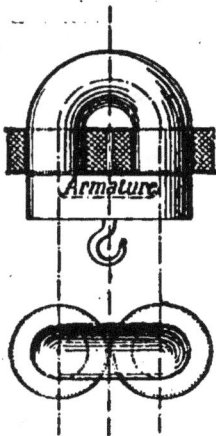

$$\frac{21,9}{2} = 10,95 \text{ centimètres carrés,}$$

soit en nombre rond 11 centimètres carrés, ce qui correspond pour des noyaux cylindriques à un diamètre d'environ 3,8 centimètres. L'électro pourra avoir la forme en fer à cheval représentée figure 68, les deux noyaux cylindriques présentant une distance axiale de 7 centimètres, un diamètre de 3,8 centimètres et pouvant porter des bobines de 3 centimètres de hauteur. La longueur du circuit magnétique est de 28 centimètres environ, et la relation (3) donne pour la force magnétomotrice nécessaire en ampères-tours:

Fig. 68.

$$NI = \frac{10\mathfrak{B}l}{4\pi\mu} = \frac{10 \cdot 15000 \cdot 28}{4 \cdot \pi \cdot 525} = 640 \text{ ampères-tours.}$$

Il y a, au contact de l'armature et des pôles, deux joints qui, si bien faits qu'ils soient, introduisent une réluctance égale, pour $\mathfrak{B} = 15\,000$, à une longueur d'air de 0,004 centimètre, soit pour les deux joints 0,008 centimètre. Pour plus de sûreté on peut prendre 0,01 centimètre, ce qui donne pour la force magnéto-motrice nécessaire :

$$\mathfrak{F} = \mathfrak{B}l = 15\,000 \cdot 0,01 = 150 \text{ gilberts.}$$

Mais 1 gilbert vaut 0,8 ampère-tour (p. 152) :

$$\mathfrak{F} = 150 \cdot 0,8 = 120 \text{ ampères-tours.}$$

La force magnéto-motrice totale à appliquer à l'électro est donc :

$$\mathfrak{F} = 640 + 120 = 760 \text{ ampères-tours.}$$

Il faut maintenant calculer les bobines.

Comme l'intensité est de 1 ampère, il faut 760 tours de fil, soit 380 par bobine. Le diamètre du fil sera choisi, si le courant doit passer pendant longtemps, de manière que l'on ait une densité de courant de 1 à 2 ampères par millimètre carré. Si le courant passe peu de temps et d'une manière intermittente, on peut prendre des densités beaucoup plus élevées. Donnons au fil nu un diamètre de 0,9 millimètre, soit 1 millimètre avec l'enveloppe isolante ; on a, comme densité de courant, près de 2 ampères par millimètre carré. Si les bobines ont 30 millimètres de hauteur, on peut mettre 30 spires par couche, et, pour obtenir les 380 spires nécessaires, il faut 13 couches de fil par bobine, soit 390 spires. L'épaisseur du fil sur la bobine est d'environ 13 millimètres, ce qui donne un diamètre extérieur, y compris la carcasse de la bobine, de 6,6 centimètres. Il est nécessaire, lorsque le courant doit passer longtemps, d'avoir une surface de refroidissement des bobines de 10 à 30 centimètres carrés par watt dépensé.

Il y a lieu de chercher la puissance dépensée dans ces deux bobines.

Cette puissance est donnée par la loi de Joule $P = RI^2$. Il faut donc calculer la résistance R d'après la relation

$$R = \rho \frac{l}{s}.$$

Déterminons la longueur l du fil. Le diamètre moyen d'une spire étant de 5,2 centimètres, soit une longueur de 16,3 centimètres, les 780 spires forment donc une longueur totale de

$$l = 16,3 \cdot 780 = 12\,700 \text{ centimètres.}$$

Si l'on prend pour résistivité du cuivre 2 microhms-centimètres, la résistance des deux bobines en tension est :

$$R = \frac{2}{10^6} \cdot \frac{12700}{0,00636} = 4 \text{ ohms.}$$

Avec le courant donné de 1 ampère, la puissance dépensée $P = RI^2$ dans une résistance de 4 ohms est de 4 watts.

Calculons la surface de refroidissement des bobines. La hauteur est de 3 centimètres et le diamètre extérieur de 6,6 centimètres, c'est-à-dire une circonférence de 20,7 centimètres ; la surface est donc :

$$20,7 \times 3 \times 2 = 124 \text{ centimètres carrés ;}$$

soit par watt dépensé :

$$\frac{124}{4} = 31 \text{ centimètres carrés,}$$

ce qui est largement suffisant.

INDUCTION ÉLECTRO-MAGNÉTIQUE

Définitions. — Faraday a découvert, en 1831, que le déplacement relatif d'un conducteur et d'un champ magnétique donne naissance dans le conducteur à une force électromotrice. Le champ peut être produit soit par un aimant, soit par un électro-aimant. Si le conducteur fait partie d'un circuit fermé, il y a production d'un courant dû à la force électromotrice développée par le phénomène particulier désigné sous le nom d'*induction électro-magnétique*. Les courants dus à la *force électromotrice d'induction* sont des *courants d'induction* ou *courants induits*.

Le champ magnétique ou galvanique constitue le *champ inducteur;* la pièce dans laquelle il est produit est l'*inducteur;* et le courant qui sert à le créer dans le cas d'un électro-aimant est le *courant inducteur.*

La partie dans laquelle se développent les courants d'induction est l'*induit.*

Règle générale de l'induction. — La production de courants d'induction dans un circuit est due, dans tous les cas, à une variation du flux de force magnétique embrassé par ce circuit.

Le déplacement relatif du champ inducteur et du circuit induit n'est qu'un moyen de faire varier le flux traversant l'induit. On peut produire des variations analogues sans qu'il y ait aucun déplacement. Si, par exemple, deux bobines étant concentriques, on produit dans l'une des variations d'intensité de courant, il en résultera une variation de flux et, par conséquent, des courants induits dans l'autre bobine.

Des forces électromotrices d'induction se produisent également dans un seul circuit, lorsque le flux est modifié par suite d'une variation d'intensité de courant ou d'une déformation du circuit modifiant le flux total produit.

La loi générale suivante est applicable à ces différents phénomènes.

Toute variation du flux de force embrassé par un circuit

fermé donne naissance à un courant d'induction dont la durée est égale à celle de la variation du flux ; cette variation est nécessaire pour qu'il y ait courant d'induction et à une même variation de flux correspond toujours une même quantité d'électricité induite, indépendamment du sens, de la durée et de la loi de cette variation.

Classification des phénomènes d'induction. — Les considérations précédentes ont conduit à scinder les phénomènes d'induction en trois classes :

      1. — Induction électro-magnétique ;
      2. — Self-induction ;
      3. — Induction mutuelle.

Induction électro-magnétique. — Le courant induit est obtenu par le déplacement relatif du champ inducteur et du circuit induit. L'énergie électrique ainsi produite résulte de la transformation d'une partie de l'énergie mécanique nécessaire pour produire ce déplacement. Un appareil basé sur ce principe constitue un *générateur mécanique d'énergie électrique.*

Self-induction. — La self-induction, induction propre, ou auto-induction, comprend les phénomènes d'induction qu'un circuit produit sur lui-même lorsque l'intensité de courant y est variable. A l'établissement du courant et à sa rupture on a les *extra-courants* de fermeture et de rupture. L'énergie ainsi mise en jeu provient de l'énergie électrique du courant.

Induction mutuelle. — Deux circuits fixes traversés par des courants variables produisent l'un sur l'autre des phénomènes d'induction appelés *induction mutuelle.* Le courant peut être variable soit dans l'une, soit dans l'autre des bobines, ou dans les deux à la fois. L'énergie mise en jeu est empruntée au courant inducteur variable.

Sens des courants induits. — Loi de Lenz. — La règle générale donnée précédemment n'indique pas le sens du courant induit. Ce sens est lié à celui de la variation ; il est donné, dans le cas où il y a déplacement, par la loi suivante due à Lenz :

Loi de Lenz. — Toute variation au flux de force embrassé par un circuit produit un courant induit de sens tel qu'il tende à s'opposer au mouvement.

Pour passer au cas général de l'induction, dans lequel on ne considère que la variation de flux dans le circuit induit, qu'il y ait ou non un déplacement d'une partie de ce circuit ou de l'inducteur, on se reportera à la règle de Maxwell (p. 157), sur les actions des aimants et des courants sur eux-mêmes ou entre eux, qui indique que dans chaque cas les déplacements sont tels qu'ils tendent à rendre le flux maximum dans chaque partie du système.

Soit un champ inducteur et un circuit induit se déplaçant de manière que le flux augmente dans le circuit induit : d'après la loi de Lenz, citée plus haut, le courant induit tend à s'opposer à ce mouvement. D'après la règle de Maxwell, si le circuit induit est traversé par un courant produisant un flux de même sens que celui qui est dû à l'inducteur, ce courant facilitera le mouvement au lieu de s'y opposer. Le courant induit doit donc être de sens inverse à celui qui produit dans l'induit un flux de même sens que celui qui le traverse.

Soit maintenant une diminution de flux dans l'induit : d'après la règle de Maxwell, un courant qui produit un flux de même sens que le flux inducteur agit sur l'inducteur et tend à le déplacer de manière que le flux produit devienne maximum, il s'oppose donc au mouvement qui produit la diminution et correspond au sens indiqué par la loi de Lenz pour le courant induit.

On peut remarquer que, lorsque le flux augmente dans l'induit, le courant induit est tel que le flux qui lui est dû est en sens inverse du flux inducteur et que, lorsque le flux diminue, le courant induit est de sens tel que son flux s'ajoute au flux inducteur.

Les considérations qui précèdent conduisent à exprimer la loi de Lenz sous la forme générale suivante :

Le courant induit est toujours de sens tel qu'il s'oppose par le flux qu'il produit à la variation du flux inducteur.

Cette règle indique que tout changement de sens dans la variation du flux correspond à un changement de sens pour le courant induit; il en résulte que, lorsque le flux inducteur passe par un maximum ou un minimum, le courant induit passe par une valeur nulle.

La simple application de la règle du bonhomme d'Ampère ou de la règle du tire-bouchon de Maxwell donne, dans chaque cas, le sens du courant induit quand on connaît le sens de la variation du flux inducteur.

Force électromotrice d'induction. — Formules fondamentales. — Soit un circuit de résistance R comprenant une pile de force électromotrice E, ce circuit étant placé dans un champ $\mathcal{K}$ et traversé par un flux Φ. Le champ tend à déplacer le circuit de manière à rendre le flux maximum. Si l'on considère un déplacement élémentaire tel que le flux varie de $d\Phi$, le travail produit par ce déplacement est égal à :

$$dW = I d\Phi,$$

I étant l'intensité du courant traversant le circuit.

En vertu du principe de la conservation de l'énergie, ce travail résulte nécessairement de la transformation d'une partie de l'énergie électrique fournie par la pile. Si la variation $d\Phi$ se produit en un temps dt, on a :

$$EI dt = RI^2 dt + dW$$

ou :

$$EI dt = RI^2 dt + I d\Phi,$$

soit pour la valeur de l'intensité :

$$I = \frac{E - \dfrac{d\Phi}{dt}}{R}.$$

Le quotient $\dfrac{d\Phi}{dt}$ est la *force électromotrice d'induction* qui joue le rôle d'une force contre-électromotrice.

La force électromotrice d'induction ne dépend que des valeurs $d\Phi$ et dt, c'est-à-dire qu'elle est indépendante de la valeur de E. On peut donc supprimer la pile; mais alors il n'est possible de déplacer le circuit que par une dépense d'énergie mécanique ou travail d'induction qui produit une force électromotrice d'induction donnée par la relation :

$$E = \frac{d\Phi}{dt}.$$

Il en résulte un courant d'intensité I :

$$I = \frac{E}{R} = \frac{d\Phi}{Rdt},$$

et une perte par effet Joule dans la résistance R

$$dW = RI^2dt = \frac{d^2\Phi}{Rdt},$$

qui est l'équivalent du travail d'induction dépensé pour produire le déplacement.

La quantité d'électricité induite est égale à

$$dQ = Idt = \frac{d\Phi}{R}.$$

La force électromotrice E est indépendante de la résistance du circuit qui n'intervient dans le phénomène d'induction que pour modifier la quantité d'électricité induite.

La formule fondamentale de l'induction :

$$E_t = \frac{d\Phi}{dt}$$

a été déduite du principe de la conservation de l'énergie, par lord Kelvin et Helmholtz.

Quantité d'électricité induite. — Une variation élémentaire $d\Phi$ du flux de force traversant un circuit fermé produit une quantité d'électricité dQ égale à :

$$dQ = \frac{d\Phi}{R}.$$

Si le flux varie d'une valeur Φ_1 à une valeur totale Φ_2 telle que :

$$\Phi_2 - \Phi_1 = \Phi,$$

la quantité totale induite est :

$$Q = \int_{\Phi_1}^{\Phi_2} \frac{d\Phi}{R} = \frac{\Phi_2 - \Phi_1}{R} = \frac{\Phi}{R},$$

d'où la relation générale suivante :

La quantité d'électricité induite est égale, dans tous les cas, au quotient de la variation du flux de force par la résistance du circuit.

Cette relation confirme la règle générale relative à l'induction qui a été énoncée au début: la quantité induite est indépendante du sens et de la durée de la variation, ainsi que de la loi de cette variation.

Si le flux, après avoir varié de Φ_1 à Φ_2 varie en sens inverse de Φ_2 à Φ_1, la quantité d'électricité induite est égale à la première, mais correspondra à un courant en sens inverse indiqué par le signe — de l'équation donnant cette quantité:

$$Q_1 = \frac{\Phi_1 - \Phi_2}{R} = -\frac{\Phi}{R}.$$

Conducteur rectiligne se déplaçant dans un champ uniforme. — Soit un conducteur rectiligne de longueur l se déplaçant dans un champ uniforme d'intensité $\mathcal{H}$ avec une vitesse constante v. Si l'on suppose que ce conducteur soit situé dans un plan perpendiculaire aux lignes de force et se déplace parallèlement à lui-même, il pourra être relié à un circuit fermé par deux rails parallèles sur lesquels frotteront ses extrémités. Pour une durée élémentaire dt du déplacement, le conducteur avancera de vdt, et le flux de force dans le circuit variera de :

$$d\Phi = \mathcal{H}dS = \mathcal{H}.l.vdt.$$

D'après la formule fondamentale

$$E = \frac{d\Phi}{dt},$$

on aura pour la force électromotrice développée dans ce conducteur :

$$E = \mathcal{H}lv.$$

Le sens du courant que produirait cette force électromotrice se déterminerait par l'application de la règle du tire-bouchon, le flux produit par ce courant tendant à s'opposer à la variation du flux inducteur. Si le circuit est ouvert, il n'y aura aucun courant, la résistance étant infinie, mais la force électromotrice n'en existera pas moins, et les deux pôles du générateur ainsi constitué seront déterminés par le sens du courant qui tend à se produire dans un circuit fermé quelconque.

On peut encore se servir de la règle des doigts due à Fleming, les trois premiers doigts de la main droite étant dirigés : le pouce dans le sens du mouvement, l'index dans le sens des lignes de force du champ, et le médius dans le sens du conducteur ; le courant induit va de la racine à l'extrémité du médius.

Disque de Faraday. — Induction unipolaire. — Soit un disque plan de cuivre, de rayon r, tournant à une vitesse angulaire constante ω dans un champ uniforme $\mathcal{H}$, le plan du disque étant supposé perpendiculaire aux lignes de force du champ. Si l'on considère un rayon quelconque, pendant un temps dt il tourne d'un angle :

$$d\alpha = \omega dt,$$

et la variation de flux correspondante est :

$$d\Phi = \mathcal{H}dS = \mathcal{H}\,\frac{r.\omega dt.r}{2},$$

dS étant la surface d'un triangle de base $r.\omega dt$ et de hauteur r.

La force électromotrice développée a pour valeur :

$$E = \frac{d\Phi}{dt} = \frac{\mathcal{H}\omega r^2}{2}.$$

Il y a donc entre le centre et l'un quelconque des points de la périphérie production d'une force électromotrice E, et il suffit de disposer un frotteur sur l'axe et un autre sur le bord du disque pour constater la production d'un courant dans un circuit reliant ces deux prises.

Cette disposition est réalisée pratiquement dans la figure 69.

Un aimant ou un électro-aimant en fer à cheval produit le champ inducteur. Les pivots à l'axe et un godet rempli de mercure, dans lequel plonge légèrement le bord inférieur du disque servent de prises de courant. Le champ inducteur n'est pas uniforme et la force électromotrice développée résulte de l'action de ce champ sur tous les éléments du rayon du disque reliant les deux contacts. Dans tous les cas, la force électromotrice développée est constante en

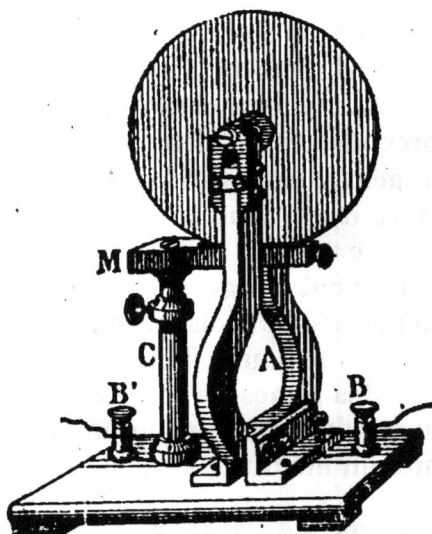

Fig. 69.

grandeur et en direction lorsque la vitesse angulaire est constante. Tous les appareils d'induction dans lesquels il se crée une telle force électromotrice sont dits à *induction unipolaire*.

Courants de Foucault. — Lorsque les courants d'induction, au lieu de se développer dans des circuits composés de fils bobinés diversement, suivant l'application en vue, se produisent dans des masses métalliques, on les désigne sous le nom de courants de Foucault. Ces courants suivent les mêmes lois que les courants précédemment étudiés et leur sens est toujours tel qu'ils s'opposent par le flux qu'ils produisent aux variations du flux inducteur et au déplacement de la partie mobile. L'énergie ainsi mise en jeu est entièrement transformée en chaleur.

Foucault a réalisé une expérience très intéressante mon-

trant les effets de ces courants. Un disque de cuivre rouge
est placé en partie entre les deux pôles d'un fort électro-
aimant. On peut communiquer à ce disque, au moyen d'une
manivelle et d'engrenages, un mouvement rapide de rotation.
Lorsque l'électro n'est pas excité, la puissance mécanique
nécessaire est faible et correspond seulement aux frottements.
Aussitôt qu'on envoie le courant dans l'électro, on sent un
accroissement considérable de résistance mécanique et, si
on continue à tourner, on constate que le disque s'échauffe
rapidement par suite de la production de chaleur due aux
courants de Foucault résultant de la transformation d'une
partie de l'énergie mécanique.

Comment se produisent ces courants de Foucault ?

Soit (*fig.* 70) le disque de cuivre dont la partie hachurée est
supposée placée dans un champ uniforme ; le pôle nord étant
supposé au dessus dans la figure, l'autre partie est placée
dans un champ nul ou simplement moins intense. Les varia-

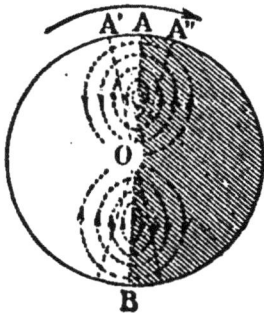

Fig. 70.

tions de flux se produisent en OA et
en OB ; il se produira en OA des
courants tendant à empêcher l'accroissement de flux et en OB des
courants s'opposant à la diminution.
Le flux inducteur étant supposé entrant dans le disque, l'application de
la règle du tire-bouchon donne pour
ces courants des sens indiqués par
les flèches. Pour réduire les courants de Foucault, il faut augmenter
le plus possible, par un sectionne-
ment convenable, la résistance électrique du circuit dans
lequel ils se développent. Le champ inducteur et le sens de
déplacement de l'induit étant perpendiculaires entre eux,
le courant induit est lui-même normal à ces deux directions.
Le mode de sectionnement le plus efficace consiste à diviser
l'induit dans une direction perpendiculaire aux forces électromotrices, c'est-à-dire suivant des surfaces déterminées par
le sens du déplacement et par les lignes de force du
champ. Dans le cas du disque ci-dessus, un point quelconque
décrit un cercle et les lignes de force sont normales au plan

du disque ; il en résulte que la meilleure disposition à adopter pour réduire les courants de Foucault serait de composer le disque d'une série d'anneaux emboîtés les uns dans les autres (*fig.* 71) et isolés électriquement.

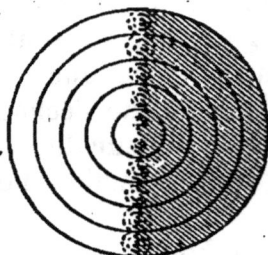 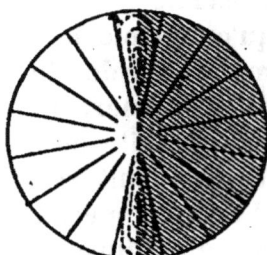

Fig. 71.   Fig. 72.

Comme un tel assemblage serait difficile à réaliser dans de bonnes conditions de résistance mécanique, on préfère, dans le cas d'un disque tel que celui considéré, le fendre suivant des rayons partant de la périphérie jusque près du centre (*fig.* 72), mais la règle énoncée pour la division est toujours appliquée lorsqu'il n'y a pas d'autre difficulté spéciale.

Les courants de Foucault sont utilisés dans quelques galvanomètres pour amortir l'équipage mobile. On entoure l'aimant d'une masse de cuivre et les courants de Foucault développés par le déplacement de l'aimant s'opposent à son mouvement et l'amortissent rapidement.

SELF-INDUCTION

Coefficient de self-induction. — Unité électro-magnétique C. G. S. de self-induction. — Lorsqu'un circuit est traversé par un courant I, il produit un flux Φ. On appelle *coefficient de self-induction* de ce circuit *le quotient* $\dfrac{\Phi}{I}$ *du flux par l'intensité du courant correspondant.*

Dans le système électro-magnétique C. G. S. le coefficient de self-induction a les dimensions d'une longueur ; il se représente par la lettre L :

$$L = \frac{\Phi}{I}.$$

L'unité électro-magnétique de self-induction est égale au coef-
ficient de self-induction d'un circuit qui produit un flux de
1 unité C. G. S. ou 1 weber pour une intensité de 1 unité C. G. S.
Cette unité, en raison des dimensions du coefficient de
self-induction, a une valeur de 1 centimètre.

Lorsque le circuit magnétique comprend des parties de
perméabilité variable, comme c'est le cas pour toutes les
substances très magnétiques, le flux est une fonction complexe de l'intensité, ainsi que le coefficient de self-induction qui en résulte. On examinera d'abord les circuits de
perméabilité constante et ensuite les circuits de perméabilité variable.

CIRCUITS DE PERMÉABILITÉ CONSTANTE

Période variable d'établissement du courant. — Lorsqu'on
ferme un circuit présentant de la self-induction sur une
source de courant, une pile par exemple, on constate expérimentalement que le courant ne s'établit pas instantanément et qu'il met d'autant plus de temps à atteindre sa
valeur de régime, définie par la loi d'Ohm, que le coefficient
de self-induction est plus élevé. Avec un gros électro-aimant,
tel que les inducteurs d'une machine dynamo, le courant
passe très lentement d'une valeur nulle à sa valeur de
régime, et un ampèremètre à indications rapides intercalé
dans le circuit permet très bien d'en suivre les variations. En
répétant la même expérience avec un circuit de même résistance, mais de self-induction négligeable, composé par
exemple avec des lampes à incandescence, la durée d'établissement du courant est si rapide qu'il est impossible
d'en suivre la marche.

Le temps pendant lequel le courant passe de la valeur

nulle à sa valeur de régime constitue la *période variable d'établissement du courant.*

Cette période variable est due aux phénomènes d'induction qui se produisent dans le circuit. Lorsque l'intensité varie de 0 à I, le flux varie également de 0 à Φ, Φ étant relié à I par l'équation

$$\Phi = LI.$$

Pour une variation de flux de force $d\Phi$, il y a production d'une force électromotrice

$$E = \frac{d\Phi}{dt},$$

due à la self-induction, qui s'oppose à l'accroissement du flux et par conséquent au passage du courant. C'est donc une force contre-électromotrice et on la précède du signe moins :

$$E' = -\frac{d\Phi}{dt} = -\frac{LdI}{dt},$$

Le courant, au bout d'un temps t de fermeture, est donné par l'équation

$$I_t = \frac{E - L\dfrac{dI_t}{dt}}{R},$$

de laquelle on déduit :

$$(1) \qquad I_t = \frac{E}{R}\left(1 - e^{-\frac{R}{L}t}\right).$$

Théoriquement le courant n'atteint sa valeur qu'au bout d'un temps infini, mais $e^{-\frac{R}{L}t}$ décroît rapidement et devient bientôt négligeable devant 1.

Dans l'équation précédente la force contre-électromotrice de self-induction est :

$$E_1 = -Ee^{-\frac{R}{L}t}.$$

La quantité d'électricité qui traverse le circuit jusqu'à un moment t après la fermeture est d'autant moins grande que la self-induction est plus élevée.

La quantité totale correspondant à la self-induction est :

$$\varphi = \frac{E}{R} \cdot \frac{L}{R}.$$

Cette quantité est donc égale au produit de l'intensité en régime permanent $\frac{E}{R}$ par la quantité $\frac{L}{R}$, laquelle est homogène à un temps et porte le nom de *constante de temps*.

Constante de temps. — Le quotient du coefficient de self-induction d'un circuit par sa résistance est sa constante de temps :

$$\tau = \frac{L}{R},$$

si L est exprimé en henrys, unité pratique C. G. S. définie ci-après, et R en ohms, τ est donné en secondes.

Le régime permanent s'établit d'autant plus rapidement dans un circuit que sa constante de temps est plus petite.

La formule (1) (p. 177) qui donne la valeur de l'intensité au bout d'un temps t montre que, lorsqu'on fait $t = \tau = \frac{L}{R}$, on a :

$$I = \frac{E}{R}(1 - e^{-1}) = \frac{E}{R}\left(\frac{e-1}{e}\right).$$

Le courant atteint donc au bout d'un temps τ une valeur égale à $\frac{e-1}{e} = 0,63$ de sa valeur normale. Dans un circuit ayant une constante de temps moitié moindre, le courant, au bout du même temps que pour le premier circuit, atteint une valeur égale à 0,86 de sa valeur en régime permanent.

Unité C. G. S. pratique de coefficient de self-induction, ou henry. — La force électromotrice de self-induction donné par la relation

$$E = L \frac{dI}{dt}$$

sert à définir l'unité pratique de self-induction, qui porte le nom de *henry*.

L'unité C. G. S. pratique de self-induction, ou henry, est égale au coefficient de self-induction d'un circuit dans lequel la force contre-électromotrice de self-induction est de 1 volt, lorsque l'intensité du courant y varie à raison de 1 ampère par seconde.

Le volt étant égal à 10^8 unités C. G. S., et l'ampère à 10^{-1} unité C. G. S., il en résulte que le henry a une valeur égale à 10^9 unités C. G. S. de self-induction. L'unité C. G. S. déjà définie a une valeur de 1 centimètre, le henry vaut donc 10^9 centimètres :

$$1 \text{ henry} = 10^9 \text{ centimètres.}$$

Cette longueur, qui est celle du quadrant terrestre, avait motivé le nom de *quadrant* sous lequel on désignait tout d'abord l'unité pratique de coefficient de self-induction.

Période variable de rupture du courant. — Il y a deux procédés à employer pour annuler le courant dans une résistance ayant de la self-induction : soit la mettre en court-circuit, soit ouvrir le circuit, ce qui correspond à introduire une résistance infinie.

Envisageons d'abord le premier cas et supposons que la résistance totale du circuit n'ait pas changé (ceci serait réalisé en réunissant les deux pôles de la pile par une résistance égale à sa résistance intérieure et en supprimant ensuite la pile). Le flux variera de Φ à 0, et il y aura production d'un courant de self-induction ou extra-courant de rupture, qui tendra à s'opposer à la variation de flux et qui, par conséquent, sera de même sens que le courant qui existait déjà dans le circuit. Le courant, au bout d'un temps t, sera égal à :

$$I_t = \frac{-\dfrac{d\Phi}{dt}}{R} = -\frac{d\Phi}{Rdt} = -\frac{LdI}{Rdt},$$

d'où :

$$I_t = I_0 e^{-\frac{R}{L} \cdot t} = \frac{E}{R} \cdot e^{-\frac{R}{L} \cdot t}.$$

La force électromotrice due à la self-induction est, au bout du temps t, égale à :

$$E_{it} = E \cdot e^{-\frac{R}{L} \cdot t}.$$

La quantité totale d'électricité correspondant au courant de rupture est :

$$Q = \frac{E}{R} \cdot \frac{L}{R}.$$

La quantité due à l'extra-courant de rupture est donc égale à celle qui correspond à la période variable de fermeture.

Au bout d'un temps égal à la constante de temps $\frac{L}{R}$, le courant de rupture est égal à $\frac{1}{e} = 0,37$ de la valeur du courant de régime $I_0 = \frac{E}{R}$.

Examinons maintenant le cas où on introduit dans le circuit une résistance R'; au bout d'un temps t :

$$I_t = \frac{E - L\frac{dI}{dt}}{R + R'},$$

relation de laquelle on tire :

$$I_t = \frac{E}{R + R'} \left(1 + \frac{R'}{R} e^{-\frac{R + R'}{L} \cdot t} \right).$$

La quantité d'électricité correspondant à l'extra-courant est égale à :

$$Q = \frac{ER'}{(R + R')^2} \cdot \frac{L}{R}.$$

Lorsque R' varie de R à l'infini, c'est-à-dire lorsqu'on

ouvre le circuit, la formule précédente montre que la quantité d'électricité correspondant à l'extra-courant de rupture est égale à :

$$Q_t = \frac{E}{R} \cdot \frac{L}{R}.$$

C'est toujours la même quantité, égale à celle qui correspond à la période variable de fermeture.

La force électromotrice produisant ce courant de rupture est, au bout du temps t, égale à :

$$E_t = E\left(1 + \frac{R'}{R} e^{-\frac{R+R'}{L} \cdot t}\right).$$

Énergie potentielle de self-induction. — Pendant la période variable de fermeture du courant il existe à chaque instant une force contre-électromotrice due à la self-induction égale à :

$$E_{1t} = \frac{d\Phi}{dt} = \frac{LdI}{dt}.$$

L'énergie fournie par la source de courant est employée à deux effets : elle sert, d'une part, à surmonter cette force contre-électromotrice et, d'autre part, à échauffer le circuit par effet Joule. On a la relation

$$EI_t = E_{1t}I_t + RI_t^2.$$

La puissance $E_{1t}I_t$ est celle qui correspond aux effets de self-induction dus à la création d'un flux de force. L'énergie correspondante est employée à modifier l'état du milieu magnétique dans lequel se produit le flux de force ainsi créé. Ce milieu soumis aux actions magnétiques doit être considéré comme étant dans un état de contrainte particulier, analogue à celui dans lequel se trouve le diélectrique d'un condensateur chargé. Lorsque l'état de contrainte cesse, c'est-à-dire quand le champ disparaît, l'énergie emmagasinée à l'état potentiel dans le milieu reparaît sous forme de courant : extra-courant de rupture dans le cas d'une bobine de self-induction, décharge dans le cas d'un condensateur.

Calculons l'énergie ainsi emmagasinée dans un circuit ayant de la self-induction. La puissance correspondante sera, après un temps t de fermeture du courant,

$$P_t = E_{it} \cdot I_t,$$

E_{it} étant la force contre-électromotrice de self-induction.

L'énergie totale sera :

$$W = \int_0^\infty E_{it} I_t dt = \int_0^\infty L I_t dI = \frac{1}{2} L I^2.$$

C'est cette quantité d'énergie qui est restituée lorsque le courant est annulé dans le circuit. Si l'on met celui-ci en court-circuit ou si on augmente la résistance, il y a production d'un extra-courant qui échauffe le circuit. Si l'on coupe le circuit, il y a production d'une étincelle d'extra-courant, le circuit se fermant par l'air pour dépenser l'énergie emmagasinée $\frac{1}{2} L I^2$. L'étincelle est d'autant plus brillante que la rupture est plus rapide, et d'autant plus chaude que la quantité d'énergie dépensée est plus grande.

En remplaçant I par $\frac{U}{R}$ dans la formule précédente, on a :

$$W = \frac{1}{2} L I^2 = \frac{1}{2} \cdot \frac{L}{R} \cdot \frac{U^2}{R},$$

$\frac{L}{R}$ étant la constante de temps, et $\frac{U^2}{R}$ la puissance dépensée dans le circuit pendant le régime permanent.

EXEMPLE. — Une self-induction de 1 henry avec une résistance de 10 ohms a une constante de temps de $\frac{1}{10}$ de seconde. Si cette résistance est mise sur une différence de potentiel de 100 volts, il y passe un courant de 10 ampères, et l'énergie emmagasinée est de :

$$W = \frac{1}{2} \cdot 1 \cdot 100 = 50 \text{ joules.}$$

Capacité et self-induction. — Un condensateur de capacité C, introduit entre deux points d'un circuit fermé, produit pendant la période variable de charge une intensité de courant plus élevée dans le reste du circuit fermé que celle qui existe pendant le régime permanent. Il y a diminution apparente de la résistance du circuit pendant la période variable.

Si la source de courant est supprimée, le condensateur fournit un courant de décharge de sens inverse au courant de charge. La quantité d'électricité et la quantité d'énergie correspondant à la charge et à la décharge sont données par les formules

$$Q = CU, \qquad W = \frac{1}{2} CU^2,$$

U étant la différence de potentiel aux bornes du condensateur chargé.

D'après ce qui a été trouvé précédemment, une résistance ayant de la self-induction, étant mise dans un circuit, produit des effets inverses à ceux d'un condensateur; l'intensité de courant pendant la période variable y est moins grande qu'en régime permanent, ce qui correspond à un accroissement apparent de la résistance du circuit. Si la source est supprimée, l'extra-courant de rupture est de même sens que le courant qui était dû à la pile. La quantité d'électricité et la quantité d'énergie correspondant à la période variable de fermeture et à l'extra-courant de rupture sont données par les formules

$$Q = \frac{L}{R} \cdot \frac{U}{R}, \qquad W = \frac{1}{2} \cdot \frac{L}{R} \cdot \frac{U^2}{R}.$$

On conçoit, d'après ce qui précède, que si dans le circuit précédent on monte un condensateur en dérivation sur la résistance de self-induction, celui-ci augmentera par son courant de charge le courant de la période variable, et pour une certaine valeur de la capacité il pourra y avoir égalité entre la quantité d'électricité due à la charge du condensateur et la diminution de quantité due pendant la période variable à la self-induction.

C étant la capacité du condensateur, L le coefficient de self-induction de la résistance R aux extrémités de laquelle est branché le condensateur, et U la différence de potentiel entre ces deux points, la quantité d'électricité Q correspondant pour l'ensemble, capacité et self-induction, à la période variable de fermeture ainsi qu'à l'extra-courant de rupture, sera d'après les relations précédentes :

$$Q = L\frac{U}{R^2} - CU = \frac{U}{R^2}(L - CR^2).$$

Cette quantité Q est la même que celle qui serait due à une résistance R ayant un coefficient de self-induction $(L - CR^2)$.

Le condensateur C produit donc une diminution apparente de la self-induction égale à CR^2.

Lorsqu'il y a entre L, R et C la relation

$$L = CR^2,$$

la self-induction est complètement compensée, et la quantité d'électricité produite par le générateur est égale à celle qui correspondrait simplement à une résistance R sans self-induction.

Décharges oscillantes. — La décharge d'un condensateur sur un circuit ne présentant pas de self-induction a été examinée. Supposons maintenant que le circuit de résistance R, sur lequel se décharge le condensateur C dont la charge est $Q = CU$, possède un coefficient de self-induction L. Au bout d'un temps t de fermeture du circuit, le courant de décharge sera :

$$(1) \qquad i = \frac{u - L\frac{di}{dt}}{R};$$

on aura de plus les relations

$$u = \frac{q}{C}, \qquad i = -\frac{dq}{dt},$$

les petites lettres i, u et q représentant respectivement les valeurs à l'instant t de l'intensité de décharge, de la différence de potentiel aux bornes de la résistance et de la charge restant dans le condensateur.

En portant les valeurs de u et de i dans l'expression (1), on a successivement :

$$- \frac{dq}{dt} = \frac{\frac{q}{C} + L \frac{d^2q}{dt^2}}{R},$$

(2)
$$\frac{d^2q}{dt^2} + \frac{R}{L} \cdot \frac{dq}{dt} + \frac{q}{CL} = 0.$$

On a ainsi une équation différentielle linéaire du second ordre dont l'intégrale générale est de la forme

$$q = Ae^{xt} + A'e^{x't},$$

étant la base des logarithmes népériens, x et x' les racines de l'équation du second degré :

(3)
$$x^2 + \frac{R}{L} x + \frac{1}{CL} = 0,$$

A et A' des constantes déterminées par les conditions du problème

$$t = 0, \qquad q = Q;$$

q étant obtenu par intégration, on en déduira l'intensité par la relation

$$i = - \frac{dq}{dt}.$$

L'allure de la décharge est bien différente, suivant que les racines de l'équation (3) sont réelles ou imaginaires. Si les racines sont réelles, c'est-à-dire si $\frac{R^2}{4L^2} \geqq \frac{1}{CL}$ ou $R \geqq \sqrt{\frac{4L}{C}}$, l'intensité du courant de décharge est :

$$i = \frac{Q}{2CL\alpha} e^{-\frac{t}{2\tau}} (e^{\alpha t} - e^{-\alpha t}),$$

en posant :

$$\frac{L}{R} = \tau \quad \text{et} \quad \alpha = \sqrt{\frac{1}{4\tau^2} - \frac{1}{CL}}.$$

La décharge est continue ; le courant, d'abord nul, passe par un maximum, puis décroît ensuite jusqu'à zéro. Le maximum est d'autant plus rapidement atteint que R se rapproche plus de la valeur $\sqrt{\frac{4L}{C}}$, et pour $R = \sqrt{\frac{4L}{C}}$ le courant prend instantanément une valeur finie et décroît ensuite indéfiniment.

Si les racines de l'équation (3) sont imaginaires, c'est-à-dire si $\frac{R^2}{4L^2} < \frac{1}{CL}$ ou $R < \sqrt{\frac{4L}{C}}$, l'intensité du courant de décharge est :

$$i = \frac{Q}{CL\beta}\, e^{-\frac{t}{2\tau}} \sin \beta t,$$

en posant :

$$\beta = \sqrt{\frac{1}{CL} - \frac{1}{4\tau^2}}.$$

La décharge, au lieu de fournir un courant toujours de même sens comme dans le cas précédent, donne un courant oscillant périodiquement entre des valeurs maxima positives et négatives, décroissant d'autant plus rapidement entre deux valeurs successives que R est plus rapproché de $\sqrt{\frac{4L}{C}}$.

Le courant passe par zéro à intervalles de temps égaux à $\frac{\pi}{\beta}$, et la période du courant oscillant est égale à :

$$T = \frac{2\pi}{\beta}.$$

La charge du condensateur passe par un maximum ou un minimum lorsque sa dérivée, l'intensité du courant, est nulle. L'énergie potentielle de la charge $\frac{1}{2} \cdot \frac{Q^2}{C}$ se dépense peu à peu en chaleur dans le circuit.

Expériences de Hertz sur les ondulations électriques. — Les actions calorifiques et les actions lumineuses se propagent dans l'espace, grâce aux vibrations d'un fluide particulier appelé éther. D'après Maxwell, les actions électriques se propageraient absolument comme les radiations lumineuses, en faisant vibrer l'éther normalement à la direction de propagation. Les ondulations électriques et les ondulations lumineuses ne différeraient que par l'amplitude et la fréquence. Une première liaison entre la lumière et l'électricité est le facteur de transformation, ou v de Maxwell, qui relie le système d'unité électrostatique au système électromagnétique et qui a exactement la valeur de la vitesse de la lumière.

Une autre liaison a été établie nettement par les expériences du Dr Hertz sur les ondulations électriques, expériences qui ont montré que les actions électro-magnétiques se propagent dans l'espace avec une certaine vitesse, qui est la vitesse de la lumière. Hertz a employé la méthode des interférences, bien connue par ses applications aux phénomènes optiques. Deux rayons lumineux issus de la même source interfèrent quand ils aboutissent au même point après avoir suivi des chemins différents. Si la différence de ces chemins est égale à un nombre entier de longueur d'onde, l'une des variations est en retard sur l'autre d'un nombre entier de périodes, les deux vibrations sont en concordance de phase et s'ajoutent. Si, au contraire, la différence de marche des rayons est égale à un nombre impair de demi-longueurs d'onde, les deux vibrations sont de sens contraire et se retranchent l'une de l'autre. Le même phénomène se produit en acoustique et donne lieu à la formation de nœuds et de ventres qu'on peut mettre en évidence au moyen d'un résonateur accordé à l'unisson avec l'appareil producteur du son. Les nœuds et les ventres se produisent, par, exemple, lorsque des ondes sonores sont réfléchies sur une paroi et viennent s'ajouter aux ondes incidentes suivantes. La longueur d'onde est égale au double de la distance entre deux nœuds consécutifs et la vitesse de propagation est le quotient de la longueur d'onde par la durée périodique.

Lorsque dans une décharge oscillante la résistance r est négligeable devant $2\sqrt{\dfrac{L}{C}}$, le temps périodique est égal à $T = 2\pi\sqrt{\dfrac{L}{C}}$. Pour avoir T très petit, il faut donc faire C et L très petits également.

En raison de la vitesse élevée, égale à celle de la lumière, des ondulations électriques, il fallait, pour montrer le phénomène d'interférence avec ces ondulations, leur donner une durée périodique très faible, de manière à avoir une petite longueur d'onde, moins de $1^m,00$ par exemple.

Hertz y est arrivé au moyen de son excitateur, en utilisant le phénomène des décharges oscillantes.

L'excitateur de Hertz se compose de deux tiges placées dans le prolongement l'une de l'autre et terminées par de petites boules très rapprochées (*fig.* 73) : deux sphères A et B servant à

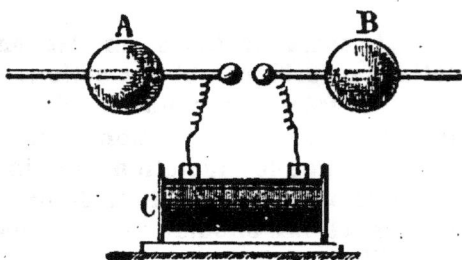

FIG. 73.

augmenter la capacité du système glissent sur les tiges. L'étincelle jaillit entre les deux conducteurs ; en faisant glisser les sphères sur les tiges, on fait varier la longueur de conducteur et, par conséquent, le coefficient de self-induction L ; une bobine de Ruhmkorff C est employée à charger les sphères. Lorsque la différence de potentiel est suffisante, une étincelle se produit et se continue par le phénomène des décharges oscillantes ; la bobine relève constamment le potentiel et permet de reproduire le phénomène indéfiniment.

Lorsque l'excitateur fonctionne, il est le siège de deux séries d'ondulations de même période, celles qui propagent l'action électrostatique et celles qui propagent l'action électro-magnétique, les lignes de force se trouvant toujours, pour chaque point, normales à la ligne de force électro-magnétique qui passe par le point considéré.

Pour mettre en évidence les effets d'induction, Hertz a employé un résonateur composé de deux petites sphères très rapprochées, réunies électriquement par un conducteur en forme de cercle. Lorsqu'une variation de flux de force se produit dans ce circuit, il y a induction, et il se forme des étincelles.

Un autre résonateur employé par Hertz se compose simplement de deux tiges assez longues placées dans le prolongement l'une de l'autre et dont on fait varier la distance des pointes en regard.

Le phénomène de résonance indiqué par la production d'étincelles aux résonateurs se produit en tous les points du champ électrique, même lorsque l'excitateur et le résonateur sont séparés par une cloison isolante. Le phénomène cesse si la cloison est conductrice ; mais, dans ce cas, les ondulations sont réfléchies par la cloison comme les rayons lumineux le sont par un miroir et il se produit dans l'espace compris entre l'excitateur et la cloison le phénomène d'interférence ; en certains points, qui sont des ventres, les étincelles éclatent aux résonateurs, tandis qu'en d'autres, qui sont des nœuds, il n'y a plus d'étincelles.

Hertz a pu réduire à 30 centimètres la longueur d'onde et arriver à déceler le phénomène d'interférence montrant nettement que les phénomènes électriques se propagent comme la lumière, la seule différence étant que les longueurs des ondes lumineuses sont un million de fois plus courtes que les ondes hertziennes. Il a également montré le phénomène de réfraction des ondes électriques en se servant d'un prisme en asphalte.

Des expériences plus récentes de M. Blondlot ont établi que la vitesse de propagation des phénomènes électriques est la même que la vitesse de la lumière.

CIRCUIT DE PERMÉABILITÉ VARIABLE

Généralités. — Lorsque le circuit magnétique est de perméabilité variable, comme c'est le cas pour tous les corps très magnétiques, il en résulte que le coefficient de self-induction défini par la relation

$$L = \frac{\Phi}{I}$$

est lui-même variable avec l'intensité du courant. Il est proportionnel à la perméabilité qui correspond à l'intensité I du courant considéré. Mais le phénomène se complique des effets d'hystérésis que présentent toujours les corps fortement magnétiques, et il en résulte pour le coefficient de self-induction d'un électro-aimant des valeurs essentiellement variables avec les états magnétiques antérieurs du noyau.

Dans les électro-aimants les phénomènes de self-induction se compliquent, en outre des variations qu'apporte l'hystérésis, du développement dans les masses métalliques de courants de Foucault. Ces courants, dont l'importance est d'autant plus grande qu'ils se développent dans des circuits de moindre résistance électrique, agissent pour s'opposer aux variations de régime. Ils transforment en chaleur une partie de l'énergie dépensée.

En divisant convenablement les noyaux, on arrive à réduire les courants de Foucault à une valeur négligeable. Dans ce cas les formules établies pour les phénomènes de self-induction sont applicables en tenant compte de ce que le coefficient de self-induction est fonction de l'intensité du courant. Mais cette fonction ne peut se déterminer qu'expérimentalement ; il en résulte qu'il est particulièrement difficile d'appliquer un calcul rigoureux aux phénomènes qui se produisent.

Pour de faibles variations de l'intensité on peut prendre la valeur moyenne du flux de force.

Travail d'aimantation. — Perte d'énergie par hystérésis. — Soit un anneau de substance magnétique de section S sur lequel on enroule une bobine. La force magnétisante à l'intérieur de la bobine est :

(1) $$\mathcal{H} = \frac{4\pi NI}{l},$$

en appelant N le nombre de spires, I l'intensité du courant, et l la longueur moyenne du circuit magnétique.

Ce champ inducteur produit dans le noyau une induction

$\mathfrak{B} = \mu\mathcal{H}$ et un flux de force

(2) $$\Phi = \mathfrak{B}S.$$

Lorsque l'intensité du courant varie, le flux varie également, et il en résulte dans les N spires une force électromotrice de self-induction

$$E = N \frac{d\Phi}{dt}.$$

Si la différence de potentiel aux bornes de la bobine est U, on a pour valeur du courant I :

$$I = \frac{U - E}{R} = \frac{U - N \frac{d\Phi}{dt}}{R},$$

ce qui permet de tirer, en multipliant les deux membres par I,

$$RI^2 = UI - NI \frac{d\Phi}{dt}$$

d'où :

$$UI = RI^2 + NI \frac{d\Phi}{dt};$$

UI est la puissance totale dépensée ; elle est utilisée à échauffer la résistance R par effet Joule et à produire l'accroissement du flux ; le terme $NI \frac{d\Phi}{dt}$ correspond à l'accroissement $d\Phi$ en un temps dt. Le travail correspondant est égal à $NId\Phi$:

$$dW = NId\Phi.$$

Les équations (1) et (2) donnent pour I et $d\Phi$ les valeurs :

$$I = \frac{\mathcal{H}l}{4\pi N},$$
$$d\Phi = Sd\mathfrak{B}.$$

En portant ces valeurs dans l'expression précédente, il vient :

$$dW = \frac{\mathcal{H}lS}{4\pi} d\mathfrak{B}.$$

Mais lS est le volume V du noyau magnétique

$$dW = \frac{V}{4\pi} \mathcal{H} . d\mathfrak{B}.$$

Lorsque l'induction passe d'une valeur $\mathfrak{B}_1$ à une valeur $\mathfrak{B}_2$, le travail correspondant est égal à :

$$W = \frac{V}{4\pi} \int_{\mathfrak{B}_1}^{\mathfrak{B}_2} \mathcal{H}.d\mathfrak{B}$$

Cette dernière formule, appliquée au cas d'une courbe d'aimantation représentant $\mathfrak{B}$ en fonction de $\mathcal{K}$ (*fig.* 74) montre que, pour passer d'une valeur $\mathfrak{B}_0$ à une valeur $\mathfrak{B}_1$, l'énergie dépensée pour l'aimantation est représentée, au facteur $\dfrac{V}{4\pi}$ près, par la surface hachurée $\mathfrak{B}_0\mathfrak{B}_1BA$. Si pour une variation inverse l'induction revient à $\mathfrak{B}_0$ en repassant par les mêmes valeurs, l'énergie dépensée pour l'aimantation est récupérée sous forme d'extra-courant dans le circuit inducteur ; mais si, par suite d'hystérésis, $\mathfrak{B}$ conserve pour $\mathcal{K}_0$ une valeur $\mathfrak{B}_2$ supérieure à la valeur primitive correspondante $\mathfrak{B}_0$, l'énergie récupérée sera proportionnelle à la surface $\mathfrak{B}_1BC\mathfrak{B}_2$, et il y aura eu finalement, du fait de l'hystérésis, une dépense d'énergie proportionnelle à la différence des deux surfaces $\mathfrak{B}_1BA\mathfrak{B}_0$, et $\mathfrak{B}_1BC\mathfrak{B}_2$.

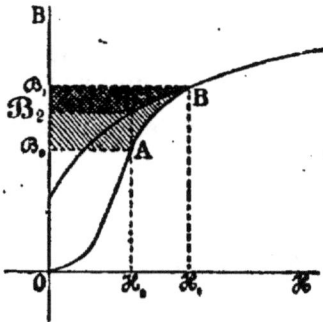

FIG. 74.

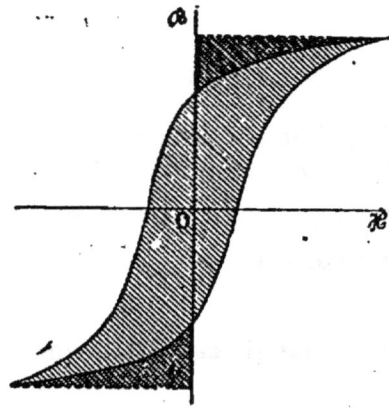

FIG. 75.

Si on fait décrire un cycle complet à une substance magnétique, la courbe d'hystérésis obtenue étant représentée (*fig.* 75), l'énergie dépensée est proportionnelle aux parties ombrées et l'énergie récupérée correspond seulement aux parties les plus claires ; la perte par hystérésis est donc proportionnelle à la différence de ces deux surfaces, c'est-à-dire à la surface de la courbe d'hystérésis.

La perte d'énergie rapportée à l'unité de volume du corps magnétique est égale pour un cycle à :

$$\frac{W}{V} = \frac{1}{4\pi} \int \mathcal{K}\, d\mathfrak{B}.$$

Si l'on fait décrire à la substance magnétique plusieurs cycles complets d'aimantation, la perte d'énergie est proportionnelle au nombre de cycles.

La perte d'énergie dans l'hystérésis a pour effet d'échauffer le corps soumis à des variations d'aimantation. Cette perte est essentiellement variable avec les diverses substances magnétiques, et elle croît à mesure que l'induction maxima $\mathfrak{B}$ est plus grande.

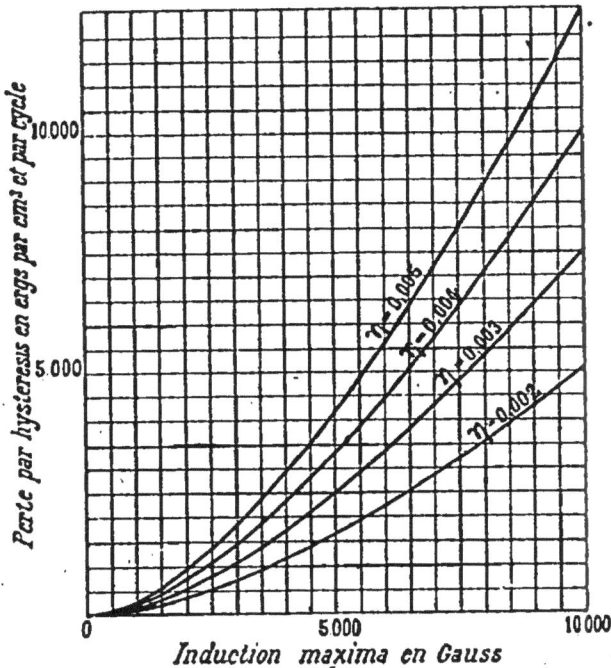

Fig. 76.

M. Steinmetz a trouvé que la perte pour le fer, la fonte et l'acier peut se représenter assez exactement par la formule empirique :

$$\frac{W}{V} = \eta \mathfrak{B}_{max.}^{1,6}$$

η étant un coefficient variable avec les qualités magnétiques du métal considéré.

$\frac{W}{V}$ étant exprimé en *ergs* par centimètre cube et par cycle, et $\mathfrak{B}$ en gauss, η a les valeurs suivantes :

Fer très doux	0,002
Tôle de fer bonne qualité ...	0,0024 à 0,0033
Acier doux.................	0,004 à 0,008
Acier fondu................	0,012
Fonte.....................	0,016
Acier fondu trempé	0,025

Ces chiffres ne sont à considérer que comme des approximations qui facilitent les calculs pratiques.

Les courbes de la figure 76, obtenues avec la formule de Steinmetz pour des coefficients variant de 0,002 à 0,005, montrent les variations de la perte par hystérésis avec l'induction.

INDUCTION MUTUELLE

Coefficient d'induction mutuelle. — Lorsque deux circuits A et B sont voisins, on appelle coefficient d'induction mutuelle des deux circuits le quotient $\frac{\Phi}{I}$ du flux dans l'un d'eux par l'intensité du courant dans l'autre.

Le coefficient d'induction mutuelle a les mêmes dimensions que le coefficient de self-induction, il est homogène à une longueur et se mesure également en henrys.

Pour distinguer un coefficient d'induction mutuelle d'un coefficient de self-induction, on le désigne par L_m :

$$L_m = \frac{\Phi}{I_B} \cdot$$

Lorsque le circuit magnétique est de perméabilité constante, le flux de force est proportionnel à l'intensité, et le coefficient d'induction mutuelle a une valeur constante.

Quand la perméabilité est variable, le coefficient d'induction mutuelle est variable avec l'intensité du courant.

Si l'on fait varier l'intensité du courant dans l'un des circuits, il en résulte dans l'autre une variation de flux et, par conséquent, une force électromotrice d'induction due à l'action mutuelle entre les deux circuits.

Le circuit dans lequel passe le courant inducteur est le *circuit primaire* ou *circuit inducteur;* celui dans lequel se développe une force électromotrice d'induction mutuelle est le *circuit secondaire* ou *circuit induit.*

Chacun des circuits possédant un coefficient de self-induction, il y a toujours à tenir compte dans les phénomènes d'induction mutuelle des forces électromotrices de self-induction.

CHAPITRE V

COURANTS ALTERNATIFS

Généralités· — Si l'on considère un cadre dont la surface totale des N spires est S, tournant dans un champ magnétique uniforme d'intensité $\mathcal{H}$ avec une vitesse angulaire constante ω autour d'un axe situé dans son plan et perpendiculaire aux lignes de force du champ, ce circuit sera soumis à des variations de flux de force, et une force électromotrice d'induction dont la valeur est à chaque instant :

$$e = \frac{d\Phi}{dt}$$

prendra naissance dans ce circuit. — Pour déterminer la valeur de cette force électromotrice, on considérera le cadre au bout d'un temps t après son passage à une position dans un plan perpendiculaire au champ inducteur, prise comme origine (*fig.* 77).

L'angle que fait le cadre au bout du temps t avec sa position d'origine est égal à :

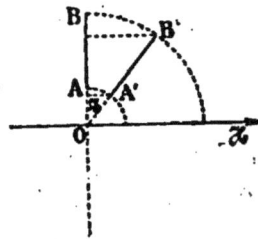

Fig. 77.

$$\alpha = \omega t,$$

et le flux de force Φ qui le traverse :

(1) $$\Phi = \mathcal{H}S \cos \alpha = \mathcal{H}S \cos \omega t.$$

La force électromotrice correspondant à cette position

est :

$$(2) \qquad e = \frac{d\Phi}{dt} = \frac{d\mathcal{K}S \cos \omega t}{dt} = \omega \; \mathcal{K}S \sin \omega t.$$

La force électromotrice peut donc être représentée par une sinusoïde en fonction du temps. Elle passe par zéro pour toutes les valeurs de t donnant $\sin \omega t = 0$, ou $\cos \omega t = 1$, c'est-à-dire d'après la formule (1), lorsque le flux Φ a la valeur maxima :

$$\Phi_{max} = \mathcal{K}S.$$

La force électromotrice est maxima lorsque $\omega t = 1$, c'est-à-dire le flux nul, et la valeur correspondante est :

$$e_{max} = \mathcal{K}S\omega.$$

On peut écrire la formule (2) sous la forme

$$(3) \qquad e = e_{max} \sin \omega t.$$

Si les deux extrémités du fil de l'enroulement sont reliées à deux bagues isolées calées sur l'axe de rotation, on pourra, au moyen de deux balais frottant sur ces bagues, relier le générateur ainsi constitué à un circuit extérieur. Si la résistance totale du circuit est R et que la self-induction soit négligeable, l'intensité du courant sera égale à chaque instant à :

$$(4) \qquad i = \frac{e}{R} = \frac{e_{max}}{R} \sin \omega t = i_{max} \sin \omega t.$$

Le courant ainsi produit est un courant sinusoïdal. C'est la forme la plus simple de ce qu'on appelle les *courants alternatifs, périodiques, oscillatoires* ou *harmoniques*, ces courants étant caractérisés par ce fait qu'ils repassent par les mêmes valeurs au bout d'un certain temps appelé *temps périodique* ou *période*. Fourier a démontré qu'une fonction périodique quelconque ne présentant qu'une seule valeur de la fonction pour une valeur quelconque de la variable, ce qui est le cas des courants périodiques, peut toujours être représentée par la somme d'un certain nombre de fonctions sinusoïdales simples, soit d'une manière générale :

$$y = f(x) = A \sin ax + B \sin bx + C \sin cx + \dots$$

Le courant périodique exprimé par la relation (4) comporte donc seulement le premier terme de la série de Fourier, et le temps périodique T, ou période correspondante, est égal à :

$$T = \frac{2\pi}{\omega} ;$$

c'est, dans le cas considéré (cadre tournant), le temps que ce cadre met pour faire un tour entier.

Les courants alternatifs produits par les générateurs mécaniques industriels n'affectent que rarement la forme d'une sinusoïde simple en fonction du temps, mais ils s'en rapprochent suffisamment pour que les propriétés des courants sinusoïdaux leur soient généralement applicables.

Définitions. — Un courant sinusoïdal étant représenté en fonction du temps par la courbe figure 78, le *temps périodique* ou *période* est le temps qui sépare deux passages à la même valeur dans le même sens, au zéro par exemple.

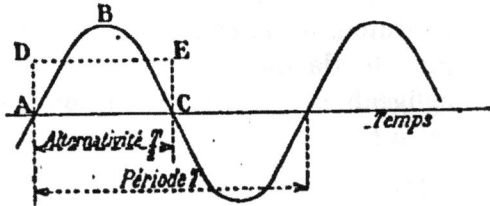

Fig. 78.

L'inverse du temps périodique, *exprimé en périodes par seconde*, est appelé la *fréquence;* si *n* périodes sont produites en un temps *t*, on a :

$$\frac{n}{t} = \frac{1}{T}.$$

La moitié de la période $\frac{T}{2}$ est appelée quelquefois l'*alter-*

tivité, l'*alternance* étant $\frac{2}{T}$, c'est-à-dire le double de la fré-; quence.

On donne à la vitesse angulaire ω le nom de *pulsation* elle est liée à la période par la relation

$$\omega = \frac{2\pi}{T}.$$

On appelle *force électromotrice moyenne* et *intensité moyenne* l'ordonnée moyenne pour une demi-période des courbes qu représentent respectivement ces deux quantités. On a donc :

$$E_{moy} = \frac{\int_0^{\frac{T}{2}} e\, dt}{\frac{T}{2}} = \frac{2}{T} \int_0^{\frac{T}{2}} E_{max} \sin \frac{2\pi}{T} t = \frac{2E_{max}}{T} \int_0^{\frac{T}{2}} \sin \frac{2\pi}{T} t$$

$$E_{moy} = \frac{2}{\pi} E_{max} = 0,6366 E_{max}.$$

Et pour l'intensité moyenne :

$$I_{moy} = \frac{2}{\pi} I_{max} = 0,6366 I_{max}.$$

Puissance moyenne dans un circuit sans self-induction. — Soit un circuit sans self-induction, d'une résistance R, aux bornes duquel il y a une différence de potentiel alternative représentée en fonction du temps par la relation

$$u = U_{max} \sin \frac{2\pi}{T} t\,;$$

il en résultera un courant

$$i = \frac{U_{max}}{R} \sin \frac{2\pi}{T} t\,;$$

soit pour la puissance correspondante :

$$p = ui = \frac{U^2_{max}}{R} \sin^2 \frac{2\pi}{T} t.$$

La puissance sera représentée en fonction du temps par une courbe ayant la forme d'une sinusoïde au carré (*fig.* 79).

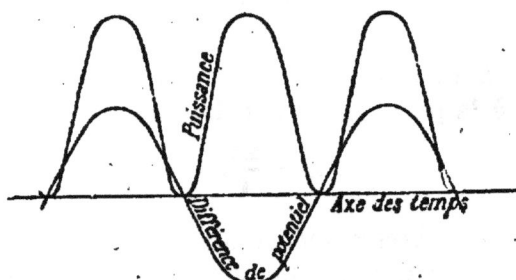

Fig. 79.

La puissance moyenne P_{moy} sera l'ordonnée moyenne pour une demi-période de cette courbe, soit:

$$(1) \qquad P_{moy} = \frac{2}{T} \int_0^{\frac{T}{2}} \frac{U^2_{max}}{R} \sin^2 \frac{2\pi}{T} t\, dt$$

$$= \frac{U^2_{max}}{2R}.$$

En introduisant dans l'expression précédente les relations :

$$U_{max} = R I_{max} \qquad \text{et} \qquad R = \frac{U_{max}}{I_{max}},$$

on a pour la puissance les différentes formes :

$$P_{moy} = \frac{U^2_{max}}{2R} = \frac{R I^2_{max}}{2} = \frac{U_{max} I_{max}}{2}.$$

Si l'on compare ces expressions à celles trouvées pour le courant continu :

$$P = \frac{U^2}{R} = R I^2 = UI,$$

on voit que l'on peut passer de ces relations aux précédentes en prenant pour le courant alternatif les valeurs de U et de I égales à:

$$U_1 = \frac{U_{max}}{\sqrt{2}}, \qquad\qquad I_1 = \frac{I_{max}}{\sqrt{2}}.$$

Valeurs efficaces de la différence de potentiel et de l'intensité. — Les valeurs U_i et I_i portent le nom de *valeurs efficaces*.

On a pour la différence de potentiel efficace U_{eff} :

$$U_{eff} = \frac{U_{max}}{\sqrt{2}} = \frac{\sqrt{2}}{2} U_{max} = 0{,}707 \; U_{max},$$

et pour l'*intensité efficace* I_{eff} :

$$I_{eff} = \frac{I_{max}}{\sqrt{2}} = 0{,}707 \; I_{max}.$$

Dans le cas de courants alternatifs la puissance moyenne n'est pas le produit de la différence de potentiel moyenne par l'intensité moyenne, mais le produit de la différence de potentiel efficace par l'intensité efficace :

$$P_{moy} = U_{eff} I_{eff}.$$

On a d'ailleurs, entre U_{eff} et I_{eff}, la relation

$$I_{eff} = \frac{\dfrac{U_{max}}{R}}{\sqrt{2}} = \frac{U_{eff}}{R}.$$

Si l'on compare l'expression de la puissance $P = \dfrac{U_{eff}^2}{R}$ à celle écrite précédemment (p. 199) :

$$P = \frac{2}{T} \int_0^{\frac{T}{2}} \frac{U_{max}^2}{R} \cdot \sin^2 2\pi \frac{t}{T} \, dt,$$

on constate que U_{eff}^2 représente l'ordonnée moyenne de la courbe des carrés de u, c'est-à-dire la moyenne des carrés de la différence de potentiel. — La valeur efficace est donc égale à la racine carrée de la moyenne des carrés :

$$U_{eff} = \sqrt{(u^2)_{moy}} = \frac{U_{max}}{\sqrt{2}}.$$

On a une relation analogue pour l'intensité efficace.

Dans un courant alternatif on ne considère jamais que les valeurs efficaces de la différence de potentiel ou de la force électromotrice et de l'intensité du courant. Ce sont d'ailleurs, ainsi qu'on le verra au chapitre x, ces valeurs qu'indiquent les appareils de mesure employés pour ces courants, les électromètres et les électrodynamomètres par exemple, dans lesquels le couple agissant est respectivement proportionnel au carré de u et au carré de I ; la valeur moyenne de la déviation sera donc proportionnelle à la moyenne de u^2 et de I^2, c'est-à-dire à U^2_{ef} et à I^2_{ef}. Si ces appareils ont été préalablement étalonnés sur un courant continu et gradués en volts, on lira directement sur la graduation les valeurs efficaces.

Force électromotrice sinusoïdale agissant sur un circuit présentant de la self-induction. — Le cas considéré d'un circuit sans self-induction ne peut se présenter en pratique que pour une partie d'un circuit, composée par exemple de lampes à incandescence. Le générateur a toujours un coefficient de self-induction ainsi que la plupart des appareils d'utilisation, moteurs, transformateurs, lampes à arc, etc.

Soit un circuit de résistance totale R ayant un coefficient de self-induction constant L, dans lequel agit une force électromotrice alternative

(1) $$e = \text{E} \sin \omega t,$$

E représentant la valeur maxima de la force électromotrice. On aura à chaque instant :

$$e = \text{R}i + \text{L} \frac{di}{dt} = \text{E} \sin \omega t$$

ou :

(2) $$\frac{di}{dt} + \frac{\text{R}}{\text{L}} i = \frac{\text{E}}{\text{L}} \sin \omega t.$$

Cette équation est de la forme

$$\frac{dy}{dx} + ay = b,$$

c'est-à-dire une équation différentielle linéaire du premier ordre,

a et b étant fonction de x. La solution est de la forme [1]

$$y = e^{-\int a dx} \left[\int e^{\int a dx} b dx + c \right].$$

Dans le cas de l'équation (2) a est une constante, et on a :

$$i = \frac{E}{L} e^{-\frac{R}{L}t} \int e^{\frac{R}{L}t} \sin \omega t \, dt + c \cdot e^{-\frac{R}{L}t}.$$

En intégrant par parties, il vient :

$$\int e^{\frac{R}{L}t} \sin \omega t \, dt = \frac{e^{\frac{R}{L}t}}{\omega + \frac{R^2}{L^2}} \left(\frac{R}{L} \sin \omega t - \omega \cos \omega t \right),$$

d'où :

$$i = \frac{E}{L \left(\omega^2 + \frac{R^2}{L^2} \right)} \left(\frac{R}{L} \sin \omega t - \omega \cos \omega t \right) + c e^{-\frac{R}{L}t}$$

Le terme $ce^{-\frac{R}{L}t}$ est relatif à la période d'établissement du régime du courant; il devient nul au bout de très peu de temps. — Lorsque le régime est établi, on peut écrire en supprimant ce terme et en modifiant légèrement l'expression précédente :

$$i = \frac{E}{L\sqrt{\omega^2 + \frac{R^2}{L^2}}} \left(\frac{\frac{R}{L}}{\sqrt{\omega^2 + \frac{R^2}{L^2}}} \sin \omega t - \frac{\omega}{\sqrt{\omega^2 + \frac{R^2}{L^2}}} \cos \omega t \right)$$

Les facteurs de $\sin \omega t$ et $\cos \omega t$ entre les parenthèses n'ont pas de dimensions, on peut donc poser :

$$(4) \quad \frac{\frac{R}{L}}{\sqrt{\omega^2 + \frac{R^2}{L^2}}} \sin \omega t - \frac{\omega}{\sqrt{\omega^2 + \frac{R^2}{L^2}}} \cos \omega t = \sin (\omega t - \varphi).$$

De la relation

$$\cos \varphi \sin \omega t - \sin \varphi \cos \omega t = \sin (\omega t - \varphi),$$

[1] DARIÈS, *Mathématiques*, p. 115.

on tire pour la valeur de φ les conditions suivantes :

$$\cos \varphi = \frac{\dfrac{R}{L}}{\sqrt{\omega^2 + \dfrac{R^2}{L^2}}}$$

$$\sin \varphi = \frac{\omega}{\sqrt{\omega^2 + \dfrac{R^2}{L^2}}}.$$

Soit, en réunissant ces deux conditions :

(5) $$\operatorname{tg} \varphi = \frac{\sin \varphi}{\cos \varphi} = \frac{\omega L}{R}.$$

L'expression (3) modifiée d'après l'égalité (4) dans laquelle φ a la valeur donnée par la relation (5), c'est-à-dire :

(6) $$\varphi = \operatorname{arc\ tg} \frac{\omega L}{R}$$

permet d'arriver pour la valeur i du courant à :

(7) $$i = \frac{E}{\sqrt{R^2 + \omega^2 L^2}} \sin (\omega t - \varphi)$$

La valeur maxima de l'intensité se présente lorsque

$$\sin (\omega t - \varphi) = 1 ;$$

elle est égale à :

(8) $$I = \frac{E}{\sqrt{R^2 + \omega^2 L^2}}.$$

La valeur efficace correspondante est :

$$I_{ef} = \frac{I}{\sqrt{2}} = \frac{E}{\sqrt{2} . \sqrt{R^2 + \omega^2 L^2}}.$$

Mais on a également la relation

$$E_{ef} = \frac{E}{\sqrt{2}},$$

donc :

(9) $$I_{ef} = \frac{E_{ef}}{\sqrt{R^2 + \omega^2 L^2}}.$$

Les relations 1, 7, 8 et 9 montrent l'effet de la self-induction L du circuit. Le courant a une forme sinusoïdale comme la force électromotrice qui le produit et est de même période (7), mais il n'est pas en concordance de phase avec elle. La courbe représentant l'intensité en fonction du temps est décalée dans le sens des temps, c'est-à-dire en arrière sur la force électromotrice d'une fraction de la période égale à :

$$\frac{\varphi}{\omega T} = \frac{\text{arc tg } \omega \frac{L}{R}}{2\pi}.$$

Si la constante de temps $\frac{L}{R}$ est très grande, arc tg $\omega \frac{L}{R}$ est très voisin de $\frac{\pi}{2}$, et le décalage ou différence de phase est très près de $\frac{1}{4}$ de période. Le décalage est d'autant plus grand et s'approche d'autant plus de $\frac{1}{4}$ de période, valeur limite, que la constante de temps du circuit est plus petite.

Les effets de la self-induction croissent avec ω, c'est-à-dire avec la fréquence.

La self-induction a en outre pour effet de réduire les valeurs de l'intensité du courant ; elle agit (7, 8 et 9) pour produire une *résistance apparente* du circuit, plus élevée que sa résistance propre, qui porte le nom d'*impédance* :

$$\text{Impédance} = \sqrt{R^2 + \omega^2 L^2}.$$

L'impédance se compose d'une *résistance* R et d'une *inductance* ωL.

Puissances. — La puissance produite par le générateur est donnée par la relation

$$(1) \qquad p = ei = R i^2 + L i \frac{di}{dt}.$$

$R i^2$ représente la puissance p_2 dépensée au même instant dans le circuit, sous forme de chaleur.

$Li\ \dfrac{di}{dt}$ représente la puissance p_3, emmagasinée dans la self-induction.

D'après les relations établies précédemment pour e et i, on a pour les valeurs de p_1, p_2 et p_3 :

$$p_1 = ei = \frac{E^2}{\sqrt{R^2 + \omega^2 L^2}} \sin \omega t \sin (\omega t - \varphi),$$

$$p_2 = Ri^2 = \frac{RE^2}{R^2 + \omega^2 L^2} \sin^2 (\omega t - \varphi),$$

$$p_3 = Li\frac{di}{dt} = \omega L I i\ (\cos \omega t - \varphi) = \frac{\omega L E^2}{R^2 + \omega^2 L^2} \sin (\omega t - \varphi) \cos (\omega t - \varphi)$$

$$p_3 = \frac{\omega L E^2}{2\,(R^2 + \omega^2 L^2)} \sin 2\,(\omega t - \varphi).$$

La puissance p_1 produite par la machine sera périodique, et, comme elle résulte du produit de valeurs sinusoïdales décalées d'un angle φ, elle présentera des valeurs successivement positives et négatives deux fois par période. La partie positive correspond au travail de la machine en génératrice, elle s'étend sur une partie de la période correspondant à un angle $(\pi - \varphi)$. La partie négative correspond à une absorption de puissance, c'est-à-dire à un travail de la machine en moteur ; elle s'étend sur une partie de la période correspondant à un angle φ.

La puissance p_2 est représentée par une sinusoïde au carré; elle est essentiellement positive.

La puissance p_3, emmagasinée dans la self-induction, est sinusoïdale, de période double de celle du courant et elle passe par zéro pour les valeurs nulles, les maxima et les minima du courant I.

On a d'ailleurs à chaque instant entre ces trois puissances la relation :

$$p_1 = p_2 + p_3.$$

Les courbes (*fig.* 80) montrent les variations de p_1, p_2 et p_3 dans le cas d'un décalage égal à 1/8 de période entre la différence de potentiel et l'intensité.

La puissance la plus importante à considérer est la puissance moyenne dépensée ou produite, car, en vertu du principe de la conservation de l'énergie, la puissance moyenne produite par la machine doit être égale à la puissance dé-

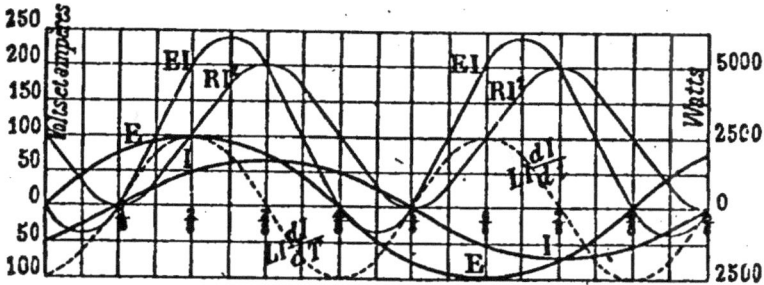

Fig. 80.

pensée. Soit l'expression de p_2, par exemple, que l'on considérera pendant une demi-période pour avoir la valeur moyenne P correspondante :

$$P = \frac{\int_0^{\frac{T}{2}} R i^2 dt}{\frac{T}{2}} = R \frac{2}{T} \int_0^{\frac{T}{2}} i^2 dt,$$

mais $\dfrac{2}{T} \displaystyle\int_0^{\frac{T}{2}} i^2 dt$ représente précisément la moyenne des carrés de i, c'est-à-dire le carré de l'intensité efficace (p. 200). On a donc simplement :

$$P = R I_{eff}^2$$

et comme

$$I_{eff} = \frac{E_{eff}}{\sqrt{R^2 + \omega^2 L^2}},$$

on peut écrire :

$$P = R I_{eff}^2 = \frac{R}{\sqrt{R^2 + \omega^2 L^2}} \cdot E_{eff} I_{eff} = \frac{E_{eff}^2 R}{R^2 + \omega^2 L^2}.$$

Il existe entre les courbes de e et de i un décalage

$$\varphi = \text{arc tg } \omega \frac{L}{R}.$$

d'où :

$$\operatorname{tg} \varphi = \omega \frac{L}{R};$$

l'expression $\dfrac{R}{\sqrt{R^2 + \omega^2 L^2}}$ étant égale à cos φ, on a en effet :

$$\cos \varphi = \frac{1}{\sqrt{1 + \operatorname{tg}^2 a}} = \frac{1}{\sqrt{1 + \dfrac{\omega^2 L^2}{R^2}}} = \frac{R}{\sqrt{R^2 + \omega^2 L^2}}$$

il vient pour la puissance :

$$P = RI^2_{eff} = E_{eff}I_{eff} \cos \varphi = \frac{E^2_{eff}}{\sqrt{R^2 + \omega^2 L^2}} \cos \varphi$$

Représentation des phénomènes par constructions graphiques. — En construisant un triangle rectangle ABC (*fig.* 81) dont les côtés de l'angle droit sont R et ωL, la résistance et l'inductance, l'hypothénuse AC représente l'impédance $\sqrt{R^2 + \omega^2 L^2}$, et l'angle φ est tel que $\operatorname{tg} \varphi = \dfrac{\omega L}{R}$.

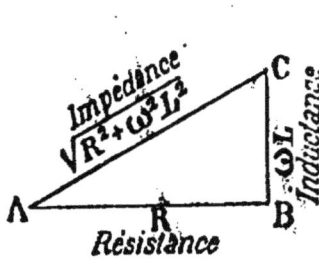

Fig. 81.

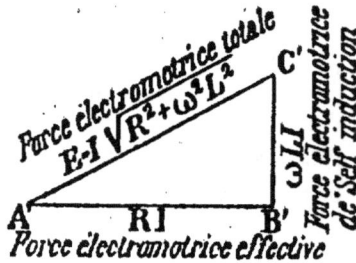

Fig. 82.

Les expressions

$$E_{max} = I_{max} \sqrt{R^2 + L^2 \omega^2}$$

et

$$E_{eff} = I_{eff} \sqrt{R^2 + L^2 \omega^2}$$

se prêtent à la même représentation. Dans le triangle A'B'C' (*fig.*82) on porte A'B' = RI et B'C' = ωLI, l'hypothénuse représente la valeur de E et $\widehat{C'A'B'} = \varphi = \operatorname{arc} \operatorname{tg} \dfrac{\omega L}{R}$.

Le produit RI est appelé la *force électromotrice effective;* c'est celle qui suffirait à produire le courant I, si la self-induction était nulle. E est la force électromotrice agissante, et ωLI la force contre-électromotrice de self-induction.

Suivant que dans le triangle A'B'C' on donne à I la valeur I_{max} ou I_{eff}, l'hypothénuse représente E_{max} ou E_{eff}.

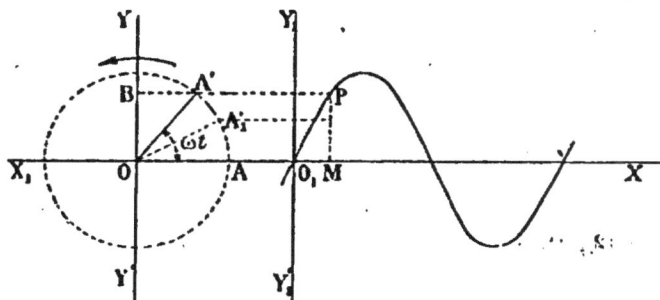

FIG. 83.

On peut représenter également par une construction graphique les valeurs instantanées de la force électromotrice agissante, de la force électromotrice effective et de la force électromotrice de self-induction. On convient pour cela de représenter les valeurs d'un courant sinusoïdal par les projections sur un axe Y_1Y_1 d'une droite OA' dont le point O est fixe sur YY' et tournant avec une vitesse angulaire uniforme $\omega = \dfrac{2\pi}{T}$, T étant le temps périodique du courant considéré (*fig.* 83). La position OA normale à YY' étant la position d'origine et le mouvement ayant lieu en sens inverse des aiguilles d'une montre, avec un vecteur $OA' = E_{max}$; la projection à un instant t aura une valeur

$$e = E_{max} \sin \omega t$$

En suivant les déplacements du point A', on peut tracer la sinusoïde, en prenant dans le prolongement de OA, une origine O_1 correspondant à la position d'origine OA. Pour une position quelconque OA' le point de la courbe aura une abscisse O_1M proportionnelle à t et une ordonnée MP = OB projection de OA' sur YY'.

Si deux forces électromotrices de même période et décalées d'un angle φ agissent dans le circuit considéré, on les représentera par deux vecteurs de longueurs proportionnelles aux valeurs maxima des forces électromotrices tournant tous deux à la même vitesse angulaire $\omega = \dfrac{2\pi}{T}$, et décalés l'un par rapport à l'autre de l'angle φ. Un décalage en arrière, c'est-à-dire un retard de phase, se comptera en sens inverse du mouvement ; un décalage en avant ou avance de phase, dans le sens du mouvement.

Si par exemple deux forces électromotrices présentent au temps t les valeurs

$$e_A = E_A \sin \omega t,$$
$$e_B = E_B (\sin \omega t - \varphi).$$

E_A sera représenté par OA et E_B par OB, OA et OB faisant un angle φ compté en sens inverse du mouvement (fig. 84). Les courbes

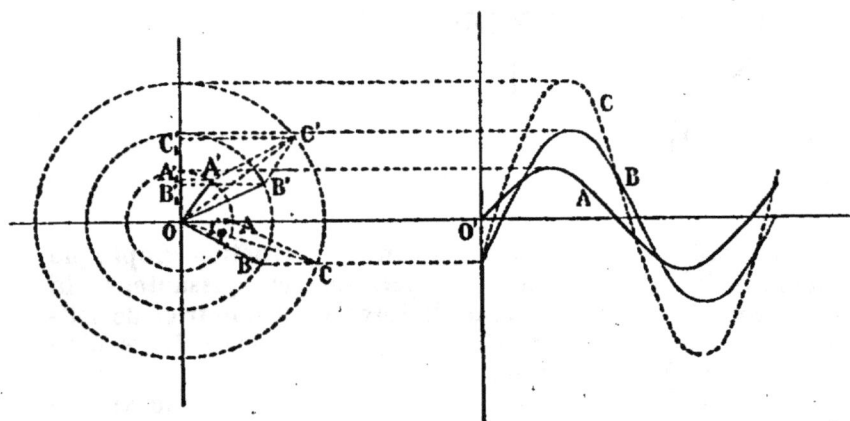

Fig. 84.

correspondantes seront les sinusoïdes A et B. Pour deux positions quelconques OA', OB', les valeurs e_A et e_B seront respectivement proportionnelles aux projections OA'$_1$ et OB'$_1$ et la valeur de la force électromotrice totale

$$e = e_A + e_B$$

sera proportionnelle à OA'$_1$ + OB'$_1$, c'est-à-dire, en composant OA' et OB' comme des forces, à la projection OC'$_1$ de leur résultante OC', puisque A'$_1$C'$_1$ = OB'$_1$ et que OC'$_1$ = OA'$_1$ + A'$_1$C'$_1$. La force électromotrice totale agissant dans le circuit sera donc représentée par le vecteur OC qui permettra de tracer la sinusoïde correspondante C. Le maximum de la force électromotrice résultante sera proportionnel à la résultante OC, et les différences de phase avec les forces électromotrices composantes seront indiquées en grandeur et en sens par les angles de OC avec OA et OB.

Dans le cas d'un plus grand nombre de forces électromotrices de même période agissant dans un circuit, la force électromotrice totale sera également représentée en grandeur et en phase par le vecteur résultant de la composition des vecteurs représentant les forces électromotrices.

Cette résultante géométrique s'obtiendra facilement en menant par l'extrémité du premier vecteur (*fig.* 85) un segment de droite égal et parallèle au second vecteur, par l'extrémité de ce segment un segment égal et parallèle au troisième vecteur, et ainsi de suite. La résultante cherchée est la droite qui joint l'origine à l'extrémité de la ligne polygonale ainsi obtenue.

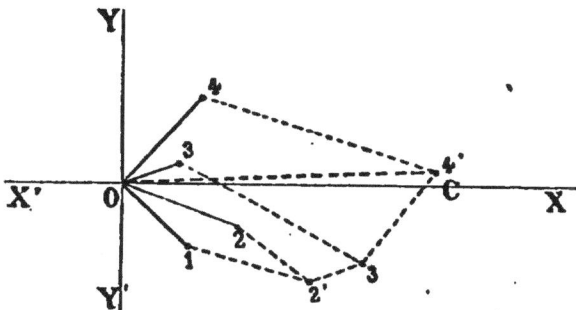

FIG. 85.

Les intensités de courant se représentent par des vecteurs tournants de la même manière et par les mêmes procédés que les différences de potentiel. Lorsque, par les constructions graphiques précédentes, on a trouvé la force électromotrice effective maxima E_{max} agissant dans un circuit, définie comme étant égale au produit RI_{max} de la résistance ohmique du circuit par l'intensité maxima du courant qui la traverse, le vecteur représentant $E = RI$ représente également au facteur R près l'intensité du courant.

La force électromotrice maxima totale, l'intensité maxima du courant et l'angle de phase entre ces deux quantités étant connus par la longueur des deux vecteurs correspondants et l'angle qu'ils font, on en déduit les valeurs efficaces correspondantes de la force électromotrice et de l'intensité par les relations

$$E_{eff} = \frac{E_{max}}{\sqrt{2}}, \qquad I_{eff} = \frac{I_{max}}{\sqrt{2}} = \frac{E_{effectif}}{R\sqrt{2}}.$$

Application des constructions graphiques au cas d'un circuit ayant de la self-induction. — Reprenons le cas d'un circuit R de coefficient de self-induction L, soumis à une force électromotrice sinusoïdale de valeur maxima E. On a trouvé comme valeur de l'intensité :

$$i = \frac{E}{\sqrt{R^2 + \omega^2 L^2}} \sin(\omega t - \varphi),$$

avec la condition

$$\operatorname{tg} \varphi = \frac{\omega L}{R}.$$

e et i seront représentés par deux vecteurs, l'un égal à E, l'autre égal à $I = \dfrac{E}{\sqrt{R^2 + \omega^2 L^2}}$ et faisant entre eux un angle φ compté en arrière de E :

$$\varphi = \operatorname{arc} \operatorname{tg} \frac{\omega L}{R}.$$

La construction graphique qui a été tracée précédemment, relative aux diverses forces électromotrices agissant dans le circuit, a conduit à la valeur $L\omega I$ pour la force électromotrice de self-induction et à un décalage égal à $\dfrac{\pi}{2}$ entre cette force électromotrice et la force électromotrice effective RI. On a en effet la relation

$$E_s = - L \frac{di}{dt},$$

laquelle, d'après la formule

$$i = I \sin (\omega t - \varphi),$$

peut s'écrire :

$$E_s = - L\omega I \cos (\omega t - \varphi) = L\omega I \sin \left(\omega t - \varphi - \frac{\pi}{2} \right).$$

La valeur maxima de la force électromotrice due à la self-induction est donc bien $\omega L I$ et elle présente un décalage de $\dfrac{\pi}{2}$ en arrière de l'intensité correspondante.

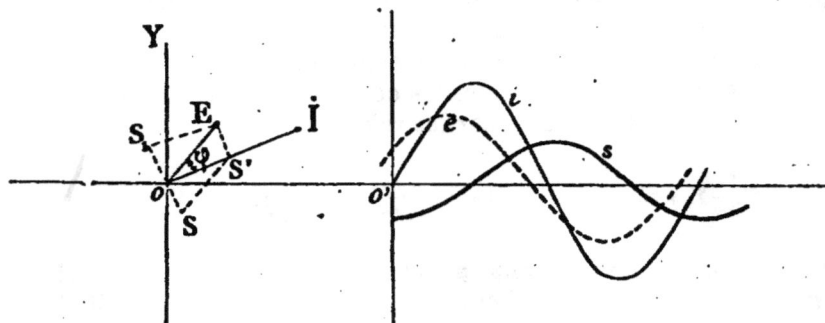

Fig. 86.

La force contre-électromotrice de self-induction peut donc être représentée (fig. 86) par un vecteur OS faisant un angle $\dfrac{\pi}{2}$

en arrière de OI. La résultante OS' de OE et de OS sera dirigée suivant OI et représentera la force électromotrice effective RI. On aura bien en effet $\text{tg}\,\varphi = \dfrac{ES'}{OS'} = \dfrac{\omega LI}{RI} = \dfrac{\omega L}{R}\cdot$ Les courbes e, i et s représenteront respectivement, en fonction du temps, la force électromotrice agissante, l'intensité de courant et la force contre-électromotrice due à la self-induction. La force électromotrice nécessaire pour vaincre la self-induction est OS_1 égale et opposée à OS.

Force électromotrice sinusoïdale agissant sur un circuit présentant de la capacité. — Soit un circuit de résistance R relié à un condensateur de capacité G de résistance d'isolement infinie et une source de courant alternatif sinusoïdale de force électromotrice

$$e = E \sin \omega t$$

agissant dans ce circuit.

En appelant u la différence de potentiel aux bornes du condensateur à l'instant t, et i l'intensité du courant, on a :

$$e = E \sin \omega t = u + Ri$$

d'où en différentiant :

$$(1) \qquad E\omega \cos \omega t\,dt = du + Rdi ;$$

mais l'accroissement de charge Cdu est égal à la quantité d'électricité idt qui a traversé le circuit :

$$Cdu = idt,$$

d'où :

$$(2) \qquad du = \frac{i}{G}\,dt.$$

Remplaçant dans (1) du par sa valeur, on a :

$$E\omega \cos \omega t = \frac{i}{G} + R\frac{di}{dt}$$

et enfin :

$$(3) \qquad \frac{di}{dt} + \frac{1}{RG}i = \frac{E\omega}{R}\cos \omega t.$$

On a ainsi une équation différentielle linéaire du premier ordre, analogue à celle qui a été obtenue pour le cas d'un circuit ayant de la self-induction.

En intégrant de la même manière, on a également un terme relatif à la période d'établissement du régime, terme qui devient négligeable au bout de très peu de temps, et le courant de régime est donné par la relation :

$$(4) \qquad i = \frac{E}{\sqrt{R^3 + \dfrac{1}{\omega^2 C^2}}} \sin(\omega t + \varphi),$$

après avoir posé la condition

$$(5) \qquad \operatorname{tg} \varphi = \frac{1}{\omega \, C},$$

c'est-à-dire pour φ la valeur

$$(6) \qquad \varphi = \operatorname{arc\,tg} \frac{1}{\omega C R}.$$

La valeur maxima de l'intensité est égale à :

$$(7) \qquad I = \frac{E}{\sqrt{R^3 + \dfrac{1}{\omega^2 C^2}}}.$$

La valeur efficace correspondante est :

$$(8) \qquad I_{ef} = \frac{I}{\sqrt{2}} = \frac{\dfrac{E}{\sqrt{2}}}{\sqrt{R^3 + \dfrac{1}{\omega^2 C^2}}} = \frac{E_{ef}}{\sqrt{R^2 + \dfrac{1}{\omega^2 C^2}}}.$$

Les relations précédentes montrent l'effet d'un condensateur dans le circuit. Le courant est sinusoïdal et de même période que la force électromotrice qui le produit, mais il n'est pas en concordance de phase avec elle. Le courant est décalé en avant sur la force électromotrice d'une fraction de la période égale à :

$$\frac{\varphi}{T} = \frac{\operatorname{arc\,tg} \dfrac{1}{\omega C R}}{2\pi}.$$

Les effets d'une capacité sont donc opposés, au point de vue du décalage, à ceux d'une self-induction :

Si $C = o$, on a $i = o$;

Si $R = o$, la phase du courant est en avance de $\frac{1}{4}$ de période sur celle de la force électromotrice ;

Si $C = \infty$, le décalage est nul, et i est égal à :

$$i = \frac{E}{R} \sin \omega t,$$

c'est-à-dire à la valeur qu'il aurait, le condensateur étant supprimé.

Si $R = \alpha$, le courant est nul.

La capacité a, en outre, pour effet de réduire les valeurs de l'intensité du courant, d'autant plus que la capacité est plus faible. La résistance apparente du circuit $\sqrt{R^2 + \frac{1}{\omega^2 C^2}}$ porte le nom d'*impédance*. L'impédance dans ce cas se compose d'une *résistance* R et d'une *capacitance* $\frac{1}{\omega C}$.

A l'inverse de ce qui arrive avec la self-induction, l'accroissement de ω, c'est-à-dire de la fréquence, conduit avec les condensateurs à un décalage moins grand et à une moins grande réduction de la valeur de l'intensité.

Constructions graphiques. — Si l'on construit un triangle rectangle dans lequel les deux côtés de l'angle droit sont respectivement la résistance R et la capacitance $\frac{1}{\omega C}$, l'hypoténuse représente l'impédance correspondante $\sqrt{R^2 + \frac{1}{\omega^2 C^2}}$ (*fig.* 87).

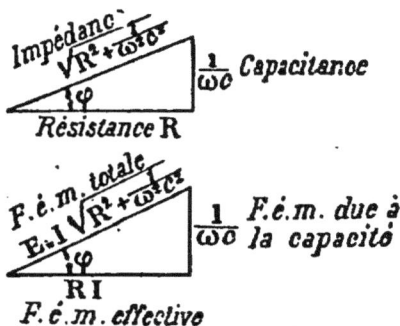

Fig. 87.

Une construction analogue, établie en portant les mêmes valeurs multipliées par l'intensité maxima, donne la force électromotrice effective et la force électromotrice totale (*fig.* 87).

La force électromotrice ou plutôt la différence de potentiel correspondant à la capacité est $\frac{I}{\omega C}$:

$$E_{max} = I_{max} \sqrt{R^2 + \frac{1}{\omega^2 C^2}}$$

et elle fait un angle $\frac{\pi}{2}$ avec la force électromotrice effective.

Représentons par des vecteurs tournants les valeurs de la force électromotrice *e* de l'intensité *i* et de la différence de potentiel *u* aux bornes du condensateur (*fig.* 88).

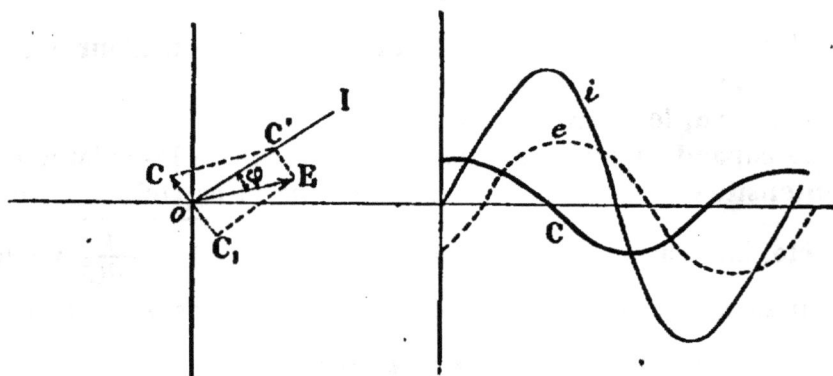

Fig. 88.

Si le vecteur OE représente *e*, le vecteur OI faisant un angle $\varphi = \text{arc tg } \frac{1}{\omega C}$ avec OE représentera l'intensité du courant.

L'effet de la capacité sera représenté par un vecteur $OC = \frac{1}{\omega C}$ faisant un angle de 90° avec OI. La force électromotrice, pour vaincre la différence de potentiel aux bornes de la capacité, est représentée par une valeur OC_1 égale et opposée à OC.

Les courbes résultantes sont représentées à droite.

Force électromotrice sinusoïdale agissant sur un circuit présentant à la fois de la capacité et de la self-induction. — Si dans un circuit présentant de la self-induction L on introduit un condensateur C, celui-ci agira pour produire un décalage en sens inverse de celui qui est produit par la self-induction, et les deux effets pourront se neutraliser.

On a :

$$e = E \sin \omega t = Ri + L \frac{di}{dt} + u$$

et en différentiant :

$$(1) \qquad E\omega \cos \omega t\, dt = Rdi + L \frac{d^2 i}{dt} + du;$$

mais

$$Cdu = idt,$$

d'où

$$du = \frac{i}{C}\, dt\ ;$$

remplaçant dans (1) et égalant à zéro, il vient :

$$(2) \qquad \frac{d^2i}{dt^2} + \frac{R}{L}\frac{di}{dt} + \frac{i}{CL} - \frac{E}{L}\,\omega\cos\omega t = 0.$$

En intégrant et appliquant le résultat au régime permanent, on trouve

$$(3) \qquad i = \frac{E}{\sqrt{R^2 + \left(\omega L - \dfrac{1}{\omega C}\right)^2}}\,\sin(\omega t - \varphi)$$

avec la condition

$$(4) \qquad \operatorname{tg}\varphi = \frac{\omega L - \dfrac{1}{\omega C}}{R}.$$

L'intensité efficace a pour valeur :

$$(5) \qquad I_{\text{eff}} = \frac{E_{\text{eff}}}{\sqrt{R^2 + \left(\omega L - \dfrac{1}{\omega C}\right)^2}}.$$

Les différen:es de potentiel aux bornes du condensateur u_c et de la celf-induction u_s sont respectivement :

$$(6) \qquad u_c = \frac{E\,\dfrac{1}{\omega C}}{\sqrt{R^2 + \left(\omega L - \dfrac{1}{\omega C}\right)^2}}\cos(\omega t - \varphi)$$

$$(7) \qquad u_s = \frac{E\omega L}{\sqrt{R^2 + \left(\omega L - \dfrac{1}{\omega C}\right)^2}}\cos(\omega t - \varphi).$$

Le circuit agit comme s'il avait une résistance apparente égale à $\sqrt{R^2 + \left(\omega L - \dfrac{1}{\omega C}\right)^2}$, à laquelle on donne le nom d'*impédance*. L'impédance se compose d'une *réactance* $\left(\omega L - \dfrac{1}{\omega C}\right)$ et d'une résistance R.

La réactance, ainsi qu'on l'a vu, porte le nom d'*inductance* lorsque la *capacitance* $\dfrac{1}{\omega C}$ est nulle, c'est-à-dire lorsqu'il n'y a pas de condensateur, le cas de $C = \infty$ étant impossible.

D'après les relations précédentes on voit qu'il est possible que les effets de la self-induction et ceux du condensateur se compensent, il suffit qu'on ait :

$$\omega L - \frac{1}{\omega C} = 0,$$

c'est-à-dire :

$$\omega^2 L C = 1.$$

Dans ce cas, le décalage φ sera nul, ainsi que la réactance du circuit; celui-ci se comportera comme s'il n'y avait ni self-induction ni capacité, mais seulement la résistance totale R dans le circuit de la force électromotrice alternative.

Suivant que $\omega^2 L C$ sera plus grand ou plus petit que 1, les effets produits seront respectivement analogues à ceux d'une self-induction ou d'une capacité. La valeur $\omega^2 L C = 0$ sera donnée par $L = 0$ ou $C = 0$. Si $L = 0$, on retombe dans le cas où il n'y a qu'une résistance non inductive et un condensateur ; si $C = 0$, l'intensité est nulle. Si le condensateur est supprimé, on retombe dans le cas d'une résistance avec self-induction.

La différence de potentiel aux bornes du condensateur est variable avec la capacité C.

On a :

$$u_c = E_{eff} \qquad \text{pour} \quad C = 0,$$

et un maximum :

$$u_c = \frac{E_{eff} \sqrt{R^2 + \omega^2 L^2}}{R} \cos(\omega t - \varphi)$$

pour la valeur

$$C = \frac{L}{R^2 + \omega^2 L^2}.$$

La valeur de u_c devient égale à E_{eff} pour

$$C = \frac{2L}{R^2 + \omega^2 L^2},$$

et décroît ensuite indéfiniment lorsque C augmente.

Constructions graphiques. — Quand un circuit présente de la résistance, de la self-induction et de la capacité, il y a quatre forces électromotrices ou différences de potentiel à considérer; on a en effet:

$$e = \mathrm{R}i + \mathrm{L}\frac{di}{dt} + u,$$

e représentant la forme électromotrice agissant dans le circuit, qui est employée: à produire la différence de potentiel R*i* pour faire passer le courant *i* dans la résistance R, à surmonter la force électromotrice de self-induction $\mathrm{L}\frac{di}{dt}$ et à maintenir une différence de potentiel *u* aux bornes du condensateur.

La force électromotrice *e* est donc égale à chaque instant à la somme des valeurs de trois différences de potentiel sinusoïdales de même période, l'une R*i* de valeur maxima R*I*, en concordance de phase avec le courant *i*, l'autre $\mathrm{L}\frac{di}{dt}$, de valeur maxima *ωLI* avec une avance de phase de 90° sur le courant, puisqu'elle doit être en opposition avec la force contre-électromotrice de self-induction qui est, elle, en retard d'un quart de période ou 90° sur le courant; la troisième *u* dont la valeur maxima est $\frac{I}{\omega C}$ et qui présente un retard de phase de 90° sur le courant, puisqu'elle est en opposition avec la différence de potentiel aux bornes du condensateur qui est de 90° en avance sur le courant.

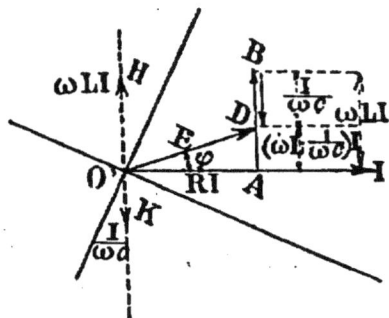

Fig. 89.

La représentation au moyen de vecteurs tournants se fera facilement, en tenant compte des remarques précédentes. Si O*I* = *I* représente le courant (*fig.* 89), et O*A* = R*I* la différence de potentiel R*i*, on aura pour la self-induction et la capacité les vecteurs O*H* = *ωLI*, O*K* = $\frac{I}{\omega C}$ dirigés en sens opposé suivant une droite perpendiculaire à O*I*. La force électromotrice *e* sera représentée par le vecteur O*D* = *E* résultant de la composition des trois vecteurs précédents.

On aura bien pour l'angle *φ* = DOA, ou différence de phase entre *e* et *i*, la valeur déjà indiquée:

$$\operatorname{tg} \varphi = \frac{\omega \mathrm{L} - \dfrac{1}{\omega \mathrm{C}}}{\mathrm{R}}.$$

La force contre-électromotrice de self-induction pourra être représentée par un vecteur égal et opposé à OH. Il en sera de même pour la différence de potentiel aux bornes du condensateur, dont le vecteur représentatif sera égal et opposé à OK.

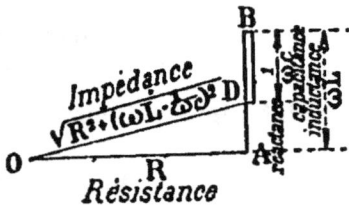

Fig. 90.

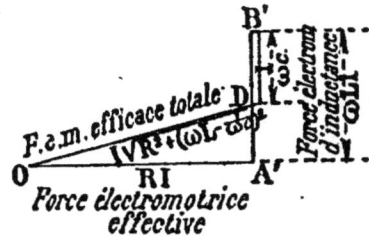

Fig. 91.

Une construction graphique semblable à celle OABD de la figure précédente qui, sans considérer la rotation des vecteurs, détermine les valeurs maxima des différents facteurs, peut être appliquée aux différentes résistances et aux différences de potentiel efficaces (*fig.* 90 et 91).

Résistance des conducteurs cylindriques parcourus par des courants alternatifs. — Considérons un conducteur cylindrique traversé par un courant variable; les lignes de forces du champ magnétique créé par le courant sont des cercles ayant pour centre l'axe du conducteur; le flux de force à l'intérieur du fil sera variable et donnera naissance à des courants d'induction, véritables courants de Foucault, qui s'opposeront à cette variation du flux que produit le courant.

Les figures 92 et 93 montrent, dans une coupe faite suivant l'axe, comment sont dirigés ces courants lorsque l'intensité augmente ou lorsqu'elle diminue.

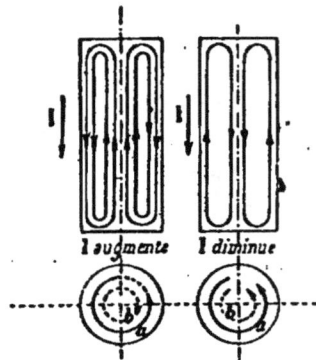

Fig. 92 et 93.

Il en résultera pendant la période variable une répartition inégale du courant dans le conducteur, c'est-à-dire des densités variables de l'axe à la périphérie.

Si le conducteur est traversé par un courant périodique d'intensité I^{ef}, la perte par effet Joule ne sera pas égale à

$$P = RI^2_{ef},$$

mais plus grande à cause de ces courants parasites, soit une perte $P' > P$ correspondant à une résistance apparente R du conducteur :

(1) $$P' = R_A I^2_{ef}.$$

Les effets d'induction dans la masse du conducteur auront donc pour effet de produire une résistance apparente de celui-ci, absolument différente de la résistance apparente ou impédance qui a été considérée à propos des effets de la self-induction, puisque dans le premier cas la perte par effet Joule est modifiée (formule 1), tandis qu'elle ne l'est pas dans le second cas, à condition naturellement d'éliminer ou de rendre négligeables les effets des courants induits dans la masse du conducteur. La résistance apparente R_A de la formule (1) n'est due qu'à la variation du flux à l'intérieur du conducteur, tandis que l'impédance est produite par la variation du flux total (intérieur et extérieur du conducteur).

Les effets d'induction dans la masse d'un fil et par conséquent l'accroissement apparent de résistance sont d'autant plus faibles, toutes choses égales d'ailleurs, que le diamètre du fil est plus petit. Ils sont négligeables si le conducteur est constitué par une lame mince ou par un tube de faible épaisseur.

Lord Kelvin a établi une formule donnant la résistance R_A d'un conducteur soumis à un courant alternatif de pulsation $\omega = \dfrac{2\pi}{T}$, en fonction du diamètre du fil d, de sa longueur l, de la perméabilité magnétique μ de la substance qui le compose et de sa résistivité ρ.

En posant R, la résistance ohmique

$$R = \rho\, \frac{4l}{\pi d^2},$$

on a pour R_A :

$$R_A = E\left(1 + \frac{1}{12}\frac{\omega^2 l^2 \mu^2}{R^2} - \frac{1}{180}\cdot\frac{\omega^4 l^4 \mu^4}{R^4} + \ldots\right).$$

Pour le cuivre, en prenant $\rho = 1,6$ microhm-centimètre, $\mu = 1$, on a sensiblement, en négligeant les termes de la série après le deuxième, d étant le diamètre en centimètres, et T le temps périodique :

$$R_A = R\left(1 + \frac{0.8\,d^4}{10^6 T^2}\right).$$

Cette formule montre l'influence du diamètre du fil et de la fréquence du courant alternatif.

M. Hospitalier a donné [1] pour du cuivre de $\rho_0 = 1,597$ microhm-centimètre à 0° C., soit 1597 unités C. G. S., les valeurs du facteur $k\left(1 + \frac{0.8\,d^4}{10^6 T^2}\right)$ par lequel il faut multiplier la résistance R pour avoir la résistance R_A par courants alternatifs, en fonction des valeurs du quotient $\frac{d^2}{T}$ du carré du diamètre par la période, soit du produit du carré du diamètre par la fréquence, ces nombres permettant de calculer rapidement R_A.

$\frac{d^2}{T}$	k	$\frac{d^2}{T}$	k	$\frac{d^2}{T}$	k
0	1,0000	720	1,3180	2880	2,3937
20	1,0000	980	1,4920	5120	3,0956
80	1,0001	1280	1,6778	8000	3,7949
180	1,0238	1620	1,8628	18000	5,5732
320	1,0805	2000	2,0430	32000	7,3250
500	1,1747	2420	2,2190		

Pour un métal non magnétique de résistivité ρ (en unités C. G. S.), il faut chercher dans la table la valeur de k correspondant au produit :

$$d^2 \cdot \frac{1}{T} \cdot \frac{1597}{\rho}.$$

Pour de hautes fréquences et des valeurs de $\frac{d^2}{T}$ dépassant 32000, la résistance d'un conducteur plein est égale à celle d'un conducteur tubulaire de même diamètre extérieur et d'épaisseur égale à :

$$e = 6,38\,\sqrt{T}\ \text{centimètres.}$$

[1] *Industrie électrique*, 1894.

D'après les chiffres précédents on voit que pour une fréquence courante de 80 périodes par seconde la résistance d'un conducteur de cuivre est accrue de 8 p. 100 lorsque le diamètre est de 2 centimètres, elle est doublée lorsque son diamètre est de 5 centimètres ; elle serait triplée pour un diamètre de 8 centimètres. Lorsque la section nécessaire pour un conducteur conduit à un accroissement trop grand de résistance, on emploie plusieurs fils de diamètre moindre ou un conducteur creux.

Soit à déterminer la résistance au courant alternatif, de fréquence 80, d'un conducteur de cuivre d'un diamètre de 2 centimètres et d'une longueur de 1000 mètres.
La résistance propre du fil à 0° C. est :

$$R = \rho \frac{l}{s} = \frac{1,6}{10^6} \cdot \frac{100000}{3,14} = 0,051 \text{ ohm.}$$

On cherchera dans la table précédente le facteur par lequel il faut multiplier cette résistance pour avoir la résistance au courant alternatif.
La valeur de $\frac{d^2}{T}$ est :

$$d^2 . \frac{1}{T} = 4 \times 80 = 320.$$

On trouve dans la table la valeur 1,08, ce qui donne pour la résistance cherchée :

$$R_A = 0,051 \times 1,08 = 0,0558 \text{ ohm.}$$

Électro-aimants à courants alternatifs. — Dans les électro-aimants à courants alternatifs il se produit dans les masses métalliques des courants de Foucault s'opposant aux variations du flux. On réduit les courants à une valeur négligeable en sectionnant convenablement les noyaux de fer et même le bâti et les carcasses des bobines, en un mot, tout ce qui peut constituer dans les parties soumises aux variations du flux un circuit métallique fermé. Le sectionnement est fait parallèlement à l'axe des bobines, c'est-à-dire normalement à la direction suivant laquelle les courants de Foucault se développent. Les noyaux sont constitués par des fils de fer vernis ou par des lames minces de tôle vernie ou séparées par du papier. On emploie de préférence des tôles comme donnant lieu à une surface perdue moins grande que les fils. Il y a une autre cause de perte d'énergie, c'est l'hystérésis qui pour une qualité donnée de fer est proportionnelle au volume.

Pour une différence de potentiel U^{ef} aux bornes de l'enroulement de l'électro-aimant il y a une intensité

$$(1) \qquad I_{ef} = \frac{U_{ef}}{\sqrt{R^2 + \omega^2 L^2}}.$$

Dans les électro-aimants le coefficient de self-induction L est très grand et on peut, dans presque tous les cas, confondre sans erreur sensible l'inductance ωL et l'impédance $\sqrt{R^2 + \omega^2 L^2}$. On écrira donc simplement :

$$(2) \qquad I_{ef} = \frac{U_{ef}}{\omega L}.$$

Si la bobine comporte N spires, le coefficient de self-induction L pourra s'exprimer en appelant l le coefficient de self-induction d'une seule spire :

$$(3) \qquad L = lN^2.$$

l varie avec la réluctance du circuit magnétique de l'électro-aimant. On peut considérer celle-ci comme sensiblement constante pour une position donnée de l'armature, tant que $\mathfrak{B}$ ne dépasse pas 4000 à 5000 gauss [1]; ce qui résulte de la constance relative de la perméabilité entre ces limites.

On peut déterminer l expérimentalement en enroulant n spires sur les noyaux de l'électro-aimant et en mesurant, avec un courant alternatif dont on connaît ω, l'intensité efficace produite par une différence de potentiel U^{ef}. On a, d'après les formules (2) et (3),

$$I_{ef} = \frac{U_{ef}}{\omega l N^2}.$$

[1] Sylvanus-P. Thompson, l'*Électro-Aimant* (traduction Boistel).

d'où :

$$l = \frac{U_{eff}}{\omega N^2 I_{eff}}.$$

La formule donnant le flux de force en fonction du nombre de spires et de l'intensité du courant :

$$\Phi = \frac{4\pi NI}{\mathcal{R}},$$

établie pour le courant continu, est applicable au courant alternatif, mais seulement pour des valeurs de l'induction inférieures à 5000 gauss et en donnant à I la valeur I^{eff}.

Les formules (2) et (3) (p. 223) donnent pour valeur de l'intensité :

$$I_{eff} = \frac{U_{eff}}{\omega l N^2},$$

soit pour valeur de la force magnéto-motrice :

$$(4) \qquad \mathcal{F} = 4\pi NI_{eff} = \frac{4\pi U_{eff}}{\omega l N}.$$

Avec le courant continu on a, en considérant la différence de potentiel U et la résistance R de la bobine :

$$\mathcal{F} = \frac{4\pi NU}{R}.$$

Ces deux formules montrent une différence essentielle entre les électro-aimants pris dans les deux cas, la résistance de l'enroulement restant constante ; un accroissement du nombre de spires donne avec le courant continu un accroissement de $\mathcal{F}$; c'est précisément le contraire avec les courants alternatifs. La relation (4) montre l'influence de la fréquence sur la force magnéto-motrice, $\mathcal{F}$ diminue lorsque la fréquence augmente.

La valeur du flux déduite de l'expression (4) sera, $\mathcal{R}$ étant la réluctance du circuit magnétique :

$$(5) \qquad \Phi = \frac{\mathcal{F}}{\mathcal{R}} = \frac{4\pi U_{eff}}{\mathcal{R}\omega l N}.$$

Cette dernière relation permet, si l'on connaît la réluctance $\mathcal{R}$ et le coefficient l, de calculer le nombre de spires N produisant un flux donné Φ.

Une propriété intéressante des électro-aimants à courants alternatifs est, comparativement aux courants continus, la constance de l'attraction qu'ils exercent sur leurs armatures lorsqu'on déplace celles-ci. Cela tient à ce que, dans la formule (5), $\mathcal{R}$ et l varient en sens inverse lorsqu'on déplace l'armature; il s'en suit que l'intensité du courant augmente lorsque la réluctance augmente, et inversement.

Étant donné un même électro-aimant, les différences de potentiel nécessaires pour obtenir une même attraction avec du courant continu et avec du courant alternatif doivent être dans le rapport

$$\frac{U_c}{U_A} = \frac{\omega L}{R}.$$

Courants à haute fréquence. — Expériences de Tesla. —
M. Tesla est arrivé à produire des courants à très haute fréquence en utilisant le phénomène des décharges oscillantes. Le secondaire d'une bobine d'induction de Ruhmkorff B (*fig.* 94) est relié aux armatures intérieures de deux bouteilles de Leyde C et D, dont les armatures extérieures sont réunies par le fil primaire d'un transformateur sans fer T. La bobine secondaire est enroulée autour de la bobine primaire et le tout est plongé dans l'huile en raison des tensions élevées qui se produisent.

Chaque fois que les bouteilles de Leyde se déchargent entre leurs armatures internes, les armatures extérieures se déchargent également sous la forme oscillante dans le primaire du transformateur, ce qui donne lieu à des courants d'une

Fig. 94.

fréquence et d'une tension très élevées dans la bobine secondaire.

Ces courants produisent des effets d'induction très puissants. Un transformateur composé d'une seule spire de fil au

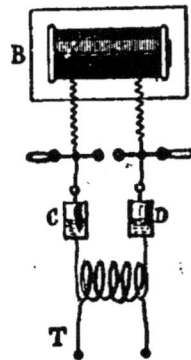

secondaire est suffisant pour alimenter une lampe de 50 ou 100 volts. Une simple dérivation sur une résistance très faible, mais possédant un peu de self-induction, placée en tension avec le circuit secondaire donne également des tensions élevées permettant d'alimenter une lampe.

L'une des propriétés les plus curieuses de ces courants de haute fréquence est qu'on peut sans danger fermer le circuit secondaire sur le corps et au besoin alimenter une lampe par l'un des moyens précédents en interposant le corps dans le circuit secondaire. Cela tient à ce que ces courants ne passent pas à l'intérieur des conducteurs, mais restent localisés à leur surface en raison des phénomènes d'induction puissants auxquels ils donnent lieu.

COURANTS POLYPHASÉS

Définitions. — D'une manière générale on appelle courants alternatifs polyphasés ou simplement courants polyphasés, l'ensemble de plusieurs courants alternatifs simples d'égale période présentant entre eux une différence de phase ou décalage.

Dans la pratique on ne produit directement que des courant diphasés composés de deux courants décalés de un quart de période, ou des courants triphasés composés de trois courants décalés entre eux de un tiers de période.

Courants diphasés. — Deux courants décalés entre eux de un quart de période sont représentés par les valeurs

$$i_1 = I \sin \omega t, \qquad i_2 = I \cos \omega t,$$

c'est-à-dire par deux vecteurs tournants de longueur $OA = I$ et $OB = I$, décalés l'un par rapport à l'autre d'un angle $\frac{\pi}{2}$ (*fig.*95).

L'un des courants est nul lorsque l'autre est maximum, et inversement. Les courants diphasés peuvent être produits par deux générateurs différents, mais réglés convenablement l'un par rapport à l'autre, par exemple par deux cadres tournants à la même vitesse dans un champ uniforme, l'un étant traversé par le flux maximum lorsque l'autre est traversé par un flux nul. On peut également n'avoir qu'un seul générateur comprenant deux enroulements disposés de telle manière que le flux dans l'un soit nul lorsqu'il est maximum dans l'autre, par exemple en superposant à angle droit les deux cadres précédents. Il y aurait naturellement deux bagues de prises de courant et deux balais pour chaque enroulement.

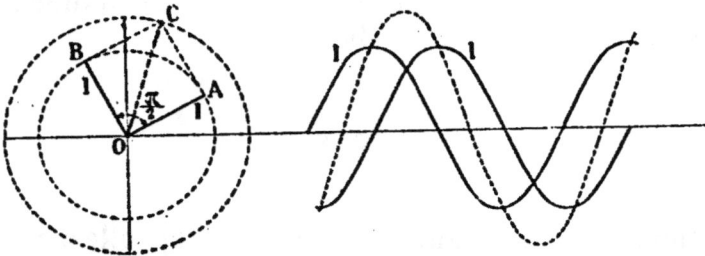

Fig. 95.

On peut encore produire des courants diphasés en partant d'un seul courant alternatif et en utilisant les actions de la self-induction et de la capacité pour produire dans deux dérivations des courants décalés de un quart de période. L'une des dérivations aura, par exemple, une constante de temps très grande, et l'autre une constante de temps négligeable.

En considérant les formules

$$ i = I_{max} \sin (\omega t - \varphi), \qquad \operatorname{tg} \varphi = \frac{\omega L}{R}, $$

on voit que, $\frac{L}{R}$ étant très grand dans la première dérivation,

on a sensiblement $\varphi = \frac{\pi}{2}$, soit pour l'intensité i_1 :

$$ i_1 = I_{1max} \sin \left(\omega t - \frac{\pi}{2} \right) = I_{1max} \cos \omega t, $$

et que dans la seconde dérivation $\frac{L}{R}$ étant faible et par suite φ très petit :

$$i_2 = I_{2max} \sin \omega t.$$

On pourra mettre, au lieu d'une self-induction, une capacité dans l'une des dérivations de manière à avoir le décalage voulu. Il sera possible, par l'association des deux procédés, d'arriver à avoir deux courants rigoureusement décalés d'un quart de période.

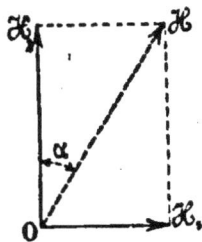

Les courants polyphasés sont surtout employés parce qu'ils permettent de produire facilement un champ magnétique tournant. Si l'on suppose, par exemple, deux cadres fixes placés à angle droit et parcourus par des courants diphasés, chacun de ces cadres produira un champ constant en direction, mais variable en grandeur avec le temps :

$$\mathcal{H}_1 = \mathcal{H}_{max} \sin \omega t,$$
$$\mathcal{H}_2 = \mathcal{H}_{max} \cos \omega t.$$

Le champ résultant $\mathcal{H}$ aura pour valeur (*fig.* 96) :

$$\mathcal{H} = \sqrt{\mathcal{H}_1^2 + \mathcal{H}_2^2} = \sqrt{\mathcal{H}_{max}^2 \sin^2 \omega t + \mathcal{H}_{max}^2 \cos^2 \omega t} = \mathcal{H}_{max}.$$

Il sera donc égal à chaque instant à $\mathcal{H}_{max}$, c'est-à-dire qu'il aura une valeur constante, mais il se déplacera dans l'espace et on aura pour l'angle α qu'il fera avec l'axe de la bobine 2 :

$$\operatorname{tg} \alpha = \frac{\mathcal{H}_1}{\mathcal{H}_2} = \frac{\sin \omega t}{\cos \omega t} = \operatorname{tg} \omega t,$$

d'où :

$$\alpha = \omega t.$$

Le champ résultant tournera donc à une vitesse angulaire constante ω égale à 2π fois la fréquence du courant.

Si dans un tel champ on vient à placer un disque de cuivre

ou de fer, mobile autour d'un axe perpendiculaire à son plan, les courants de Foucault qui y prendront naissance réagiront en vertu du principe de l'égalité de l'action et de la réaction pour entraîner le disque dans le sens de rota-tion du champ. Tel est le principe des moteurs à champ tournant que per-mettent de réaliser les cou-rants polyphasés.

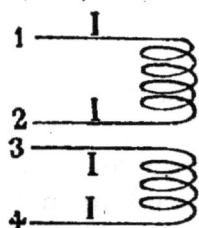 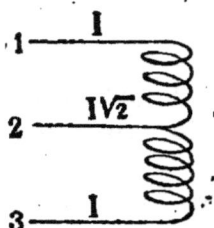

Fig. 97.　　　　　Fig. 98.

On peut employer quatre fils pour amener le cou-rant du générateur au mo-teur, soit deux par phase (*fig.* 97). Il est possible de réunir deux de ces fils en un seul de manière à n'avoir que trois fils en tout dont un commun (*fig.* 98). Dans le premier cas, deux fils d'un enroulement sont traversés par un courant :

$$i_1 = I \sin \omega t,$$

et les deux autres fils par un courant décalé de $\frac{1}{4}$ de période,

$$i_2 = I \cos \omega t.$$

Dans le cas d'un montage avec fil de retour commun, les deux fils séparés relatifs à chaque phase sont traversés par les courants i_1 et i_2 et le fil commun par un courant i_3 qui est à chaque instant la somme de deux autres courants :

$$i_3 = i_1 + i_2 = I (\sin \omega t + \cos \omega t) = I \left[\sin \omega t + \sin \left(\omega t + \frac{\pi}{2} \right) \right]$$
$$i_3 = I . \sqrt{2} \sin \left(\omega t + \frac{\pi}{4} \right).$$

Ce courant est représenté dans le diagramme (*fig.* 95) par la résultante OC des vecteurs OA et OB. Il est décalé par rapport aux deux autres de $\frac{1}{8}$ de période et sa valeur maxi-ma, ainsi que sa valeur efficace, sont égales à $\sqrt{2}$ fois la valeur correspondante de chacun des deux autres qui ont été supposés égaux. Le fil de retour devra donc avoir une section égale à 1,414 fois celle de chacun des deux autres fils.

On a pour le montage à fil commun la même relation entre les différences de potentiel maxima ou efficaces qu'entre les intensités, c'est-à-dire si 3 est le fil commun :

$$U_{1\,3} = U_{2\,3}$$

et

$$U_{1\,2} = \sqrt{2}\ U_{1\,3} = \sqrt{2}\ U_{2\,3}.$$

Cherchons maintenant la valeur de la puissance. Si l'on suppose les décalages égaux φ et les différences de potentiel maxima U égales aux bornes des deux circuits d'utilisation ainsi que les intensités I, on a à chaque instant :

$$u_1 = U \sin \omega t,$$
$$u_2 = U \cos \omega t,$$

$$i_1 = I \sin (\omega t - \varphi),$$
$$i_2 = I \cos (\omega t - \varphi)$$

soit pour les puissances partielles :

$$u_1 i_1 = UI \sin \omega t \sin (\omega t - \varphi),$$
$$u_2 i_2 = UI \cos \omega t \cos (\omega t - \varphi),$$

et pour la puissance totale P à l'instant quelconque t :

$$P = u_1 i_1 + u_2 i_2 = UI\,[\sin \omega t \sin(\omega t - \varphi) + \cos \omega t \cos(\omega t - \varphi)] = UI \cos \varphi.$$

La puissance totale est donc constante et égale à UI cos φ, U et I étant les valeurs maxima.

En fonction des valeurs efficaces on a :

$$P = 2U_{eff}I_{eff} \cos \varphi.$$

Ce fait d'une puissance ayant une valeur constante, que l'on retrouvera d'ailleurs pour les courants triphasés, différencie ces courants du courant alternatif simple dans lequel la puissance est pulsatoire et présente une valeur négative pendant une fraction de la période.

Courants triphasés. — Les courants triphasés sont constitués par l'ensemble de trois courants égaux et de même période, décalés l'un par rapport à l'autre de un tiers de période :

$$i_1 = I \sin \omega t,$$

$$i_2 = I \sin \left(\omega t - \frac{2\pi}{3} \right),$$

$$i_3 = I \sin \left(\omega t - \frac{4\pi}{3} \right).$$

Ces trois courants peuvent être représentés par trois vecteurs OA = OB = OC = I, décalés l'un par rapport à l'autre de 120° (*fig.* 99). Cette construction montre que la résultante

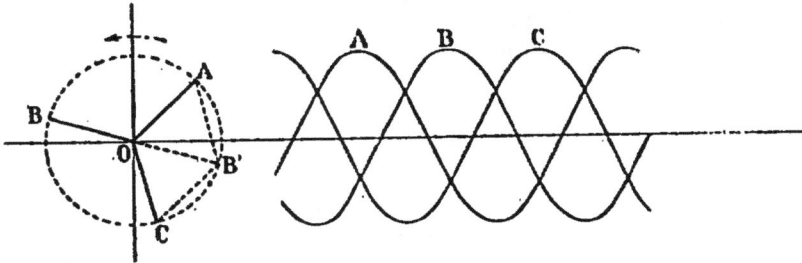

Fig. 99.

de deux quelconques des vecteurs est égale et opposée au troisième. La même relation existera, par conséquent, entre les trois intensités, que l'on prenne les valeurs instantanées, les valeurs maximas ou les valeurs efficaces.

Dans ces conditions, il est inutile d'avoir six fils pour ces trois courants et trois fils de même section suffisent, l'un quelconque servant de fil de retour aux courants des deux autres.

Les courants triphasés sont produits par des générateurs comportant trois enroulements disposés de manière à être traversés par le flux maximum à des intervalles de temps correspondant au tiers du temps périodique. Un tel générateur serait par exemple constitué par trois cadres calés à 120° l'un de l'autre.

Comme on emploie seulement trois fils de ligne, il est inutile de disposer six bagues collectrices, soit deux par enroulement, puisqu'on serait ensuite conduit à les réunir deux à deux, ainsi que l'indique le schéma (*fig.* 100), dans lequel A, B et C représentent les trois enroulements induits et 1, 2, 3 ,4, 5, 6, les extrémités de ces circuits reliés aux bagues calées sur l'axe et, par l'intermédiaire de balais, au circuit extérieur.

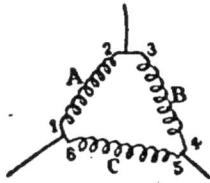

On réunit donc ensemble les extrémités 1 et 6, 2 et 3, 4 et 5 ; trois bagues suffisent pour prendre le courant. Ce mode de montage est dit en *triangle*.

On peut réaliser un autre mode de montage, dit en *étoile*, dans lequel on réunit ensemble trois extrémités des enroulements ce qui forme le *point neutre*, les trois extrémités libres étant reliées à trois bagues (*fig.* 101).

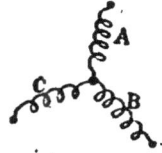

Fig. 100.

Fig. 101.

Les deux modes de montage précédents, en étoile ou en triangle, s'appliquent également aux appareils d'utilisation, moteurs, transformateurs, lampes, etc.

Examinons maintenant la répartition des courants et des différences de potentiel, ainsi que les puissances correspondantes pour ces deux sortes de montages, dans le cas où les trois différences de potentiel U entre les trois lignes sont égales et les trois intensités de courant correspondantes égales entre elles et ayant la même différence de phase avec les différences de potentiel, ce qui suppose trois circuits d'utilisation identiques.

Montage en triangle (*fig.* 102). — On a entre les fils de ligne les relations :

$$u_1 = \text{U} \sin \omega t, \qquad u_2 = \text{U} \sin \left(\omega t - \frac{2\pi}{3} \right),$$

$$u_3 = \text{U} \sin \left(\omega t - \frac{4\pi}{3} \right),$$

et dans chaque circuit :

$$i_1 = \text{I} \sin (\omega t - \varphi),$$

$$i_2 = \text{I} \sin \left(\omega t - \frac{2\pi}{3} - \varphi \right),$$

$$i_3 = \text{I} \sin \left(\omega t - \frac{4\pi}{3} - \varphi \right).$$

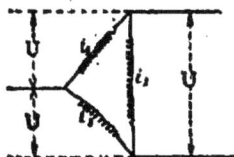

Fig. 102.

on a dans l'une des lignes :

$$i' = i_1 - i_2 = I \left[\sin(\omega t - \varphi) - \sin\left(\omega t - \frac{2\pi}{3} - \varphi\right) \right]$$

$$(1) \quad i' = \sqrt{3}\, I \sin\left(\omega t + \frac{\pi}{6} - \varphi\right).$$

La puissance totale est égale à :

$$P = u_1 i_1 + u_2 i_2 + u_3 i_3 = \frac{3}{2}\, UI \cos \varphi.$$

Si l'on appelle I_{eff} et U_{eff} les valeurs efficaces de la différence de potentiel entre deux fils de ligne et de l'intensité dans chaque circuit d'utilisation, on a :

$$P = 3 U_{eff}\, I_{eff} \cos \varphi$$

Si I'_{eff} est l'intensité dans un fil de ligne, on a, d'après la relation (1),

$$I'_{eff} = \sqrt{3}\, I_{eff}.$$

et pour la puissance :

$$P = \sqrt{3} U_{eff}\, I'_{eff} \cos \varphi.$$

Montage en étoile (*fig.* 103). — Si u_{max} est la différence de potentiel maxima entre le point neutre et l'un des fils, et U_{max} celle entre deux fils de ligne, on a à un instant quelconque :

$$U = u_1 - u_2 = u_{max} \sin \omega t - u_{max} \sin\left(\omega t - \frac{2\pi}{3}\right) = \sqrt{3} u_{max} \sin\left(\omega t + \frac{\pi}{6}\right).$$

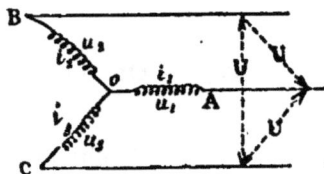

Fig. 103.

On a donc pour la différence de potentiel maxima U_{max} :

$$U_{max} = \sqrt{3}\, u_{max}.$$

La même relation existera entre les différences de potentiel efficaces, soit :

$$U_{eff} = \sqrt{3}\, u_{eff}.$$

On aura nécessairement dans chaque ligne la même intensité que dans le circuit directement relié à la ligne considérée.

La puissance totale sera égale à :

$$P = \frac{3}{2}\, u_{max}\, i_{max}\, \cos \varphi = \frac{\sqrt{3}}{2}\, U_{max}\, i_{max}\, \cos \varphi$$

Soit en fonction des valeurs efficaces :

$$P = 3\, u_{eff}\, i_{eff}\, \cos \varphi = \sqrt{3}\, U_{eff}\, i_{eff}\, \cos \varphi.$$

CHAPITRE VI

MACHINES DYNAMO-ÉLECTRIQUES
A COURANTS ALTERNATIFS

Définitions. — Les machines dynamo-électriques sont basées sur les phénomènes électro-magnétiques et permettent la transformation de l'énergie sous forme de travail mécanique, en énergie sous forme de courants électriques.

Une machine dynamo-électrique ou, comme on dit souvent par abréviation, une machine dynamo, ou simplement une dynamo, est donc un générateur mécanique d'énergie électrique.

On classe les machines dynamos, suivant la nature des courants produits, en *machines dynamos à courants alternatifs* ou *alternateurs* et en *machines dynamos à courants continus*.

Les actions électro-magnétiques utilisées dans les dynamos pour la production de courants électriques, sont celles qui ont été étudiées sous le nom d'induction. On trouve toujours dans une dynamo : un *inducteur*, dont l'enroulement ou circuit inducteur produit le *champ inducteur*, agissant sur l'*induit* ou *armature* portant le circuit ou enroulement induit dans lequel se développent les courants d'induction.

Le champ inducteur peut être produit soit par un aimant, soit par un électro-aimant. Dans le premier cas, la machine prend le nom de *machine magnéto-électrique* ou *magnéto*. Lorsque l'inducteur est un électro-aimant, on applique spécialement le nom de *machine dynamo-électrique*.

Les machines magnéto et dynamo-électriques sont reversibles et peuvent fournir du travail mécanique en absorbant de l'énergie électrique ; elles constituent alors des machines *réceptrices* ou *moteurs*.

Machine dynamo théorique. — Dans l'étude du courant alternatif on a considéré une machine dynamo-électrique simplement constituée avec un cadre enroulé de fil et tournant dans un champ uniforme.

Ainsi qu'on l'a vu (p. 196), la force électromotrice développée est, en appelant S la surface des N spires, $\mathcal{K}$ l'intensité du champ, et ω la vitesse angulaire constante :

(1)
$$e = \mathcal{K}S\omega \sin \omega t,$$

le temps t étant compté à partir de la position initiale prise dans un plan normal aux lignes de force. L'intensité du courant produit est, en appelant L le coefficient de self-induction du circuit, et R sa résistance,

(2)
$$i = \frac{\mathcal{K}S\omega}{\sqrt{R^2 + \omega^2 L^2}} \sin (\omega t - \varphi),$$

La force électromotrice maxima étant égale, d'après la relation (1), à :

(3)
$$E_{max} = \mathcal{K}S\omega ;$$
il vient pour i :

(4)
$$i = \frac{E_{max}}{\sqrt{R^2 + \omega^2 L^2}} \cdot \sin (\omega t - \varphi)$$

avec la condition

(5)
$$\operatorname{tg} \varphi = \omega \frac{L}{R}.$$

Le courant alternatif ainsi produit est d'autant plus en retard sur la force électromotrice que la constante du temps $\frac{L}{R}$ du circuit est plus grande. La force électromotrice est nulle lorsque le flux est maximum dans le cadre, c'est-à-dire lorsque celui-ci est dans le plan perpendiculaire au champ ; l'intensité a alors une certaine valeur et ne devient nulle que lorsque le cadre a tourné d'un angle φ donné par la relation (5).

Ce décalage est nul pour un circuit non inductif, c'est-à-dire pour lequel $\frac{L}{R} = 0$. Dans ce cas seulement, l'intensité du courant passe par une valeur nulle en même temps que la force électromotrice qui le produit. La vitesse angulaire ω de déplacement du circuit induit restant constante, la formule (1) qui donne la valeur de la force électromotrice e reste applicable, quelle que soit la position de l'axe de rotation, à condition que celui-ci soit toujours dans le plan du cadre et normal aux lignes de force.

Collecteur simple. — Commutateur redresseur. — Le courant produit par un générateur peut être amené à un circuit extérieur par un *collecteur*, composé simplement de deux bagues métalliques auxquelles sont reliées les extrémités de l'enroulement induit et qui sont fixées sur l'axe de rotation isolées l'une de l'autre et de cet axe. Deux ressorts fixes ou balais appuient sur ces bagues et sont reliés au circuit extérieur.

Il est souvent utile dans les alternateurs d'avoir un courant toujours de même sens lorsqu'on veut, par exemple, se servir du courant que produit la machine pour l'excitation des inducteurs.

Pour obtenir ce courant toujours de même sens, il suffirait, au moment où le courant va changer de sens dans l'induit, d'inverser les attaches du circuit extérieur aux balais. C'est cette opération qu'effectue automatiquement le commutateur représenté en coupe (*fig.* 104). Il se compose d'un tube métallique isolé, fixé sur l'axe et fendu longitudinalement en deux parties égales a et a' très rapprochées; chacune de ces parties est reliée à une des extrémités du fil induit, et deux balais b et b' frottent sur

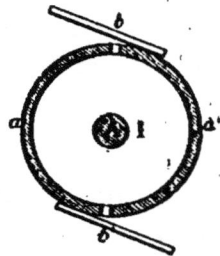

Fig. 104.

ce commutateur. Ces balais sont calés de telle sorte que les contacts se trouvent aux extrémités d'un diamètre.

Les balais étant disposés de manière à porter sur la fente longitudinale lorsque l'intensité de courant est nulle, le commutateur opérera automatiquement l'inversion des liaisons entre l'induit et le circuit extérieur de façon que le courant soit toujours de même sens dans celui-ci. Si la self-induction était nulle ou négligeable $\left(\frac{L}{R} \text{ très petit}\right)$, la commutation devrait se faire lorsque la force électromotrice est nulle, le courant étant nul en même temps. Lorsque la self-induction n'est pas négligeable, le plan de commutation doit être avancé sur cette première position d'un angle de calage d'autant plus grand que $\frac{L}{R}$ est plus grand. Toute autre position de calage que celle qui correspond à la commutation pour une valeur nulle du courant donne lieu à des étincelles, d'autant plus fortes que l'angle d'écart avec la bonne position est plus grand ; il en résulte également une diminution de la valeur du courant dans le circuit extérieur.

Puissance d'un générateur. — La puissance électrique fournie par un générateur est $P = ei$. Cette puissance, positive pendant la plus grande partie de la période, est négative pendant le reste du temps. Elle passe donc deux fois au zéro par période. La partie négative est d'autant plus importante que la self-induction du circuit est plus grande ; elle n'existe pas si la self-induction est nulle. La puissance passe alors simplement par la valeur zéro une fois par période, le décalage étant nul.

Dans le cas d'un circuit ayant de l'impédance, l'alternateur agit donc pendant une partie de la période comme générateur et pendant le reste de la période comme moteur, l'énergie absorbée par le moteur à ce moment étant une partie de celle qui était emmagasinée dans la self-induction. On a comparé cet effet des circuits impédants sur un alternateur à celui d'un volant qui absorbe de l'énergie lorsque la vitesse augmente et qui la restitue lorsque la vitesse diminue.

Cette allure pulsatoire de la puissance, qui doit être prise en considération dans la construction des alternateurs à courants alternatifs simples, ne se trouve pas dans les alter-

nateurs à courants polyphasés pour lesquels la puissance
est constante ; elle donne lieu, dans la plupart des alternateurs simples, à des vibrations produisant un ronflement
caractéristique.

Classification des alternateurs. — Les machines à courants alternatifs se divisent en *machines à courants alternatifs
simples, machines à courants diphasés, machines à courants
triphasés.*

Les variations du flux de force inducteur dans l'enroulement induit sont produites soit par le mouvement de l'induit ou celui de l'inducteur, c'est-à-dire par déplacement
relatif du champ et du circuit induit, soit par le mouvement
d'une seule pièce de fer indépendante disposée pour produire des variations de réluctance magnétique et, par suite,
des variations du flux dans les bobines induites.

On a donc trois catégories de machines :

1° Alternateurs à inducteurs fixes et induit tournant ;

2° Alternateurs à induit fixe et inducteurs tournants ;

3° Alternateurs à inducteurs et induits fixes ou à réluctance variable.

Les machines se différencient en outre par le type d'induit employé. On distingue quatre formes principales d'induits : en anneau, en tambour, à pôles et en disques.

Fréquence. — Force électromotrice. — La fréquence des
courants alternatifs varie d'après les constructeurs et suivant les applications. La fréquence la plus petite employée
industriellement jusqu'ici est celle adoptée par la «Cataract
Construction Cᵒ » aux chutes du Niagara; elle est de 25 périodes par seconde.

Les fréquences ordinairement employées varient de 40 à
80 périodes par seconde. La fréquence la plus élevée qui ait
été utilisée industriellement est de 133 périodes par seconde,
(Westinghouse); cette Compagnie emploie maintenant une
fréquence de 60 périodes par seconde.

Une machine dans laquelle un tour de la partie mobile ne
correspondrait qu'à une période, ce qui est le cas pour les
machines bipolaires, devrait tourner à une vitesse angulaire

de 3 600 tours par minute pour que la fréquence soit de
60 périodes par seconde. On évite des vitesses aussi élevées
en produisant plusieurs périodes pour un tour de la partie
mobile, ce qui conduit à employer des machines multipolaires.

Les alternateurs se construisent pour toutes les forces électromotrices efficaces de 50 à 5 000 volts.

Rendement des machines génératrices. — Si l'on désigne
par : P_m la puissance mécanique dépensée sur l'arbre du
générateur, P_t la puissance électrique totale produite par le
générateur, P_u la puissance électrique utile dépensée dans
le circuit extérieur.

On appelle :

Coefficient de transformation le rapport de la puissance
totale électrique à la puissance mécanique :

$$\text{Coefficient de transformation} = \frac{P_t}{P_m};$$

Rendement électrique η_e le rapport de la puissance utile
à la puissance totale électrique :

$$\eta_e = \frac{P_u}{P_t};$$

Rendement industriel η_i le rapport de la puissance utile
à la puissance mécanique :

$$\eta_i = \frac{P_u}{P_m}.$$

En pratique on ne considère que le rendement électrique
et le rendement industriel, principalement ce dernier qui
montre ce qu'on peut attendre utilement de la transformation d'énergie qu'opère le générateur électrique. On construit maintenant des machines d'un rendement industriel
très élevé, atteignant 95 p. 100.

INDUITS

Force électromotrice induite. — L'induit est la partie d'une machine dynamo qui comprend le fil dans lequel se développent les courants d'induction.

Lorsqu'un fil de longueur l perpendiculaire aux lignes de force d'un champ uniforme $\mathcal{H}$ se déplace parallèlement à lui-même avec une vitesse v dans un plan perpendiculaire aux lignes de force, il y naît une force electromotrice d'induction :

(1) $$E = \mathcal{H}lv.$$

La force électromotrice est encore donnée par la relation

(2) $$E = \frac{d\Phi}{dt},$$

qui montre que la position donnée au conducteur et son déplacement par rapport aux lignes de forces sont tels que la force électromotrice induite est maxima, $d\Phi$ étant dans ces conditions le plus grand possible pour un déplacement donné.

Il convient dans les machines de se placer toujours dans les conditions de maximum de force électromotrice, ce qui correspond au meilleur rendement, toutes choses égales d'ailleurs.

Afin de ne pas être conduit à de trop grandes vitesses ou de trop grandes longueurs de fil (formule 1) pour l'obtention d'une force électromotrice donnée, on est amené à accroître le plus possible le champ inducteur $\mathcal{H}$. Pour arriver à un bon rendement de la machine, tout en ayant un champ inducteur intense, on combine un circuit magnétique de la plus petite réluctance possible, c'est-à-dire nécessitant une faible force magnéto-motrice, d'où une puissance faible pour l'excitation des inducteurs.

Dans la construction il faut tenir compte des efforts mécaniques qui s'exercent sur les fils de l'induit. Si l'intensité de courant est I, la longueur d'un fil l et le champ $\mathcal{K}$, la force est égale à :

$$F = \mathcal{K}Il.$$

Le courant d'induction est tel qu'il s'oppose au mouvement, c'est précisément cette réaction qui produit la force F agissant en sens inverse du mouvement sur chaque fil induit.

Induits en anneau. — Considérons le générateur théorique (p. 195) composé d'un cadre tournant dans un champ uniforme, tel que le champ terrestre, et prenons l'axe de rotation en dehors du cadre. La force électromotrice développée est très faible, mais on peut l'accroître en créant un champ avec un électro-aimant entre les pôles duquel se déplace la bobine. Si l'on dispose un anneau de fer à l'intérieur de la

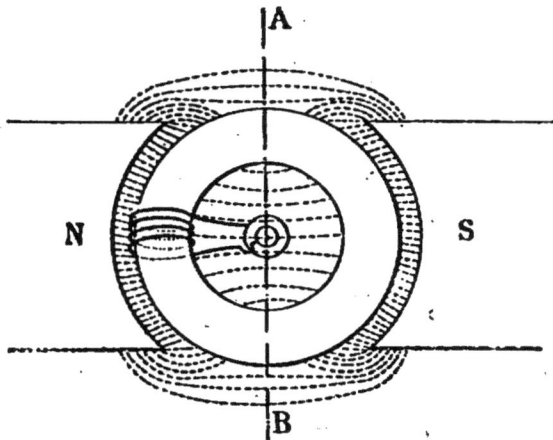

Fig. 105.

bobine (*fig.* 105), celle-ci se déplaçant sur l'anneau supposé fixe, on aura presque complètement fermé le circuit magnétique de l'électro-aimant qui produira ainsi, dans l'espace compris entre les pièces polaires et l'anneau appelé *entrefer*, un champ très intense.

La presque totalité des lignes de force passeront à l'intérieur du fer de l'anneau, quelques-unes seulement passeront en dehors. Celles qui passeront au milieu de l'anneau

induiront le fil intérieur pour produire une force électromotrice en sens inverse de celle que développe le champ
dans l'entrefer, il y a donc lieu de réduire le plus possible
ce flux de force nuisible. Le fer concentre le champ inducteur et l'empêche d'agir sur les parties intérieures des spires
induites. Une partie du flux de force passe en dehors de
l'anneau, entre les cornes polaires par exemple, constituant
ce qu'on appelle les *dérivations magnétiques* qu'il y a également-
ment lieu de réduire le plus possible afin d'arriver à la
meilleure utilisation du flux des électro-aimants inducteurs.

Il n'est pas pratique, quoi qu'on en ait souvent cherché la réalisation, de maintenir l'anneau de fer immobile à
l'intérieur de la bobine ; on est conduit à le faire tourner
avec celle-ci. Il en résulte alors deux causes de pertes :
1° par développement de courants de Foucault dans la masse
métallique ; 2° par hystérésis. La perte par courants de Foucault se réduit à une valeur négligeable en sectionnant la
masse de l'anneau perpendiculairement à la direction suivant
laquelle se produisent ces courants ; la perte par hystérésis
ne dépend que du volume du fer pour une qualité donnée
de celui-ci. Il convient donc de choisir le mieux possible le
fer à employer.

L'anneau est adapté sur l'arbre de manière que l'intérieur
soit libre sur la majeure partie de la circonférence, afin de
pouvoir y loger le fil induit.

On ne met pas une seule bobine, mais un nombre pair de
bobines semblables de fil de cuivre isolé, placées les unes à
la suite des autres pour recouvrir entièrement la surface de
l'anneau.

Dans le cas d'une machine à deux pôles ou machine bipolaire, toutes les spires qui se trouvent d'un même côté du
plan perpendiculaire à la ligne des pôles sont le siège de
forces électromotrices de même sens, celles qui sont de
l'autre côté sont le siège de forces électromotrices de sens contraire. La ligne AB, perpendiculaire à la ligne des pôles dans
le plan de l'anneau, est la ligne neutre et le plan perpendiculaire le plan neutre.

On peut mettre plus de deux pôles, quatre par exemple,
successivement de nom contraire ; les flux de forces se par

tagent comme il est indiqué dans la figure 106, et les lignes
neutres sont AB et CD.
Si les spires des bobines
sont enroulées sur l'an-
neau, toujours de la
même manière, les
forces électromotrices
seront de même sens
dans les régions AOD et
BOC en face des pôles
nord, il en sèra de même,
mais dans un sens con-
traire, pour les régions
AOC et BOD, en regard
des pôles sud.

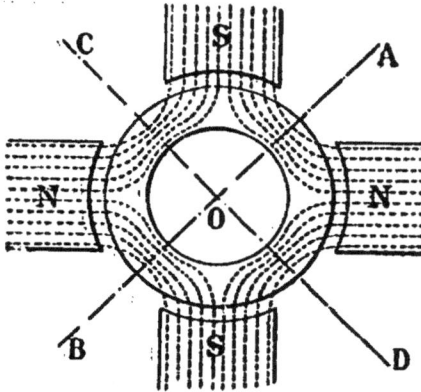

Fig. 106.

Les bobines induites
peuvent être groupées ensemble, en quantité ou en tension,
en ayant soin de ne coupler en quantité que des bobines qui
présentent toujours la même
force électromotrice au même
moment. Il est possible aussi
de constituer plusieurs circuits distincts, chacun d'eux
étant relié à deux bagues collectrices fixées sur l'arbre.

Dans le cas de deux pôles
seulement, si l'on veut utiliser
tout l'enroulement sur un

Fig. 107.

seul circuit il n'y a (l'enroulement n'étant divisible qu'en
deux parties identiques) comme valeur de la force électromotrice, que deux couplages: soit les deux parties en quantité
(*fig.* 107), soit toutes les spires en tension (*fig.* 108).

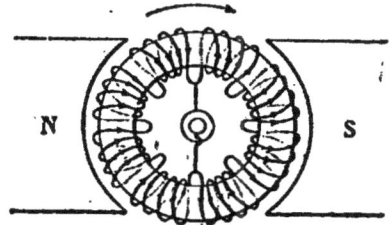

Dans le cas d'un grand nombre de pôles, le nombre des
couplages possibles augmente considérablement.

L'enroulement en anneau est dû à Gramme. Dans la machine de Gramme, à courants alternatifs, l'anneau est fixe et
à l'intérieur se meut un inducteur, en forme de pignon, d'un
nombre de dents qui est un sous-multiple pair du nombre
de bobines de l'anneau (*fig.* 109). Des bobines inductrices

entourent les dents de l'inducteur et créent un flux magnétique se fermant par l'anneau. Le courant continu, néces-

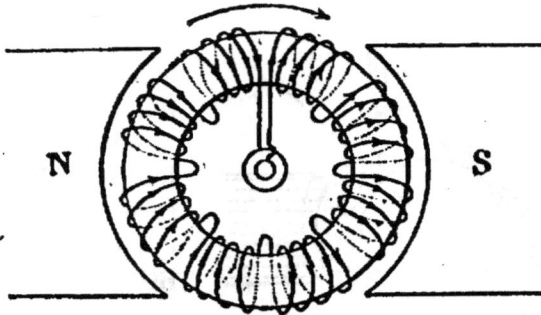

Fig. 108.

saire pour l'excitation, est amené par deux bagues isolées
calées sur l'axe. Le sens du courant dans les bobines est tel
que les pôles qu'elles produisent vers l'anneau soient successivement de nom contraire. L'induit étant immobile, les
bobines induites sont reliées à des
bornes auxquelles on attache le
ou les circuits d'utilisation.

Au lieu de mettre l'inducteur
à l'extérieur ou à l'intérieur de
l'anneau, on peut le disposer sur
les côtés; on fait alors usage d'un
anneau plat et on place des pôles
inducteurs de chaque côté, les
pôles en regard étant de même
nom et successivement de nom
contraire, en passant d'une paire

Fig. 109.

de pôles à la suivante. Dans cette disposition, les noyaux
des bobines sont souvent coulés d'une seule pièce avec deux
flasques latérales servant de bâti à la machine et fermant le
circuit magnétique des bobines.

Induits en tambour. — Reprenons la machine théorique composée d'un cadre de fil et supposons maintenant que le mouvement se fasse autour d'un axe passant par le centre. On
pourra, comme précédemment, accoître le flux inducteur

en disposant la bobine sur un cylindre de fer, et ce dernier
entre les pôles d'un électro-aimant. La différence avec l'anneau sera notable; le fil induit ne passera pas à l'intérieur
du fer, il sera tout entier à l'extérieur et il n'y aura pas
de force électromotrice inverse comme dans les spires
internes de l'induit en anneau; les forces électromotrices

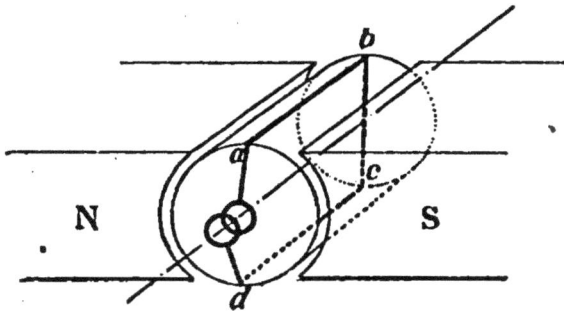

Fig. 110.

induites en *ab* et en *dc* (*fig.* 110) s'ajouteront toujours. On a
ainsi ce qu'on appelle l'*induit en tambour*, dont l'origine est
l'armature en navette de Siemens dans laquelle le fil est
disposé sur un noyau de fer doux ayant la forme d'un
double **T** et tournant entre des pôles d'aimant.

Dans l'induit en tambour, de même que dans l'induit en
anneau, on divise le fer de manière à éviter les courants de
Foucault et on recouvre entièrement la bobine de fil, l'enroulement étant constitué, par exemple, de N spires faisant

entre elles un angle $\dfrac{2\pi}{N}$.

Dans les machines multipolaires on peut employer deux
modes d'enroulement, soit l'enroulement ou bobinage imbriqué, soit l'enroulement ou bobinage ondulé. Ces deux
modes d'enroulement sont indiqués très clairement (*fig.* 111
et 112) pour le cas d'un alternateur à 8 pôles.

La règle générale à employer est de ne relier entre eux,
en tension, que les conducteurs qui sont au même moment
le siège de forces électromotrices de même sens.

De même que dans l'enroulement en anneau, on peut
opérer des couplages différents des bobines entre elles, mais

toujours en ne réunissant en quantité que des bobines dont les forces électromotrices sont égales et opposées dans toutes les positions de l'induit.

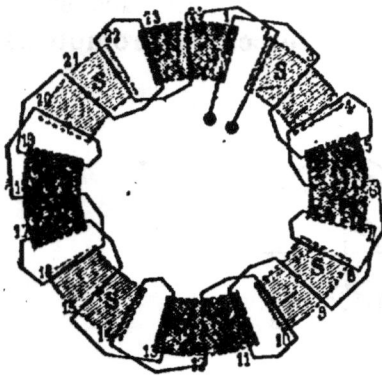 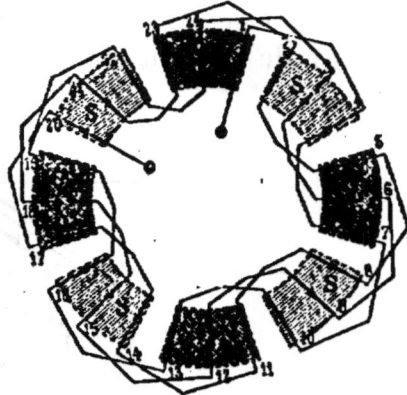

Fig. 111.   Fig. 112.

Très souvent, dans les machines à courants alternatifs à induit en tambour, on place les conducteurs dans des trous ou dans des rainures profondes pratiquées dans le noyau et près de la surface de celui-ci. Cette disposition offre plusieurs avantages, entre autres de bien protéger et bien maintenir les fils, d'éviter dans ceux-ci les courants de Foucault et de permettre que l'effort mécanique dû au champ s'exerce sur le fer et non sur le cuivre. Cette disposition est particulièrement commode lorsque, dans le bobinage en tambour, l'inducteur est placé à l'intérieur de l'induit ; l'enroulement induit se fait alors sur la surface intérieure d'un anneau de grand diamètre. Dans ce cas on fait tourner généralement l'inducteur auquel on amène le courant par deux bagues collectrices.

Les bobines inductrices peuvent être composées simplement de bobines plates placées les unes contre les autres et à plat sur le tambour en fer sur lequel on les maintient en les fixant aux deux bouts du tambour.

Induits polaires. — L'armature en fer présente un certain nombre de projections polaires ou grosses dents sur chacune desquelles est enroulée ou fixée une bobine induite.

L'inducteur est de forme analogue et comprend un nombre de pôles égal au nombre de dents de l'induit. L'induit est à l'intérieur ou à l'extérieur, fixe ou mobile; la figure 113 représente ce dispositif, l'induit pouvant être l'une ou l'autre des deux pièces intérieure ou extérieure.

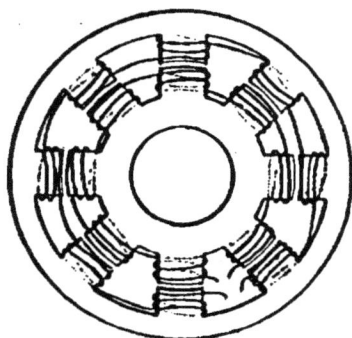

FIG. 113.

Induits en disque. — Les bobines induites sont fixées à plat sur un disque près de la périphérie de celui-ci. Le disque est calé sur l'arbre et tourne entre deux séries d'électro-aimants, inducteurs fixes dont les pôles en regard sont de nom contraire, disposés suivant deux couronnes parallèles de manière que les flux produits dans les bobines soient successivement de sens inverse en passant d'une paire de pôles à la paire suivante. Les bobines induites sont couplées entre elles de manière que les forces électromotrices s'ajoutent. L'enroulement est soit imbriqué, soit ondulé. On réalise ces deux types d'induit en supposant dans les figures 111 et 112 les fils fixés sur des disques et tournant entre deux couronnes d'inducteurs.

On peut aussi ne pas alterner les flux inducteurs et avoir, comme dans les machines Mordey, des pôles toujours de même nom d'un côté et en regard des pôles de nom contraire. Dès lors, le flux inducteur ne change pas de sens.

Induits à courants polyphasés. — Un induit à courants diphasés serait obtenu par l'accouplement, sur le même axe, de deux induits identiques à courants alternatifs décalés l'un par rapport à l'autre d'un angle correspondant à une différence de phase de un quart de période entre les deux courants produits. La machine à courants diphasés ainsi constituée pourrait comporter un ou deux inducteurs, le second cas revenant à l'accouplement de deux machines à courants alternatifs; ce dispositif a été déjà employé. Dans le cas d'un seul inducteur on conçoit qu'il est possible de réunir les deux enroulements sur une même carcasse d'induit; il suffit que les bobines de l'un des enroulements soient toujours placées, par rapport aux bobines correspondantes de l'autre enroulement, dans une position qui corresponde à un décalage de un quart de période entre les forces électromotrices d'induction, soit un flux inducteur maximum dans les bobines d'un enroulement lorsqu'il est nul dans les autres, ou bien, ce qui revient au même, que le fil induit des unes soit en regard des pôles pendant que le fil induit des autres est entre ceux-ci. Dans un enroulement en anneau par exemple on pourra, pour $2n$ pôles inducteurs, placer $4n$ bobines semblables l'une à la suite de l'autre sur l'anneau, les bobines paires reliées toutes en tension et les extrémités à deux bagues collectrices ou à deux bornes suivant que l'anneau est mobile ou fixe, les n bobines impaires étant reliées de la même manière et formant le second enroulement.

Un dispositif analogue pourrait être appliqué en supposant qu'une bobine de l'un des enroulements occupât la largeur comprise entre deux pôles successifs; dans ce cas les bobines du second enroulement couvriraient les premières en chevauchant sur celles-ci.

Ces dispositions sont employées pour les induits en tambour et les induits en disque, les bobines pouvant être les unes à côté des autres ou avec leurs fils intercalés les uns dans les autres. L'enroulement est imbriqué ou ondulé.

Pour avoir un induit diphasé il suffit, dans les figures 111 et 112, de répéter une seconde fois l'enroulement qui y est tracé, mais en le décalant par rapport au premier de 45°, ce qui correspond à une demi-période pour 8 pôles inducteurs.

Fig. 114.

Dans les armatures polaires, chaque projection polaire servant pour une seule bobine, les bobines des deux enroulements sont distinctes. Le nombre des dents est donc double du nombre de pôles sur l'inducteur (*fig.* 114).

Pour les machines à courants triphasés on pourrait, de

même que pour les courants diphasés, accoupler trois machines à courants alternatifs simples, les parties mobiles étant décalées d'un angle correspondant à un tiers de période, ou bien assembler trois induits avec un même système inducteur. Ces dispositions n'ont pas été utilisées en raison de leur complication et on emploie toujours un seul induit comportant trois enroulements, décalés l'un par rapport à l'autre d'un angle correspondant à une différence de phase de $\frac{1}{3}$ de période entre les forces électromotrices induites. Dans le cas d'un induit en anneau on disposerait, pour $2n$ pôles inducteurs par exemple, $6n$ bobines semblables placées les unes à la suite des autres et reliées en tension de trois en trois pour composer les trois enroulements induits. On ne met pas six bagues ou six bornes suivant que l'induit est mobile ou fixe, mais on emploie le montage en triangle ou le montage en étoile, généralement ce dernier; on a alors seulement trois bagues ou trois bornes. Dans le cas du montage en étoile, le plus employé parce qu'il donne entre deux des trois bornes une force électromotrice efficace égale à 1,732 fois celle d'un des enroulements, on ajoute le plus souvent une quatrième bague ou borne reliée au point neutre. Pour l'anneau précédent, on réunira donc ensemble trois extrémités des

Fig. 115.

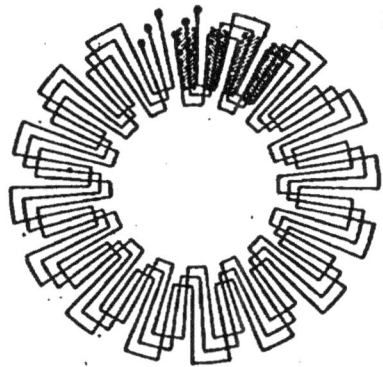

Fig. 116.

trois enroulements pour former le point neutre, les trois autres extrémités étant reliées à trois bagues collectrices.

Dans les induits à pôles à courants triphasés il y a trois fois autant de projections polaires que de pôles inducteurs, chacune d'elles servant de trois en trois à une bobine inductrice d'un des enroulements (*fig.* 115).

Dans les induits en tambour ou en disque, les bobines sont, comme dans les induits à courants diphasés, séparées et les unes à la suite des autres, ou bobinées avec l'une des deux dispositions imbriquée ou ondulée. La figure 116 représente un induit à courants triphasés à bobinage ondulé.

Forme de la courbe du courant. — Réaction d'induit. — La force électromotrice induite dans une génératrice est donnée par la relation

$$e = \frac{d\Phi}{dt}.$$

Pour que cette force électromotrice soit sinusoïdale, il est nécessaire que le flux inducteur puisse être représenté également par une fonction sinusoïdale telle que :

$$(1) \qquad \Phi_t = \Phi_1 \sin \omega t + \Phi_2.$$

Lorsque le flux varie suivant toute autre fonction périodique, la force électromotrice n'est pas sinusoïdale. La formule précédente indique qu'il n'est pas nécessaire qu'il y ait inversion du flux dans le circuit induit ; on peut en effet faire $\Phi_2 > \Phi_1$, ce qui donne une valeur toujours de même signe pour le flux inducteur Φ_t. Ceci est appliqué dans un certain nombre de machines, mais ne présente pas d'avantage puisque la grandeur de la force électromotrice induite ne dépend que de l'amplitude Φ_1 de la variation du flux.

On arrive, par une disposition convenable des pièces polaires et des bobines induites, à produire dans celles-ci une variation sinusoïdale du flux. L'étude de la forme du courant en fonction de la disposition des pôles et des enroulements a été faite par Kapp. On suppose que la distance des centres des pièces polaires qu'on appelle *pas* reste constante, et on fait varier la largeur de ces pièces et celle des bobines induites.

Considérons d'abord des pièces polaires de largeur égale à la moitié du pas, et devant ces pôles déplaçons une bobine composée d'une seule spire posée sur un tambour et à laquelle on donnera des largeurs successivement égales à des fractions du pas $\frac{1}{4}$, $\frac{1}{2}$, 1, $1\frac{1}{2}$. Les différents cas sont

représentés schématiquement (*fig.* 117): les courbes en pointillé
représentent la valeur du flux dans la bobine pour la position du centre de celle-ci, en supposant que les lignes de
force passent normalement de la surface polaire au tambour;
ceci n'est pas exact en réalité, et le champ est frangé sur le
bord des pièces polaires, ce qui arrondit les angles vifs des
courbes. Les courbes en traits pleins sont les courbes dérivées des courbes de flux; elles représentent donc la force
électromotrice induite dans la bobine pour les différentes
positions de celle-ci.

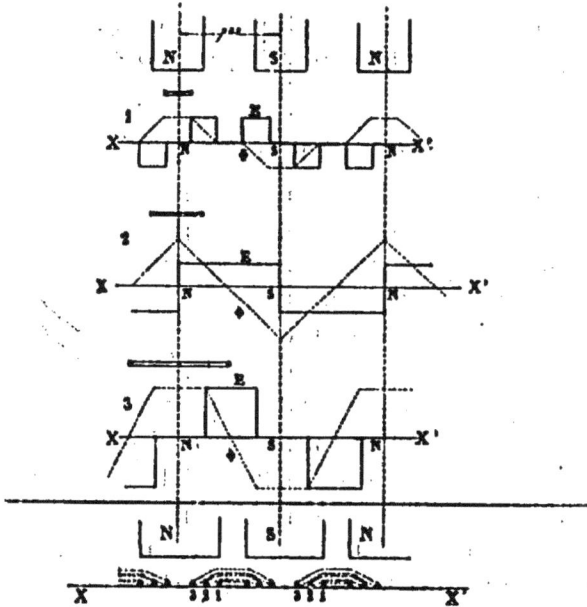

Fig. 117.

En augmentant la largeur des pièces polaires, la double
pointe de la courbe 1 disparaît lorsque la distance entre deux
pièces polaires successives est égale à la largeur de la spire
et on a alors une courbe analogue à la courbe 3. La force
électromotrice est toujours représentée par une courbe analogue à la courbe 2, lorsque la largeur de la spire est égale à
celle des pièces polaires; il en est de même pour les spires
plus larges que les pièces polaires qui donnent toujours une
courbe analogue à la courbe 3.

On peut considérer une bobine de plusieurs spires enroulées les unes sur les autres, de manière que la bobine ait
une certaine largeur (*fig.* 118), ce qui
correspond au cas le plus général en
pratique.

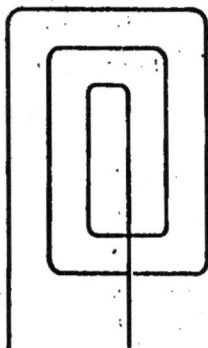

Fig. 118.

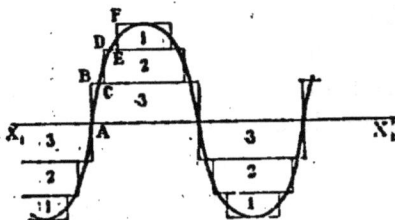

Fig. 119.

Soient, par exemple, trois spires. Afin de ne pas avoir au sommet de la courbe résultante des pointes causées par une
courbe telle que la courbe 1 (*fig.* 117), due à une bobine de largeur moindre que l'espace entre les pôles, on prendra des pôles
de largeur égale aux $\frac{3}{4}$ du pas avec une spire intérieure de largeur égale à un quart du pas ; une deuxième spire de largeur $\frac{1}{2}$
du pas, et la troisième de la largeur des pièces polaires. En
supposant que la surface utile de chacune des trois spires
soit proportionnelle à leur largeur, ce qui implique une même
longueur de fil induit dans chaque spire, on a pour la force
électromotrice totale, en ajoutant les forces électromotrices
des trois spires, une courbe telle que celle de la figure 119
s'éloignant peu de la sinusoïde.

Le rectangle 3 de hauteur AB est dû à la spire 3, celui de
hauteur DC à la spire 2 et le troisième à la spire 1.

Les considérations ci-dessus montrent l'importance pratique de la disposition des pièces polaires et des enroulements
induits.

Dans ce qui précède on n'a pas envisagé l'influence que
pouvait avoir sur la forme de la courbe de la force électromotrice le flux de force produit par le courant qui circule dans les bobines induites lorsque la machine débite,

Ce flux de force agit en effet sur le champ inducteur et ses effets sont désignés sous le nom de *réactions d'induit*.

Soit d'abord un alternateur dans lequel le circuit total a une constante de temps négligeable ; la courbe d'intensité sera en concordance de phase avec la courbe de force élec-

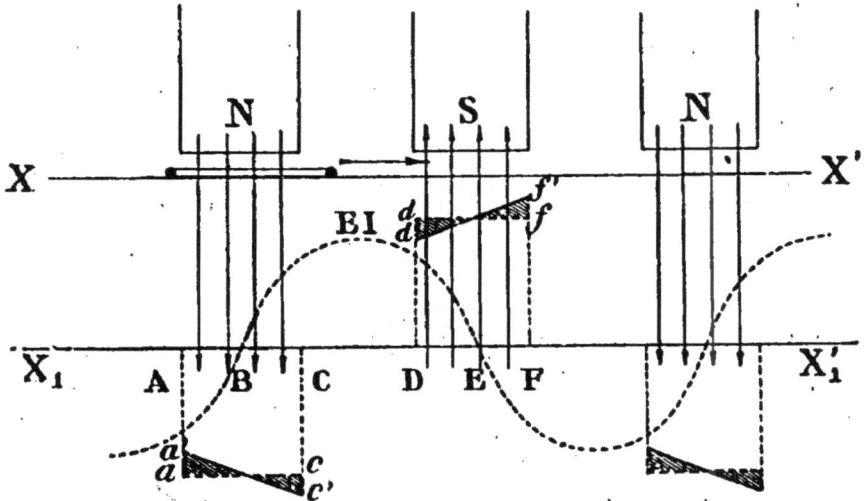

Fig. 120.

tromotrice représentée figure 120, la flèche indiquant le sens du déplacement de l'induit. Chaque point de la courbe d'intensité correspond à la position du centre de la bobine induite ; la courbe tracée plus bas en pointillé en *ac* et *df* est celle du champ dû aux inducteurs.

Lorsque la bobine ira de A en B et de D en E, le courant induit s'opposera à l'accroissement de flux et produira un champ de sens inverse au champ inducteur. En B et en E, le courant sera nul, ainsi que le champ dû à l'induit ; de B en C et de E en F le courant s'opposera à la diminution du flux et le champ dû à l'induit sera de même sens que le champ inducteur. Il y aura donc diminution du champ inducteur en AB et DE et renforcement en BC et EF, vers les cornes d'avant des pièces polaires. Le champ inducteur ainsi déformé sera représenté par les courbes *a'c'* et *df*.

Il convient d'examiner maintenant le cas d'un décalage

entre l'intensité et la force électromotrice en prenant le maximum, c'est-à-dire un quart de période (*fig.* 121). La courbe de force électromotrice étant E, l'intensité sera représentée par la courbe I. L'action démagnétisante de l'induit sera maxima. De A en C et de D en F le flux de l'induit sera toujours opposé au flux inducteur et, le courant maximum se produisant

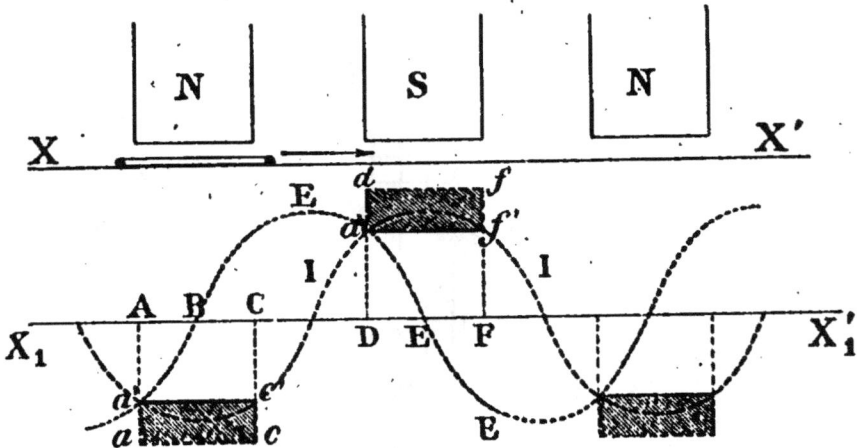

Fig. 121.

justement lorsque la bobine est devant chaque pôle, la diminution du champ inducteur sera la plus grande qui puisse se produire pour un courant I donné circulant dans l'induit. Le champ dû aux inducteurs étant représenté en ac et df, le champ résultant sera représenté par $a'c'$ et $d'f'$, aa' et dd' représentant la diminution due à la réaction d'induit. Les réactions d'induit auront d'autant moins d'importance relative pour un débit donné que le champ inducteur sera plus intense, il se produira en outre un accroissement de réluctance des circuits magnétiques à travers lesquels se ferme le flux de force dû à l'induit et par conséquent une diminution de ce flux. La valeur du flux dû à l'enroulement induit, qui est proportionnel au coefficient de self-induction de celui-ci, varie donc avec la position de l'induit, le décalage du courant et la valeur de l'excitation qui fait varier la réluctance. La valeur moyenne de ce flux, qui est proportionnelle au coefficient moyen de self-induction, est elle-même variable avec ces différents facteurs.

INDUCTEURS. — EXCITATION

Machines magnétos. — Les inducteurs peuvent être constitués par des aimants ou par des électro-aimants. Les
aimants ne sont plus employés maintenant parce qu'ils
ne permettent pas de produire des champs suffisamment
intenses, ce qui oblige à mettre beaucoup de fil sur l'induit,
d'où une grande résistance et un grand coefficient de
self-induction. La machine de Méritens qui a été employée
pour l'éclairage des phares est une magnéto. En raison du
grand coefficient de self-induction de l'induit, l'intensité ne
varie pas sensiblement avec la résistance extérieure et on
peut, sans inconvénient, rendre cette résistance nulle.

Machines dynamos. — On emploie maintenant des électro-
aimants qui permettent d'arriver à de bien meilleurs rendements, malgré la dépense d'entretien du champ inducteur;
on réduit d'ailleurs cette dépense à une valeur minime,
1 p. 100 de la puissance totale dans les grosses machines,
avec de bons circuits magnétiques. Eu égard à la valeur
élevée du champ inducteur obtenu avec des électro-aimants,
il y a dans ce cas moins de fil et moins de pertes par effet
Joule dans l'induit qu'en employant des aimants comme
inducteurs. La dépense d'excitation que nécessitent les
électro-aimants est, de ce fait, largement compensée et le
rendement est plus élevé.

Généralement les électro-aimants sont excités séparément
par le courant que fournit une machine à courant continu
affectée spécialement à cet usage et qu'on appelle *excitatrice*.
Cette machine est fixée directement sur l'alternateur ou
distincte de celui-ci et commandée séparément.

Auto-excitation. — Afin de ne pas avoir pour les machines
de faible puissance, une machine spéciale à courant continu
servant d'excitatrice, on emploie quelquefois à cet usage une
partie du courant fourni par la machine elle-même. On dit
alors que la machine est *auto-excitatrice*. Mais le courant

alternatif ne peut servir à l'excitation des inducteurs ; il est nécessaire que le courant qui traverse les bobines d'excitation soit toujours de même sens, afin d'avoir également un flux de force toujours de même sens dans le circuit magnétique. Le dispositif qu'on emploie est analogue à celui du commutateur inverseur déjà signalé. Un commutateur à deux coquilles seulement doit, pour servir à redresser un courant alternatif, tourner à une vitesse angulaire égale à $\frac{2\pi}{T}$, T étant le temps périodique du courant ; mais les machines génératrices produisant toujours un certain nombre de périodes n, par exemple, par tour, tournent à une vitesse angulaire plus faible et égale à $\frac{2\pi}{T.n}$. On serait donc conduit, dans ce cas, à faire tourner le commutateur n fois plus vite que la machine. Cette difficulté disparaît en employant un commutateur dans lequel l'inversion des connexions se fait n fois par tour. On peut alors fixer directement ce commutateur sur l'axe de la machine. Il suffit de composer la partie du commutateur, sur laquelle portent les balais, de n pièces métalliques isolées et reliées ensemble de deux en deux par une de leurs extrémités, par exemple comme le représente la figure 122. La position conve-

Fig. 122. — Commutateur redresseur.

nable des balais est celle qui correspond au minimum d'étincelles ; elle se trouve par tâtonnements, l'angle de calage étant variable avec la constante de temps du circuit.

Le courant redressé servant pour l'excitation peut être pris sur la machine de différentes manières. Par exemple, aux bornes de l'induit, ainsi que le représente schématiquement la figure 123, B étant l'enroulement d'excitation et C le commutateur redresseur fixé sur l'axe de l'induit A supposé mobile. On a alors ce qu'on appelle l'*excitation en dérivation*. Lorsque la force électromotrice de la machine

génératrice est très élevée, on ne relie pas directement
l'excitation en dérivation sur la machine ; on passe (*fig.* 124)
par l'intermédiaire d'un transformateur réducteur de ten-

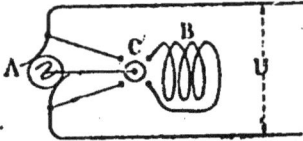

FIG. 123.

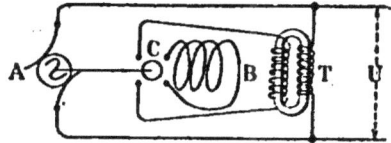

FIG. 124.

sion T, dont le primaire est en dérivation sur la machine, et
le secondaire relié aux inducteurs par l'intermédiaire du
commutateur tournant C.

Il est possible de ne pas faire servir tout l'enroulement
induit à l'excitation des inducteurs et de ne consacrer à cet
usage qu'une partie de cet enroulement, une seule bobine
par exemple, qui n'est pas reliée aux autres, mais au circuit
inducteur en passant par le commutateur redresseur.

Au lieu d'avoir une excitation en dérivation, dans laquelle
le courant d'excitation est proportionnel à la différence de
potentiel aux bornes de la machine ou constant lorsqu'une
partie de l'enroulement induit est consacrée uniquement à
cette excitation, on peut combiner un autre mode d'excitation dans lequel le courant traversant le circuit inducteur
est proportionnel à l'intensité du courant que débitera la
machine. On a alors l'*excitation en série.*

Ces deux procédés d'excitation seront absolument différents
comme résultats : Dans l'excitation en dérivation, la différence
de potentiel aux bornes de la ma-
chine et l'excitation diminuent un
peu lorsque le débit de la machine
augmente. Au contraire, dans l'excitation en série, l'excitation est
d'autant plus grande que le débit de
la machine est plus élevé ; la force
électromotrice augmente donc en
même temps que le débit. Pour l'excitation en série, il est
nécessaire d'avoir un transformateur ; le primaire de celui-ci
étant traversé par le courant total (*fig.* 125) et le secondaire

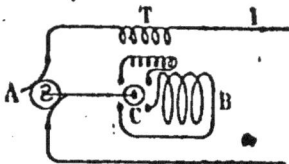

FIG. 125.

mis en tension avec le circuit inducteur de l'alternateur en passant par le commutateur redresseur.

En vue d'avoir une différence de potentiel constante aux bornes de l'alternateur ou même une différence de potentiel croissant légèrement avec le débit, il est possible de combiner sur une même machine les deux modes d'excitation précédents. On a alors l'*excitation compound*.

La figure 126 représente le mode de compoundage employé dans la machine Zipernowsky.

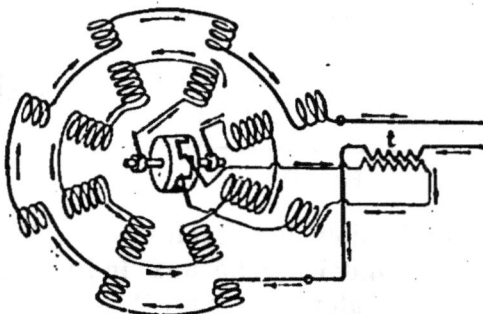

Fig. 126. — Excitation compound de la machine Zipernowsky.

Dans quelques cas, pour obtenir le même résultat que précédemment, on combine l'excitation en série avec l'excitation séparée ; la machine est dite *compoundée*.

Formes d'inducteurs. — Les inducteurs peuvent affecter des formes très variables. Les principales ont été déjà indiquées à propos des induits, d'autres le seront dans la description des machines industrielles.

Les inducteurs sont en fonte, en fer forgé ou en acier doux coulé. On emploie encore à cet usage de la tôle de fer ou d'acier doux.

PERTES D'ÉNERGIE DANS LES MACHINES DYNAMO-ÉLECTRIQUES

Il y a quatre causes principales de perte d'énergie dans les dynamos : par les frottements, par hystérésis, par courants de Foucault, par effet Joule dans les conducteurs.

1° FROTTEMENTS. — Les frottements, transformant en chaleur une partie de l'énergie mécanique, se produisent aux coussinets de la machine. En outre la résistance de l'air au mouvement de la partie mobile constitue également une cause de perte.

2° HYSTÉRÉSIS. — Le phénomène d'hystérésis donne lieu à une perte d'énergie :

$$W = \frac{V}{4\pi} \int_{\mathfrak{B}_1}^{\mathfrak{B}} \mathfrak{K} d\mathfrak{B},$$

pour un volume V de fer et par cycle parcouru. Il se produit dans toutes les parties soumises à des variations périodiques d'aimantation et principalement dans l'induit lorsque celui-ci a un noyau en fer, ou dans la partie mobile en fer pour les machines à enroulement fixe. La puissance perdue ne dépend que de la qualité du fer employé, de son volume, des limites entre lesquelles varie l'induction, et de la fréquence du courant qui est égale au nombre de cycles magnétiques parcourus par seconde par la partie mobile.

L'induction maxima étant $\mathfrak{B}_{max}$ dans le fer mobile, V son volume, $\frac{1}{T}$ la fréquence, et k le coefficient de la formule de Steinmetz pour la qualité de fer employé, on a approximativement pour la puissance correspondante :

$$P = \frac{1}{T} . k V \mathfrak{B}_{ma}^{1,6}.$$

Si, dans cette formule, tout est en unités C. G. S , la puissance est exprimée en ergs par seconde.

Pour l'avoir en watts, il faut diviser par 10^7 :

$$P = \frac{1}{T} . k . V \mathfrak{B}_{max}^{1,6} . 10^{-7} \text{ watts.}$$

Avec un courant de fréquence égale à 60 périodes par seconde et en prenant de la tôle de bonne qualité pour laquelle $k = 0,003$, on arrive à une perte de 60 watts par décimètre cube de fer pour une induction maxima de 12000 gauss, et seulement à 28 watts par décimètre cube en réduisant de moitié l'induction maxima, soit 6000 gauss. En raison de l'accroissement assez rapide de la perte par hystérésis avec l'induction, on limite ordinairement celle-ci à une valeur de 5000 à 7000 gauss dans les parties mobiles en fer.

Il peut également se produire des pertes par hystérésis dans les parties fixes de la machine lorsque le flux y varie périodiquement en grandeur ou en direction, comme, par exemple, dans les pièces polaires lorsque la partie mobile en fer présente des dents ; mais la perte la plus importante se produit toujours dans la partie mobile. Les machines sans fer dans l'induit, telles que les machines à disque, ne présentent pas cette cause de pertes.

3° COURANTS DE FOUCAULT. — Des courants parasites sont induits dans les masses métalliques lorsqu'il se produit des variations de flux dans celles-ci. Ces pertes peuvent avoir lieu dans le cuivre des enroulements et dans le fer de la machine ; on peut les réduire à une valeur négligeable en sectionnant convenablement les parties dans lesquelles elles tendent à se produire.

Lorsqu'on est conduit à une grosse section pour les fils de l'enroulement induit, au lieu d'employer un seul conducteur, qui donnerait lieu à de trop grandes pertes, on en réunit plusieurs plus petits en quantité, isolés les uns des autres, ou bien on compose le gros conducteur d'une torsade de conducteurs plus petits. Un autre moyen permettant d'employer de grosses sections pour les conducteurs induits, tout en évitant les courants parasites, consiste à les encastrer dans le fer de l'induit, à une très petite distance de la surface, en regard des pièces polaires. M. Brown qui emploie ce dispositif a trouvé que des barres massives de 50 millimètres de diamètre, qui donneraient lieu à des pertes énormes par courants de Foucault si elles étaient à la surface du noyau, n'en présentent pas lorsqu'elles sont logées dans le noyau induit.

Les pertes par courants parasites sont rendues très petites en employant pour les pièces de fer soumises à des variations de flux, des lames de tôle isolées les unes des autres au lieu de pièces massives. La tôle de fer employée est découpée de manière qu'en assemblant un nombre suffisant de tôles ainsi préparées on constitue la pièce : noyau d'induit, inducteur, pièce polaire, etc., qu'on veut réaliser. Ces tôles sont recuites après le travail de manière à réduire les pertes par hystérésis, et assemblées au moyen de boulons en interposant entre elles, pour les isoler l'une de l'autre, soit un vernis, soit du papier fin verni à la gomme laque. La rouille dont la formation peut être provoquée à la surface des tôles constitue dans certains cas un isolant suffisant. Les boulons d'assemblage sont eux-mêmes isolés des tôles, car ils pourraient former avec celles-ci des circuits fermés dans lesquels des courants intenses prendraient naissance.

Les tôles employées ont de 0,35 à 1 millimètre d'épaisseur et, en raison de l'emploi de feuilles de papier pour les isoler, la section utile du fer n'est que les $\frac{8}{10}$ environ de la section totale.

4° EFFET JOULE. — Les pertes par effet Joule, c'est-à-dire par échauffement des conducteurs dû au courant qui y passe, sont déterminées par la relation $P = RI^2$, R étant la résistance, et I l'intensité efficace du courant. — Elles ont lieu dans l'enroulement induit et dans l'enroulement inducteur. — On réduit les pertes par effet Joule dans chacune de ces parties, en ayant la moins grande longueur et la plus grande section possible pour le fil. Dans l'induit, pour une force électromotrice donnée de la machine exprimée par la relation $e = \mathfrak{K}Clv$, on réduira l en employant un champ inducteur intense et une grande vitesse v; mais un champ intense donne lieu à une grande dépense d'excitation, à de grandes pertes par hystérésis et courants de Foucault et, d'autre part, la vitesse linéaire est limitée par des considérations mécaniques. Il faut, dans chaque cas, considérer ces différents facteurs pour arriver au meilleur rendement.

La perte par effet Joule dans les inducteurs est variable avec la forme de ceux-ci, la réluctance du circuit magnétique et la section du fil employé pour l'enroulement inducteur. On a pour le flux :

(1)
$$\Phi = \frac{4\pi NI}{\mathfrak{R}},$$

N étant le nombre de tours, I l'intensité du courant d'excitation, et $\mathcal{R}$ la réluctance du circuit ;

Si l est la longueur moyenne d'une spire, la longueur totale sera Nl et la résistance R, en appelant s la section du fil :

$$R = \rho \, \frac{Nl}{s}.$$

La perte par effet Joule est égale à :

$$(2) \qquad P = RI^2 = \rho \, \frac{Nl}{S} \, I^2.$$

La relation (1) donne pour valeur de NI :

$$NI = \frac{\Phi \mathcal{R}}{4\pi} \, ;$$

en portant cette valeur dans (2) on a :

$$(3) \qquad P = \rho \, \frac{l}{s} \cdot \frac{\Phi \mathcal{R}}{4\pi} \cdot I.$$

Si le flux Φ et l'intensité du courant d'excitation I sont donnés, la perte par effet Joule sera d'autant plus faible que la réluctance $\mathcal{R}$ et la résistance moyenne d'une spire de l'enroulement $\rho \, \dfrac{l}{s}$ seront plus petites.

Si, au lieu d'une intensité I déterminée, c'est la différence de potentiel u à appliquer à l'excitation qui est fixée, on aura pour l'intensité I :

$$I = \frac{u}{R},$$

$\mathcal{R}$ étant la résistance de l'enroulement.

En remplaçant, dans (3), I par cette valeur, on a :

$$P = \rho \, \frac{l}{s} \cdot \frac{\Phi \mathcal{R}}{4\pi} \cdot \frac{u}{R}.$$

P sera d'autant plus petit que la réluctance $\mathcal{R}$ et le rapport

$\frac{\rho \frac{l}{s}}{R}$ de la résistance d'une spire à la résistance totale seront

plus petits. Mais $\frac{\rho \frac{l}{s}}{R}$ est égal à $\frac{1}{N}$, N étant le nombre de spires;
il faut donc que, tout en ayant toujours la force magnéto-
motrice nécessaire, N soit le plus grand possible.

ALTERNATEURS INDUSTRIELS

La classification des alternateurs a été donnée précédemment (p. 239). Les types de machines décrites ici ont été
choisis de manière à ce qu'il y ait un type de chaque
classe. Dans les alternateurs à induit mobile et inducteur
fixe la machine Kapp a son induit en anneau, la machine
Labour en tambour, la machine Hopkinson à pôles, et la
machine Ferranti en disque.

Dans les alternateurs à induit fixe et inducteur mobile, les
induits en anneau, en tambour, à pôles et en disque, sont
représentés respectivement par les machines Gramme,
Brown, Ganz-Zipernowsky et Mordey. La machine Cail-Helmer, décrite également, est à induit à pôles.

Les alternateurs à induit et inducteurs fixes, ou à réluctance variable, ont été construits seulement avec des induits
polaires ; la machine décrite est celle des ateliers d'Oerlikon.

Alternateurs Kapp à induit mobile en anneau (*fig.* 127). —
L'anneau est plat, formé d'une bande de feuillard recuit
roulée sur un plateau circulaire en fonte fixé sur l'arbre.
Les spires sont isolées au papier. Douze bobines d'une largeur légèrement inférieure au pas de la machine sont roulées sur l'anneau, maintenues par des coins d'entraînement
en ébonite et isolées par une épaisseur de papier et de mica.

L'inducteur est constitué par deux flasques en fonte placées de chaque côté de l'anneau et portant chacune douze
noyaux en fer forgé garnis de bobines inductrices; les

pôles en regard sont de même nom et successivement de nom contraire d'une paire de pôles à la suivante. Les noyaux

Fig. 127. — Alternateur Kapp.

sont munis d'épanouissements polaires de forme rectangulaire.

Alternateurs Labour. — Ces machines construites par la Société *l'Éclairage électrique* sont à basse tension. L'inducteur fixe est extérieur à l'induit mobile ; l'induit est en tambour. Les noyaux des bobines inductrices sont constitués par des tôles minces isolées entre elles et disposées à l'intérieur d'une couronne en fonte ; les bobines sont reliées de manière à produire alternativement des pôles de nom contraire. Les pièces polaires sont munies d'épanouissements très larges, l'intervalle entre les cornes polaires est égal au double de l'entrefer.

L'induit est formé d'un anneau en tôle feuilletée munie de nombreuses dents et l'enroulement des bobines, dans ces dents, est combiné pour que la forme du courant se rapproche autant que possible de la sinusoïde.

Alternateurs Hopkinson (*fig.* 128). — Dans ces machines construites par MM. Mather et Platt, l'inducteur est fixe et extérieur à un induit mobile en pôles. Les noyaux polaires des inducteurs sont en fer et fixés par des vis à une culasse annulaire en fonte fixée sur un bâti en fonte supportant les paliers de la machine excitatrice.

Fig. 128. — Alternateur Hopkinson.

Les épanouissements polaires dépassent les trois quarts du pas.

Les bobines induites sont montées à la surface de l'induit sur des projections polaires de peu d'épaisseur fournies par le découpage des tôles. Les bobines et les plaques de l'induit sont maintenues par des boulons qui traversent deux plateaux clavetés sur l'arbre et percés d'ouverture pour faciliter le refroidissement du noyau.

Une machine de 30 kilowatts, donnant 30 ampères sous 1 000 volts, tourne à 800 tours par minute; le nombre de pôles est 12, la fréquence correspondante 80 périodes par seconde. La résistance de l'induit est 0,55 ohm, et celle des bobines inductrices 2 ohms. A pleine charge le couran d'excitation est de 21 ampères correspondant à 900 watts, soit 3 p. 100 de la puissance de l'alternateur. La perte dans l'induit par effet Joule est de 2 p. 100, soit un rendement électrique de 95 p. 100 à pleine charge.

Alternateurs Ferranti (*fig.* 129). — Dans les premiers alternateurs de ce système l'induit en disque était simplement composé d'une seule bobine obtenue en repliant en forme d'étoile ondulée une bande de cuivre. Les boucles intérieures de cet enroulement étaient maintenues par des entretoises entre deux plateaux en bronze calés sur l'arbre.

En faisant tourner cette armature entre les pôles d'un inducteur analogue à celui de la machine Siemens et formant un nombre de champs inducteurs double de celui des branches de l'étoile induite, les forces électromotrices induites sont de même sens dans toutes les spires et s'ajoutent. Cet enroulement ne convient pas, en raison du rapprochement de spires portées à des potentiels très différents, à la production de grandes forces électromotrices.

Dans les derniers alternateurs de M. Ferranti, les bobines sont roulées séparément sur un noyau rigide formé de bandes de laiton disposées en éventail avec interposition d'amiante, et brasées entre elles au bout le plus large et à un bloc de laiton percé d'un trou à l'autre bout. Une extrémité de l'enroulement est soudée à ce bloc et les spires sont isolées avec de la fibre vulcanisée. Ces bobines sont disposées, convenablement isolées, sur un support en bronze fixé à l'arbre; elles sont reliées entre elles de manière que les forces électromotrices s'ajoutent. Les extrémités de l'enroulement sont reliées aux bagues collectrices fixées sur l'axe.

Alternateurs Gramme (*fig.* 130). — La machine de Gramme est la première machine industrielle à courants alternatifs; elle a été créée pour l'alimentation des bougies Jablockoff. L'induit extérieur est en anneau et fixe; à l'intérieur tourne un pignon comprenant quatre, six ou huit dents sur lesquelles sont montées les bobines excitatrices reliées en série aux balais

Fig. 129. — Alternateur Ferranti.

de l'induit d'une machine à courant continu calé sur le même axe et servant pour l'excitation. Le nombre des bobines induites est un multiple du nombre de pôles ; il y a quatre, six

FIG. 130. — Alternateur Gramme.

ou huit bobines par pôle. Ces bobines sont donc le siège de courants alternatifs de même fréquence et décalés, l'un par rapport à l'autre, de $\frac{1}{8}$, $\frac{1}{12}$ ou $\frac{1}{10}$ de période, suivant qu'il y a quatre, six ou huit bobines, puisque chaque période est produite par le passage de deux pôles devant une bobine.

Les différentes bobines étaient couplées entre elles de manière à alimenter séparément plusieurs circuits de bougies Jablockoff.

Alternateurs Brown (*fig.* 131). — La machine décrite est celle qui a été construite par les ateliers d'Oerlikon pour servir à l'expérience du transport de force motrice entre Lauffen et Francfort, sur une distance de 180 kilomètres. Cette génératrice, de 300 chevaux, est à courants triphasés et tourne à la vitesse de 150 tours par minute. La machine produit par phase 50 volts et 1 400 ampères, soit une puissance utile totale d'environ 200 kilowatts.

Fig. 131. — Alternateur Brown.

L'induit est fixe et les inducteurs mobiles.

Les conducteurs de l'induit, ayant un diamètre de 29 millimètres, sont des barres massives logées dans le fer et isolées avec une enveloppe d'amiante. On peut ainsi éviter l'emploi de circuits groupés en quantité, tout en n'ayant pas de pertes par courants de Foucault. L'emploi de l'amiante rend l'induit entièrement incombustible et les conducteurs ne peuvent en outre se trouver déplacés ou endommagés par suite d'un excès de charge ou d'un court-circuit accidentel dans la machine. L'entrefer peut être considérablement réduit et l'excitation ne nécessite qu'une faible partie de la puissance totale.

L'inducteur a trente-deux pôles et chaque circuit induit a trente-deux barres, reliées en série par des pièces de connexion transversales. Le nombre total de barres est donc de quatre-vingt-seize.

L'induit, formé par l'assemblage de segments de tôle estampés, est porté sur le bâti par un cadre en fonte muni de pattes ; cet ensemble peut se déplacer sur le bâti de manière à faciliter le montage et le nettoyage de la machine.

L'inducteur, à trente-deux pôles successivement de nom contraire, présente une disposition permettant de n'avoir qu'une seule bobine inductrice; celle-ci est placée sur un noyau en fonte de chaque côté duquel on applique un disque en acier portant seize épanouissements polaires de manière que les dents de l'un des disques se placent entre les dents de l'autre, ainsi que l'indique la figure 132. Le flux de force produit par la bobine, soit par les seize dents d'un des disques, passe dans l'induit et revient par les seize dents du second disque. On réalise ainsi, avec quatre pièces seulement, un inducteur à trente-deux pôles alternés.

Fio. 132.

Le courant de la machine excitatrice (qui était commandée séparément) était transmis à l'inducteur au moyen de deux cordes métalliques passant, d'une part, sur deux anneaux fixés sur l'arbre et, d'autre part, sur deux poulies fixées au bâti et communiquant par des bornes avec l'induit de l'excitatrice.

L'inducteur est en porte-à-faux sur un arbre de fortes dimensions, maintenu par un double palier fixé sur la plaque de fondation. Depuis, pour éviter le porte-à-faux, on construit des machines dans lesquelles l'inducteur est placé entre les deux paliers.

Le poids du cuivre sur les inducteurs est de 300 kilogrammes et la puissance nécessaire pour exciter la machine à circuit ouvert est seulement de 100 watts. La puissance nécessaire est accrue par les réactions d'induit lorsque la machine débite, mais elle reste toujours inférieure à 1 p. 100 de la puissance totale.

Les pertes par frottements, hystérésis, courants de Foucault, étaient de 3 600 watts, soit 1,6 à 1,7 p. 100 de la puissance normale ; la perte dans le cuivre de l'induit, de 3 500 watts en pleine charge. La perte totale était donc d'environ 8 000 watts, soit un rendement industriel de 96 p. 100. Le poids total de cette machine est de 9 000 kilogrammes.

Alternateurs Cail-Helmer. — Dans ces machines l'induit fixe est du type polaire et comporte douze bobines. Le noyau de ces bobines est formé de pièces de tôle rectangulaires de 35 millimètres d'épaisseur, séparées par du papier et repliées en forme d'**U** de manière à entourer deux côtés opposés de la bobine. Ces pièces sont fixées, par l'entremise de boulons et de traverses, à l'intérieur d'une couronne calée sur le bâti de la machine. — En regard de cet induit se déplace un inducteur intérieur composé également de douze bobines fixées chacune sur deux pièces en **U** analogues à celles de l'induit ; ces bobines inductrices sont disposées de manière à produire des renversements de flux dans les bobines induites. Les noyaux d'inducteur sont montés sur un tambour à joues, constitué par deux pièces identiques clavetées sur l'arbre et serrées l'une contre l'autre.

Alternateurs Ganz-Zipernowsky (*fig.* 133). — Ces machines sont construites en France par MM. Schneider et Cⁱᵉ du Creusot; la fréquence adoptée est de 42 périodes par seconde ; la force électromotrice, de 2 000 à 5 000 volts; et la puissance, de 10 à 360 kilowatts. Les noyaux inducteurs sont constitués par les branches de pièces de tôle estampées en forme d'**U** et les noyaux d'induit également de tôles, mais en forme de **T** court. L'induit appartient donc au type polaire. L'induit est extérieur et fixe, l'inducteur est mobile. Les pièces formant l'inducteur sont alternées de manière à

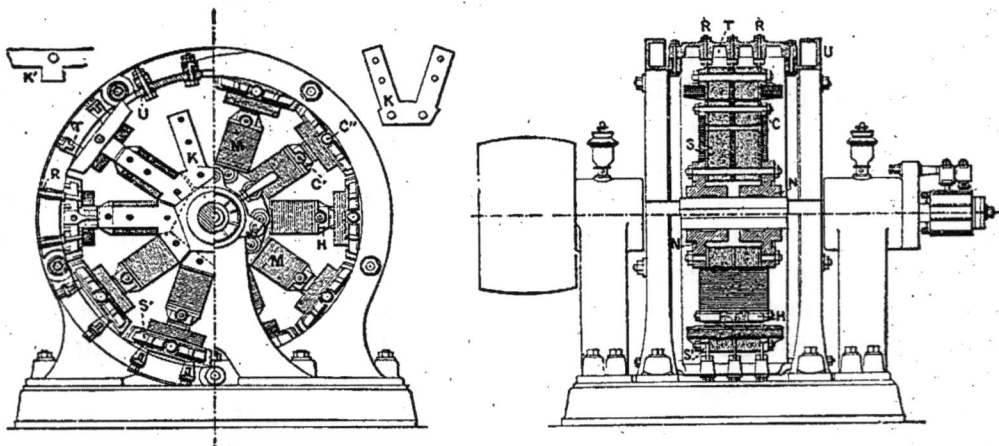

Fig. 133. — Alternateur Ganz-Zipernowsky.

rendre toutes les dents solidaires ; elles sont serrées entre deux pièces de bronze calées sur l'arbre. Les bobines inductrices, roulées à l'avance sur des carcasses en zinc, sont glissées sur les dents des inducteurs et maintenues par des pièces de bronze fixées aux noyaux.

Les pièces en **T** formant l'armature sont serrées entre deux plaques de bronze fixées à des entretoises reliant deux flasques en fonte supportant l'ensemble. Les bobines induites sont roulées séparément sur un support en fibre vulcanisée et placées sur les noyaux.

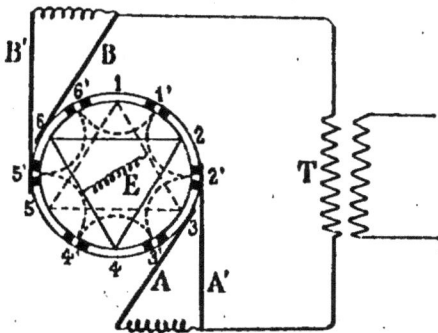

Fig. 134.

Le principe de l'auto excitation est spécialement appliqué aux machines de faible puissance, ce qui dispense d'avoir une machine excitatrice séparée. Dans le cas où la force électromotrice de l'alternateur est élevée, on fait usage d'un transformateur à courants alternatifs qui réduit la tension, le courant d'excitation étant pris sur l'enroulement secondaire de ce transformateur.

La figure 134 représente le schéma du commutateur redresseur employé pour une machine à six pôles. Ce commutateur se compose de six lames principales, réunies en deux groupes de trois et séparées par un isolant de six petites lames réunies toutes ensemble. Les deux groupes de trois lames sont reliés aux extrémités de l'enroulement excitateur représenté en E. Sur ce commutateur portent deux paires de balais reliés aux bornes du secondaire du transformateur T réducteur de tension. Les balais sont calés dans chaque paire l'un un peu en avant de l'autre et la position des deux paires est telle que le passage d'une lame à la suivante se fasse au moment de l'inversion du courant dans le secondaire du transformateur ; il circule ainsi un courant redressé toujours de même sens dans les inducteurs. L'emploi de doubles balais à pour but de mettre les bobines inductrices en court-circuit au moment de la commutation; il naît alors dans celles-ci un courant de self-induction tendant à prolonger le courant, ce qui atténue les variations du courant inducteur.

Alternateurs Mordey (*fig.* 135, 136 et 137). — Ces machines, construites par la Société Brush, sont à induit fixe en disque et à inducteur mobile. L'inducteur offre une particularité intéressante : les deux couronnes de pôles entre lesquelles

Fig. 135. — Alternateur Mordey.　　　Fig. 136. — Induit Mordey.

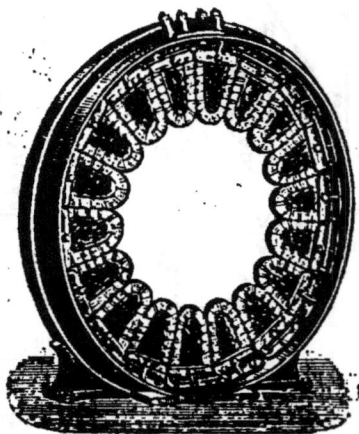

est placé l'induit ont tous les pôles de même polarité d'un côté et les pôles de polarité contraire de l'autre. L'excitation est obtenue simplement avec une seule bobine, le flux produit par cette bobine se divisant entre toutes les dents de l'inducteur. Il n'y a pas renversement du flux dans l'induit ; le flux varie simplement de zéro à un maximum pour revenir à zéro, et ainsi de suite.

L'inducteur est composé d'un cylindre court fixé sur l'axe qui compose le noyau de la bobine magnétisante. Contre les bases de ce noyau sont vissées deux calottes polaires rayonnantes portant neuf dents recourbées dans les petites machines et douze dans les grandes; les deux calottes sont disposées de manière que les extrémités des dents opposées

soient en regard l'une de l'autre et laissent un intervalle de
17 millimètres environ, suffisant pour le passage de l'induit.
L'inducteur tourne tout entier avec l'axe, et le courant
d'excitation fourni par une machine à courant continu
fixée dans le prolongement de l'axe est amené à l'enroulement par deux bagues collectrices et deux balais.

On pourrait très bien dans cette machine laisser la bobine
inductrice immobile en même temps que l'induit, on aurait
alors une machine à induit et inducteurs fixes; mais des considérations mécaniques ont conduit à fixer l'enroulement
induit sur les inducteurs.

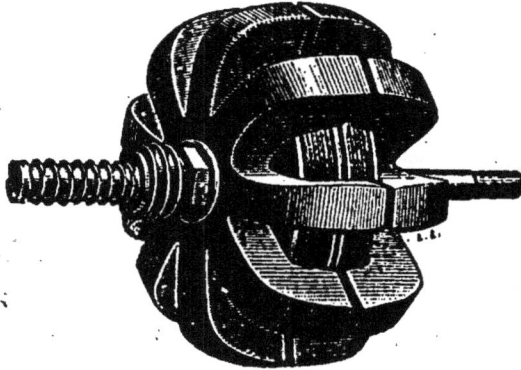

Fig. 137. — Inducteur Mordey.

L'induit étant fixe n'est soumis qu'à l'effort tangentiel
exercé sur les fils; il est formé par des bobines composées
d'un ruban de cuivre de 11 millimètres de largeur enroulé sur
des noyaux de porcelaine avec interposition de bandes de
fibre vulcanisée. Ces bobines sont fixées, par leur extrémité
la plus large, à un support annulaire fixe, en bronze, par
l'intermédiaire de deux plaques de maillechort doublées
d'ébonite. Toute la partie servant de support aux bobines
est en dehors de l'entrefer et par conséquent n'est le siège
que de courants de Foucault relativement peu importants;
d'ailleurs, l'emploi de maillechort, ayant une grande résistivité, réduit ces courants à une valeur négligeable. L'emploi
du bronze pour le support évite les dérivations magnétiques

que produirait un support de fonte ainsi que les courants de Foucault qui en résulteraient.

La disposition du circuit magnétique permet d'arriver à une faible dépense d'excitation. L'inducteur constitue un volant utile parant aux irrégularités de la machine motrice et son mouvement assure la bonne ventilation de l'induit dans lequel la densité de courant peut être élevée. De plus, on peut adopter pour la partie mobile de grandes vitesses tangentielles.

Alternateurs à enroulements fixes des ateliers d'Oerlikon. — Les alternateurs à enroulements fixes des ateliers d'Oerlikon sont à induit et inducteurs du type polaire et à une

 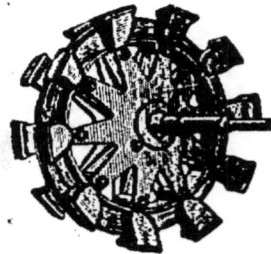

Fig. 138.
Alternateur Oerlikon.

Fig. 139.

seule bobine inductrice. Ces machines se composent d'une couronne extérieure en acier coulé, formant carcasse, divisée en deux parties (fig. 138), la demi-couronne inférieure reliée au bâti, la demi-couronne supérieure pouvant s'enlever. Cette couronne porte des ouvertures pour faciliter le refroidissement et c'est à l'intérieur, au milieu et suivant un plan perpendiculaire à l'axe, que vient se placer l'unique bobine inductrice dont le support de bronze est maintenu par des encoches ménagées à cet effet. De chaque côté de la bobine inductrice est ajusté à l'intérieur de la carcasse un anneau de fer doux laminé, terminé par deux plaques de bronze, dont la partie intérieure porte près de la surface des évidements pour le logement de l'enroulement induit. Une fente étroite prolonge ces évidements jusqu'à la surface intérieure et facilite l'enroulement, tout en laissant à peu près continue la surface de fer doux présentée à la partie mobile.

Les bobines induites préparées d'avance sur un mandrin sont introduites dans les rainures et fixées solidement au moyen de cales de bois faisant coin placées à chaque extrémité. Les bobines à haute tension sont isolées au mica, qui est le meilleur des isolants inorganiques connus.

Les extrémités de l'enroulement à haute tension aboutissent à des bornes de prise de courant placées à la partie inférieure du bâti de la machine.

La partie mobile est une armature dentée en une ou plusieurs pièces de fusion (généralement acier coulé) ayant la forme d'un volant. Dans les grandes machines la partie intérieure est une roue en fonte (*fig.* 139), dont les rayons supportent la couronne d'acier extérieure. La partie de l'armature qui se trouve en regard des bobines induites est composée sur une certaine épaisseur de fer laminé pour éviter les courants de Foucault.

La partie tournante ne porte absolument rien qui, avec le temps et par suite du mouvement continuel, puisse se détériorer et elle peut recevoir une grande vitesse périphérique.

La machine excitatrice à courant continu est portée sur le côté par l'un des paliers et l'induit est fixé à l'extrémité de l'arbre. L'excitation se fait généralement sous 50 volts.

Ces machines se construisent pour courants alternatifs simples jusqu'à 7 500 volts, et pour courants triphasés jusqu'à 7 500 volts composés.

On trouvera ci-dessous, à titre de renseignements, quelques données de construction d'une génératrice à courants triphasés de 300 chevaux :

GÉNÉRATRICE A COURANTS ALTERNATIFS TRIPHASÉS
A ENROULEMENTS FIXES, DE 300 CHEVAUX

Différence de potentiel utile par phase	3 000	volts.
Différence de potentiel utile composée	5 200	volts.
Intensité maxima.....................	25,5	ampères.

Puissance utile maxima :
  (cos φ = 0,85 environ)......... 200   kilowatts.
Vitesse angulaire............... 250   tours par minute.
Fréquence ....,...... 42   périodes par seconde.
Nombre d'expansions polaires sur
  chaque couronne.............. 10
Nombre total de bobines induites. 60
Diamètre du fil induit.......... 3,4   millimètres.
Résistance du fil induit par phase. 1,32 ohm.
Diamètre du fil de la bobine d'exci-
  tation   5,5   millimètres.
Résistance .   —   1,62 ohm.
Courant d'excitation à pleine
  charge   50   ampères.
Induction dans le fer des bobines
  induites .... 14 000 gauss.
Perte dans l'excitation à pleine { 1 500   watts.
  charge...................... { 0,75 pour 100.
                                { 2 400   watts.
Perte dans l'induit à pleine charge. { 1,2   pour 100.
Rendement industriel à pleine
  charge......................   92   —
Poids de la machine avec excita-
  trice.......................   16   tonnes.

FONCTIONNEMENT ET CALCUL DES MACHINES A COURANTS ALTERNATIFS

Caractéristiques. — Si l'on considère un alternateur dont l'induit a une résistance intérieure r, un coefficient de self-induction L et qui travaille sur une résistance extérieure R sans self-induction, l'intensité du courant sera :

$$(1) \qquad I_{eff} = \frac{E_{eff}}{\sqrt{(R + r)^2 + \omega^2 L^2}}.$$

Si le coefficient de self-induction de l'induit est suffisamment grand pour que la résistance $R + r$ soit négligeable devant l'inductance ωL, l'intensité I ne variera pas sensiblement avec la résistance R du circuit :
On aura :

$$I_{eff} = \frac{E_{eff}}{\omega L}.$$

Ce dispositif conviendra parfaitement au cas d'une distribution à intensité constante, la différence de potentiel aux bornes de la machine étant proportionnelle à la résistance d'utilisation :

$$U_{eff} = RI_{eff} = \frac{E_{eff}}{\omega l_{,}} R.$$

Mais une grande self-induction de l'induit est nuisible lorsqu'on veut maintenir une différence de potentiel constante aux bornes de la machine, quelle que soit la résistance extérieure. L'expression générale de U est en effet :

$$(2) \qquad U_{eff} = E_{eff} \frac{R}{\sqrt{(R + r)^2 + \omega^2 L^2}}.$$

Pour que U reste constant, pour un champ inducteur constant malgré les variations de R, il faudrait une résistance intérieure et un coefficient de self-induction de l'indui-négligeables.

Si l'induit n'avait pas de self-induction, la différence de potentiel aux bornes serait :

$$U'_{eff} = E_{eff} - rI_{eff},$$

U'$_{eff}$ étant plus grand que U$_{eff}$ donné par la relation (2) ; l'induit avec self-induction agit donc comme s'il avait une résistance intérieure donnée par l'équation

$$r' = \frac{E_{eff} - U_{eff}}{I_{eff}} = \frac{E_{eff}\left(1 - \frac{R}{\sqrt{(R + r)^2 + \omega^2 L^2}}\right)}{\dfrac{E_{eff}}{\sqrt{(R + r)^2 + \omega^2 L^2}}},$$

$$(3) \quad r' = \sqrt{(R + r)^2 + \omega^2 L^2} - R.$$

Cette relation peut d'ailleurs se déduire de l'égalité

$$I_{eff} = \frac{U_{eff}}{R} = \frac{E_{eff}}{\sqrt{(R + r)^2 + \omega^2 L^2}},$$

dans laquelle la résistance extérieure, sans self-induction, étant R et l'impédance $\sqrt{(R + r)^2 + \omega^2 L^2}$, la résistance appa.

rente de l'induit doit être égale à la différence entre l'impédance du circuit total et la résistance du circuit d'utilisation.

Mais le coefficient de self-induction L de l'induit, qui a été supposé constant est variable avec l'excitation, l'intensité du courant dans l'induit et le décalage de ce courant qui modifie les réactions d'induit. La meilleure manière de déterminer la résistance apparente est de tracer ce que M. Marcel Deprez a appelé des caractéristiques, ou courbes représentant l'un des éléments de fonctionnement en fonction de la résistance extérieure ou de l'intensité du débit : on maintient la vitesse angulaire de la machine à sa valeur normale et le champ inducteur constant et l'on mesure les valeurs de la différence de potentiel aux bornes U correspondant à différents débits de la machine sur résistances non inductives, depuis 0 jusqu'au maximum. On peut répéter cette opération pour différentes valeurs du courant d'excitation et on trace les courbes de U en fonction de l'intensité du courant débité. L'inclinaison de ces courbes montre l'influence de la résistance apparente de la machine, à laquelle viennent s'ajouter l'effet des réactions d'induit. Connaissant la résistance r de l'induit, on peut voir quel est l'effet de la self-induction et des réactions d'induit.

Les mêmes expériences peuvent être faites sur résistances inductives, en variant l'impédance de celles-ci.

Les caractéristiques précédentes demandent, pour être établies, une puissance motrice égale à la puissance totale de la machine à essayer.

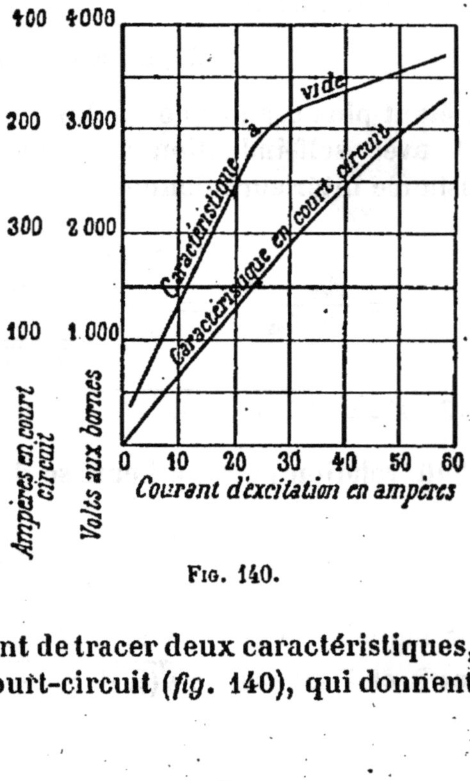

Fig. 140.

On se contente le plus souvent de tracer deux caractéristiques, l'une à vide et l'autre en court-circuit (*fig.* 140), qui donnent

approximativement la résistance apparente de l'induit. Dans
une première expérience on mesure la force électromotrice
en fonction de l'intensité du courant d'excitation en faisant
varier celui-ci de 0 au maximum, on trace la courbe
correspondante. Dans une seconde expérience on met la
machine en court-circuit sur un ampèremètre et on mesure
l'intensité du courant en fonction également de l'intensité
d'excitation ; on peut aller jusqu'à des valeurs de l'intensité
égales à deux ou trois fois le débit normal de la machine,
l'expérience ne devant durer que le temps nécessaire à la
mesure. On trace également la courbe correspondante.

Dans ces deux expériences la vitesse est maintenue à sa
valeur normale, surtout pour la première expérience. Dans
la seconde cela a moins d'importance, l'intensité étant égale à :

$$I_0 = \frac{E}{\sqrt{r^2 + \omega^2 L^2}};$$

dans cette formule la résistance de l'induit r est en effet
négligeable devant sa réactance ωL, et, E étant proportionnel
à ω pour une valeur constante du champ, il en résulte que I_0
est indépendant de la vitesse.

Les deux courbes de E et de I_0 étant tracées en fonction de
l'excitation (*fig.* 140) permettent de déterminer la résistance
apparente de l'induit en court-circuit, c'est-à-dire avec un
décalage du courant de 1/4 de période. La résistance apparente
sera plus petite avec des décalages plus faibles du courant.

La courbe de la force électromotrice a la même forme que
la courbe du flux; elle s'abaisse plus ou moins rapidement
suivant le degré de saturation des diverses parties du circuit
magnétique et les dérivations qui se produisent.

La courbe de l'intensité en court-circuit est presque une
droite, elle s'infléchit légèrement pour les valeurs élevées
de l'excitation.

Les machines sans fer dans l'induit, telles que les machines à disque, sont celles qui ont les coefficients de self-
induction les moins élevés.

On admet souvent qu'un certain coefficient de self-induction, d'une valeur telle que la force électromotrice de self-

induction soit comprise entre 20 et 40 p. 100 de la différence de potentiel aux bornes, est utile en ce sens qu'il permet un court-circuit de la machine sans qu'il en résulte un effet dangereux pour celle-ci.

On fait sur les alternateurs d'autres essais permettant d'avoir la forme du courant fourni par ceux-ci et leur rendement industriel. Ces deux questions seront traitées aux *Mesures industrielles* (chap. x).

Couplage des alternateurs. — Le couplage des alternateurs en tension n'est possible qu'en reliant ceux-ci par un accouplement rigide. Il ne l'est pas si l'on suppose les machines séparées et commandées chacune par un moteur, car, deux machines de même fréquence étant reliées en tension, il suffit, en effet, qu'il se produise entre les forces électromotrices des deux machines une légère différence de phase pour que ce soit la machine dont la force électromotrice est en retard sur l'autre qui ait à produire la puissance la plus grande ; ce fait tend à ralentir encore son mouvement et les deux machines arrivent à marcher en opposition, c'est-à-dire à fournir une force électromotrice totale nulle.

Le couplage en quantité ou en parallèle est, au contraire, très réalisable, sans qu'il soit nécessaire de relier les deux alternateurs par un accouplement rigide.

Les deux alternateurs à coupler en quantité doivent avoir la même différence de potentiel aux bornes et être amenés au synchronisme, c'est-à-dire en concordance de phase. On peut à ce moment les réunir en quantité, et les réactions mutuelles qui s'exercent entre eux tendent à maintenir le synchronisme. Si l'une des machines ralentit, elle est traversée par du courant fourni par l'autre machine et agit alors comme moteur pour revenir à la vitesse normale. Il est essentiel dans le couplage en quantité des alternateurs, que les moteurs qui les commandent ne viennent pas détruire le synchronisme que les alternateurs tendent à conserver d'eux-mêmes.

Le couplage en quantité des alternateurs s'effectue en général dans les conditions suivantes : on a une seule machine ou plusieurs en quantité débitant sur un circuit d'utilisation et l'on veut ajouter une autre machine :

On fait tourner la machine à coupler à sa vitesse normale et on l'amène à une force électromotrice égale à la différence de potentiel aux bornes des autres machines en service. La vérification de la concordance de phase se fait avec un dispositif appelé *indicateur de phase*, qui se compose (*fig.* 141) d'un transformateur ayant trois enroulements ; l'un est relié aux bornes d'une des machines en service, l'autre à la machine que l'on veut coupler, et le troisième à une lampe témoin. Les deux premiers circuits sont disposés de manière que les flux produits s'ajoutent ou se retranchent lorsque le synchronisme est établi. Si les flux s'ajoutent, la lampe brillera d'un

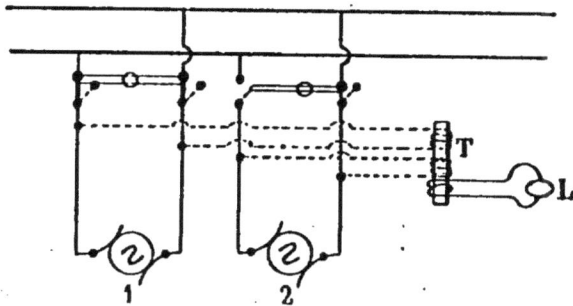

Fig. 141. — Couplage en parallèle.

vif éclat lorsque le synchronisme existera, elle sera éteinte lorsque le décalage sera de une demi-période. Si, au contraire, les flux se retranchent pour le synchronisme, la lampe brillera seulement lorsqu'il y aura un certain décalage entre les forces électromotrices. Lorsque la vitesse de la machine à coupler différera très peu de celle des autres, la lampe présentera des variations lentes de lumière qui permettront d'opérer le couplage au moment où le synchronisme sera réalisé. A partir de ce moment, il se maintiendra comme si les machines étaient reliées par un accouplement rigide.

CALCUL D'UN ALTERNATEUR

Avant d'aborder le calcul d'un alternateur, on trouvera ci-après un tableau des coefficients pratiques relatifs à la construction de ces machines, indiquant les limites entre lesquelles varient ordinairement les différents facteurs qu'il y a lieu de considérer dans le calcul des dimensions des alternateurs. Ce calcul est d'autant plus difficile qu'on ne peut établir qu'un nombre insuffisant d'équations par rapport au nombre de variables. La plupart de ces équations, telles que celles qui résultent de la considération de la vitesse périphérique maxima, ou de la surface de refroidissement minima, ne sont que des équations limites qui ne peuvent intervenir d'une manière directe dans le calcul. Il y a lieu, dans chaque cas, de s'inspirer des données pratiques relatives à de bonnes machines (c'est dans ce but que le tableau suivant a été dressé) et de calculer plusieurs machines en variant les facteurs sur lesquels on peut agir sans inconvénient pour le but qu'on se propose de manière à pouvoir choisir le type convenant le mieux, au point de vue du rendement et du prix de revient.

COEFFICIENTS PRATIQUES

Induits

Vitesse périphérique des enroulements induits en m :

Induit en anneau.......................	10 à 20
— en tambour	10 à 15
— à disque	25 à 30
Fer tournant............................	15 à 25
Section utile de fer d'induit dans un circuit avec fer, en fonction de la section totale...	0,80 à 0,90
Épaisseur des tôles employées en millimètres	0,3 à 0,8
INDUCTION EN GAUSS ⎰ Induit sans fer.....................	5 000 à 8 000
Induit avec fer (d'autant moins que la fréquence est plus grande)........	3 000 à 7 000
Perte par effet Joule (en fonction de la puissance utile).............................	0,01 à 0,03
Surface de refroidissement en cm² par watt dépensé dans le fer et le cuivre............ ⎰ induit tournant	5 à 10
induit fixe.....	10 à 20

Densité de courant dans le fil induit en ampères
par millimètre carré, induit-disque............   4 à 6
       — avec fer............   2 à 4
Accroissement de diamètre des fils pour chaque
couche de coton en millimètres..............   0,15 à 0,20

Inducteurs

Perte dans l'excitation en fonction de la puissance
utile.....................................   0,01 à 0,03
Densité de courant dans le fil inducteur en ampères par millimètre carré..................   2 à 3
Surface de refroidissement en centimètres carrés
par watt dépensé :   inducteur fixe....   10 à 20
            — mobile.   5 à 10
Induction en gauss : inducteur en fonte........   6 000 à 8 000
       — fer ou acier coulé   10 000 à 15 000
Rapport du flux total au flux traversant l'induit :
Induit en anneau ....   1,30 à 1,40
  — tambour.........................   1,20 à 1,30
  — disque-champs alternés..............   1,15 à 1,20
  — — champs non alternés........   1,10 à 1,15

CALCUL DE L'INDUIT

Soit un alternateur devant produire une puissance P sous
une différence de potentiel U_{eff} avec un courant de fréquence
$\frac{1}{T}$ et devant être actionné à une vitesse angulaire de n tours
par minute.

L'intensité efficace correspondant à la différence de potentiel U pour avoir une puissance P, dépend du circuit d'utilisation sur lequel doit travailler la génératrice :

$$P = UI \cos\varphi, \qquad tg\varphi = \frac{\omega L}{R},$$

R étant la résistance de ce circuit, et L son coefficient de
self-induction. Si le circuit d'utilisation ne comprenait que
des lampes à incandescence, le décalage serait nul. Dans le
cas général d'un circuit comprenant des transformateurs,

des moteurs, des lampes à arc, on peut prendre cos $\varphi = 0,80$ à 0,85, soit 0,8 par exemple, il en résulte pour I_{ef} la valeur

$$(1) \qquad I_{ef} = \frac{P}{0,8 U_{ef}}.$$

La perte par effet Joule admise dans l'induit (2 à 4 p. 100 à pleine charge) détermine la résistance r de celui-ci, soit par exemple une perte égale à 3 p. 100 :

$$r I_{ef}^2 = 0,03.P,$$
$$(2) \qquad r = \frac{0,03.P}{I_{ef}^2}$$

La vitesse angulaire étant donnée, ainsi que la fréquence, il en résultera, suivant le type de machine choisi, un certain nombre de pôles.

Dans les machines en tambour le nombre de pôles étant p, on produit $\frac{p}{2}$ périodes par tour.

Dans les machines à circuit magnétique double et à pôles alternés, telles que les machines de Kapp et de Ferranti, le nombre de pôles étant p de chaque côté, le nombre de périodes par tour est également $\frac{p}{2}$.

Dans les machines telles que la machine Mordey, pour lesquelles les pôles ne sont pas alternés, le nombre de pièces polaires de chaque côté étant p, il y a p périodes par tour.

Dans les machines à fer tournant, le nombre d'armatures mobiles formant périodiquement le flux inducteur à travers les bobines induites étant p, on produit p périodes par tour.

Prenons le cas d'une armature en tambour pour laquelle il y a $\frac{p}{2}$ périodes par tour ; la vitesse angulaire admise étant de n tours par minute et la fréquence $\frac{1}{T}$, on aura la relation

$$\frac{np}{60.2} = \frac{1}{T},$$

qui déterminera le nombre de pôles p :

$$(3) \qquad\qquad p = \frac{120}{n\mathrm{T}}.$$

On sera conduit, pour que p soit un nombre pair, à modifier la vitesse angulaire n ou le temps périodique T.

Le nombre de pôles étant fixé, pour calculer ensuite le noyau d'induit et l'enroulement induit, il est nécessaire d'avoir la valeur de la force électromotrice à produire. On sait que la résistance de l'induit est r, la différence de potentiel aux bornes U, et l'intensité I. Si l'induit et le circuit d'utilisation n'avaient pas de self-induction, la force électromotrice serait simplement :

$$\mathrm{E}_{\mathrm{eff}} = \mathrm{U}_{\mathrm{eff}} + r\mathrm{I}_{\mathrm{eff}}.$$

Mais l'induit a une résistance apparente plus grande que sa résistance ohmique r, variable avec la self-induction, avec la résistance et le coefficient de self-induction du circuit d'utilisation ; on sera conduit, par comparaison avec les types analogues de machines déjà construites, à prendre une valeur $r' > r$ pour la résistance apparente, dans le cas général où $\cos \varphi = 0{,}80$.

Il en résultera pour la valeur de $\mathrm{E}_{\mathrm{eff}}$:

$$(4) \qquad\qquad \mathrm{E}_{\mathrm{eff}} = \mathrm{U}_{\mathrm{eff}} + r'\mathrm{I}_{\mathrm{eff}}.$$

La valeur choisie pour r' ne sera pas celle qu'on trouvera sur la machine construite, mais une simple variation de l'intensité du courant d'excitation suffira pour amener $\mathrm{U}_{\mathrm{eff}}$ à sa valeur normale.

Soit Φ le flux passant d'un pôle à l'un des deux pôles voisins de nom contraire ; la variation de flux par tour pour un fil induit est :

$$p\Phi,$$

p étant le nombre de pôles inducteurs. L'induit faisant

n tours par minute, la variation du flux par seconde ou variation moyenne est égale à :

$$\frac{p\Phi n}{60},$$

et pour les N fils induits supposés couplés en tension :

$$\frac{p\Phi N n}{60}.$$

La force électromotrice moyenne n'est pas égale au quotient moyen de la variation du flux par le temps, c'est-à-dire à $p\Phi N \frac{n}{60}$. Elle dépend, en outre, des proportions des pièces polaires et de l'enroulement induit par rapport au pas. Soit k le facteur correspondant par lequel il faut multiplier la variation moyenne du flux rapportée à l'unité de temps, pour avoir la force électromotrice moyenne.

On aura :

$$E_{moy} = k p \Phi N \frac{n}{60}.$$

La valeur efficace de la force électromotrice induite dépend de la forme du courant, et on a :

$$E_{eff} = k' E_{moy},$$

soit :

$$E_{eff} = k k' p \Phi N \frac{n}{60} = K p \Phi N \frac{n}{60}.$$

Si le courant est sinusoïdal, la constante k' est égale à $\frac{\pi}{2\sqrt{2}} = 1,11.$

Si $\mathfrak{B}$ est l'induction dans le noyau d'induit, et S la section utile égale à 0,85 environ de la section totale à cause de l'isolant séparant les feuilles de tôle, on a :

$$\Phi = \mathfrak{B}S,$$

et en exprimant la force électromotrice en volts :

$$(5) \qquad E_{ef} = Kp\mathfrak{B}SN \frac{n}{60} \cdot 10^{-8} \text{ volts.}$$

Le facteur K ne dépend que des proportions des pièces polaires et de l'enroulement induit par rapport au pas. On le déterminera en traçant la courbe de la force électromotrice induite. Il est à remarquer que les réactions d'induit modifient la répartition du champ inducteur.

M. Kapp a donné les valeurs suivantes pour le facteur K de la formule (5) :

NUMÉROS D'ORDRE	ÉPANOUISSEMENT POLAIRE	LARGEUR TOTALE DE CUIVRE DES BOBINES	K
1	1 pas	1 pas	0,578
2	—	1/2 pas	0,818
3	1/2 pas	1 pas	0,818
4	—	1/2 pas	1,150
5	1/3 pas	1/3 pas	1,415

La largeur extérieure des bobines est supposée égale au pas. Dans les cas 1 et 3, la bobine couvre toute la surface de l'induit ; dans les cas 2 et 4 la moitié seulement de la surface, soit une largeur intérieure égale à 1/2 pas. Dans le cas 5, la largeur intérieure est égale aux 2/3 du pas.

Les valeurs connues dans la relation (5) sont E_{ef}, K, p et n ; la valeur de $\mathfrak{B}$ étant fixée, on tirera une certaine valeur du produit SN :

$$(6) \qquad SN = \frac{60E_{ef}}{Kpn\mathfrak{B}} \cdot 10^8.$$

S est la section du fer de l'induit et N le nombre de fils induits. Si l'on fait S petit, on sera conduit à une perte faible par hystérésis et courants de Foucault, mais à beaucoup de cuivre dans l'induit et à un grand entrefer nécessitant une grande dépense d'excitation. Si l'on fait S grand, la perte par hystérésis et courants de Foucault dans le fer augmentera; la machine aura une faible puissance spécifique et la quantité de cuivre diminuera.

Le diamètre de l'induit est limité par la vitesse périphérique maxima admissible, la surface de refroidissement minima est également fixée, enfin la résistance r du fil est donnée par la relation suivante :

$$(7) \qquad r = \rho \frac{l}{s}.$$

On pourra à l'aide de ces conditions calculer des dimensions, de l'induit et du fil à enrouler, telles que l'enroulement se fasse bien et qu'on se trouve dans les limites fixées pour les différents facteurs. On pourra d'ailleurs calculer plusieurs induits en faisant varier S et N de manière à choisir la solution la plus économique.

CALCUL DES INDUCTEURS

Le calcul de l'induit a donné le flux Φ qui doit traverser l'induit d'un pôle à l'autre. L'inducteur comporte p pôles, et il y a un entrefer e déterminé par l'épaisseur de l'enroulement et le jeu qu'il est nécessaire de laisser entre la surface de l'induit et celle des pièces polaires. La largeur des épanouissements polaires par rapport au pas a été également fixée pour l'établissement de la machine. Pour le type d'inducteurs et d'induit choisi, il y a un facteur de dérivation donnant le flux qu'il est nécessaire de produire dans les noyaux inducteurs par rapport au flux utile traversant l'induit. Dans un induit en tambour, on a pour ce coefficient la valeur moyenne 1,25, soit pour le flux à produire :

$$(8) \qquad \Phi_1 = 1{,}25\Phi$$

L'induit de section S_l étant traversé d'un pôle à l'autre par le flux Φ (*fig.* 142), l'entrefer de section $2S_e$ sera traversé par un flux 2Φ, les noyaux induits de section $2S_n$ par un flux $2\Phi_1$, les culasses de section S_n par un flux Φ_1.

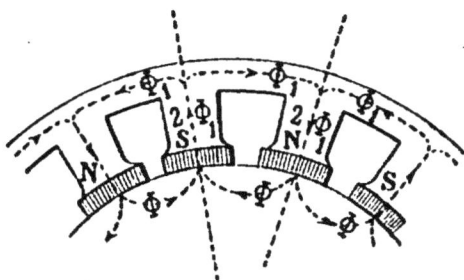

Fig. 142.

La valeur de l'induction admise dans les inducteurs déterminera la section S_n de ceux-ci.

Il faut calculer la force magnéto-motrice totale $4\pi NI$ nécessaire pour créer ces flux. Ce calcul se fait par une méthode due au Dr Hopkinson.

La réluctance d'un circuit magnétique étant $\mathcal{R}$, on a :

$$\Phi = \frac{4\pi NI}{\mathcal{R}},$$

et si l'intensité I est exprimée en ampères :

$$\Phi = \frac{4\pi NI}{10\mathcal{R}},$$

soit pour la force magnéto-motrice à appliquer :

$$4\pi NI = 10\Phi\mathcal{R}.$$

Généralement on exprime cette force magnéto-motrice non en gilberts ($\Phi\mathcal{R}$), mais en ampères-tours (NI) :

$$NI = \frac{10\Phi\mathcal{R}}{4\pi} = 0,8\Phi\mathcal{R} = 0,8\mathcal{B}s\mathcal{R}.$$

On a, pour $\mathcal{R}$, la réluctance

$$\mathcal{R} = \frac{1}{\mu} \cdot \frac{l}{s},$$

soit pour NI :

$$(9) \qquad\qquad NI = 0,8 \cdot \frac{\mathcal{B}l}{\mu}.$$

Cette formule indique quelle est la force magnétomotrice NI, en ampères-tours nécessaire pour créer un flux
$\Phi = \mathfrak{B}s$, dans une longueur l de circuit magnétique de perméabilité connue μ et de section s. Si le circuit considéré
est composé de plusieurs parties pour lesquelles $\mathfrak{B}$, l, μ et s
sont différents, comme dans le cas d'un alternateur, la force
magnéto-motrice totale à appliquer est la somme des forces
magnéto-motrices nécessaires pour chaque partie du circuit,
soit :

$$(10) \qquad\qquad NI = \Sigma\, 0{,}8 \cdot \frac{\mathfrak{B}l}{\mu}.$$

Dans un inducteur multipolaire de p pôles, tel que celui
qui a été choisi (*fig.* 142), on peut considérer le circuit magnétique total comme composé de p circuits analogues comprenant chacun une culasse, deux demi-noyaux, et la partie
d'induit comprise entre deux pôles successifs. Une des
p bobines inductrices pourra être considérée comme appliquée à produire la force magnéto-motrice nécessaire à ce
circuit magnétique, et il suffira de calculer cette bobine, les
p bobines étant les mêmes.

Avant de calculer cette force magnéto-motrice, il est nécessaire de voir quel est l'emplacement nécessaire pour les
bobines inductrices, ce qui déterminera la longueur des noyaux
et permettra de dessiner les inducteurs. On se donne en
général une perte dans l'excitation, soit 1 à 3 p. 100 de la
puissance utile de la machine ; soit a cette perte. La section
des noyaux $2S_n$ étant fixée ainsi que leur forme, on connaît
leur périmètre l. Soit h la hauteur des bobines que l'on veut
déterminer. La perte totale étant a pour les p bobines, on a
$\frac{a}{p}$ par bobine. La surface de refroidissement doit être de
10 à 20 centimètres carrés par watt dépensé dans des inducteurs fixes, soit 15, par exemple, ce chiffre donnera la surface $S = hl$ des bobines :

$$S = hl = 15\,\frac{a}{p}$$

soit pour h la valeur :

$$(11) \qquad\qquad h = \frac{15a}{pl}.$$

La hauteur h des bobines étant fixée, on dessinera les inducteurs, et il en résultera une certaine longueur l_n du circuit magnétique dans la partie de l'inducteur considérée plus haut, traversée par un flux Φ_1. Afin de pouvoir calculer, d'après la relation (10), la forme magnéto-motrice NI d'une des p bobines, il est nécessaire de connaître la perméabilité μ de chaque partie du circuit pour l'induction choisie.

Il faut pour cela avoir étudié préalablement les propriétés magnétiques des métaux employés et avoir tracé des courbes de l'induction en fonction de la force magnétisante. Soient $\mathfrak{B}_1$, l_1 et μ_1 les valeurs relatives à la partie du circuit magnétique comprise dans l'inducteur, $\mathfrak{B}_2$, l_2 et μ_2 les valeurs pour l'induit, $\mathcal{H}$ et $2e$ celles pour l'entrefer $(\mu = 1)$. On aura d'après la relation (10) :

$$(12) \qquad NI = 0,8 \left[\frac{\mathfrak{B}_1 l_1}{\mu_1} + \frac{\mathfrak{B}_2 l_2}{\mu_2} + 2\mathcal{H}e \right].$$

On connaît ainsi la force magnéto-motrice NI d'une bobine et la perte en watts $\dfrac{a}{p}$ dans cette bobine. L'excitation étant séparée et devant se faire sous une différence de potentiel u, les p bobines étant en tension soit $\dfrac{u}{p}$ par bobine, on déduit la résistance r d'une bobine, de la relation,

$$\frac{a}{p} = \frac{\frac{u^2}{p^2}}{r^2}$$

d'où :

$$(13) \qquad\qquad r = \frac{u^2}{pa}$$

L'intensité du courant sera :

$$(14) \qquad\qquad I = \frac{a}{u},$$

d'après la relation $a = ul$.

Comme première approximation, dans le calcul de la section du fil nécessaire, on peut prendre pour la spire moyenne une longueur légèrement supérieure au périmètre du noyau induit, soit l. Si L est la longueur du fil et s sa section, on a :

$$(15) \qquad r = \rho \frac{L}{s} = \rho \frac{lN}{s}.$$

On prendra pour ρ la valeur 2 microhms-centimètres, qui correspond à du cuivre pur à la temperature de 60° C. environ.

Les équations 12, 13, 14 et 15 permettent de calculer la section s du fil des inducteurs. Il y aura lieu de voir si la longueur l choisie pour la spire moyenne correspond bien à une bobine de N spires de fil de la section s trouvée. Au cas où il y aurait trop d'écart, on fixera une nouvelle valeur pour la longueur de la spire moyenne et on calculera une nouvelle section S du fil inducteur satisfaisant aux conditions imposées.

CHAPITRE VII

MACHINES DYNAMO-ÉLECTRIQUES A COURANT CONTINU

Classification. — Les machines à courant continu peuvent se diviser en deux classes, suivant que la force électromotrice dans chaque partie du circuit induit est toujours de même sens ou est alternative, c'est-à-dire change périodiquement de sens. Dans le premier cas on a les machines dites *unipolaires* dont le type est le disque de Faraday ; ces machines fournissent directement du courant continu.

Dans le second cas, qui est celui de la généralité des machines à courant continu, on obtient un courant continu pratiquement mais non rigoureusement constant, en redressant et superposant un nombre suffisant de courants alternatifs décalés l'un par rapport à l'autre d'une fraction de la période. On fait usage dans ce but de *commutateurs-collecteurs*, dérivés du commutateur redresseur en deux pièces décrit dans le chapitre précédent, qui permettent de n'avoir qu'un simple courant redressé, passant par zéro deux fois par période. Le courant

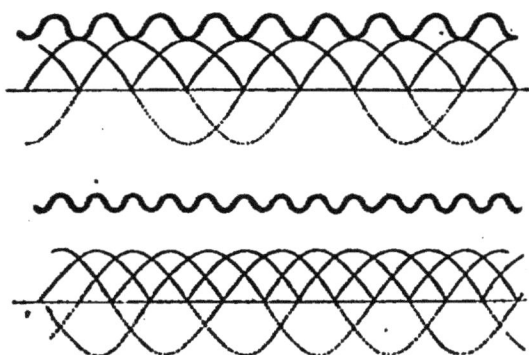

Fig. 143.

obtenu présente d'autant moins de variations relatives que le nombre de courants alternatifs redressés est plus grand. La figure 143 représente le courant obtenu avec deux et avec trois courants alternatifs redressés, décalés respectivement d'un quart et d'un tiers de période.

Les induits employés dans les machines à courant continu peuvent se diviser en deux classes, suivant que les différentes bobines induites forment ou non un circuit induit fermé ; on a alors les *induits fermés* ou à circuit fermé, et les *induits ouverts* ou à circuit ouvert. L'induit peut également affecter quatre formes principales : en *anneau*, en *tambour*, à *pôles* et en *disque*.

Une machine est dite *magnéto-électrique* lorsque l'inducteur est un aimant et *dynamo-électrique* lorsque l'inducteur est un électro-aimant.

L'inducteur peut être *bipolaire* ou *multipolaire*.

Machines unipolaires. — Les phénomènes de rotation électro-magnétique et électro-dynamique de solides et de liquides sont réversibles et peuvent servir à transformer l'énergie mécanique en énergie électrique. On constitue alors des générateurs unipolaires dont le type est le disque de Faraday. Si un conducteur de longueur l se meut parallèlement à lui-même avec une vitesse v dans un plan perpendiculaire aux lignes de force d'un champ uniforme $\mathcal{H}$, la force électromotrice induite est :

$$E = \mathcal{H}lv ;$$

si la vitesse est constante, la force électromotrice le sera également.

La formule précédente permet de calculer la force électromotrice : si l'on fait $\mathcal{H} = 3\,000$ gauss, $l = 100$ centimètres, $v = 2\,000$ centimètres par seconde, on a :

$$E = \frac{3000.100.2000}{10^8} = 6 \text{ volts.}$$

La force électromotrice des machines unipolaires est donc généralement très faible, quelques volts, mais leur résistance intérieure est également très petite et elles peuvent alors fournir des courants intenses. Aussi certaines de ces machines ont été utilisées pour l'électrolyse ; mais, en raison des difficultés de construction et de captation du courant qu'elles présentent, elles ne sont pas couramment employées.

INDUITS

Induits en anneau (principe). — L'induit en anneau, appelé anneau Gramme, a été inventé par Pacinotti, mais c'est à Gramme qu'on en doit l'application industrielle aux générateurs mécaniques d'énergie électrique.

Soit un anneau de fer placé entre deux pôles N et S d'un aimant ou d'un électro-aimant, de manière qu'il soit traversé par un flux de force dont les lignes de force sont représentées figure 144.

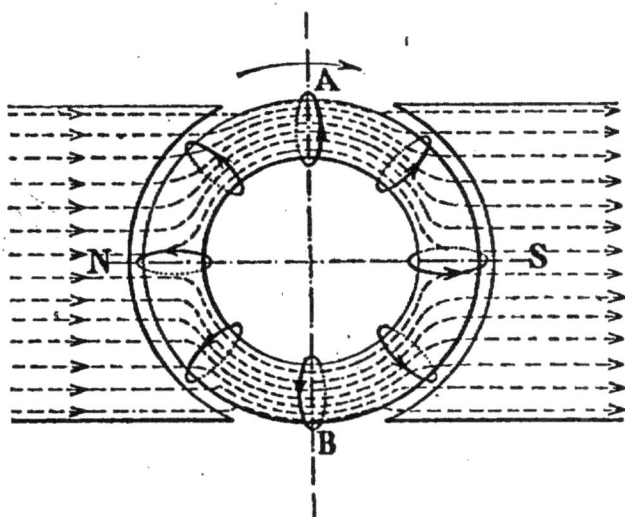

Fig. 144.

Une spire S, se déplaçant sur cet anneau avec une vitesse angulaire ω, est le siège d'une force électromotrice alternative :

$$e = \omega \Phi_{max} \sin \omega t,$$

qui passe par une valeur nulle pour les deux positions A et B correspondant aux flux maximum, la ligne AB étant perpendiculaire à la ligne des pôles. Le courant est d'un certain sens pour toutes les positions à gauche de AB et en sens inverse à droite. On peut considérer N spires enroulées sur l'anneau, faisant entre elles un angle $\frac{2\pi}{N}$, les $\frac{N}{2}$ spires qui se trouvent de part et d'autre de AB seront toutes le siège de forces électromotrices de même sens, celles qui se trouvent à droite ayant des forces électromotrices de sens contraire à celles des spires de gauche. Si l'on ouvre ces spires et qu'on les réunisse entre elles de manière à former un enroulement continu et fermé, on voit que, quelle que soit la position de cet enroulement, les forces électromotrices d'induction s'ajouteront à droite et à gauche de l'anneau et, les sommes étant égales et opposées, aucun courant ne circulera dans celui-ci qui sera alors comparable à deux générateurs montés en opposition. Les spires placées suivant la ligne des pôles seront le siège des forces électromotrices maxima ; les autres spires auront des forces électromotrices d'autant moindres qu'elles seront plus près de A ou de B.

Le montage de piles (*fig.* 145) montre ce qui se produit dans l'anneau, chaque pile représentant une spire et la force électromotrice étant d'autant plus grande que les traits sont plus gros. Dans un tel montage il suffit de réunir les

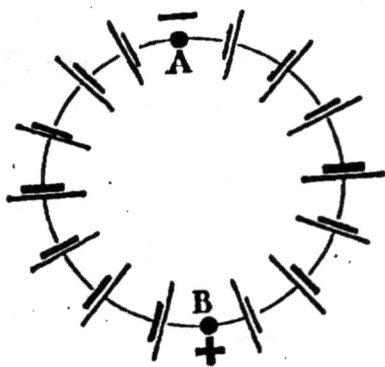

Fig. 145.

deux points A et B à un circuit d'utilisation pour qu'il y ait un courant dans ce circuit. Les deux groupes de piles fonctionnent alors en quantité.

Pour relier le circuit induit à un circuit extérieur, il suffit de placer en A et B deux balais fixes frottant sur le fil des spires supposées dénudées de telle manière que les liaisons ne soient jamais rompues ; à cet effet chaque balai a une largeur plus grande que l'espace qui sépare deux spires consécutives.

Comme il n'est pas pratique de faire tourner les spires seules, on les fixe sur l'anneau de fer, et l'on fait tourner celui-ci

Quelques machines sont construites avec balais frottant sur l'enroulement induit ; on compose alors celui-ci de barres de cuivre qui constituent le collecteur. Mais, en général, on est conduit, en raison de l'usure du fil qui résulterait du frottement des balais et à cause de la construction elle-même, à subdiviser l'anneau en un certain nombre de bobines comprenant chacune un même nombre, plus ou moins grand, de spires et à relier chaque point de liaison d'une bobine à la suivante à une lame d'un collecteur sur lequel frottent les balais.

Collecteurs. — Balais. — Les lames du collecteur sont en cuivre, en laiton ou en bronze, de forme trapézoïdale et disposées sur un support de manière à former une couronne circulaire, chaque *lame* ou *touche* étant séparée de ses voisines et du support par de la fibre, du carton ou du mica. Les lames sont fixées sur leur support au moyen d'encoches et de pièces faisant serrage. A chaque lame est soudée une pièce à laquelle on relie le fil venant de l'enroulement induit, après avoir fixé le collecteur et son support sur l'axe de la machine.

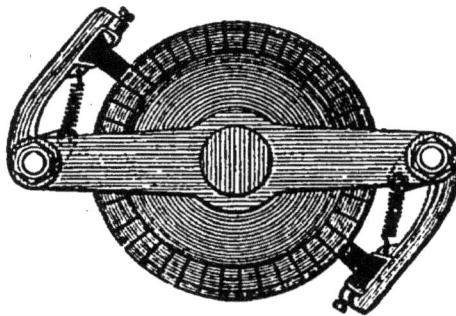

FIG. 146. — Collecteur avec balais en charbon.

Les balais se font en fils métalliques, en lames, en toile, en clinquant et en charbon. Les fils de cuivre composant un balai sont soudés à une extrémité. Les lames de cuivre mince sont fendues et mises les unes sur les autres. La toile métallique et le clinquant de cuivre ou de laiton sont roulés de façon à présenter une section rectangulaire. Le charbon s'emploie sous forme de lames ou de blocs (*fig.* 146). Ces balais sont fixés dans un support ou porte-balais disposé de manière à pouvoir être déplacé autour du collecteur et à appliquer, avec une certaine pression au moyen d'un ressort, l'extrémité du balai sur celui-ci.

L'un des balais d'une dynamo constitue le pôle positif, l'autre le pôle négatif, le potentiel allant en croissant dans l'enroulement induit et au collecteur, du balai négatif au balai positif.

Il est, possible et souvent utile de tracer expérimentalement la courbe des potentiels au collecteur. Pour cela on mesure la différence de potentiel entre un des balais de la machine et un petit balai auxiliaire, un simple fil par exemple que l'on déplace sur le collecteur d'angles connus. On trace une courbe avec les valeurs obtenues. La

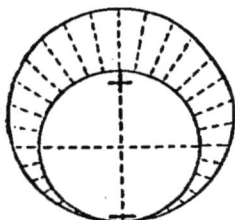

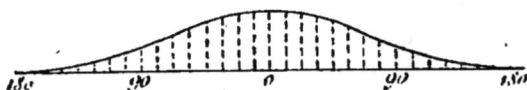

Fig. 147.   Fig. 148.

figure 147 représente la courbe des potentiels sur le collecteur d'une dynamo. Dans la figure 148 le collecteur est supposé développé suivant une droite. Ces courbes permettent de vérifier la symétrie du champ magnétique dans lequel se meut l'induit.

Déformation du champ inducteur. — Lorsque l'induit en anneau d'une machine à courant continu est relié à une résistance extérieure, les deux moitiés de l'anneau qui se trouvent de part et d'autre des balais sont traversées chacune par un courant égal à la moitié du courant extérieur. L'induit forme alors un véritable électro-aimant à pôles conséquents situés aux extrémités du plan de commutation. Il en résulte un flux de force extérieur représenté (*fig.* 149), se composant avec le champ magnétique inducteur représenté (*fig.* 150). Celui-ci se trouve alors déformé ; il est renforcé

vers les deux cornes polaires avant, c'est-à-dire aux extrémités des pôles prises dans le sens du mouvement de l'induit, et diminué aux cornes polaires arrière, ainsi que le
montre la figure 150.

Si $\mathcal{H}$ est le champ inducteur, et $\mathcal{H}_1$ le champ provenant

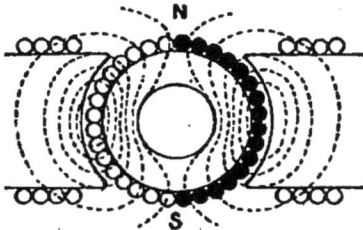

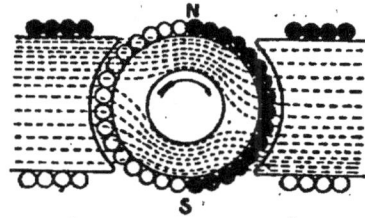

Fig. 149.   Fig. 150.

de l'induit (*fig.* 151), ce dernier sera perpendiculaire à $\mathcal{H}$ si
les balais sont calés perpendiculairement à la ligne des pôles
et le champ résultant sera $\mathcal{H}_2$. Il en résultera que les balais
ne seront plus au point correspondant à une force électromotrice nulle dans les bobines et il se produira de fortes étincelles au collecteur. Ces points auront été reportés d'un
angle α dans le sens du mouvement; ils seront perpendicu-

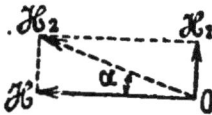

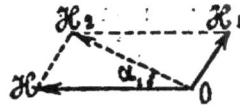

Fig. 151.   Fig. 152.

laires à $\mathcal{H}_2$, le champ inducteur; si l'on tourne les balais, le
champ $\mathcal{H}_1$ sera toujours dans la direction de la ligne de
calage, et il sera nécessaire d'amener $\mathcal{H}_1$ à être normal au
champ résultant $\mathcal{H}_2$ pour que les balais soient calés aux
points correspondant à une force électromotrice nulle dans
les bobines induites (*fig.* 152). Le champ induit produit
une diminution du champ inducteur, c'est-à-dire une action
démagnétisante. On a en effet :

$$\mathcal{H}_2 = \sqrt{\mathcal{H}^2 - \mathcal{H}_1^2}.$$

Le champ $\mathcal{H}_1$ produit par un induit varie avec l'intensité du courant, le nombre de spires et la réluctance du circuit magnétique, d'après la relation

$$\mathcal{H}_1 = \frac{4\pi N_1}{\mathcal{R}}.$$

Pour une intensité donnée on le réduira en diminuant N et en augmentant $\mathcal{R}$. Pour diminuer N, tout en produisant la même force électromotrice à la machine, il faut soit accroître le flux inducteur, soit augmenter la vitesse de la machine. Pour augmenter $\mathcal{R}$, on peut augmenter la valeur de l'induction dans le noyau induit, ce qui en diminue la perméabilité, soit disposer d'une manière spéciale les pièces polaires à travers lesquelles se ferment les lignes de force de l'induit ; il suffit, d'une manière générale, de les sectionner normalement au trajet des lignes de force de l'induit.

Un autre moyen employé pour réduire la déformation du champ consiste à développer une force magnéto-motrice égale et opposée à celle de l'induit. Pour cela on dispose des pièces polaires auxiliaires dans une direction normale au champ inducteur, l'enroulement porté par ces pôles étant parcouru par le courant total. On peut encore disposer, dans des trous ménagés près de la surface des pièces polaires, un enroulement parcouru par le courant total et créant un flux en sens inverse de celui de l'induit.

Décalage des balais. — La déformation du champ inducteur par le courant circulant dans l'induit n'est pas la seule cause de décalage des balais. On reconnaît qu'il est nécessaire, pour n'avoir pas d'étincelles ou le minimum d'étincelles au collecteur, de les porter plus en avant que ne l'indique la relation précédente. Cela tient à la self-induction des bobines induites et peut s'expliquer de la manière suivante : Lorsque le balai B d'abord sur la touche 1 (*fig.* 153) réunit les touches 1 et 2, il met en court-circuit la bobine *a* traversée par un courant $\frac{I}{2}$, I étant le courant total ; si L est le coefficient de self-induction de la bobine, la quantité d'énergie $W = \frac{1}{2} \cdot L \cdot \frac{I^2}{4} = \frac{1}{8} LI^2$, correspondant à la self-in-

duction, produit dans la bobine en court-circuit un courant de même sens que le courant primitif. Ce courant de peu de durée échauffe la bobine par effet Joule et ne donne aucune étincelle. Mais lorsque le balai B quitte la touche 1, la bobine a n'est traversée par aucun courant et elle entre dans un circuit

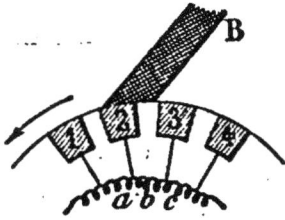

FIG. 153.

traversé par un courant $-\frac{I}{2}$; en raison de sa self-induction, elle offre une résistance apparente considérable au passage de ce courant, et celui-ci passe en majeure partie entre l'extrémité du balai B et la touche 1 ; il se forme un arc qui s'allonge et finit par se rompre ; le régime s'établit dans a pendant ce temps. Pour éviter les étincelles dues à la self-induction des bobines, il suffit que la bobine en commutation soit, au moment où elle rentre en circuit de l'autre côté du balai, déjà parcourue par un courant égal, et de même sens, à celui qui passe dans le circuit où elle entre. Ce résultat s'obtient en décalant les balais, dans le sens du mouvement, de manière à placer la bobine en court-circuit dans une partie du champ où peut se développer la force électromotrice nécessaire pour créer dans cette bobine un courant ayant la valeur $-\frac{I}{2}$ au moment où cesse le court-circuit.

La déformation et la diminution du champ ainsi que l'action de la self-induction des bobines constituent la *réaction d'induit*. Cette réaction d'induit est mesurée par la différence entre la force électromotrice à circuit ouvert et la force électromotrice à circuit fermé, dans les conditions de minimum d'étincelles.

La self-induction d'une bobine de N spires est égale à :

$$L = N \cdot \frac{\Phi}{I} = N \cdot \frac{4\pi NI}{\Re I} = \frac{4\pi N^2}{\Re}.$$

Pour réduire cette self-induction et par conséquent le décalage qu'elle produit, il faut soit réduire le nombre de spires N de chaque bobine, soit accroître la réluctance ℛ du circuit magnétique des bobines commutées. Le nombre de spires minimum, soit une par bobine, est réalisé dans les machines dites sans collecteur où les balais frottent directement sur l'induit; dans les machines à collecteur cette disposition conduirait souvent à un trop grand nombre de lames, aussi met-on plusieurs spires par bobine, mais d'autant moins que l'intensité du débit normal est plus élevée.

La réluctance du circuit magnétique des bobines commutées augmente avec la valeur de l'induction dans l'induit, ce qui entraîne une diminution de la perméabilité.

Un autre moyen de réduire le décalage dû à la self-induction consiste à faire usage de petits pôles auxiliaires créant dans les bobines la force électromotrice nécessaire avant la rentrée en circuit.

Les points de calage des balais correspondant au minimum d'étincelles s'appellent *points neutres*, et la ligne passant par les points neutres est la *ligne neutre*. La ligne réunissant les extrémités des balais est le *diamètre de commutation*.

Hystérésis et courants de Foucault. — De même que les induits des machines à courants alternatifs, les induits des machines à courants continus sont le siège de pertes par hystérésis dans le fer de l'armature et de courants de Foucault dans le fer et dans le fil de cuivre. Le nombre de cycles parcourus en une seconde étant toujours plus faible pour les induits à courant continu que pour les induits à courant alternatif, on admet dans les premiers des inductions beaucoup plus élevées que pour les générateurs à courants alternatifs. La perte par hystérésis ne peut se réduire pour une induction donnée qu'en choisissant le fer de la meilleure qualité possible. Dans les machines à disques, le fer est supprimé et par conséquent aussi la perte par hystérésis.

Les courants de Foucault se réduisent à une valeur très faible par une bonne division des masses dans lesquelles ils tendent à se produire. On emploie pour les armatures d'induits des tôles de fer isolées les unes des autres par un vernis ou du papier.

Pour les conducteurs, lorsque la section nécessaire atteint une certaine valeur, on emploie plusieurs conducteurs en quantité, tordus ensemble. Lorsque les conducteurs induits sont logés dans des trous percés près de la surface de l'armature, les courants de Foucault sont évités (p. 261).

Induits multipolaires. — Dans les machines multipolaires,

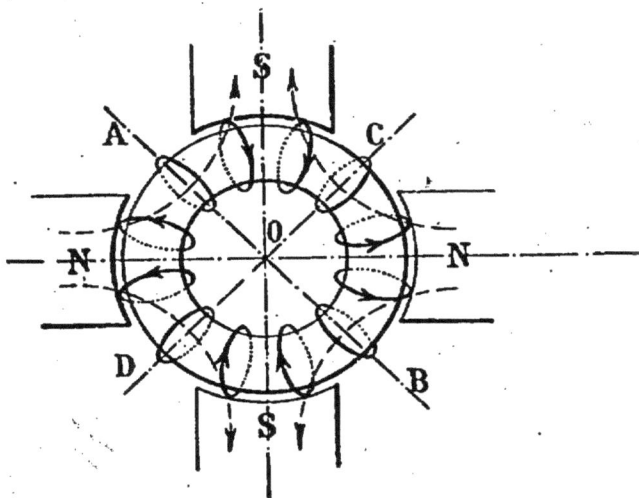

Fig. 154. — Induit multipolaire.

c'est-à-dire comprenant un nombre pair de pôles supérieur à deux et successivement de nom contraire, quatre par exemple (*fig.* 154), un anneau analogue au type bipolaire décrit précédemment devient le siège de quatre forces électromotrices, opposées deux à deux ; le montage de piles représenté (*fig.* 155) donne une idée de ce qui se produit. Les points A, B, C et D correspondent sur l'anneau aux points de force élec-

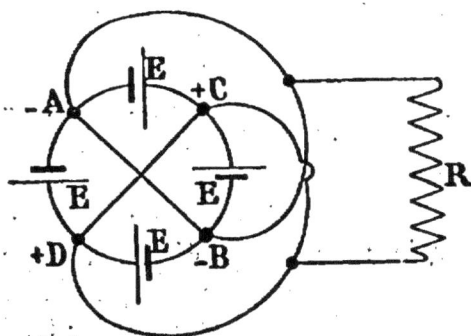

Fig. 155.

tromotrice nulle entre deux pôles successifs ; ils sont à 90°
l'un de l'autre. Si l'on place des balais aux points A, B, C et D et
qu'on réunisse entre eux les points opposés, chacune de ces
paires de balais constituera l'un des pôles de la machine et
on pourra les relier à un circuit extérieur R. L'induit sera ainsi
divisé en quatre parties groupées en quantité qui seront le
siège de forces électromotrices égales. Si la résistance totale
des bobines de l'induit est r, celle de chaque quart sera $\frac{r}{4}$ et
l'anneau entre les deux pôles aura une résistance $\frac{r}{16}$.

Un dispositif analogue au précédent s'applique à toutes les
machines multipolaires. Dans une machine à six pôles, par
exemple, on aurait six balais calés à 60° l'un de l'autre et formant deux groupes de trois balais calés à 120° l'un de l'autre.
La résistance de l'induit serait alors, en appelant r la résistance totale des bobines, $\frac{r}{36}$. D'une manière générale, $2n$
étant le nombre de pôles, on aurait $r' = \frac{r}{4n^2}$.

On a donc dans les machines multipolaires autant de balais
qu'il y a de pôles. Il est possible de n'avoir que deux balais
seulement, grâce à un dispo-
sitif dû à M. Mordey, lequel
consiste simplement à réunir
entre elles toutes les lames
opposées du collecteur, dans
un induit à quatre pôles, les
deux balais sont calés à 90°
l'un de l'autre (*fig.* 156). Les
lames sont reliées à 120° dans
un induit à six pôles, les deux
balais étant calés à 60 ou 180°.
Dans un induit à huit pôles on
réunirait ensemble les lames
à 90°, les balais pouvant être
calés à 45°, 135° ou 225° l'un de l'autre.

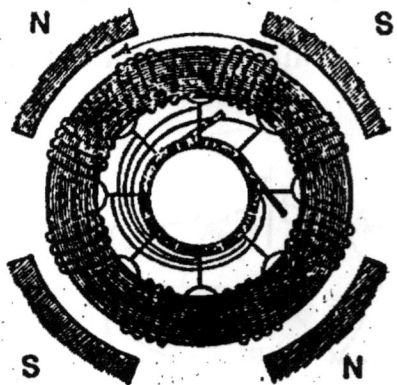

Fig. 156.

On a intérêt à conserver tous les balais sur le collecteur
lorsque l'intensité du courant fourni est élevée.

Les groupements précédents de bobines sont dits *en quantité*.

Il est possible, afin d'obtenir une force électromotrice plus élevée, de faire des couplages *en série* ou *tension*. La figure 157 représente l'un des dispositifs adoptés pour une machine à quatre pôles. Les lames du collecteur sont toujours reliées deux à deux, mais les bobines opposées sont reliées en tension ; le nombre de bobines est un multiple du nombre de pôles. La résistance de l'induit est double de celle qui correspond au montage en quantité, mais la force électromotrice est également doublée.

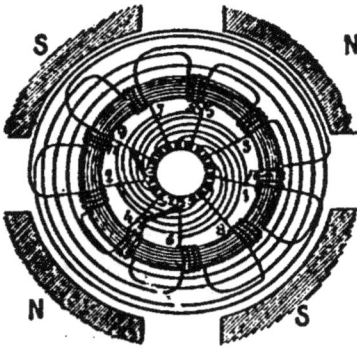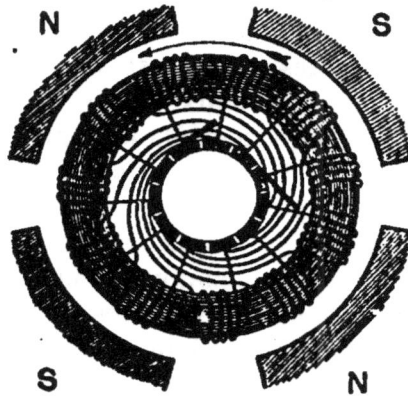

Fig. 157.   Fig. 158.

La figure 158 représente un autre dispositif imaginé par M. Perry dans lequel le nombre des bobines n doit être égal, par rapport au nombre de pôles p, à

$$n = \frac{kp}{2} \pm 1.$$

Induits en tambour. — L'enroulement du fil induit sur un tambour, ou enroulement Siemens, est dérivé de la bobine en double **T**. Le fil est entièrement à la surface de l'armature et chaque bobine induite embrasse tout le flux inducteur (*fig.* 159).

On peut, comme pour l'induit en anneau, considérer un certain nombre de bobines n, par exemple, décalées l'une par rapport à l'autre d'un angle $\frac{2\pi}{n}$ et enroulées sur un tambour composé de tôles de fer. Chacune de ces bobines sera le siège d'un courant alternatif et ces courants seront décalés l'un par rapport à celui de la bobine suivante d'une fraction $\frac{2\pi}{n}$ de la période. En ouvrant ces bobines et en les reliant ensemble de manière à former un circuit fermé, on constitue un induit dans lequel la somme des forces électromotrices situées de part et d'autre de la ligne AB, perpendiculaire à la ligne des pôles, est la même, ces deux forces

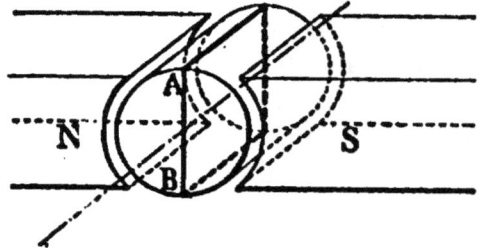

Fig. 159.

électromotrices étant opposées. Il suffit donc de supposer le fil dénudé à la surface et de disposer en A et B deux balais pour capter le courant produit, l'induit en tambour fonctionnant de la même manière que l'induit en anneau. Pratiquement, on compose l'enroulement de n bobines de N fils chacune et on relie les points de liaison d'une bobine à la suivante à une lame d'un collecteur.

Si l'on considère un tambour divisé en seize parties, on en roulera successivement les bobines, ne comportant par exemple qu'une couche de fil. Lorsque huit bobines seront enroulées, le tambour sera complètement couvert de fil et il restera encore huit bobines à enrouler par dessus les premières (fig. 160). On aurait donc ainsi deux couches de fil, et, en raison de l'enroulement des bobines les unes sur les autres, il en résulterait une longueur de fil par bobine de plus en plus grande;

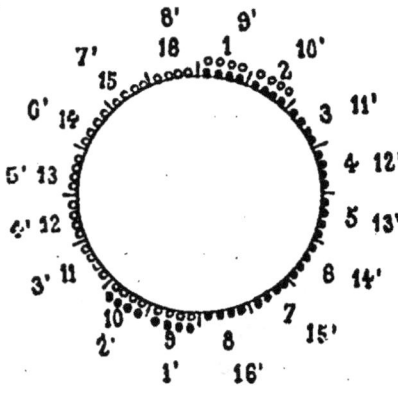

Fig. 160.

la résistance des bobines ne serait pas la même et l'induit ne serait pas balancé. En pratique, on donne la même longueur au fil de toutes les bobines, et on loge ce fil aux calottes qui terminent le tambour.

Pour éviter d'avoir sur un induit en tambour deux couches de fil, on ménage, lorsqu'on enroule une bobine, un intervalle libre entre cette bobine et la suivante ; cela conduit à diviser la surface du tambour en 32 parties pour enrouler 16 bobines.

Dans l'enroulement en tambour presque tout le fil se trouve soumis à l'induction et il y a moins de fil inutile que dans l'anneau ; l'action démagnétisante de l'induit est bien moindre que dans l'anneau.

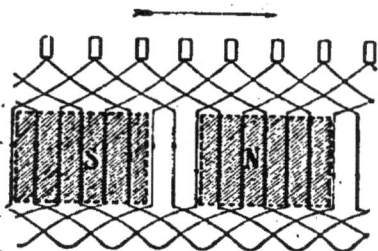

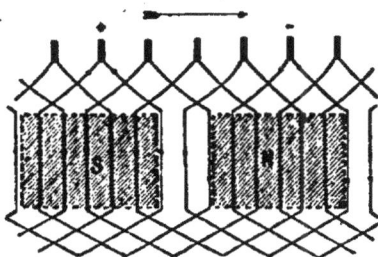

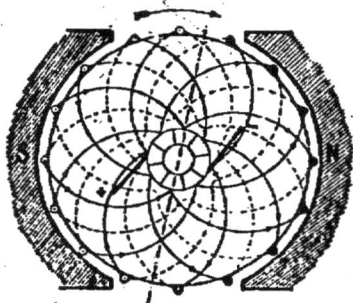

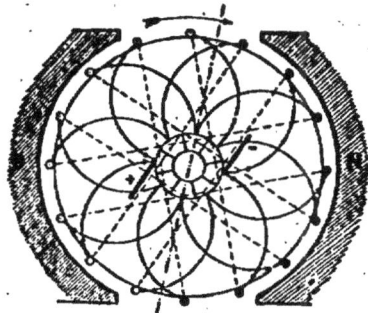

FIG. 161.   FIG. 162.

Enroulements en tambour.

Les enroulements en tambour des machines à courant continu peuvent, comme pour les machines à courants alternatifs, être faits de deux manières, soit en bobinage ondulé, soit en bobinage imbriqué. Les figures 161 et 162 représentent très clairement ces deux modes d'enroulements.

Tambours multipolaires. — Les enroulements peuvent également être imbriqués ou ondulés.

Le groupement des bobines entre elles peut être fait comme dans les machines à anneau, en quantité ou en tension ; dans le premier cas, le nombre des balais est égal au nombre de pôles, mais on peut le réduire à deux seulement

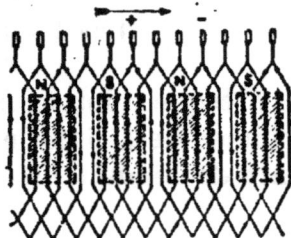

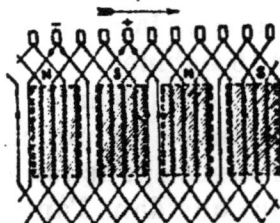

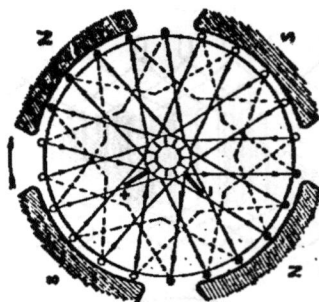

FIG. 163.

FIG. 164.

Enroulements Thury.

par le dispositif de Mordey (p. 307). — La figure 163 représente le bobinage imbriqué à quatre pôles des induits Thury, groupement en quantité.

La figure 164 représente le groupement en série dans le cas d'une machine à quatre pôles.

Induits polaires. — Les induits polaires, très employés dans les alternateurs, n'ont pas donné lieu à une application

FIG. 165. — Induit Lontin.

courante dans les machines à courant continu. — La figure 165

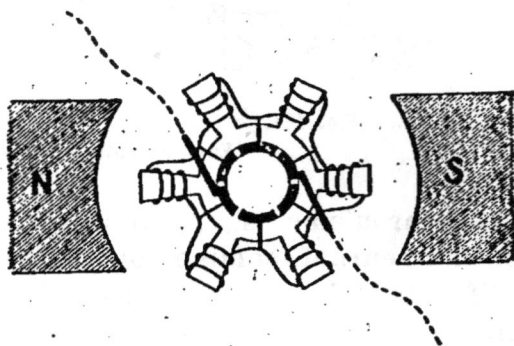

représente l'induit polaire de Lontin, chaque bobine induite
étant logée sur une dent de l'induit. Cette forme ne se prête
pas à la multiplication des bobines induites et n'est guère
employée.

Induits en disque. — L'enroulement des induits en disque
à courant continu est soit imbriqué, soit ondulé. La disposition des bobines séparées, disposées les unes à la suite
des autres sur le disque, comme on l'a vu pour les alternateurs, n'est pas employée pour les machines à courant con-

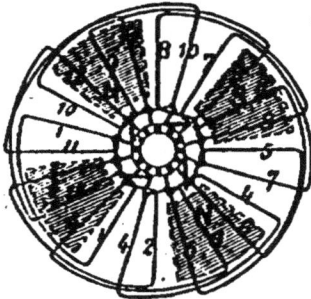

FIG. 166.   Induits en disque.   FIG. 167.

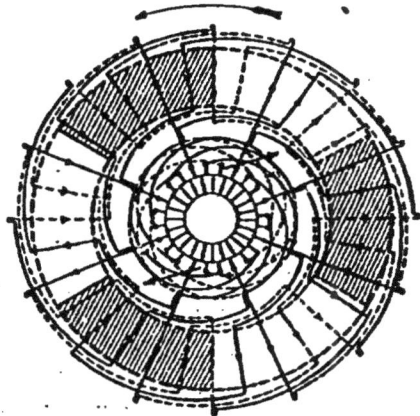

tinu. La figure 166 représente un bobinage imbriqué à quatre
pôles, montage en quantité, et la figure 167 le mode d'enroulement ondulé, montage en série, employé dans la machine
Desroziers.

L'enroulement se fait sur un support bien divisé, formé
d'un métal de grande résistivité, pour éviter les courants de
Foucault. Les machines à disque n'ont pas de fer dans
l'induit.

Calcul de la force électromotrice d'un induit. — Soient N
le nombre total de spires induites, et ω la vitesse angulaire
pour un induit à courant continu. Chacune des spires sera le
siège d'un courant alternatif que redressera le collecteur. La
force électromotrice totale résultante proviendra de la superposition des sinusoïdes redressées et décalées l'une par rap-

port à l'autre. La valeur moyenne de cette force électromotrice sera la somme des valeurs moyennes des forces
électromotrices dans chaque spire de l'induit.

La force électromotrice induite a pour valeur moyenne
dans une seule spire :

$$c_{moy} = \frac{\omega\Phi}{2\pi}$$

et dans les N spires :

$$E = \frac{\omega\Phi N}{2\pi} ;$$

mais on a :

$$\omega = \frac{2\pi}{T},$$

T étant le temps périodique, c'est-à-dire la durée d'un tour
complet dans une machine bipolaire, $\frac{\omega}{2\pi}$ est donc égale à $\frac{1}{T}$
qui est la vitesse angulaire exprimée en tours par seconde ω_1.
On a alors pour la force électromotrice :

$$E = \omega_1 \Phi N.$$

Cette relation n'indique que la valeur moyenne, les ondulations étant d'autant plus faibles que le nombre de bobines
induites est plus grand.

Comparaison des différents induits. — L'enroulement en
anneau présente une longueur relative de fil soumis à l'induction, moins élevée que dans l'enroulement en tambour.
Pour une force électromotrice et un champ inducteur donnés,
la perte par effet Joule et la réaction d'induit sont plus
grandes dans l'anneau que dans le tambour.

Par contre, l'anneau est d'un enroulement et d'une consoli-
dation plus faciles et, en raison de la séparation des bobines,
les réparations ne nécessitent pas, comme dans le tambour,
l'enlèvement d'un grand nombre de bobines. Il est facile
de donner à l'anneau un grand diamètre, ce qui permet une
vitesse angulaire faible. Les fils à des potentiels différents
étant nettement séparés et non superposés comme dans

le tambour, l'anneau se prête à la construction de machines à force électromotrice élevée.

Le tambour ne convient pas pour les grandes forces élec-tromotrices.

Les induits à disque, en permettant la suppression du fer dans la partie mobile, ne présentent pas les pertes par hystérésis et courants de Foucault. Par contre, en raison du plus grand entrefer et du plus grand nombre de pôles, la dépense d'excitation est plus grande. Il faut également plus de fil sur l'induit, d'où une perte rI^2 par effet Joule plus élevée. Les pertes sont alors presque complètement d'ordre électrique et ces machines se distinguent généralement par un rendement électrique très voisin du rendement industriel.

Induits à circuit ouvert. — Les induits à circuit ouvert sont surtout employés dans les machines à intensité constante dont les plus connues sont celles de Brush et de Thomson-Houston.

On composerait simplement une machine à circuit ouvert en disposant sur un tambour un certain nombre de bobines, trois par exemple, à 120° l'une de l'autre et en reliant les extrémités de chaque bobine à un commutateur redresseur en deux pièces, ces trois commutateurs et leurs balais étant également décalés de 120° l'un par rapport à l'autre. En réunissant les balais de manière que les trois courants redressés s'ajoutent, on obtiendrait un courant représenté figure 143. — Les ondulations du courant seraient d'autant plus faibles que le nombre des bobines induites serait plus grand.

La figure 168 représente le principe de l'enroulement induit de la machine Brush. Les quatre bobines A, B, C, D, roulées sur un anneau, sont reliées en tension deux par deux et les extrémités d'une paire de bobines à deux lames opposées d'un collecteur à quatre lames. Deux balais calés aux extré-mités d'un diamètre appuient sur ce collecteur et mettent successivement chaque paire de bobines en relation avec le circuit extérieur au moment du maximum de force électro-motrice.

Si l'intervalle entre deux lames successives du collecteur

est tel que le balai ne puisse les réunir au moment de la commutation, on a un courant représenté par les parties

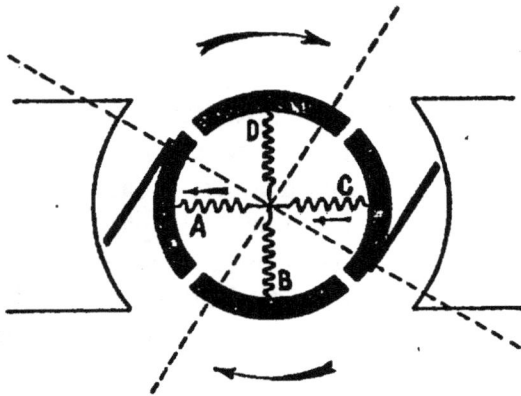

Fig. 168. — Enroulement Brusch.

ombrées de la figure 169. Mais si la commutation se fait de manière que les lames soient réunies en court-circuit au

Fig. 169.

Fig. 170.

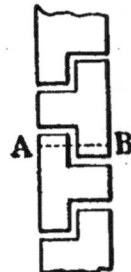

Fig. 171.

moment de la commutation, les interruptions de courant sont supprimées, et le courant est représenté dans ce cas par la figure 170.

Ce résultat s'obtient en disposant les lames comme l'indique la figure 171, le collecteur étant supposé développé dans cette figure. Un des balais portant suivant la ligne AB réunit deux lames en court-circuit.

Les machines Brush comportent quatre ou six paires de bobines reliées par groupes de deux paires à un collecteur à quatre lames ; il y a donc deux ou trois collecteurs distincts, la machine formant ainsi deux ou trois générateurs qu'on peut coupler en tension ou en quantité.

Dans la machine Thomson-Houston, l'induit en tambour ne comporte que trois bobines décalées de 120° l'une par rapport à l'autre et ayant un point commun O; les trois extrémités libres sont respectivement réunies à trois lames d'un collecteur (*fig.* 172).

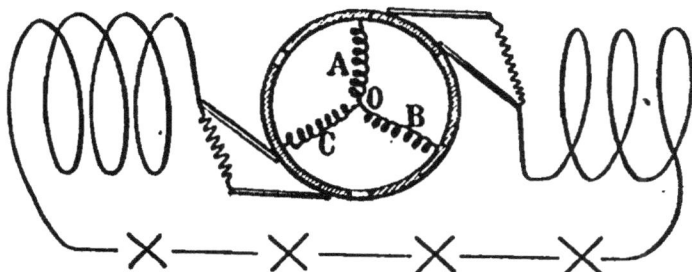

Fig. 172.

Deux paires de balais, l'un décalé par rapport à l'autre dans chaque paire de manière à ne pas rompre le circuit au moment de la commutation, portent sur le collecteur aux extrémités d'un diamètre. Ces balais servent également au réglage de l'intensité en les écartant plus ou moins l'un de l'autre dans chaque paire. Le circuit extérieur est donc relié suivant la position du collecteur à deux des bobines en tension, ou à deux bobines en quantité et en tension avec la troisième. Si les balais sont écartés juste de l'intervalle entre deux touches, la force électromotrice est maxima et chaque bobine est mise hors circuit chaque fois qu'elle est à plus de 60° de sa position d'action maxima, les bobines n'étant réunies en quantité par deux qu'un temps négligeable. Si les balais s'écartent, la force électromotrice moyenne diminue, les bobines restant couplées en quantité jusqu'à ce que l'une d'elles ait une force électromotrice très faible et qui peut même être de sens inverse à la force électromotrice de l'autre.

INDUCTEURS. — EXCITATION

Formes d'inducteurs. — Les inducteurs créent dans l'induit un ou plusieurs flux de force, suivant qu'ils sont bipolaires ou multipolaires. Il existe un très grand nombre de types d'inducteurs, mais ils peuvent, en général, se ramener à quelques formes principales. Dans tout inducteur il y a toujours les noyaux, la culasse et les pièces ou épanouissements polaires.

Dans les induits bipolaires, les inducteurs présentent un seul ou deux circuits magnétiques.

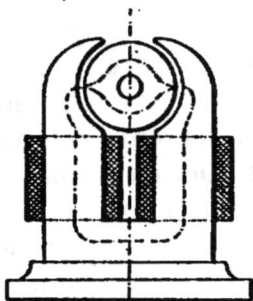

Fig. 173.
Inducteur Gramme, type supérieur.

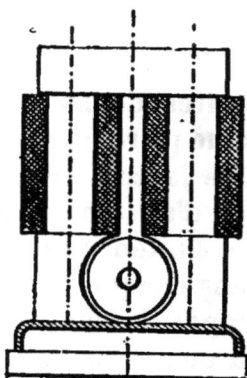

Fig. 174.
Inducteur Edison, type inférieur.

Dans le cas d'un seul circuit magnétique, les deux formes principales sont celle de Gramme, dite type supérieur (*fig.* 173) et celle d'Edison (*fig.* 174), dite type inférieur; on voit qu'elles ne diffèrent que par la position des pôles qui sont en haut ou en bas.

Dans les inducteurs Gramme il est nécessaire de rapprocher plus les cornes polaires du haut que celles du bas de manière à réaliser un champ inducteur bien symétrique, autrement le champ serait plus intense dans le bas et produirait une attraction très forte sur l'armature de l'induit, d'où des frottements considérables aux paliers. Les spires de l'induit, symétriquement placées par rapport à l'axe, seraient en outre soumises dans un anneau à des inductions différentes, ce qui obligerait, pour ne pas avoir d'étincelles au collecteur, à caler différemment les balais. Cela ne se produit pas avec un induit en tambour parce que chaque spire comporte deux conducteurs diamétralement opposés.

Dans l'inducteur Edison, l'attraction qui peut s'exercer sur l'induit soulève celui-ci et tend à diminuer les frottements. Les paliers de la machine sont bien moins hauts, ce qui augmente la stabilité de l'ensemble; mais il tend à se produire par le socle des dérivations magnétiques qu'on évite en interposant entre l'inducteur et le socle une semelle de métal ou alliage non magnétique, du zinc ou de la fonte manganésifère par exemple.

La figure 175 représente une forme d'inducteur ne comportant qu'une seule bobine inductrice; cette forme peut être employée soit dans la position de la figure, soit tournée de 90°, l'induit étant alors à la partie inférieure ou à la partie supérieure.

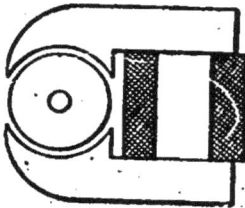

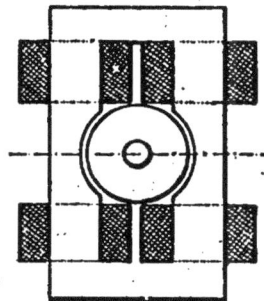

Fig. 175.

Fig. 176.

Les inducteurs à double circuit magnétique dans lesquels on évite complètement la dissymétrie du champ inducteur peuvent être constitués par la superposition de deux inducteurs (*fig.* 173 et 174), l'ensemble étant placé soit horizontalement, soit verticalement (*fig.* 176). Il y a alors quatre bobines. L'un des types les plus employés, connu sous le nom de type Manchester, ne comporte que deux bobines.

On peut le considérer comme résultant de la réunion de deux inducteurs (*fig.* 177).

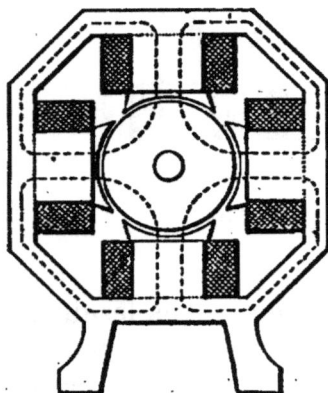

Fig. 177.
Inducteur type Manchester.

Pour un circuit magnétique de réluctance totale donnée, il vaut toujours mieux, au point de vue de l'excitation nécessaire pour produire un certain flux, avoir un circuit magnétique simple de préférence à un circuit ramifié.

Si l'on remplace en effet un seul noyau circulaire de surface S enroulé de N spires, par plusieurs noyaux de surface totale égale à S mis en quantité, il faudra également N spires sur chacun d'eux pour avoir le même flux que précédemment; mais la somme des périmètres de ces divers noyaux sera forcément plus grande que celle du noyau S et le fil nécessaire sera plus long. Il en résultera une dépense plus grande d'excitation. C'est ce qui se produit pour les machines à double circuit magnétique par rapport aux machines à circuit magnétique simple.

Fig. 178.
Inducteur Gramme à 4 pôles.

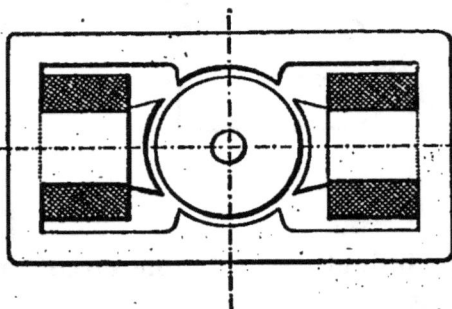

Fig. 179.
Inducteur cuirassé à 4 pôles (Kennedy).

La figure 178 représente un type d'inducteur à quatre pôles dû à Gramme. Il comporte quatre bobines inductrices dont les flux se partagent, comme l'indiquent les lignes pointillées. Une disposition analogue peut être employée pour un nombre quelconque de pôles.

La figure 179 représente l'inducteur cuirassé de M. Kennedy, qui ne comporte que deux bobines inductrices pour les quatre pôles.

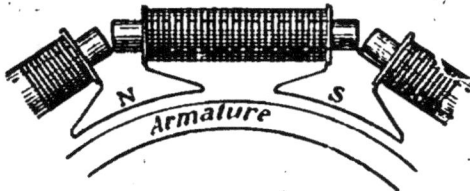

Fig. 180. — Inducteur Thury.

L'inducteur à six pôles des machines Thury (*fig.* 180) comporte six bobines roulées sur le bâti hexagonal extérieur formé de barres de fer forgé qu'on fixe sur les pièces polaires en fonte.

Dans les machines Siemens, l'inducteur multipolaire est

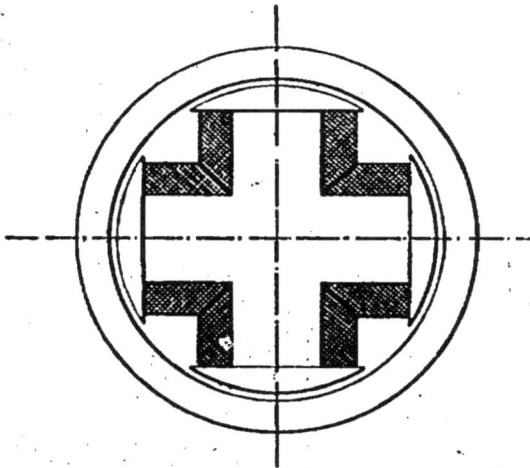

Fig. 181. — Inducteur Siemens.

placé à l'intérieur de l'induit (*fig.* 181); il se compose simplement d'une étoile dont les branches terminées par des épanouissements polaires portent les bobines inductrices.

Dérivations magnétiques. — Quel que soit le système d'inducteur employé, il y a toujours une partie du flux total qui
ne traverse pas l'armature ; cette partie constitue la perte
par dérivations magnétiques. Ces dérivations se produisent
entre les différentes parties des inducteurs et souvent sont
favorisées par des pièces extérieures de fer ou de fonte, telles
que le bâti, les paliers, l'axe, etc.

Le coefficient de dérivation, ou rapport du flux total au
flux qui traverse réellement l'induit, dépend de la forme et
des proportions des inducteurs et de l'induit. Ce coefficient
varie entre 1,2 et 2 pour les différentes machines.

Excitation des machines. — Conditions d'auto-excitation.
— Les machines à courant continu sont soit magnéto ou à
excitation indépendante, soit à auto-excitation. Dans ce dernier cas on distingue les machines à enroulement excitateur
en série ou tension, les machines à excitation en shunt ou
dérivation, et les machines dites compound, dans lesquelles
sont combinés deux modes d'excitation : généralement excitation séparée et excitation série, ou excitation shunt et
excitation série.

MACHINES MAGNÉTO-ÉLECTRIQUES. — EXCITATION INDÉPENDANTE.
— Les aimants ne sont maintenant employés comme inducteurs que pour les machines de laboratoire. Ils ne permettent qu'une puissance spécifique relativement faible
et donnent un rendement moins élevé que les électro-
aimants. Les machines à excitation indépendante ne diffèrent
pas comme propriétés des machines magnétos. Le courant
d'excitation est généralement fourni par une machine plus
petite appelée excitatrice. On peut encore prendre l'excitation sur une batterie d'accumulateurs.

MACHINES SÉRIE. — Ce genre d'excitation est représenté
schématiquement (*fig.* 182); le courant total produit par la
machine traverse le circuit inducteur. Une machine ne
peut être auto-excitatrice qu'à la condition qu'une certaine
relation existe entre les circuits électrique et magnétique
de la machine. Soient: E la force électromotrice, I l'intensité

du courant débité, r la résistance intérieure de la machine (induit et inducteur en série), R la résistance extérieure, Φ le flux de force total traversant l'induit, N le nombre de spires de celui-ci, N' celui des inducteurs, ω la vitesse angulaire en tours par seconde, $\mathcal{R}$ la résistance magnétique totale de la machine.

On a les relations :

$$E = N\omega\Phi,$$

$$I = \frac{E}{R + r} = \frac{N\Phi\omega}{R + r}.$$

soit pour Φ la valeur

$$\Phi = \frac{I\,(R + r)}{N\omega}.$$

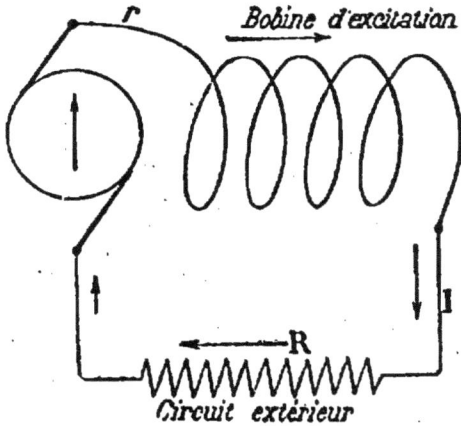

FIG. 182. — Excitation en série.

D'autre part, le flux produit par les inducteurs est :

$$\Phi' = \frac{4\pi N'I}{\mathcal{R}}.$$

En raison des dérivations magnétiques, il est nécessaire que le flux produit par les inducteurs soit plus grand que le flux traversant l'induit, c'est-à-dire que :

$$\Phi' > \Phi$$

d'où :

$$\frac{4\pi N'I}{\mathcal{R}} > \frac{(R + r)\,I}{N\omega}$$

$$4\pi NN'\omega > (R + r)\,\mathcal{R} ;$$

ω étant constant et R variable, il est nécessaire que :

$$R + r < \frac{4\pi NN'\omega}{\mathcal{R}};$$

Il y aura donc dans les machines série une valeur maxima

de la résistance au-dessus de laquelle la machine ne sera plus auto-excitatrice. Dans ce cas on dit que la machine se *désamorce;* inversement, l'amorcement ne se produira qu'au-dessous de cette résistance.

Si une machine série se trouve momentanément traversée par un courant de sens inverse à celui qu'elle produit, comme cela peut arriver dans le cas de charge d'accumulateurs, la polarité des inducteurs se trouve renversée et la machine ne peut plus être auto-excitatrice. Il est nécessaire de donner à nouveau aux inducteurs une aimantation de même sens que celle qu'ils possédaient avant l'inversion.

MACHINES SHUNT. — L'inconvénient précité ne se produit pas avec l'excitation en dérivation représentée figure 183. Le courant peut changer de sens dans l'induit et non dans l'inducteur, dans le cas de charge d'accumulateurs. Les propriétés de cet enroulement sont d'ailleurs très différentes de celles de l'enroulement série ; il en a été question à propos des alternateurs (p. 258). Il y a également dans les machines shunt une

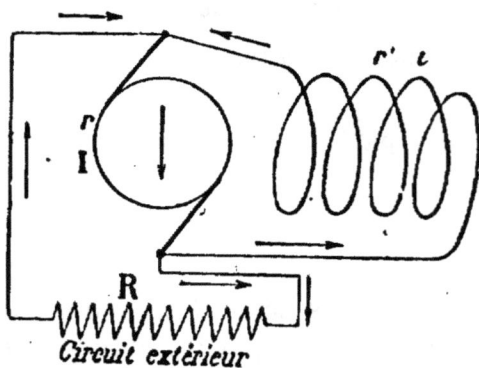

Circuit extérieur

FIG. 183. — Excitation en dérivation.

relation analogue à celle des machines série pour les conditions d'auto-excitation.

Les notations étant les mêmes que précédemment (p. 322), r représentant la résistance de l'induit, et r' celle de l'inducteur, on a pour le courant I traversant l'induit :

$$I = \frac{E}{r + \frac{Rr'}{R + r'}}.$$

Le courant produit par l'induit se partage en effet entre les inducteurs r' et la résistance extérieure R.

La force électromotrice est :

$$E = N\omega\Phi,$$

d'où

$$I = \frac{N\omega\Phi\,(R + r')}{Rr + rr' + Rr'},$$

et par suite :

$$\Phi = \frac{I\,(Rr + rr' + Rr')}{N\omega\,(R + r')}.$$

Quelle est l'intensité de courant i traversant le circuit d'excitation r' ?

La différence de potentiel aux bornes de la dérivation formée par R et r', traversée par le courant total I, est égale à :

$$u = \frac{Rr'}{R + r'}\,I,$$

et le courant passant dans r' est :

$$i = \frac{u}{r'} = \frac{RI}{R + r'}.$$

Le flux produit par les inducteurs de N' spires sera donc égal à

$$\Phi' = \frac{4\pi N'I}{\mathcal{R}} = \frac{4\pi N'RI}{(R + r')\,\mathcal{R}}.$$

Mais Φ' doit être plus grand que Φ (p. 322), on aura donc :

$$\frac{4\pi NR'I}{(R + r')\,\mathcal{R}} > \frac{I\,(Rr + rr' + Rr')}{N\omega\,(R + r')}$$

c'est-à-dire :

$$\frac{4\pi N'R}{\mathcal{R}} > \frac{Rr + rr' + Rr'}{N\omega}.$$

ω étant supposé constant, pour que la machine soit auto-excitatrice on doit avoir :

$$r + r' + \frac{rr'}{R} < \frac{4\pi NN'\omega}{\mathcal{R}}.$$

Pour des valeurs données de r et de r', l'excitation ne peut se produire au-dessous d'une certaine valeur de la résistance extérieure R. La machine ne s'amorcera donc que pour des résistances plus grandes que cette résistance minima.

CONDITIONS DE FONCTIONNEMENT DES MACHINES A COURANT CONTINU

Machines magnéto-électriques. — Machines à excitation séparée. — Le fonctionnement d'une machine à excitation séparée est identiquement le même pour une valeur constante de l'excitation que celui d'une machine magnéto. Si N est le nombre total de spires sur l'induit, ω la vitesse angulaire en tours par seconde et Φ le flux de force total traversant l'induit, on a pour la force électromotrice :

$$(1) \qquad E = N\omega\Phi.$$

Lorsque la machine ne débite pas, les réactions d'induit sont nulles, et la formule indique que pour un flux donné la force électromotrice est proportionnelle à la vitesse angulaire ω. Pratiquement il n'en est pas absolument ainsi, à cause des courants de Foucault qui se produisent dans le noyau et dans le fil induit ainsi que dans les pièces polaires lorsque l'induit est denté. L'intensité de ces courants parasites et par conséquent leur action démagnétisante est fonction de la vitesse de rotation de la machine.

Si l'on trace expérimentalement la courbe de la force électromotrice à circuit ouvert en fonction de la vitesse angulaire, on trouve une courbe qui diffère peu d'une droite pour les vi-

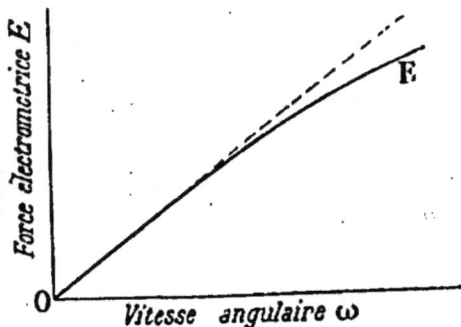

Fig. 184.

tesses faibles et qui s'infléchit ensuite à mesure que la vitesse augmente (*fig.* 184). — Pour chaque valeur de la vitesse, la force électromotrice est exprimée (si un certain nombre de tours ω' désignés sous le nom de tours morts ne comptent pas) par la relation :

$$E = N (\omega - \omega') \Phi \; ;$$

ω' est d'autant plus négligeable que les courants parasites sont moins intenses. En pratique, on ne commet pas d'erreur sensible en considérant entre deux limites voisines la force électromotrice comme proportionnelle à la vitesse, pour une excitation donnée.

Si r est la résistance de l'induit, R la résistance extérieure et I l'intensité du courant, on a pour la force électromotrice E :

$$E = (R + r)\, I,$$

et pour la différence de potentiel aux bornes

$$u = RI = E - rI.$$

La puissance électrique totale est EI, et la puissance utile uI. Le rendement électrique est donc

$$\eta_e = \frac{u}{E} = \frac{R}{R + r} = \frac{u}{u + rI}.$$

Pour des conditions de fonctionnement données (u et I), le rendement est d'autant plus grand que la résistance intérieure de la machine est plus faible. Comme pour les piles, le rendement est maximum lorsque $R = \infty$, c'est-à-dire la puissance nulle, et cette puissance utile passe par un maximum correspondant à $R = r$, le rendement étant alors de 50 p. 100 seulement (p. 85).

De même que pour les alternateurs (p. 281), on peut indiquer les conditions de fonctionnement d'une machine par des courbes caractéristiques représentant, en fonction du débit, la différence de potentiel aux bornes mesurée expérimentalement et obtenir ce qu'on appelle la caractéristique extérieure. Si u est la différence de potentiel pour le débit I, on peut calculer la force électromotrice minima nécessaire pour créer ce courant I, r étant la résistance intérieure de la machine:

$$E = u + rI$$

et tracer la courbe de E; on a alors la caractéristique totale. Cette courbe ne représente pas la valeur de la force électromotrice, mais une valeur un peu plus faible, car il faut, en raison de la self-induction des bobines, caler les balais en avant de, la position qui correspond à une force électromotrice nulle dans les bobines commutées.

S'il n'existait pas de réactions d'induit, la force électromotrice serait constante, quel que soit le débit, et égale à E_0 force électromotrice à circuit ouvert. La différence entre E et E_0 mesure la valeur des réactions d'induit.

Les courbes relatives à ces différentes caractéristiques sont représentées figure 185. La courbe u est la courbe expérimentale, rI repré-sente la chute de potentiel due à la ré-sistance de l'induit; en ajoutant à chaque valeur de u la valeur correspondante de rI, on a la carac-téristique totale E. E_0 représente la force électromotrice sans

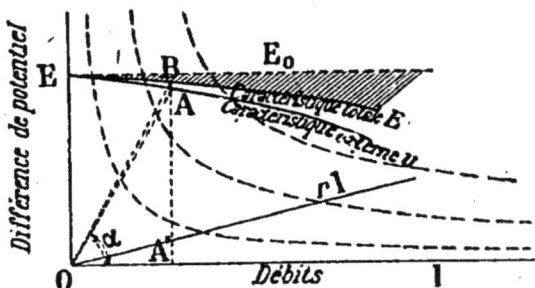

Fig. 185.

réaction d'induit et la partie ombrée montre l'effet de ces réactions. On indique souvent sur les caractéristiques des courbes d'isopuissance obtenues par la relation

$$uI = P,$$

en donnant à P des valeurs variables, par exemple 1000, 2000, 3000, ..., watts. Ces courbes sont des hyperboles équilatères; elles permettent de voir directement quelle est la puissance correspondant à un point quelconque d'une des courbes.

Les relations $R = \frac{u}{I}$ et $R + r = \frac{E}{I}$ appliquées aux caractéristiques montrent que pour un débit quelconque $I = OA''$ par exemple, correspondant à des points A et B de la caractéristique externe et de la caractéristique totale, la résistance extérieure R est représenté par la tangente de l'angle α que fait la ligne OA avec l'axe des abscisses, et la résistance totale $R + r$ par l'angle α' que fait BO avec l'axe des abscisses, en supposant que l'unité d'intensité et l'unité de différence de potentiel soient représentées par la même longueur dans le tracé des courbes. Si les longueurs représentant ces deux unités sont différentes, il est facile d'en tenir compte.

Le rendement électrique $\eta = \frac{u}{E}$ est représenté pour chaque valeur de I par le rapport des ordonnées de la caractéristique extérieure et de la caractéristique totale. Pour une intensité $I = OA'$, on aurait

$$\eta = \frac{AA'}{BA'}.$$

Machines série. — Soient: r_1 la résistance de l'induit, r_2 la résistance du circuit inducteur en série, R la résistance extérieure. Pour un débit I on a pour la différence de potentiel aux bornes de la machine:

(1) $\qquad\qquad u = RI,$

la force électromotrice étant

(2) $\qquad E = (R + r_1 + r_2)\, I = u + (r_1 + r_2)\, I.$

La puissance utile sera

$$P_u = uI = RI^2;$$

la puissance totale électrique

$$P_t = EI = (R + r_1 + r_2)\, I^2 = uI + (r_1 + r_2)\, I^2,$$

et le rendement électrique

$$\eta_e = \frac{u}{E} = \frac{R}{R + r_1 + r_2} = \frac{u}{u + (r_1 + r_2)\, I}.$$

Ces formules sont analogues à celles relatives aux machines à excitation indépendante, r étant remplacé par $r_1 + r_2$ qui représente également, dans le cas de la machine série, la résistance intérieure de la machine.

Pour une différence de potentiel utile u et un débit I, le rendement sera d'autant plus grand que $r_1 + r_2$ sera plus petit. Les courbes (*fig.* 186) représentent les caractéristiques d'une machine série. La courbe de la différence de potentiel aux bornes u, ou caractéristique extérieure, ne part pas de 0 pour I $= 0$; le magnétisme rémanent des inducteurs suffit pour créer une force électromotrice e à circuit ouvert. La caractéristique totale E s'obtient par la relation (2) donnée plus haut. La chute de potentiel dans la machine $(r_1 + r_2)$ I étant représentée par la droite en bas de la figure, la courbe E_0 représentant la valeur

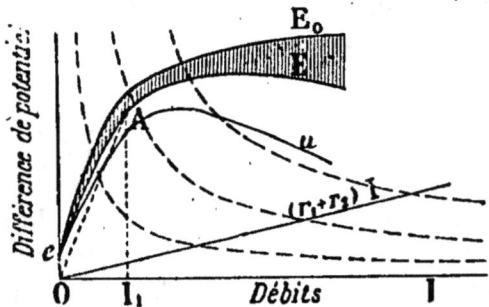

Fig. 186.

qu'aurait la force électromotrice sans les réactions d'induit s'obtient en excitant séparément la machine avec des courants variant de 0 au maximum de débit et en mesurant la force électromotrice, l'induit ne débitant pas. La différence entre E et E_0 (partie ombrée de la figure) donne les réactions d'induit. D'après la relation

$$E = N\omega\Phi$$

on voit que la courbe de E_0 représente, au facteur près $N\omega$, la courbe du flux inducteur Φ en fonction de l'excitation.

On fait toujours travailler les machines série sur des résistances telles que l'intensité soit plus grande que celle qui correspond au coude de la courbe de la force électromotrice. Pour des résistances plus grandes, la moindre variation soit dans la vitesse, soit dans la résistance, détermine de grandes variations de la force électromotrice et par suite du courant.

Machine shunt. — Soient r_1 la résistance de l'induit, r_2 la résistance de l'enroulement shunt pour l'excitation, R la résistance extérieure. Pour une intensité I dans le circuit extérieur et une différence de potentiel u aux bornes, on a :

(1) $$u = \mathrm{R}I.$$

Il passe pour l'excitation un courant I_2 dans le shunt

(2) $$I_2 = \frac{u}{r_2},$$

et le courant dans l'induit I_1 est égal à la somme de I et de I_2

(3) $$I_1 = I + I_2 = \frac{u}{R} + \frac{u}{r_2}.$$

La force électromotrice E est égale à

(4) $$E = u + r_1 I_1 = u + \frac{r_1}{R} u + \frac{r_1}{r_2} u = u \left(1 + \frac{r_1}{R} + \frac{r_1}{r_2} \right).$$

La puissance utile est

(5) $$P_u = uI = \frac{u^2}{R},$$

et la puissance totale électrique

$$P_t = EI_1 = u^2 \left(1 + \frac{r_1}{R} + \frac{r_1}{r_2} \right) \left(\frac{1}{R} + \frac{1}{r_2} \right);$$

soit pour le rendement électrique

$$\eta_e = \frac{P_u}{P_t} = \frac{1}{R \left(1 + \frac{r_1}{R} + \frac{r_1}{r_2} \right) \left(\frac{1}{R} + \frac{1}{r_1} \right)}$$

$$= \frac{1}{1 + \frac{r_1}{R} + 2\frac{r_1}{r_2} + \frac{R (r_1 + r_2)}{r_2^2}}.$$

Cette expression présente un maximum qu'on obtient en égalant la dérivée à zéro et qui a lieu lorsque

$$\frac{r_1 + r_2}{r_2^2} = \frac{r_1}{R^2},$$

soit une valeur de R égale à

$$R = r_2 \sqrt{\frac{r_1}{r_1 + r_2}}.$$

Pour trouver la valeur du rendement maximum, il suffit de remplacer R par la valeur qui précède dans l'expression du rendement (p. 330) :

$$\eta_{max} = \frac{1}{1 + \frac{r_1}{r_2} \sqrt{\frac{r_1 + r_2}{r_1}} + 2\frac{r_1}{r_2} + \frac{r_1 + r_2}{r_2} \sqrt{\frac{r_1}{r_1 + r_2}}}$$

$$= \frac{r^2}{r_2 + 2\sqrt{r_1(r_1 + r_2)} + 2r_1}.$$

Dans toutes les machines shunt la résistance du circuit d'excitation r_2 est toujours très grande par rapport à la résistance de l'induit r_1, on peut donc dans l'expression précédente négliger $2r_1$ devant r_2, et sous le radical

$$\sqrt{r_1(r_1 + r_2)} = \sqrt{r_1^2 + r_1 r_2}$$

négliger r_1^2 devant $r_1 r_2$; il reste alors

$$\eta_{max} = \frac{r_2}{r_2 + 2\sqrt{r_1 r_2}} = \frac{1}{1 + 2\sqrt{\frac{r_1}{r_2}}}.$$

La résistance extérieure correspondant au rendement maximum est, en négligeant r_1 devant r_2 dans l'expression déjà trouvée pour R :

$$R = \sqrt{r_1 r_2}.$$

Le rapport $\frac{r_2}{r_1}$ est souvent plus grand que 1000. On atteint même dans certaines machines ayant un excellent rendement électrique un rapport de $\frac{r_2}{r_1}$ égal à 2500 et 3000.

Les caractéristiques extérieure et totale se tracent en fonction de l'intensité dans le circuit extérieur. On détermine expérimentalement la différence de potentiel aux bornes u en fonction du débit I, en faisant varier R de l'infini à 0 et, connaissant la résistance du shunt r_2 ainsi que celle de l'induit r_1, on calcule la force électromotrice E correspondante par la relation

$$E = u + r_1 \left(I + \frac{u}{r_2} \right).$$

L'intensité I présente une valeur nulle pour deux valeurs de la résistance du circuit extérieur, zéro et l'infini; dans l'intervalle, I passe par un maximum. La figure 187 montre l'allure des caractéristiques d'une machine shunt.

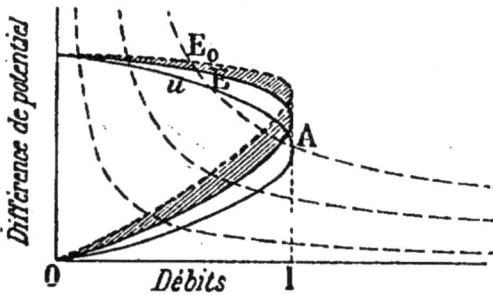

Fig. 187.

Pour avoir la force électromotrice E_0 correspondant au cas des réactions d'induit nulles, il est nécessaire d'exciter la machine séparément en mettant aux bornes de l'excitation des différences de potentiel variables. Les nombres obtenus permettent de tracer une troisième caractéristique E_0, chaque valeur de u correspondant à une valeur de E_0. La différence entre la caractéristique totale E et E_0 donne les réactions d'induit.

Les courbes indiquent qu'une même valeur de l'intensité correspond à deux valeurs de la différence de potentiel et du rendement. La puissance utile de la machine passe par un maximum avant le maximum d'intensité.

Les membres correspondant à la partie inférieure des caractéristiques, après le passage au maximum d'intensité, sont plus faibles que ceux qui correspondent à la partie supérieure des courbes. Le fonctionnement de la machine est d'ailleurs des plus instables dans la partie inférieure. On voit en effet sur les courbes qu'une très petite variation de résistance ou de force électromotrice correspond à une très grande variation d'intensité. En fait, les machines shunt ne sont jamais employées que dans la partie supérieure des courbes et pour des débits inférieurs au débit maximum.

Machines compound. — Étant données les caractéristiques des machines à excitation indépendante, des machines shunt et des machines série, on conçoit qu'il est possible, en combinant ces modes d'excitation indépendante et série, où shunt et série, d'obtenir une différence de potentiel sensiblement constante aux bornes d'une génératrice, entre une valeur nulle et une certaine valeur maxima du débit. Les caractéristiques externes des machines à excitation séparée et des machines shunt s'abaissent d'autant moins avec l'accroissement du débit que la résistance de l'induit et les réactions démagnétisantes de celui-ci sont plus faibles. En adjoignant à l'un de ces deux modes d'excitation un enroulement traversé par le courant de débit de la machine, on peut compenser, et même au delà, l'abaissement des caractéristiques précédentes. Lorsque les modes d'excitation sont combinés pour maintenir une différence de potentiel constante aux bornes, la machine est dite *compoundée.* Lorsque la différence de potentiel croît avec le débit, de manière, par exemple, à maintenir la différence de potentiel constante aux extrémités d'une ligne reliée aux bornes en

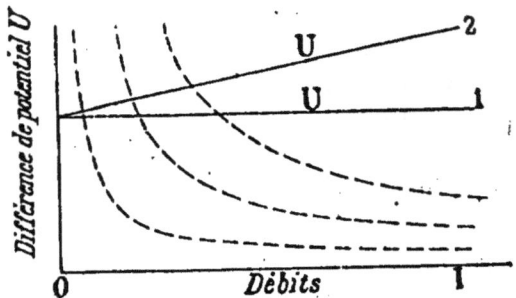

Fig. 188.

compensant la perte dans cette ligne, la machine est dite *hypercompoundée.*

La caractéristique d'une machine compound parfaite serait (*fig.* 188) une droite (1) parallèle à l'axe des abscisses ; celle d'une machine hypercompoundée serait une droite (2) présentant des valeurs croissantes avec le débit. En pratique, les courbes se rapprocheront plus ou moins d'une ligne droite.

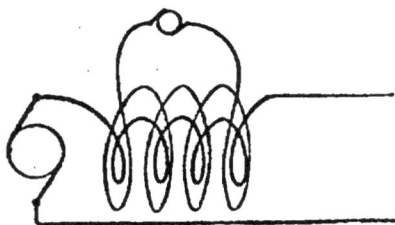

Fig. 189. — Machine compound avec excitation séparée.

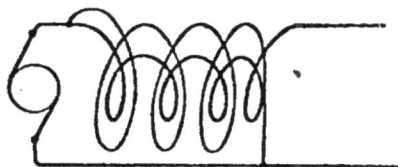

Fig. 190. — Machine compound court shunt.

La figure 189 représente schématiquement une machine compound avec circuit d'excitation séparée, la figure 190 une machine compound avec court shunt, et la figure 191 une machine compound avec long shunt. Ces deux derniers modes d'excitation compound ne diffèrent pas au point de vue du résultat ; ils présentent simplement une différence au point de vue des nombres relatifs des spires en série et en dérivation.

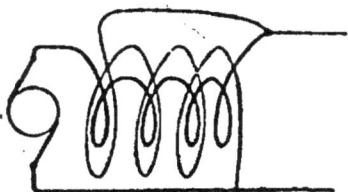

Fig. 191. — Machine compound long shunt.

Le nombre de spires des enroulements se détermine pratiquement. Pour cela on munit les inducteurs de bobines inductrices provisoires et, la machine étant maintenue à la vitesse angulaire normale on mesure le courant d'excitation nécessaire pour créer à vide la force électromotrice nécessaire ; on a ainsi, connaissant le nombre de spires des bobines inductrices, la force magnéto-motrice en ampères-tours qu'il doit y avoir dans l'enroulement shunt. On fait ensuite débiter la machine et, pour chaque valeur du courant, on règle l'excitation de manière à maintenir aux bornes la différence de potentiel correspondant à chacun de ces débits et on note l'excitation en ampère-tours nécessaires. Une partie de cette excitation sera, par la suite, fournie par l'enroulement shunt ; le reste est ce que doit fournir l'enroulement série. On trace une courbe des ampères-tours de l'enroulement série en fonction du débit et l'on prend la valeur correspondant à la droite se rapprochant le plus de la courbe obtenue. Souvent on se contente de déterminer les forces magnéto-motrices nécessaires pour un débit nul et pour le débit maximum on détermine par différence la force magnéto-motrice de l'enroulement série.

Couplage des dynamos. — Les machines à courant continu peuvent être couplées en tension ou en quantité. Le second mode de couplage est le plus employé.

Couplage en série. — Les machines à excitation séparée et les machines série se cou-plent en tension comme des piles et sans qu'il y ait lieu de faire des modifications à l'excitation. Pour les ma-chines shunt, on groupe les induits en série d'une part et, d'autre part, les deux enroulements shunts en série éga-lement et en dérivation aux bornes extrêmes des deux induits (*fig.* 192).

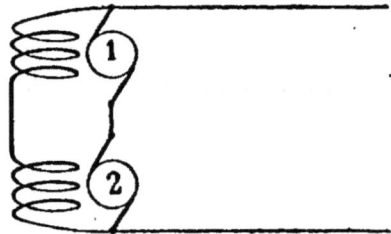

Fig. 192. — Couplage en tension de deux machines shunt.

Dans les machines compound, les enroulements shunt

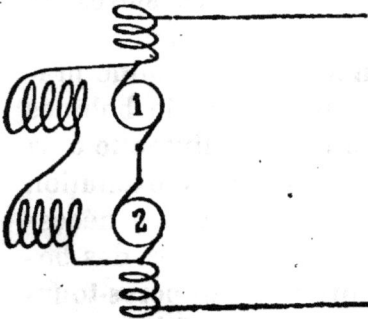

Fig. 193.   Fig. 194.
Couplage en tension de deux machines compound.

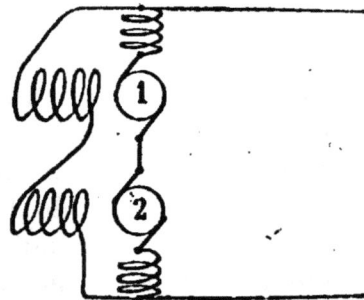

couplé en tension sont reliés soit aux bornes extrêmes des

induits pour former une courte dérivation, soit aux bornes de l'ensemble, induits et enroulements série pour former une longue dérivation (*fig.* 193 et 194).

Couplage en quantité. — Les machines shunt se couplent en parallèle, sans qu'il y ait lieu de leur apporter aucune modification. On ne relie une machine à une autre que lorsqu'elles donnent sensiblement la même force électromotrice.

Les machines série ne peuvent être couplées en parallèle qu'avec des précautions spéciales. Le dispositif le plus couramment employé consiste à réunir entre eux les deux balais reliés à l'excitation série (*fig.* 195). Le fil qui réunit ces deux balais est appelé fil d'équilibre ; il a pour but d'empêcher le renversement du courant dans les inducteurs.

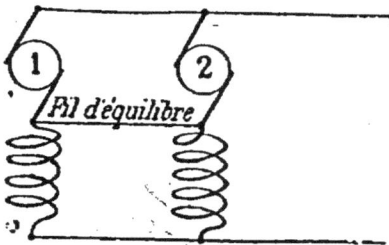

Fig. 195.
Couplage en quantité de deux machines série.

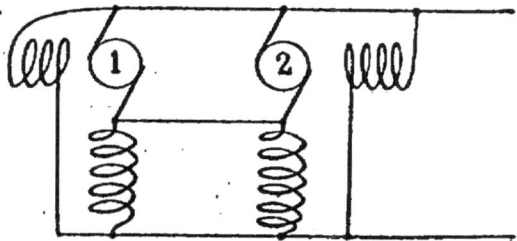

Fig. 196.
Couplage en quantité de deux machines compound.

Sans cette précaution il suffirait que la vitesse de l'une des machines vienne à diminuer pour que cette machine soit traversée par un courant inverse dû à l'autre machine, ce qui aurait pour effet de renverser la polarité des inducteurs et faire tourner la machine en sens inverse de son mouvement.

Les machines compound sont couplées en quantité (*fig.* 196), en prenant pour les enroulements série la précaution indiquée pour les machines série.

TYPES INDUSTRIELS DE MACHINES A COURANT CONTINU

Machines Gramme. — Dans la machine dite type supérieur, à cause des inducteurs (*fig.* 197), la plaque de fondation, les noyaux inducteurs, les pièces polaires et les supports de paliers sont venus de fonte d'une seule pièce. Les noyaux inducteurs sont creux. Les bobines inductrices roulées séparément sur des mandrins sont glissées ensuite sur les

Fig. 197. — Machine Gramme, type supérieur.

noyaux entre des joues de matière isolante. L'induit en anneau est monté sur un manchon de bronze, à ailettes, claveté sur l'arbre dont les bras qui s'engagent entre les spires de fil isolé supportent le noyau formé de disques de tôle. Les touches du collecteur sont maintenues assemblées par une bague de bronze extérieure, dont elles sont isolées.

Un type de 4400 watts, sous 110 volts et tournant à 1400 tours par minute, a les dimensions suivantes :

Rayon intérieur du noyau d'induit, 6,5 centimètres;

Rayon extérieur du noyau d'induit, 9,15 centimètres;

Longueur du noyau, 16 centimètres;
Section, 80 centimètres carrés;
Entrefer, 0,85 centimètre;
Nombre de spires induites, 300;
Nombre de touches au collecteur, 60;
Résistance de l'induit, 0,174 ohm;
Résistance de la dérivation, 46 ohms.

Machines Rechniewski (*fig.* 198). — Ces machines, que
construit la Société « l'Eclairage électrique », sont caractérisées par l'emploi d'induits dentés qui permettent, en
réduisant considérablement la réluctance du circuit magnétique, la construction de machines auto-excitatrices de faible
puissance.

Fig. 198. — Machine bipolaire Rechniewski.

L'armature est constituée par des disques de fer portant
des dents saillantes entre lesquelles s'enroulent les sections
induites. Le fil induit est ainsi abrité et ne peut toucher les
pièces polaires.

L'échauffement des pièces polaires causé par les courants
de Foucault qu'y produisent les induits dentés est évité dans
les machines Rechniewski par l'emploi d'inducteurs feuilletés.

L'emploi simultané d'inducteurs feuilletés et d'induits à dents, constitués les uns et les autres par de la tôle de fer de Suède de 0,4 à 0,6 millimètre d'épaisseur isolés par du papier gomme laqué, permet de construire des machines légères ayant un bon rendement.

Les machines de 400 à 27500 watts sont à induit en tambour et bipolaires avec des vitesses angulaires de 2700 à 1000 tours par minute suivant la puissance (*fig.* 108). Celles de 27500 à 200000 watts sont à induit en anneau et multipolaires à quatre ou huit pôles avec des vitesses angulaires de 1000 à 300 tours par minute. Les arbres sont en acier ; les coussinets en bronze phosphoreux sont munis de portées très longues ; le graissage se fait par des paliers à bagues. Les fils de l'induit logés dans les rainures sont en outre retenus par des frettes disposées au-dessous de la surface extérieure des dents dans des rainures circulaires. Le collecteur est formé de lames épaisses en cuivre rouge ; il est monté sur une douille en bronze tournée, ce qui permet son facile remplacement. Les fils des inducteurs sont roulés sur des manchons, en bois ou en métal, garnis d'isolants.

Machines Edison (*fig.* 199). — L'inducteur est du type inférieur, les pièces polaires reposant sur un support de zinc vissé sur la plaque de fondation et suffisamment haut pour rendre très faibles les dérivations magnétiques par ce support. L'induit est en tambour. Dans les machines Edison-Hopkinson, construites par MM. Mather et Platt, le noyau d'induit est constitué simplement par des disques de tôle mince, isolés par du papier, emmanchés sur l'arbre et maintenus entre deux plaques terminales dont l'une porte sur un épaulement pratiqué sur l'arbre, l'autre étant serrée par un écrou et un contre-écrou. Les boulons d'assemblage traversant les tôles sont ainsi supprimés. L'inducteur se compose d'une culasse supérieure fixée par des boulons aux deux noyaux terminés par les pièces polaires.

Machines Oerlikon. — Dans ces machines l'enroulement est en tambour, les conducteurs induits étant logés dans des

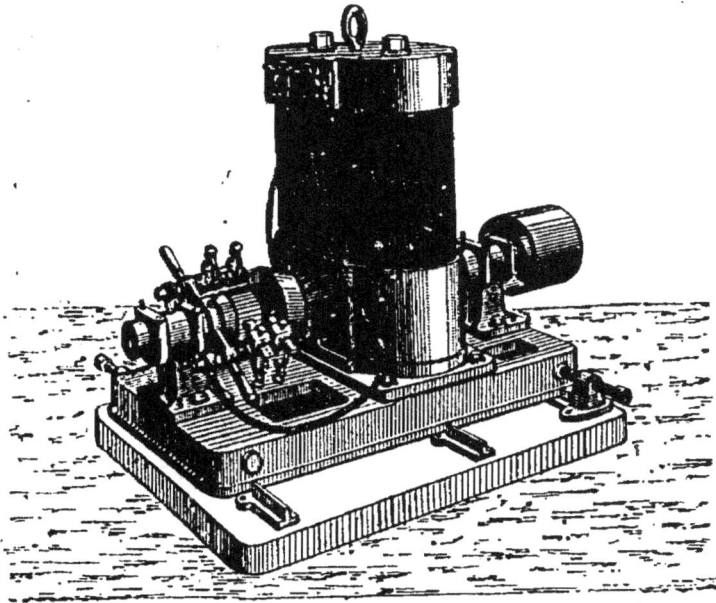

Fɪɢ. 199. — Machine Edison, type nᵒˢ 1 à 7.

Fɪɢ. 200. — Machine Oerlikon. — Modèle de 100 kilowatts.

rainures pratiquées à la surface de l'armature. Le type de 2500 watts est bipolaire et possède un inducteur du type cuirassé. Les machines plus puissantes sont multipolaires à quatre ou six pôles. La figure 200 représente une machine de 100 kilowatts à six pôles.

Machines Siemens. — Ces machines sont construites en France par la Société alsacienne de Constructions Mécaniques. Dans les types de faible puissance, l'induit est

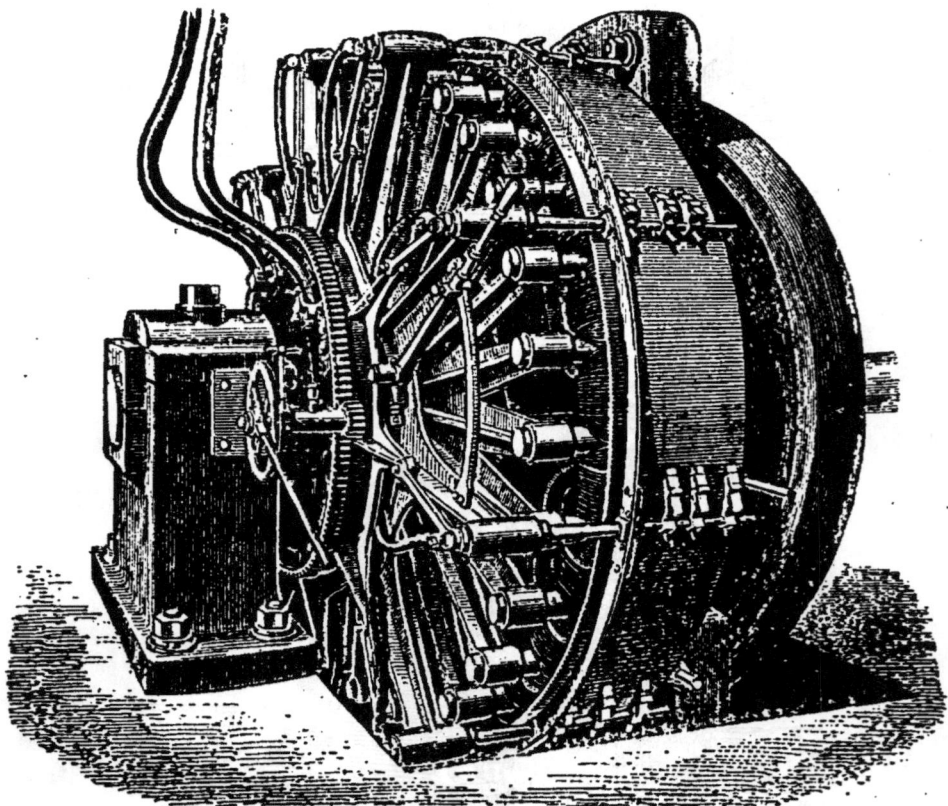

Fig. 201. — Machine Siemens et Halske, à pôles internes.

en tambour et les inducteurs bipolaires du type supérieur. Le collecteur est constitué par des barres d'acier fixées par des vis à l'une de leurs extrémités seulement et isolées par des intervalles d'air. Les pièces en bronze auxquelles sont vissées les touches du collecteur sont reliées aux bobines induites.

Pour les machines de plus grande puissance, l'inducteur multipolaire est placé à l'intérieur d'un induit en anneau de grand diamètre (*fig.* 201). Il est ainsi possible, tout en ayant une vitesse périphérique suffisante, d'avoir des machines à faible vitesse angulaire pouvant être accouplées directement avec le moteur. L'inducteur est fixe à l'intérieur de l'anneau ; il est soutenu en porte-à-faux par l'un des paliers.

L'induit est composé de rondelles de tôle assemblées par des boulons et supportées d'un seul côté par une étoile de bronze clavetée sur l'arbre.

Les machines à haute tension sont munies d'un collecteur ordinaire. Les machines à basse tension sont dites « sans collecteur », les balais portant directement sur l'enroulement induit qui se compose de barres de cuivre dénudées à la partie extérieure de l'induit (*fig.* 201). Les porte-balais sont montés sur un collier en étoile qui permet de les déplacer simultanément en avant ou en arrière au moyen d'un levier agissant par l'intermédiaire d'un engrenage. Un second levier permet de régler la pression des balais et même de les soulever complètement.

Une machine Siemens à six pôles donnant 800 ampères sous 200 volts a les dimensions suivantes :

Section du fer inducteur, en centimètres carrés..	900
— simple fer induit en centimètres carrés..	275
Nombre de spires induites......................	714
— entre chaque série de balais...	119
Longueur utile de chaque spire, en centimètres..	28
Vitesse angulaire en tours par minute..........	250
— linéaire en mètres par seconde.........	22
Courant d'excitation en ampères...............	25

Machines Desroziers. — Ces machines, construites par la maison Bréguet, sont caractérisées par l'emploi d'un induit en disque. Cette forme d'induit permet la construction de machines à faible vitesse angulaire, et la suppression du fer a pour résultat d'alléger l'induit et d'éliminer les pertes par hystérésis. Mais, par contre, la perte par effet Joule dans l'induit et le circuit inducteur est plus élevée. Ces machines présentent un rendement industriel très voisin du rendement

Fig. 202. — Machine Desroziers.

électrique, la différence entre ces deux valeurs provenant simplement des pertes mécaniques et des pertes par courants de Foucault dans le fil induit et son support.

La figure 202 est une vue de la machine. L'induit tourne dans six entrefers constitués et excités par deux groupes de six électro-aimants munis d'épanouissements polaires en fer forgé et présentant en regard des pôles de nom contraire de manière à avoir six champs alternés. Les noyaux inducteurs en acier coulé sont boulonnés sur deux flasques en fonte fixées sur un bâti. L'induit qui déborde des inducteurs est protégé par une garde en tôle.

L'enroulement de l'induit représenté figure 167 est un enroulement multipolaire en tension; chaque extrémité d'une section induite est reliée à trois lames de collecteurs placées à 120° l'un de l'autre. Il y a trois fois plus de touches que de bobines induites. L'enroulement se fait sur un plateau isolant, en carton comprimé, percé de trous aux extrémités des fils induits. Ces fils sont raccordés entre eux suivant des développantes de cercle formant deux couronnes circulaires de fils sur une seule des faces du plateau, l'autre face étant occupée par les fils induits radiaux. Les croisements de fil sont ainsi complètement évités. L'enroulement se fait en deux parties égales réparties sur deux plateaux isolants, ces deux parties étant représentées dans la figure 167, l'une en traits pleins, et l'autre en pointillé.

Ces deux parties sont ensuite fixées à l'aide de boulons sur les deux faces d'une étoile métallique très mince supportée par un moyeu et par l'arbre de la machine. Cette étoile formant disque d'entraînement est en maillechort et a 2 millimètres d'épaisseur. Le choix de ce métal qui est très résistant au point de vue mécanique permet, grâce à sa grande résistivité, de réduire notablement la perte d'énergie par courants de Foucault. Les supports de carton sont ensuite enlevés sur une largeur un peu plus grande que celle des pièces polaires, et les extrémités des fils de chaque côté du disque soudées de manière à constituer l'enroulement.

Machines Polechko (*fig.* 203).—Ces machines dérivent directement du disque de Faraday, celui-ci étant sectionné de manière à éviter la perte par courants parasites. L'induit est un disque de 1 mètre de diamètre divisé en 350 secteurs réunis entre eux au centre et isolés l'un de l'autre jusqu'à la circonférence extérieure. Ce disque tourne dans l'entrefer séparant les pièces polaires de deux électro-aimants créant chacun un champ magnétique intense suivant deux rayons opposés du disque. Les deux champs étant en sens inverse, les forces électromotrices induites suivant ces rayons s'ajoutent et le courant est recueilli par des balais placés aux extrémités du diamètre correspondant. A la vitesse angulaire de 1500 tours par minute, le champ dans l'entrefer étant de 6500 gauss, cette machine a produit 25 volts

Fig. 203. — Machine Polechko.

et 200 ampères. Le poids total était de 1140 kilogrammes, soit seulement 22,8 kilogrammes par kilowatt utile.

Machines Brush. — L'induit est en anneau plat denté, composé de feuillard de 1,5 millimètre d'épaisseur. Des bandes sont roulées sur une carcasse circulaire et on intercale à intervalles réguliers, entre les bandes successives, des pièces en II de manière à former les dents de l'armature. L'ensemble est maintenu par des boulons isolés (*fig.* 204).

Les bobines, au nombre de huit ou de douze, sont roulées dans les intervalles ménagés entre les dents et soigneusement isolées. Les bobines sont réunies en tension par paires prises aux extrémités d'un diamètre, les extrémités libres étant reliées à un commutateur en quatre pièces, dont la description a été donnée à la page 315 (*fig.* 168).

L'induit tourne entre deux paires d'électro-aimants présentant en regard des pôles de même nom de manière à

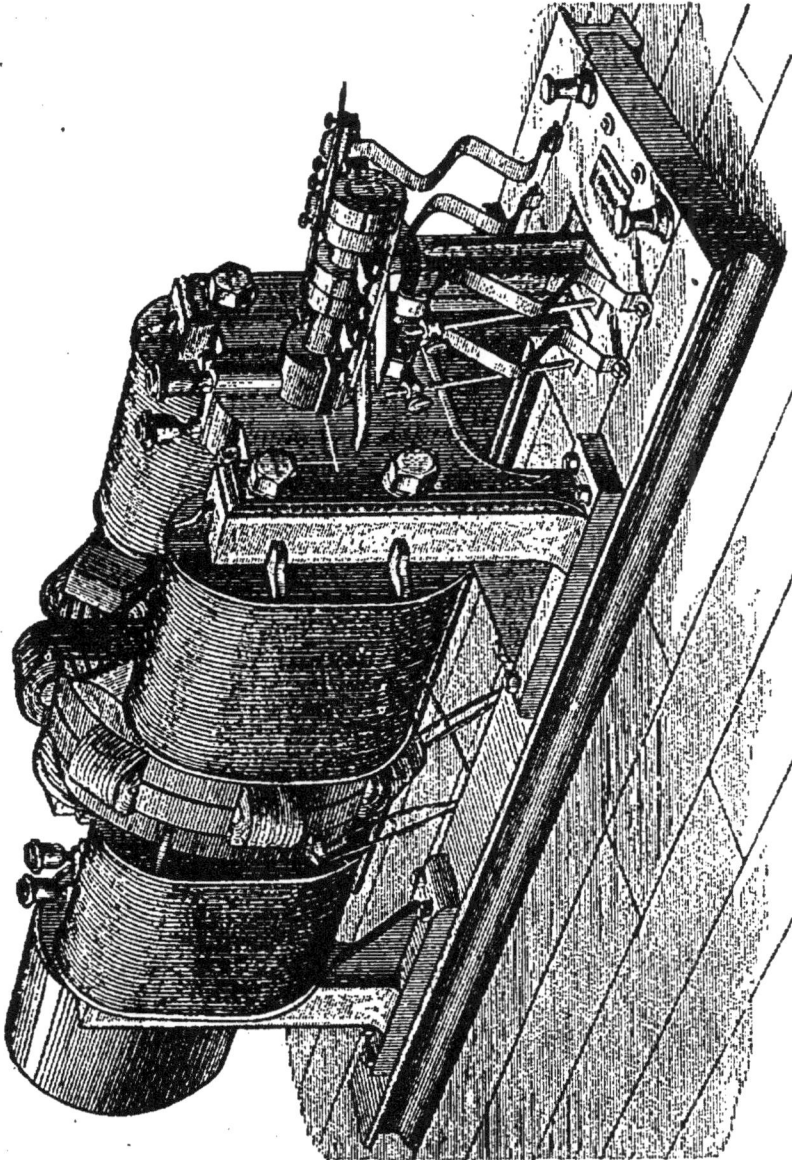

Fig. 204. — Machine Brush.

ce que le flux aille d'une paire de pôles en regard à l'autre paire en traversant les bobines induites.

Les électro-aimants sont excités par le courant total de la machine.

Machines Thomson-Houston (*fig.* 205). — L'induit en tambour est sphérique et comporte trois bobines, calées à 120° l'une de l'autre, roulées sur une armature composée de deux coquilles creuses en fonte calées sur l'axe réunies par des nervures en fer forgé sur lesquelles est enroulé du fil de fer.

Les noyaux inducteurs sont des tubes de fonte présentant à une extrémité une partie en forme de coupe embrassant

Fig. 205. — Machine Thomson-Houston.

une partie de la surface de l'induit. Les bobines sont roulées sur ces noyaux, et les extrémités les plus éloignées de ces deux pièces sont réunies extérieurement par des entretoises cylindriques en fer forgé. Le tout est porté sur un bâti auquel sont fixés les paliers de l'arbre de l'induit.

Les connexions des bobines de l'induit ont été indiquées page 316. L'excitation est en série avec l'induit. La régulation du courant se fait en décalant les balais, lesquels sont commandés par un régulateur automatique composé d'un électro-aimant traversé par le courant; lorsque celui-ci devient trop intense, l'armature de l'électro-aimant fait mouvoir une pièce en X sur laquelle sont fixés les balais.

Comme il se produit beaucoup d'étincelles au collecteur, on atténue les effets destructeurs de celles-ci au moyen d'un souffleur mécanique qui envoie des jets d'air sur l'extrémité des balais au moment de la commutation.

L'intensité de courant fourni par ces machines est de 9,6 ampères. La plus petite machine peut alimenter jusqu'à trois lampes en tension et la plus grande 65, la puissance mécanique correspondante variant de 3 à 50 chevaux-vapeur.

CALCUL D'UNE MACHINE A COURANT CONTINU

Coefficients pratiques. — Avant de passer au calcul d'une machine dynamo à courant continu, il est intéressant d'indiquer les limites entre lesquelles varient dans la pratique les différents facteurs qu'il y a lieu de considérer. Ces limites sont pour la plupart des moyennes, en dehors desquelles il y a quelquefois lieu de se placer pour des cas particuliers. Ainsi, par exemple, le diamètre intérieur de l'induit en anneau qui est indiqué comme variant de 0,6 à 0,8 du diamètre extérieur, se trouve porté à 0,9 dans les machines Siemens à inducteurs intérieurs en raison de la forme spéciale de la machine.

INDUIT

Noyau.

Épaisseur des tôles en millimètres............		0,4 à 1
Section utile rapportée à la section totale....		0,8 à 0,9
Dimensions rapportées au diamètre extérieur :		
Diamètre intérieur { anneau..................		0,6 à 0,8
{ tambour.................		0,3 à 0,6
Longueur { anneau..................		0,5 à 1,5
{ tambour.................		1,5 à 3
Induction en gauss.........................		10000 à 18000
Flux utile dans l'induit en fonction du flux total des inducteurs.........................		0,65 à 0,80
Vitesses périphériques en m : sec :		
Tambour et anneau long..................		10 à 15
Disques et anneaux courts................		15 à 25

Enroulement.

Accroissement du diamètre des fils dû au double guipage coton, en millimètres................		0,25 à 0,50
Densité de courant en ampères par millimètre carré		2 à 6

Force électromotrice par mètre de fil utile, en volts..	3 à 7
Intensité de champ dans l'entrefer, en gauss..	2500 à 5000
Puissance spécifique rapportée au cuivre induit en watts par kilogramme......................	200 à 1200
Perte d'énergie dans l'enroulement induit en fonction de la puissance totale, suivant puissance.	0,02 à 0,10
Surface de refroidissement en centimètres carrés par watt dépensé...............................	5 à 10

Collecteur.

Différence de potentiel entre deux touches successives en volts, suivant débit................	3 à 7

INDUCTEURS

INDUCTION { Inducteurs fer et acier doux.........	6000 à 10000
EN GAUSS { Inducteurs fonte....................	10000 à 18000
Densité de courant dans le fil des inducteurs en ampères par millimètre carré....................	2 à 4
Dépense d'excitation rapportée à la puissance totale, suivant puissance......................	0,02 à 0,08
Surface de refroidissement en centimètres carrés par watt dépensé dans l'excitation.............	10 à 20
Rapport du flux total au flux utile traversant l'induit ou coefficient de dérivation.............	1,25 à 1,50
Force magnéto-motrice nécessaire pour compenser la réaction d'induit, en fonction de la force magnéto-motrice totale :	
Induit en anneau...........................	0,20 à 0,30
Induit en tambour..........................	0,10 à 0,15
Puissance spécifique rapportée au cuivre inducteur, en watts par kilogramme.................	60 à 300
Puissance spécifique des machines, rapportée au poids total :	
En watts par kilogramme	5 à 40
En kilogrammes par kilowatt utile.........	200 à 25

CALCUL D'UNE MACHINE

Soit à calculer une machine d'une puissance maxima :

$$P = uI,$$

devant tourner à une vitesse angulaire de ω tours par minute.

Le rendement de la machine η est également fixé. Le prix de revient de la machine sera d'autant plus élevé que ce rendement sera plus grand.

Le type de machine étant choisi, on fixera, d'après les valeurs courantes, les pertes dans l'induit et dans l'inducteur.

Soit, par exemple, à calculer une machine bipolaire à anneau

Calcul de l'induit. — La perte de puissance dans le circuit induit est rI^2; si cette perte est connue, il en résultera une valeur de la résistance. Dans un induit bipolaire, la résistance totale du fil induit sera $4r$.

La force électromotrice sera égale à :

$$E = n + rI_a,$$

en appelant I_a le courant total traversant l'induit.

Cette force électromotrice est exprimée également par la relation

$$E = \frac{\omega \Phi N}{60 \cdot 10^8} \text{ volts.}$$

S étant la section de l'anneau et $\mathfrak{B}$ l'induction, le flux sera :

$$\Phi = 2\mathfrak{B}S ;$$

soit pour E la valeur

(1) $\qquad E = \frac{\omega \mathfrak{B} S N}{30 \cdot 10^8} \text{ volts.}$

ω est fixé, si l'on se donne également $\mathfrak{B}$; il en résultera une certaine valeur pour le produit SN.

Si D est le diamètre extérieur de l'anneau, et d le diamètre du fil guipé, il sera nécessaire, pour que l'enroulement puisse se faire exactement avec n couches, qu'on ait approximativement :

(2) $\qquad \frac{Nd}{n} = \pi D$

d est limité par la densité de courant admissible dans le fil induit, chaque moitié de l'anneau étant traversée par un courant $\frac{I}{2}$; d'autre part, D est également limité par la vitesse périphérique maxima. On peut donner à D une valeur correspondant à une bonne vitesse périphérique, il en résulte une valeur pour $\frac{Nd}{n}$.

Si l'on appelle L la longueur de l'induit et l son épaisseur, une spire de fil a une longueur $2\,(l+e)$, et les N spires une longueur

$$L = 2N\,(l + e),$$

soit, pour la résistance du fil :

$$(3) \qquad r = \rho\,\frac{L}{s} = \rho\,\frac{2N\,(l+e)}{\frac{\pi d^2}{4}} = \frac{8\rho N\,(l+e)}{\pi d^2}.$$

Dans cette formule on prendra $\rho = 2$ microhms-centimètres.

Il sera nécessaire de procéder par tâtonnements pour déterminer l'enroulement induit et le noyau.

On pourra d'abord fixer une longueur et une épaisseur pour ce dernier ; il en résultera un nombre de spires N :

$$(4) \qquad N = \frac{E \cdot 30 \cdot 10^8}{\omega \mathfrak{B}S}.$$

Dans cette formule S est la section utile de l'induit, soit environ $S = 0,85 le$. De l'équation (3) on tirera une valeur du diamètre d du fil, r étant calculé par la perte admise dans l'induit.

On portera cette valeur de d dans l'équation (2) et on verra si elle correspond à un nombre entier de couches n. Il y aura lieu ensuite de faire varier légèrement d, ou les dimensions de l'anneau, de manière que le nombre de spires N soit pair, divisible par le nombre de touches à mettre au collecteur et s'enroule exactement sur l'anneau ; le nombre de touches est limité par la différence de potentiel u aux bornes de la machine, en comptant de 3 à 7 volts entre deux touches successives. On en mettra d'autant plus que le débit I sera plus grand.

Les dimensions de l'anneau une fois déterminées, on vérifiera que la surface de refroidissement est suffisante et correspond aux chiffres donnés précédemment. On calculera également la densité de courant dans le fil induit.

Calcul des inducteurs. — Le calcul des inducteurs d'une machine à courant continu se fait par la méthode due au Dr. Hopkinson qui a été indiquée à propos du calcul des alternateurs (p. 292). Dans le cas d'une machine bipolaire à pôles conséquents, c'est-à-dire à circuit magnétique double, les formules données sont applicables en faisant $p = 2$, et en calculant la force magnéto-motrice nécessaire pour une moitié des inducteurs. On en déduit la force magnéto-motrice totale qui s'obtient avec une ou deux bobines inductrices.

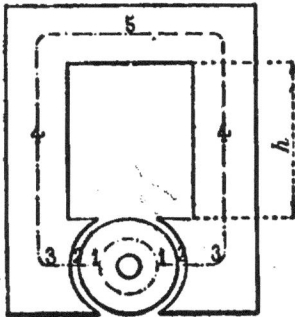

Fig. 206.

Dans le cas d'un circuit magnétique simple, les calculs sont les mêmes en considérant que tout le flux traverse l'inducteur.

Pour le calcul de la force magnéto-motrice on a généralement à considérer cinq parties (*fig.* 206) : l'induit 1, l'entrefer 2, les pièces polaires 3, les noyaux 4 et la culasse 5.

Le flux Φ_1 à produire dans les noyaux d'inducteurs sera déduit du flux total Φ qui traverse l'induit à l'aide du coefficient de dérivation pour le type de machine choisie. On devra, en outre, considérer l'accroissement de flux nécessaire pour compenser les réactions d'induit (V. *Coefficients pratiques*, p. 349).

Le flux à produire étant Φ_1 pour le débit maximum de la machine, on admettra une induction $\mathfrak{B}_1$ dans les noyaux inducteurs ; il en résultera une section S_n de ceux-ci :

$$S_n = \frac{\Phi_1}{\mathfrak{B}_1}.$$

On choisit la section des inducteurs de manière à obtenir des inductions moins élevées que dans le noyau d'induit. Pour des inducteurs en fer on prend une section égale à 1,5 ou 2 fois la section totale de l'induit.

On se donne une perte dans l'excitation d'environ 1 à 5 p. 100 de la puissance de la machine. Soit a la perte p. 100.

Dans une machine en dérivation, u étant la différence de potentiel aux bornes, I le courant du circuit d'utilisation, et i le courant des inducteurs, on a :

(1)
$$ui = \frac{au\mathrm{I}}{100};$$

d'où :

(2)
$$i = \frac{a\mathrm{I}}{100}.$$

La résistance r du circuit inducteur sera :

(3)
$$r = \frac{u}{i} = \frac{100u}{a\mathrm{I}}.$$

Dans le cas d'une machine série, I étant le courant maximum, u la différence de potentiel aux bornes de la machine, u_1 la différence de potentiel aux bornes du circuit inducteur, on a :

(4)
$$u_1\mathrm{I} = \frac{a}{100} \cdot u\mathrm{I};$$

d'où :

(5)
$$u_1 = \frac{a}{100}u,$$

et pour la résistance r du circuit inducteur :

(6)
$$r = \frac{u_1}{\mathrm{I}} = \frac{a}{100} \cdot \frac{u}{\mathrm{I}}.$$

Les relations 1 et 4 donnent, dans chaque cas, la puissance perdue dans les inducteurs. La considération de la surface de refroidissement nécessaire permettra de déterminer la hauteur h des bobines inductrices (*fig.* 207). La section et la forme des noyaux d'inducteur étant connues, on calculera le périmètre l. Si la surface de refroidissement est, par exemple, 15 centimètres carrés par watt dépensé et qu'il y ait deux bobines inductrices de hauteur h chacune, on aura :

$$\frac{1}{2} \cdot \frac{a}{100} uI = \frac{hl}{15} ;$$

d'où :

$$(7) \qquad h = \frac{15auI}{200l}.$$

La hauteur h étant déterminée, on dessinera les inducteurs, ce qui permettra de déduire les sections et les longueurs des différentes parties du circuit magnétique total. On appliquera alors la relation (10) donnée pour le calcul des inducteurs d'un alternateur (p. 293) :

$$(8) \qquad NI = \Sigma \frac{0,8\,\Phi l}{\mu s},$$

pour déterminer la force magnéto-motrice en ampères-tours.

On calculera ensuite la section du fil à enrouler sur les inducteurs de la même manière que celle indiquée pour les alternateurs.

CALCUL D'UNE MACHINE A COURANT CONTINU

APPLICATION NUMÉRIQUE

Soit à calculer une machine shunt donnant 110 volts aux bornes avec un débit normal de 100 ampères, la vitesse angulaire étant de 1 200 tours par minute et le rendement industriel supposé être d'environ 90 p. 100.

La puissance totale absorbée à pleine charge est de :

$$P = \frac{uI}{\eta} = \frac{110\ 000}{0,9} = 12\ 220 \text{ watts.}$$

On peut fixer les pertes dans l'induit et dans l'inducteur à

3 p. 100 de cette puissance, soit 367 watts dans chacun des deux enroulements.

Calcul de l'induit. — La perte dans l'enroulement induit étant de 367 watts, on a pour la résistance entre balais :

$$r = \frac{367}{I^2} = \frac{367}{10000} = 0,0367 \text{ ohm.}$$

La force électromotrice doit donc être de :

$$E = u + rI = 110 + 0,0367 \cdot 100 = 113,67 \text{ volts.}$$

Si l'on prend un enroulement en anneau, avec une vitesse périphérique de 16 m : sec. et la vitesse angulaire donnée de 1200 tours par minute, le diamètre sera de :

$$D = \frac{1600}{\frac{1200}{60} \cdot \pi} = 25,5 \text{ centimètres.}$$

Admettons une longueur d'armature $l = 20$ centimètres et une épaisseur $e = 5$ centimètres, d'où un diamètre intérieur de :

$$25,5 - 2 \cdot 5 = 15,5 \text{ centimètres.}$$

La section de l'anneau, formé des disques de tôle isolés avec du papier, est égale à 0,85 de la section totale :

$$S = 20 \cdot 5 \cdot 0,85 = 85 \text{ centimètres carrés.}$$

En admettant dans l'anneau une induction $\mathfrak{B} = 18000$ gauss et portant dans la relation (4) (p. 351) les valeurs de E. ω. $\mathfrak{B}$ et s indiquées ci-dessus, on a :

$$N = \frac{113,67 \cdot 30 \cdot 10^8}{1200 \cdot 18000 \cdot 85} = 186 \text{ spires.}$$

La résistance de l'induit étant de 0,0367 ohm, on a pour la résistance du fil : $r = 0,0367 . 4 = 0,1468$ ohm.

L'équation (3) (p. 351) donne pour la section du fil (en prenant N = 186) :

$$s = \frac{2 \rho N (l + e)}{r} = \frac{2 \cdot 2 \cdot 186 \cdot (20 + 5)}{10^6 \cdot 0,1468} = 0,127 \text{ cent. carré,}$$

soit un diamètre de 4 millimètres. Le fil guipé de deux couches de coton aura un diamètre de 4,5 millimètres.

Les 186 spires enroulées sur une couche occupent une largeur de :

$$186 \cdot 4,5 = 837 \text{ millimètres.}$$

Le diamètre extérieur choisi pour l'anneau (25,5 centimètres) n'est pas suffisant pour enrouler ces 186 spires.

En portant ce diamètre à 262 millimètres, tout en conservant l'épaisseur de 5 centimètres et la longueur de 20 centimètres, on aura 262 + 4,5 = 266,5 millimètres pour le diamètre moyen de l'enroulement et suffisamment de place pour le logement des 186 spires.

Il y aura ainsi une couche de fil à l'extérieur de l'anneau et deux à l'intérieur.

On peut prendre trois spires par bobine, ce qui donne soixante-deux touches au collecteur et, entre deux touches, une différence de potentiel acceptable de :

$$\frac{110}{31} = 3,55 \text{ volts.}$$

La section du fil de 4 millimètres est de 12,57 millimètres carrés; comme il y passe 50 ampères, la densité de courant est d'environ 4 ampères par millimètre carré.

Le diamètre extérieur de l'anneau bobiné est de 27 centimètres, la longueur de 21 centimètres, l'épaisseur de 6 centimètres, soit pour la surface extérieure :

$$S = \pi \cdot 27 \cdot 21 + 2 \cdot \pi \cdot 27 \cdot 6 = 2800 \text{ cent. carrés.}$$

La surface intérieure étant un peu utilisée pour le refroidissement, on pourra compter 3000 centimètres carrés pour la surface de refroidissement de l'induit.

Le volume de fer est de:

$$V = \left(\frac{\pi . \overline{26,2}^2}{4} - \frac{\pi . \overline{16,2}^2}{4} \right) 20 . 0,85 = 5660 \text{ cent. cubes,}$$

ce qui avec de bonne tôle correspond, pour $\omega = 1200$ tours : m. et $\mathfrak{B} = 18\,000$ gauss, à une perte par hystérésis de (p. 260) :

$$P = 0,003 . \frac{\omega}{60} . \mathfrak{B}_{max}^{1,6} . V . 10^{-7} = 217 \text{ watts,}$$

soit moins de 2 p. 100. La perte totale dans l'induit est donc de : $217 + 367 = 584$ watts, et la surface de refroidissement de : $\frac{3000}{584} = 5,14$ centimètres carrés par watt, ce qui est suffisant.

Le diamètre extérieur de l'armature étant 26,2 centimètres, le diamètre du fil 4,5 millimètres, et la place laissée pour les frettes et le jeu de l'induit de 3 millimètres, on arrive à un entrefer simple de 7,5 millimètres et à un diamètre d'alésage des pièces polaires de :

$$26,2 + 2 . 0,75 = 27,7 \text{ centimètres.}$$

Calcul des inducteurs. — La section totale du fer de l'induit étant de $2 \times 85 = 170$ centimètres carrés, et l'induction 18000 gauss, le flux est égal à:

$$\Phi = 18000 \times 170 = 3060000 \text{ webers.}$$

Si l'on prend des inducteurs de type inférieur, on peut admettre comme coefficient de dérivation 1,447 par exemple, et compter 20 p. 100 pour compenser la réaction d'induit. Le flux total à produire sera :

$$3060000 \times 1,447 + 3060000 \times 0,2 = 5040000 \text{ webers.}$$

En admettant une induction de 14 000 gauss dans les noyaux, leur section sera de :

$$\frac{5040000}{14000} = 360 \text{ centimètres carrés.}$$

La résistance r du circuit inducteur en dérivation est telle que l'on ait :

$$\frac{u^2}{r} = 367 \text{ watts,}$$

c'est-à-dire

$$r = \frac{u^2}{367} = \frac{12100}{367} = 33 \text{ ohms.}$$

En prenant des noyaux de section carrée, le côté aura 19 centimètres pour satisfaire à la section nécessaire de 360 centimètres carrés. Si l'on compte que les bobines inductrices occuperont une épaisseur de 3 centimètres, on arrive à un périmètre extérieur des bobines de :

$$l = 100 \text{ centimètres.}$$

Remplaçant l par sa valeur dans la formule (7), le produit $\left(\dfrac{aul}{100}\right)$ ou perte par effet Joule étant égal à 367 watts, on a pour la hauteur des bobines :

$$h = \frac{15 \cdot 367}{2 \cdot 100} = 27,5 \text{ centimètres.}$$

Soit pour h la valeur 30 centimètres. La machine (*fig.* 207) aura ses inducteurs formés de trois pièces en fer forgé: une formant armature, et deux formant noyau et pièce polaire.

Les surfaces de contact entre l'armature et les noyaux seront soigneusement dressées, et le tout fixé par des boulons.

Un socle en zinc sera interposé entre l'inducteur et la plaque de fondation; ce socle aura une hauteur d'environ 10 centimètres.

Les dimensions des pièces portées sur la figure et la trajectoire moyenne des lignes de force qui y est représentée permettent de déduire les quantités nécessaires pour le calcul de la force magnéto-motrice totale.

L'angle d'embrassement des pièces polaires est de 120°, on doit compter tout autour pour l'entrefer une bande égale aux 4/5 de la longueur de l'entrefer, soit 5,6 millimètres.

Le diamètre moyen de l'entrefer est de 27 centimètres,

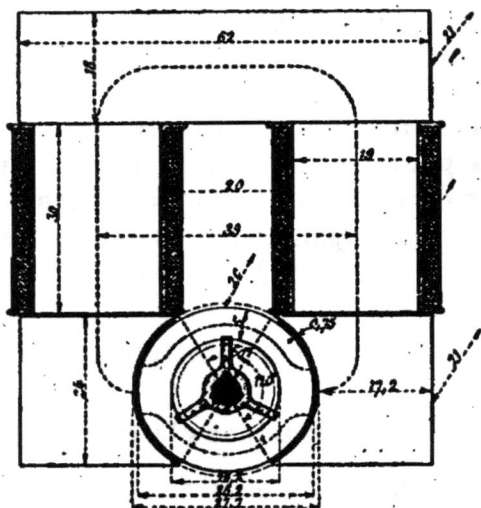

FIG. 207.

soit pour 120° un arc d'une longueur de 28,3 centimètres ; en y ajoutant les deux bandes de 5,6 millimètres de largeur, on arrive à 29,4 centimètres, ce qui représente une surface de

$$S = 29,4 \times 21 = 617,4 \text{ centimètres carrés}$$

et une induction moyenne de 5100 gauss dans l'entrefer, dont la longueur est de 1,5 centimètre.

La force magnéto-motrice en ampères-tours est égale pour un circuit de longueur l, de section s, traversé par un flux Φ, la perméabilité étant μ, à :

$$NI = \frac{0,8\Phi l}{\mu s} = \frac{0,8\mathfrak{B} l}{\mu}.$$

Le tableau suivant donne les valeurs de la longueur, de la section, de l'induction moyenne, de la perméabilité et de la force magnéto-motrice en ampères-tours pour les différentes parties de la machine.

DÉSIGNATION	l en cm.	S en cm²	$\mathfrak{B}$ en gauss	μ	$NI = \dfrac{0.8\mathfrak{B}l}{\mu}$
Induit........	33	170	18000	100	4750
Pièces polaires	2.15	430	11600	1530	182
Noyaux.......	2.30	360	14000	823	817
Culasse.......	49	378	13200	1030	502
Entrefer......	2.0,75	617,4	5100	1	6120
Force magnéto-motrice totale en ampères-tours =					12371

L'intensité du courant étant de $\dfrac{110}{33} = 3,33$ ampères, il faudra un nombre de spires égal à :

$$\frac{12371 \times 33}{110} = 3711 \text{ spires,}$$

soit sur chaque bobine $\dfrac{3712}{2} = 1856$ spires et une résistance de $\dfrac{33}{2} = 16,5$ ohms, les deux bobines étant en tension. Si l'on admet une épaisseur de 3 centimètres pour l'enroulement, on a une spire moyenne de 88 centimètres de longueur. La section du fil est donnée par la relation

$$s = \rho \frac{L}{R},$$

dans laquelle $R = 16,5$ ohms, $L = 1856 \times 88$, et $\rho = \dfrac{2}{10^6}$ ohms-centimètres (cuivre à 60° C.). On a donc pour s la valeur

$$s = \frac{2.88.1856}{10^6 . 16,5} = 0,0108 \text{ centimètre carré,}$$

ce qui correspond à un diamètre de 1,59 millimètre et à une densité de courant dans le fil inducteur de $\dfrac{3,33}{1,98} = 1,68$ ampère par millimètre carré.

2 millimètres suffiront pour le diamètre du fil guipé de deux couches de coton. En retranchant de la hauteur des

noyaux 14 millimètres pour le jeu et la place des joues de la carcasse des bobines, il reste 286 millimètres de hauteur d'enroulement ; on mettra par couche :

$$\frac{286}{2} = 143 \text{ spires.}$$

Il faudra donc pour les 1856 spires :

$$\frac{1856}{143} = 13 \text{ couches.}$$

En comptant 5 millimètres pour le jeu et l'épaisseur de la carcasse autour du noyau et 26 millimètres pour l'épaisseur des treize couches de fil, on voit que la spire moyenne a un côté de : $19 + 2 \cdot 0,5 + 2,6 = 22,6$ centimètres, soit une longueur de 90,4 centimètres, légèrement supérieure à celle obtenue (p. 360), 88 centimètres. Il est inutile de refaire le calcul, la valeur élevée prise pour la résistivité du cuivre compensant largement la différence.

CHAPITRE VIII

TRANSFORMATEURS

Définitions. — L'énergie électrique se déduit de la relation :

$$W = UIt,$$

U et I étant supposés constants. Dans le cas du courant alternatif on doit prendre pour valeur de U, U_{eff}, et pour valeur de I, $I_{eff} \cos \varphi$.

D'une manière générale, on appelle *transformateur électrique* tout appareil qui, recevant une quantité d'énergie W, peut la restituer, au rendement près, après avoir modifié soit les trois facteurs caractéristiques U, I et *t*, soit seulement deux d'entre eux. On ne considère, dans le cas de courants alternatifs que les valeurs efficaces de U et de I, et non les valeurs instantanées.

Dans un transformateur on distingue : la puissance primaire $P_1 = U_1 I_1$ ou l'énergie primaire W_1, et la puissance utile secondaire $P_2 = U_2 I_2$ ou l'énergie secondaire restituée W_2.

Lorsque la puissance secondaire est utilisée au fur et à mesure de sa production résultant de la transformation, on a une *transformation immédiate*, et le rendement est caractérisé par la relation

$$\eta = \frac{P_2}{P_1}.$$

Lorsque l'énergie primaire est emmagasinée pour être utilisée au bout d'un temps variable, on a une *transfor-*

mation différée ; et le rendement est :

$$\eta = \frac{W_2}{W_1}.$$

Les appareils qui, par leur principe, ne permettent que la transformation instantanée, par exemple les transformateurs à courants alternatifs et les transformateurs tournants à courant continu, sont dits *transformateurs immédiats.* Ceux, tels que les accumulateurs et les condensateurs, qui permettent de réaliser les deux sortes de transformations sont dits *transformateurs différés.*

Ainsi que l'indique M. Blondel, ingénieur des Ponts et Chaussées, on séparera les transformateurs immédiats en trois groupes, d'après leur fonction :

1° Les *transformateurs* proprement dits, appareils qui transforment des courants primaires continus, alternatifs simples ou polyphasés, en courants secondaires de même nature ;

2° Les *redresseurs* construits sur le principe des commutateurs et opérant un simple redressement des courants alternatifs ;

3° Les *convertisseurs,* appareils qui convertissent par induction un courant primaire en un courant secondaire de nature différente.

On examinera dans ce chapitre les transformateurs à courants alternatifs appartenant au premier de ces groupes et on dira quelques mots des redresseurs et des convertisseurs.

TRANSFORMATEURS A COURANTS ALTERNATIFS

Transformateur parfait. — Les transformateurs à cou'ants alternatifs sont basés sur les phénomènes d'induction mutuelle.

Si le coefficient d'induction mutuelle entre deux bobines est L^m, supposé constant, la force électromotrice induite e_2 dans le circuit secondaire pour une variation de courant di_1

pendant un temps dt dans le circuit primaire sera :

$$(1) \qquad e_2 = - L_m \frac{di_1}{dt}.$$

Si les coefficients de self-induction des deux bobines primaire et secondaire sont respectivement L_1 et L_2, le coefficient d'induction mutuelle L_m présente un maximum :

$$(2) \qquad L_m = \sqrt{L_1 L_2},$$

qui a lieu lorsque tout le flux produit par l'une des bobines traverse l'autre ; si cette condition est réalisée, ce qui ne peut s'obtenir qu'en faisant coïncider les deux enroulements, on a également pour e_2 une valeur maxima. Il convient de se placer dans ces conditions de coefficient d'induction mutuelle maxima, ce qui, toutes choses égales d'ailleurs, donnera le rendement maximum. On verra plus loin les dispositions pratiques employées à cet effet.

Si l'on appelle l_1 et l_2 les coefficients de self-induction correspondant respectivement à une seule spire des enroulements primaire et secondaire, on aura :

$$L_1 = l_1 N_1^2$$
$$L_2 = l_2 N_2^2,$$

mais $l_1 = l_2 = l$, les deux enroulements étant supposés coïncider et ayant par conséquent le même circuit magnétique.

On a donc, d'après la relation (2), pour la valeur correspondante du coefficient d'induction mutuelle :

$$L_m = N_1 N_2 l,$$

et pour la valeur de la force électromotrice (relation [1'])

$$(3) \qquad e_2 = - N_1 N_2 l \frac{di_1}{dt}.$$

Si la différence de potentiel primaire maxima est U_1 et que le circuit secondaire soit ouvert, on a (p. 203) :

$$i_1 = \frac{U_1}{\sqrt{R_1^2 + L_1^2 \omega^2}} \sin(\omega t - \varphi_1),$$

et pour $-\dfrac{di_1}{dt}$:

$$-\frac{di_1}{dt} = \frac{U_1 \omega}{\sqrt{R_1^2 + l_1^2 N_1^2 \omega^2}} \cos(\omega t - \varphi_1 + \pi) ;$$

en portant cette valeur dans l'expression (3), il vient

$$(4) \qquad e_2 = \frac{U_1 \omega N_1 N_2 l_1}{\sqrt{R_1^2 + l_1^2 N_1^2 \omega^2}} \cos(\omega t - \varphi_1 + \pi).$$

La valeur maximum de e_2 aura lieu pour $\cos(\omega t - \varphi_1 + \pi) = 1$ et sera

$$E_2 = \frac{U_1 \omega N_1 N_2 l_1}{\sqrt{R_1^2 + l_1^2 N_1^2 \omega^2}}.$$

La résistance R_1 étant négligeable devant l'inductance $\omega l_1 N_1^2$, on peut poser

$$(5) \qquad E_2 = U_1 \frac{\omega N_1 N_2 l_1}{\omega l_1 N_1^2} = U_1 \cdot \frac{N_2}{N_1}.$$

La même relation existe entre les valeurs efficaces et on a

$$E_{2\,\text{eff}} = U_{1\,\text{eff}} \cdot \frac{N_2}{N_1} ;$$

le rapport $\dfrac{N_1}{N_2}$ est appelé *coefficient de transformation* de l'appareil.

Quelle est la différence de phase entre u_1 et e_2 ?

Si dans la relation (4) on néglige R_1 devant $\omega l_1 N_1^2$, on a :

$$e_2 = u_1 \frac{N_2}{N_1} \cos(\omega t - \varphi_1 + \pi);$$

φ_1 est donné par la relation

$$\varphi_1 = \text{arc tg } \omega \frac{L}{R_1} = \text{arc tg } \omega \frac{l_1 N_1^2}{R} \text{;}$$

mais, comme R_1 est négligeable devant $\omega l_1 N_1^2$, on peut poser

$$\varphi_1 = \frac{\pi}{2} \text{;}$$

d'où

$$(7) \quad e_2 = u_1 \frac{N_2}{N_1} \cos\left(\omega t + \frac{\pi}{2}\right) = u_1 \frac{N_2}{N_1} \sin(\omega t + \pi).$$

La force électromotrice secondaire sera donc en opposition avec la différence de potentiel primaire, le décalage étant égal à une demi-période.

Lorsque le circuit secondaire est formé d'une résistance r ayant un coefficient de self-induction L, on a toujours pour la force électromotrice d'induction mutuelle dans le secondaire :

$$(8) \qquad e_2 = - L_m \cdot \frac{di_1}{dt},$$

et le courant i_2 qui en résulte est égal à

$$(9) \qquad i_2 = \frac{e_2 - (L_2 + L) \frac{di_2}{dt}}{R + r}.$$

La différence de potentiel aux bornes du primaire étant

$$(10) \qquad u_1 = U_1 \sin \omega t$$

(U_1 étant la différence de potentiel maxima qu'on peut supposer maintenue constante); on en déduit que l'intensité dans ce circuit est égale à :

$$(11) \qquad i_1 = \frac{u_1 - L_1 \frac{di_1}{dt} - L_m \frac{di_2}{dt}}{R_1}.$$

Les quatre équations qui précèdent permettent de tirer les valeurs de i_1, e_2 et i_2 en fonction de U_1, dans le cas d'un circuit magnétique de perméabilité constante.

Enroulement des bobines. — Afin que les effets d'induction entre la bobine primaire et la bobine secondaire soient maxima pour une variation donnée dans la bobine primaire, il est nécessaire que tout le flux produit par celle-ci traverse la bobine secondaire. Dans ce but on a recours à des dispositions particulières.

Soit un anneau de fer sur lequel sont disposés deux enroulements 1 et 2 aux extrémités d'un diamètre (*fig.* 208). Si l'enroulement secondaire 2 n'est traversé par aucun courant, la presque totalité du flux produit par 1 passera dans l'anneau en raison de la grande perméabilité de celui-ci ; mais, si 2 est le siège de phénomènes d'induction mutuelle produisant un courant, ce courant sera tel qu'il s'opposera par son propre flux aux variations du flux inducteur et une partie du flux produit par 1 passera entre *a* et *b*, comme le montre la figure 208. Si, à la limite, les deux bobines avaient des forces magnéto-motrices égales et constamment opposées, tout le flux de 1 passerait en dérivations magnétiques en dehors de la bobine 2. Ce phénomène constitue la *dispersion magnétique.*

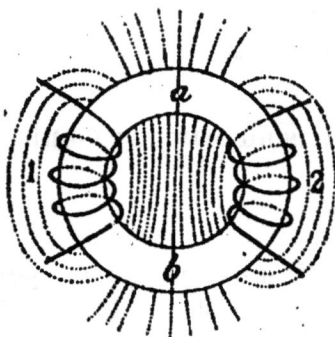

Fig. 208.

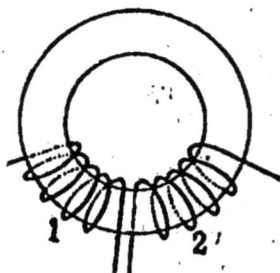

Fig. 209.

On diminue considérablement cette dispersion en plaçant les deux bobines l'une contre l'autre (*fig.* 209) et plus encore

en divisant chaque bobine en plusieurs parties et enroulant
successivement, l'une contre l'autre, une partie de 1 et une
partie de 2. La figure 210 représente la bobine 1 divisée en
trois parties et la bobine 2 en quatre parties.

Un autre moyen efficace consiste à superposer complètement la bobine 2 à la bobine 1 (*fig.* 211), l'enroulement de 2
étant fait sur 1.

La limite pratique possible de dispersion minima serait

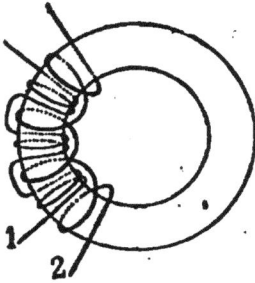
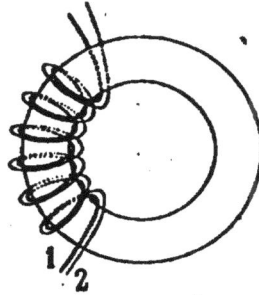

Fıg. 210.   Fıg. 211.

atteinte en composant un enroulement dans lequel les fils
des deux bobines seraient enroulés côte à côte; mais cette
disposition, outre sa difficulté d'exécution, ne se prêterait
pas à un bon isolement des deux circuits entre eux.

En pratique, on emploie soit le procédé de subdivisions
des enroulements en bobines élémentaires alternés (*fig.* 210),
soit la superposition des bobines primaire et secondaire
(*fig.* 211), ces deux procédés se prêtant à une réalisation
commode et à un bon isolement des bobines. On tend
beaucoup à employer la superposition des enroulements en
disposant le transformateur d'une manière telle qu'il soit
facile de remplacer l'une des bobines en cas d'accident.

Perte dans les transformateurs. — Les transformateurs
industriels sont généralement à circuit magnétique fermé ;
dans quelques types cependant on emploie un circuit
magnétique ouvert, mais tous sont caractérisés par l'emploi
de noyaux de fer qui permettent d'atteindre des valeurs de
rendement plus élevées.

Les causes de pertes sont les suivantes :

Pertes par effet Joule dans les enroulements ;

—   hystérésis dans le fer ;

—   courants de Foucault, dans le cuivre, dans le fer et dans les masses métalliques voisines.

PERTES PAR EFFET JOULE

Ces pertes, données par la relation générale

$$P = RI^2$$

dans laquelle $R = \rho \frac{l}{s}$, sont d'autant plus faibles, pour une intensité donnée que R est plus petit, c'est-à-dire, pour une longueur donnée de fil, que s est plus grand. ρ ne varie pas beaucoup, puisque c'est du cuivre qu'on emploie toujours comme conducteur. A volume égal de cuivre, la longueur de fil pourra être d'autant plus faible, pour un flux donné $\Phi = \frac{4\pi NI}{\mathcal{R}}$, que la réluctance magnétique du circuit sera plus faible ; mais, si la diminution de réluctance est obtenue par un accroissement de la section du fer, il en résulte une plus grande longueur par spire de fil. D'autre part, il est nécessaire d'avoir pour le circuit magnétique une longueur suffisante pour y loger le fil.

Les résistances des deux enroulements, primaire et secondaire, ne doivent pas dépasser, en général, dans les transformateurs à circuit fermé, une valeur correspondant à une perte par effet Joule de 1 p. 100 de la puissance maxima du transformateur. Le diamètre des fils ne doit pas être supérieur à 6 millimètres ; pour des sections plus grandes on met plusieurs fils en quantité.

PERTES PAR HYSTÉRÉSIS

La perte par hystérésis ne dépend que du volume de fer, de sa qualité, de la fréquence, c'est-à-dire du nombre de

périodes ou cycles par seconde et de la valeur maxima de
l'induction employée. Elle ne varie pas pour une même
valeur de $\mathfrak{B}_{max}$ avec la forme du courant, en admettant que
celui-ci ne présente pas, en passant de la valeur nulle à la
valeur maxima, des variations telles que des pointes dans
la courbe qui puissent donner lieu à des cycles par-
tiels.

La perte d'énergie pour un cycle et par centimètre cube
est donnée par la formule empirique de Steinmetz :

$$W = k\mathfrak{B}_{max}^{1,6},$$

dans laquelle k est un facteur rapporté à l'unité de volume et
d'autant plus petit que le fer présente moins d'hystérésis. Si
la fréquence du courant est $\frac{1}{T}$ et le volume total du fer V, on
aura pour la puissance perdue :

$$(1) \qquad P = \frac{V}{T} k . \mathfrak{B}_{max}^{1,6}.$$

A volume et qualité égaux de fer, P sera donc d'autant plus
grand pour un $\mathfrak{B}_{max}$ donné que la fréquence $\frac{1}{T}$ sera plus
élevée. Il y aura lieu de choisir les meilleures qualités de
fer, qui, tout en présentant une perméabilité élevée, ont un
facteur k faible, c'est-à-dire peu d'hystérésis.

La perméabilité élevée permet, pour un flux et une section
donnés, d'avoir un $\mathfrak{B}$ plus faible ou pour un $\mathfrak{B}$ fixé une section et par conséquent un volume plus petit.

Les valeurs de l'induction sont limitées par des considérations pratiques. Si on a $\mathfrak{B}$ très petit, il en résulte un volume
considérable; la perméabilité présente d'ailleurs un maximum
entre 4000 et 10000 gauss. Pratiquement, on prend des
valeurs de $\mathfrak{B}_{max}$ comprises entre 3000 et 7000 gauss.

En raison de l'accroissement des pertes avec la fréquence,
on emploie ordinairement des inductions d'autant plus
faibles que la fréquence est plus grande. M. Kolben a indiqué
les valeurs suivantes :

Fréquences en périodes par seconde	Induction maxima $\mathfrak{B}_{max}$ en gauss
40	5500 à 6500
50	5000 à 6000
60	4500 à 5000
80	4000 à 4500
100	3500 à 4000
120	3000 à 3500

La perte par hystérésis n'étant affectée que par la valeur de $\mathfrak{B}_{max}$, il y a lieu de se demander si, en conservant une valeur constante de cette perte, il n'y aurait pas une forme de courant primaire qui donnerait lieu au maximum de force électromotrice au secondaire [1].

Dans le cas d'une sinusoïde, la force électromotrice maxima est égale à :

$$E = \frac{2\pi}{T} \cdot \Phi \cdot N_2 \cdot 10^{-8} \text{ volts,}$$

et la force électromotrice efficace :

$$E_{eff} = \frac{E}{\sqrt{2}} = \frac{4,44}{T} \cdot \Phi \cdot N_2 \cdot 10^{-8} \text{ volts.}$$

Un courant représenté par une série de rectangles donnerait :

$$E_{eff} = \frac{4}{T} \cdot \Phi \cdot 10^{-8},$$

et un courant représenté par une série de triangles :

$$E_{eff} = \frac{4,62}{T} \cdot \Phi \cdot 10^{-8}.$$

Ces deux dernières valeurs, relatives à des courbes limites qu'on ne peut atteindre en pratique, montrent qu'une courbe plus en pointe qu'une sinusoïde donne lieu à une force électromotrice plus grande et qu'au contraire une courbe aplatie donne lieu à une force électromotrice plus petite que la sinusoïde de même période, les valeurs maxima étant les mêmes.

[1] Kapp, *Les Transformateurs à courants alternatifs.* — Traduction Dubsky et Chenet.

PERTES PAR COURANTS DE FOUCAULT

Les pertes par courants de Foucault se produisent dans le cuivre, dans le fer et dans les masses métalliques voisines. Une division convenable des parties dans lesquelles il y a des variations de flux, causes de ces courants de Foucault, diminue considérablement les pertes correspondantes. Dans les enroulements on évite les courants dans la masse en employant, lorsqu'on doit avoir une grosse section de conducteur, des lames ou plusieurs fils isolés de faible diamètre mis en quantité.

Dans le fer on divise la masse perpendiculairement à la direction des courants de Foucault. En pratique, on emploie soit des fils de fer, soit, plus généralement, des tôles qui donnent lieu à moins de place perdue et sont d'un emploi plus commode. Ces tôles ont en moyenne de 0,35 à 0,6 millimètre d'épaisseur; on les isole l'une de l'autre avec un vernis à gomme laque ou avec du papier mince collé avec un vernis. La section utile est alors égale à 0,85 ou 0,90 de la section totale; avec des fils de fer, la section utile est 0,75 à 0,80 de la section totale. Il est inutile de pousser la division des tôles plus loin en employant des épaisseurs moindres que 0,35 millimètre, car, pour cette épaisseur, la perte par courants parasites est sensiblement négligeable dans le fer, et une diminution d'épaisseur ne fait qu'augmenter le prix du transformateur et l'espace perdu par l'isolant.

Les pertes dans les masses métalliques voisines sont négligeables, lorsque le transformateur est construit de manière à ne pas présenter de dérivations magnétiques appréciables. On peut d'ailleurs sectionner convenablement les parties qui seraient le plus directement soumises à l'action de ces dérivations.

En somme, la perte par courants de Foucault étant rendue très faible, moins de 0,5 p. 100 de la puissance totale dans les transformateurs bien établis, les deux causes principales de pertes sont : l'hystérésis dans le fer et la perte par effet Joule dans le fil des bobines.

TYPES INDUSTRIELS DE TRANSFORMATEURS

Classification. — On distingue parmi les différents systèmes de transformateurs deux types différents : les transformateurs à noyaux et les transformateurs cuirassés.

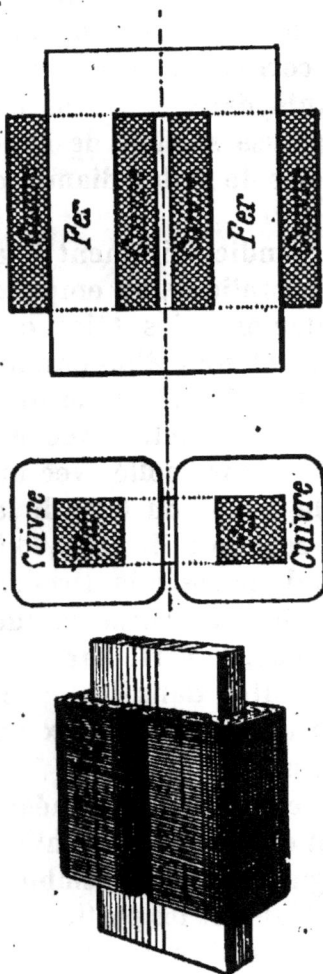

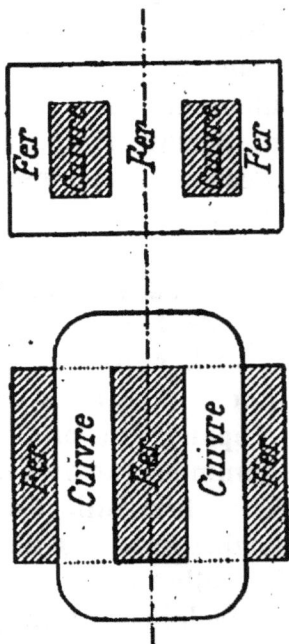

Fig. 212. — Transformateur à noyaux.   Fig. 213. — Transformateur cuirassé.

Les premiers, dont un type est représenté figure 212, ont la surface extérieure de leurs bobines exposée à l'air ; ils sont caractérisés par un circuit magnétique simple.

Les seconds ont leurs bobines noyées dans le fer sur une

partie de leur longueur ; ils sont caractérisés par un double circuit magnétique (*fig.* 213).

Les types à noyaux ont, en général, un petit poids de fer et une faible longueur moyenne des spires; mais, en raison de la section de fer, il faut un grand nombre de spires et une assez grande longueur de circuit magnétique pour enrouler ces spires. Ils permettent un montage facile des bobines et, de plus, ces dernières sont mieux exposées pour le refroidissement.

Les types cuirassés permettent de réaliser des circuits magnétiques très courts ; le poids de fil diminue, mais celui du fer augmente. Dans la plupart des types de ce système, le montage et le remplacement des bobines sont plus difficiles à exécuter que dans les types à noyaux.

Certains transformateurs sont à circuit magnétique ouvert ; le type de ces transformateurs est celui de M. Swinburne, appelé transformateur hérisson à cause de sa forme particulière. Il résulte du fait de l'ouverture du circuit une perte moins grande par hystérésis, mais le courant à vide est plus élevé que dans les types à circuit fermé.

Les transformateurs pour courants triphasés sont uniquement du type à noyaux ; il y a toujours trois noyaux disposés suivant les arêtes d'un prisme triangulaire ou parallèlement dans le même plan, les extrémités étant, dans les deux cas, réunies par des armatures.

Échauffement. — Perte à vide. — Les pertes d'énergie pendant la marche des transformateurs se traduisent par un dégagement de chaleur qui porte le transformateur à une température telle qu'il y ait équilibre entre la perte d'énergie électrique et la perte de chaleur par rayonnement et convection. L'accroissement de température est d'autant plus grand pour une perte de puissance donnée, que la surface de rayonnement est plus petite et que la convection se fait moins bien. Dans certains types on favorise les effets de convection par des dispositions spéciales. D'une manière générale on donne à la surface de refroidissement une valeur d'au moins 20 centimètres carrés par watt dissipé lorsque le transformateur est à l'air libre. S'il est enfermé ou situé

dans un endroit où le refroidissement ne peut facilement
s'opérer, il faut au moins 30 à 40 centimètres carrés par
watt dépensé.

Lorsqu'un transformateur fonctionne à vide, c'est-à-dire
que le circuit secondaire est ouvert, il prend une certaine
puissance correspondant à la perte par hystérésis et par
courants de Foucault. La perte par échauffement de fil, due
au faible courant qui y passe, est en général négligeable
devant les deux autres pertes. M. Fleming a déterminé par
de nombreuses expériences les variations de la perte par
hystérésis et courants de Foucault en fonction de la puissance utile fournie par le transformateur. Il a trouvé que
ces pertes restaient très sensiblement les mêmes en charge
et à vide pour les transformateurs à circuit fermé. En mesurant la puissance absorbée à vide, on a donc les pertes par
hystérésis et courants de Foucault. Il est possible de séparer
les deux pertes en faisant deux expériences à des fréquences
différentes en ayant toujours la même valeur maxima d'induction, les pertes par hystérésis étant proportionnelles à la
fréquence et les pertes par courants de Foucault au carré de
la fréquence.

La perte en charge est égale à la perte par hystérésis et
courants de Foucault (mesurée par la puissance absorbée à
vide), augmentée de la perte par effet Joule dans les enroulements.

Transformateurs des ateliers d'Oerlikon. — Les ateliers
d'Oerlikon construisent des transformateurs à courants
alternatifs simples et à courants triphasés. Les premiers
sont constitués, pour les puissances au-dessous de 20 kilowatts, d'un noyau composé de tôles de différentes largeurs de manière à obtenir une section sensiblement circulaire ; ces tôles sont assemblées au moyen de plaques en
laiton et de boulons. Les bobines, enroulées d'avance, sont
disposées concentriquement sur le noyau et isolées l'une de
l'autre par des cylindres de carton. Le circuit magnétique
est complété par deux culasses en forme d'U, l'une à la
partie inférieure sur laquelle on pose le noyau central,
l'autre à la partie supérieure reposant sur le noyau. Le

tout est disposé dans une boîte en fonte qui permet de
serrer les culasses sur le noyau. Pour protéger les bobines,
des tôles perforées sont disposées de chaque côté.

Pour les puissances au-dessus de 20 kilowatts, la disposition adoptée par les transformateurs à courants alternatifs
simples est la même que pour les transformateurs à courants
triphasés, au nombre près de noyaux et bobines. Il y a respectivement deux ou trois noyaux verticaux réunis magnétiquement à leurs extrémités supérieures et inférieures
par des traverses ou des anneaux composés de tôle de fer.

Dans la première disposition, les axes des trois noyaux
sont dans un même plan, et dans la seconde ils sont disposés suivant les arêtes d'un prisme triangulaire. Chacun
de ces noyaux reçoit une bobine primaire et une bobine
secondaire, de la longueur du noyau, enroulées séparément d'après gabarit de manière à pouvoir être placées
concentriquement sur le noyau; elles sont séparées du fer
par des disques isolants et par un cylindre de papier;
et l'une de l'autre par un cylindre de papier. En enlevant
la partie supérieure qui fait corps avec le couvercle de pro-
tection on peut facilement et rapidement remplacer une
bobine; le tout est protégé par des tôles perforées.

Ces transformateurs se construisent normalement pour
des tensions variant de 1000 à 5000 volts et avec différents
rapports de transformation. Le rendement industriel est de
93 à 98 p. 100 à pleine charge, la perte dans le fer variant de
4 à 1 p. 100. La chute de tension des transformateurs à
lumière est de 1,5 à 2,5 p. 100 entre la marche à vide et
celle à pleine charge.

Transformateurs Kapp. — Les noyaux et culasses sont
composés de tôles ordinaires droites, placées de manière à
présenter des tenons et mortaises aux quatre angles de la
carcasse. La forme obtenue est celle d'un rectangle, les
bobines étant placées sur deux côtés parallèles. Ces tôles
sont serrées par des boulons isolés.

Pour le montage, les bobines, préalablement enroulées
sur un cylindre en papier muni de brides à son extrémité inférieure afin que l'enroulement ne puisse glisser, sont

disposées concentriquement sur les deux noyaux déjà assemblés à la culasse inférieure ; on pose ensuite la culasse supérieure. Le tout est enfermé dans une boîte en fonte pouvant être remplie d'huile isolante, ce qui permet de placer le transformateur dans les endroits humides. Dans un endroit sec on remplace l'enveloppe en fonte par de la tôle perforée, ce qui convient mieux pour le refroidissement.

Transformateurs Labour. — Ces transformateurs, construits par la Société « l'Éclairage électrique » se composent de noyaux dont les feuilles de tôle, en forme d'**U**, n'ont pas toutes la même largeur de manière à produire une denture facilitant le refroidissement ; les tôles sont isolées par un vernis qui, en durcissant, forme un bloc qui ne produit pas le ronflement particulier à certains transformateurs. Les bobines sont enroulées sur des supports en bois imprégnés de gomme laque de dimensions telles que la bobine primaire entre sur le noyau et la bobine secondaire sur la première. Le circuit magnétique est formé par un bloc de tôles réunissant les extrémités de l'**U**. L'ensemble est serré dans un cadre en fonte maintenu par des boulons et repose sur des semelles isolantes.

Pour les courants triphasés, la disposition des bobines est la même ; les tôles employées ont la forme d'un double **U**.

Pour les très hautes tensions, les transformateurs sont disposés dans un isolant liquide. La Société l'Éclairage électrique a pu ainsi faire fonctionner un transformateur de 4000 watts à une tension normale de 25000 volts ; aux essais, la tension a pu sans inconvénient être portée à 40000 volts. Le rendement à puissance maxima était de 94 p. 100.

Transformateur de Ferranti. — Deux bobines primaire et secondaire étant placées l'une dans l'autre et sur des tôles planes de forme rectangulaire, on replie les tôles sur les deux bouts des bobines de manière à entourer complètement ces dernières (*fig.* 214). Les longueurs des tôles sont telles que les deux extrémités d'une même tôle se recouvrent sur une certaine étendue.

L'enroulement à basse tension est composé de lames de

cuivre isolées et l'enroulement à haute tension est séparé du premier par une couche de papier paraffiné et bobiné par dessus.

Le transformateur est enfermé dans une caisse en fonte.

Un transformateur d'une puissance de 20 chevaux, soit sensiblement 15 kilowatts, essayé par M. Fleming sur un

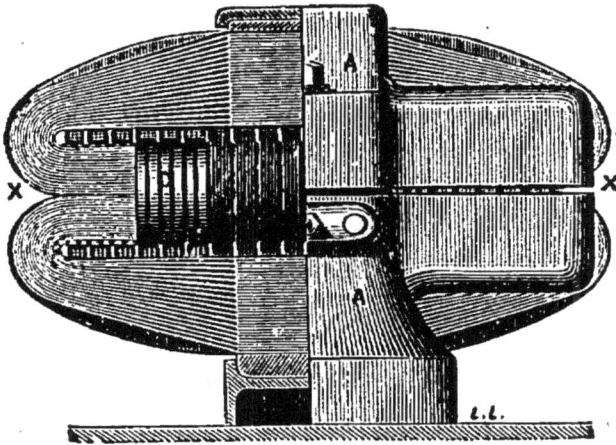

Fig. 214. — Transformateur de Ferranti.

courant de fréquence égale à 82,7 périodes par seconde, présentait les valeurs suivantes :

Primaire. — Différence de potentiel efficace en volts. 2400
Résistance à chaud, en ohms........... 2,75

Marche à vide

Courant en ampères 0,112
Décalage (cos φ)........................... 0,86
Puissance apparente en watts..................... 269
— réelle — 230
Perte par hystérésis et courant de Foucault en p. 100. 1,5

Marche à pleine charge

Courant en ampères............................. 6,5
Décalage (cos φ)............................. 0,98
Puissance réelle en watts...................... 15322
Perte dans le cuivre en watts................... 116

Secondaire. — Résistance en ohms.................. 0,0061

Marche à vide

Différence de potentiel en volts................... 100

Marche à pleine charge

Différence de potentiel en volts.................. 97,9
soit une chute en p. 100 de...................... 2,1
Intensité du courant, sur résistance non inductive, en
ampères... 151,44
Puissance utile, en watts........................ 14828
Perte dans le cuivre, en watts................... 138
Rendement en p. 100 96,6

Le rendement se maintenait à des valeurs très élevées, même pour des charges faibles.

Charge	2,5	p. 100 de puissance normale, rendement..			0,62
—	10	—	—	..	0,865
—	30	—	—	..	0,95
—	100	—	—	..	0,966

Transformateur Patin. — Le circuit magnétique se compose de tôles découpées en forme d'**U**, emmanchées successivement par l'un et par l'autre des bouts des bobines, de manière à constituer un circuit fermé. Les tôles ne sont isolées les unes des autres, au moyen de papier, que de deux en deux, les tôles opposées se touchant par la face non isolée. Le tout est serré entre deux plaques de fonte boulonnées.

Le circuit à basse tension, comprenant une seule bobine, est à l'intérieur du circuit à haute tension formé de huit bobines isolées les unes des autres.

Un transformateur de 4 kilowatts, pour la fréquence de 82 périodes par seconde, les différences de potentiel efficaces étant de 2400 volts au primaire et 100 volts au secondaire, les intensités efficaces correspondantes 1,7 ampère et 40 ampères, a, comme nombre de spires au primaire, 1080 spires de fil de 0,16 centimètre de diamètre d'un poids total de 17,4 kilogrammes et d'une résistance de 7,04 ohms, et au secondaire 45 spires de 3 fils en quantité ayant chacun 0,43 centimètre de diamètre d'un poids total de 16,8 kilogrammes et une résistance de 0,46 ohms. La dépense à vide est de 2 p. 100 de la puissance maxima, et le rendement à pleine charge de 95 p. 100.

Transformateurs de la Cie de Fives-Lille. — Ces transformateurs sont du type à noyaux. Les noyaux sont formés de

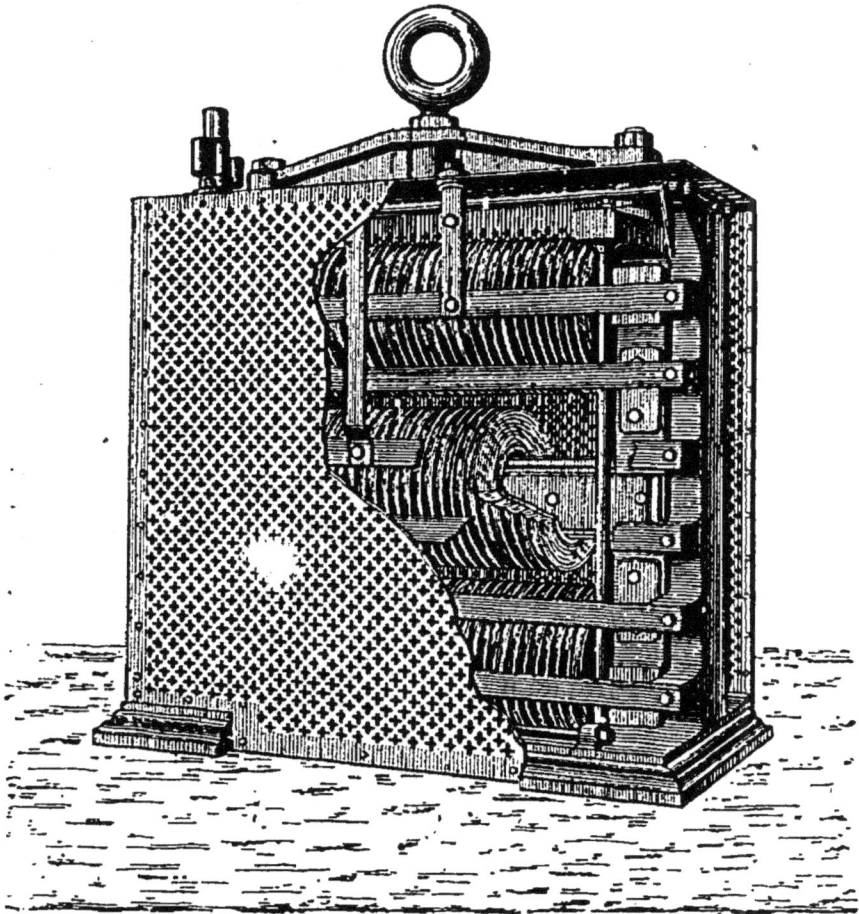

Fɪɢ. 215. — Transformateur à courants triphasés de la Cie de Fives-Lille.

feuille de tôle de largeurs différentes de manière à présenter une section sensiblement circulaire ; ils sont disposés horizontalement dans un plan vertical (*fig.* 215) et réunis par des culasses également en tôle dont les plaques d'extrémités viennent coulisser dans les noyaux.

Les bobinages primaire et secondaire placés sur les noyaux sont sectionnés en un grand nombre de bobines alternées de manière à n'avoir qu'une faible dispersion. La figure 215 représente un transformateur à courants triphasés.

Certains types à noyaux verticaux ont une disposition analogue à celle des transformateurs d'Oerlikon : les bobines primaire et secondaire sont l'une à l'intérieur de l'autre. Un certain vide est laissé entre les noyaux et le bobinage à haute tension, et entre ce dernier et la bobine qui lerecouvre de manière à faciliter le refroidissement par circulation d'air.

La valeur maxima de l'induction ne dépasse pas 5000 gauss pour une fréquence de 50 périodes par seconde. Le rendement varie de 95 p. 100 pour un type de 20 kilowatts à 98 p. 100 pour un type de 160 kilowatts.

Transformateurs Helmer. — Construits par la Société Cail, ces appareils présentent la particularité d'un circuit magnétique dont on peut faire varier à volonté la réluctance entre deux valeurs-limites, ce qui leur a fait donner par M. Helmer le nom de transformateurs à circuit magnétique entr'ouvert.

Le circuit magnétique est composé de feuilles de tôle empilées et serrées entre deux plaques de fonte. Au centre peut se déplacer un cylindre formé de feuilles de tôle échancrées. Les enroulements primaire et secondaire sont disposés dans les vides laissés sur le circuit magnétique.

Un transformateur d'une puissance de 24 kilowatts marchant sur un courant d'une fréquence de 69 périodes par seconde avec 2400 volts au primaire et 120 volts au secondaire a : 512 spires de fil dans le primaire et un poids de cuivre de 44,6 kilogrammes. Dans le secondaire : 26 spires d'un poids total de 45,8 kilogrammes. La section du circuit magnétique est de 350 centimètres carrés, l'induction maxima de 5000 gauss et le poids de fer de 265 kilogrammes.

Transformateurs Swinburne. — Ces transformateurs sont à circuit magnétique ouvert. Le noyau sur lequel sont disposées les bobines se compose de fils de fer doux dont les extrémités s'épanouissent en demi-sphères hors des bobines. Le secondaire, composé de plusieurs bobines, est disposé sur le noyau ; le primaire en quatre bobines est mis dans le secondaire (*fig.* 216).

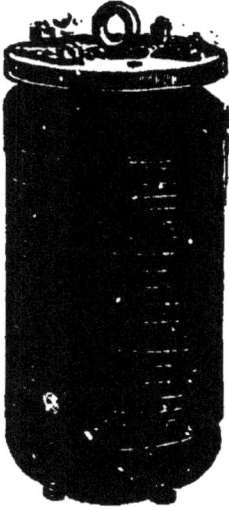

MM. Bedell, Muller et Wagner ont fait des essais sur un type de 3000 watts, la fréquence étant de 130 périodes par seconde :

Le primaire, alimenté sous une différence de potentiel efficace constante de 1000 volts, avait douze couches de fil de 1,8 millimètre de diamètre formant 1426 spires ; la résistance était de 2,75 ohms et le poids de fil de 13,2 kilogrammes.

Fig. 216. — Transformateur Swinburne.

Le secondaire, composé de 73 spires en deux couches de fil formé de dix-neuf brins de 1,45 millimètre de diamètre d'un poids total de 5,6 kilogrammes et d'une résistance de 0,0149 ohm, donnait 50,5 volts efficaces à circuit secondaire ouvert et à pleine charge, soit pour 3000 watts de puissance utile 48,7 volts, d'où un abaissement de tension de 3,6 p. 100.

Le courant à vide avait une valeur très élevée : 0,93 ampère, soit environ le quart du courant de pleine charge ; mais le facteur de puissance très faible, cos $\varphi = 0,028$, correspondait à une puissance absorbée à vide de 26,1 watts seulement, soit moins de 0,9 p. 100 de la puissance normale.

Le facteur de puissance dans les bons transformateurs à circuit fermé varie de 0,6 à 0,85 à vide. En admettant une perte à vide de 2 p. 100, ce qui est un chiffre normal, on voit qu'un type de 3000 watts à circuit fermé absorbe à vide un courant qui est seulement d'environ le dixième ou le quinzième du courant pris par un transformateur à circuit ouvert.

Les transformateurs à circuit fermé ont une perte dans le fer par hystérésis et courants de Foucault qui est toujours plus élevée que dans les types à circuit ouvert, mais, par contre, la perte dans le cuivre est beaucoup plus faible dans les premiers en raison du moins grand nombre de spires nécessaires et, dans les bons transformateurs, les deux différences se compensent sensiblement à partir d'une valeur faible de la charge. Il en résulte que les rendements sont à peu près les mêmes à partir de cette charge, avec l'avantage pour les types à circuit fermé du courant à vide beaucoup plus faible.

Les pertes à pleine charge dans le transformateur Swinburne essayé par MM. Bedell, Muller et Wagner se répartissaient ainsi :

Circuit primaire.......................	27,4 watts
— secondaire.....................	30,5 —
Hystérésis.............................	22,0 —
Courants de Foucault..................	4,0 —
Soit un total de........................	83,9 watts

et un rendement de 96,46 p. 100.

Ces chiffres correspondent à une puissance utile d'environ 2300 watts.

Transformateur Scott. — Ces appareils servent à transformer le courant diphasé en courant triphasé et inversement.

Deux transformateurs T_1 et T_2 (*fig.* 217) ont leurs bobines primaires 1 et 2 reliées à la génératrice diphasée. Les bobines secondaires sont reliées comme l'indique la figure et possèdent trois bornes A, B et C reliées au circuit d'utilisation en un point commun O au milieu de BC. Les courants primaires étant décalés de $\frac{1}{4}$ de pé-

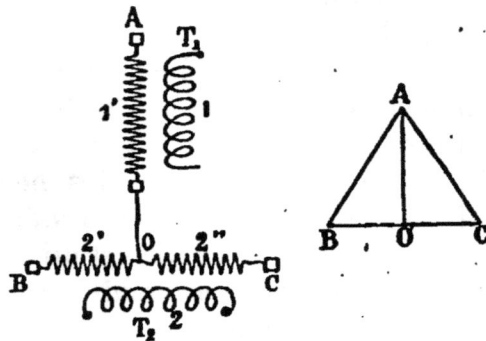

Fig. 217. — Schéma du transformateur Scott.

riode, il en est de même pour les forces électromotrices secondaires. La force électromotrice entre les points A et B se compose de deux forces électromotrices, l'une dans

1' due à 1 et l'autre dans 2' due à 2, et décalées de 1/4 de période. Il en est de même entre A et C.

OA représentant la composante qui prend naissance dans 1', OB celle qui prend naissance dans 2' et OC dans 2'', AB, BC et CB représentent respectivement les forces électromotrices entre les points A, B et C. Pour avoir un système triphasé, il faut que le triangle ABC soit équilatéral, c'est-à-dire qu'on ait AO = 0,867. BC.

Si l'on met par exemple 1000 spires dans BC, c'est-à-dire 500 pour 2' et 500 pour 2'', on doit en avoir 867 pour 1'.

Redresseur Pollak [1]. — L'appareil Pollak permet de redresser le courant alternatif pour la charge des accumulateurs. Son organe essentiel est un commutateur monté dans le prolongement de l'axe d'un moteur synchrone qui fonctionne avec un courant alternatif de même fréquence que celui que l'on veut redresser. Le commutateur se compose d'autant de segments qu'il y a de pôles au moteur ; si, par exemple, ce dernier a huit pôles, il y aura huit segments disposés à la périphérie du commutateur, comme il est indiqué schématiquement sur la figure 218. Ces segments n'occupent pas chacun le huitième de la circonférence, car il existe un intervalle assez grand entre chacun d'eux. Les segments 1, 2, 3 et 4 sont groupés en quantité sur une couronne M, fixée sur l'axe et reliée à l'un des fils S d'arrivée du courant alternatif. L'autre fil R du circuit à courant alternatif est réuni à la couronne N, calée également sur l'axe et dont les segments 5, 6, 7 et 8 alternent avec ceux de la couronne M.

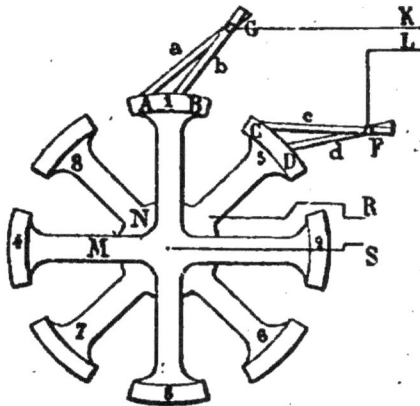

Fig. 218.
Schéma du redresseur Pollak.

Les deux balais G et F qui frottent sur deux touches succes-

[1] JACQUIN, *la Lumière électrique*, 1893, t. L, p. 54.

sives telles que 1 et 5 sont reliés aux fils K et L conduisant au circuit d'utilisation.

Il résulte de cette disposition que la polarité de chaque groupe de quatre segments change à chaque huitième de tour, en même temps que les segments en contact changent de balai. En raison de l'angle d'écart assez grand entre deux segments successifs, le courant n'est recueilli que pendant une fraction de la période et, comme on se propose de charger des accumulateurs, on s'arrange de manière que la prise de courant se fasse à partir du moment où la force électromotrice du courant alternatif est supérieure à la force électromotrice des accumulateurs et cesse dès qu'elle est redescendue à cette valeur.

Avec un réglage convenable, obtenu en faisant varier l'angle de calage des balais, on arrive à éviter les étincelles même avec des courants assez intenses. Il est évident que le rendement d'un tel appareil peut être très élevé, car l'unique dépense d'énergie appréciable est celle employée pour l'actionnement du moteur synchrone qui intervient d'ailleurs d'autant moins que la puissance convertie par l'appareil est plus considérable.

Dans les essais auxquels il a été soumis, le fonctionnement pratique du redresseur Pollak a été très satisfaisant.

Convertisseur Hutin et Leblanc (*fig.* 219). — L'appareil de MM. Hutin et Leblanc permet la transformation de courants triphasés en courant continu et réciproquement. La théorie de l'appareil, appelé *panchahuteur*, est relativement simple. Si l'on considère un induit à courant continu, par exemple un anneau Gramme bipolaire formé de douze bobines induites et comportant par conséquent douze lames au collecteur, chacune des bobines prise isolément est le siège d'un courant alternatif dont la période correspond, dans le cas d'une machine bipolaire, à un tour complet de la bobine.

Les douze courants des douze bobines sont décalés l'un par rapport au précédent ou au suivant de $\frac{1}{12}$ de période. La fonction du collecteur est de redresser ces courants alternatifs et de les ajouter de manière à former un courant sensiblement continu. Si l'on suppose maintenant qu'on ait produit, en partant de courants triphasés, douze courants alternatifs décalés de $\frac{1}{12}$ de période, il suffira, pour les transformer en courant continu, de reproduire ce que réalise le collecteur de l'induit.

Fig. 219. — Convertisseur Hutin et Leblanc.

précédent. On reliera l'un des courants alternatifs aux lames 1 et 2 d'un collecteur à douze lames, le courant suivant aux lames 2 et 3, et ainsi de suite. On fera tourner ensuite ce collecteur à une vitesse angulaire telle qu'un tour entier corresponde exactement à la période du courant alternatif. Deux balais calés à 180° l'un de l'autre sur ce collecteur capteront le courant continu ainsi produit.

Les connexions entre les douze courants alternatifs et les lames du collecteur se feront par l'intermédiaire de douze bagues collectrices, fixées sur l'arbre du collecteur, sur lesquelles appuieront douze frotteurs d'amenée de courant.

L'ensemble ainsi constitué tournera synchroniquement avec le courant alternatif à transformer, grâce à un moteur synchrone qui le commandera.

Il reste maintenant à produire ces douze courants au moyen de courants triphasés. On se servira d'un transformateur portant trois bobines primaires et un plus grand nombre de bobines secondaires reliées entre elles et formant douze circuits secondaires. L'armature est analogue à celle d'un transformateur triphasé. En ajoutant dans chaque circuit secondaire les forces électromotrices de deux ou trois bobines d'un nombre égal de spires placées sur des noyaux différents, on réalise les douze courants alternatifs décalés de $\frac{1}{12}$ de période.

La transformation inverse de courant continu en courant triphasé se fait en produisant d'abord au moyen du collecteur tournant douze courants alternatifs, puis au moyen du transformateur, trois courants seulement formant un système triphasé.

CALCUL D'UN TRANSFORMATEUR

COEFFICIENTS PRATIQUES

Induction maxima en gauss (d'autant moins élevée que la fréquence est plus grande, page 370).......	3500 à 8000
Épaisseur des tôles en millimètres.............	0,3 à 0,6
Section utile de fer en fonction de la section totale...	0,80
Perte par hystérésis et courants de Foucault en fonction de la puissance normale...............	0,01 à 0,04
Diamètre maximum des fils en millimètres.....	6

Puissance perdue dans chacun des enroulements,
primaire et secondaire, en fonction de la puissance
normale.. 0,01 à 0,02

Perte totale en fonctic : de la puissance normale. 0,03 à 0,06

Valeur moyenne du facteur de puissance à vide
pour les transformateurs à circuit magnétique
fermé.. 0,75

Surface de refroidissement en centimètres carrés
par watt, total fer et cuivre : transformateur à l'air
libre.. 20 à 50

Dérivations magnétiques à pleine marche en
fonction du flux total (bobines les unes dans les
autres).. 0,01

Calcul d'un transformateur. — Soit à calculer un transformateur d'une puissance normale P devant servir pour un
courant de fréquence $\frac{1}{T}$ sous une différence de potentiel primaire u_1, avec une force électromotrice E_2 au secondaire.

Le type de transformateur étant choisi, à noyaux, par
exemple, on fixe la valeur du rendement à charge maxima,
ce qui permet de répartir les différentes pertes : effet Joule
dans les deux enroulements, hystérésis et courants de Foucault dans le fer. La valeur de l'induction maxima est
également fixée, d'autant plus faible que la fréquence est
plus grande (p. 370).

La valeur de la perte par hystérésis p_h, qui est une fraction
de la perte totale p, permet de déterminer le volume de fer V
du transformateur, d'après la relation (p. 370) :

$$p_h = \frac{kV\mathfrak{B}_{max}^{1,6}}{T} \cdot 10^{-7} \text{ watts,}$$

k étant le coefficient de la formule de Steinmetz correspondant à la qualité de la tôle de fer choisie pour la construction du transformateur. — On a :

$$(1) \qquad V = \frac{p_h T \cdot 10^7}{k\mathfrak{B}_{max}^{1,6}}.$$

Le volume de fer étant connu permet de fixer des dimensions pour la carcasse du fer, en tenant compte que la section

du fer n'est, en raison de l'isolement des tôles, que 0,8 environ de la section totale. On prend, en général, une section carrée dont on arrondit les angles en mettant des tôles de largeur décroissante.

La force électromotrice secondaire efficace est :

$$E_2 = \frac{\omega \Phi_{max} N_2}{\sqrt{2}} \cdot 10^{-8} \text{ volts}$$

$$= \frac{2\pi}{\sqrt{2}} \cdot \frac{\Phi_{max} N_2}{T} \cdot 10^{-8}$$

$$= 4,44 \frac{\mathcal{B}_{max} S N_2}{T} \cdot 10^{-8}$$

De cette dernière relation on tire le nombre des spires N_2 du secondaire :

$$(2) \qquad N_2 = \frac{E_2 T}{4,44 \mathcal{B}_{max}.S} \cdot 10^8.$$

Le nombre de spires de l'enroulement primaire est égal à :

$$(3) \qquad N_1 = \frac{U_1}{E_2} \cdot N_2.$$

On augmente N_1 de 1 p. 100 pour compenser l'effet des dérivations magnétiques.

Les pertes par effet Joule sont réparties également dans les enroulements. Si l'on suppose cette perte égale à p_1 pour chaque enroulement et que la bobine primaire soit à l'extérieur de la secondaire, la carcasse étant déterminée permet d'obtenir la longueur approximative l_2 de la spire moyenne secondaire. On a alors pour résistance du fil, de diamètre d :

$$r_2 = \rho \frac{L}{s} = \rho \frac{4 l_2 N_2}{\pi d^3}.$$

D'autre part, I_2 étant l'intensité efficace maxima au secondaire et p_1 la perte par effet Joule, on a :

$$p_1 = r_2 I_2^2.$$

Ces deux relations permettent de déduire le diamètre d_2 du fil à employer :

(4) $$d_2 = 2I_2 \sqrt{\frac{\varrho l_2 N_2}{\pi p_1}}.$$

Ce diamètre est celui du fil nu. Il convient de le recouvrir d'une couche d'isolant qui augmentera le diamètre d'environ 0,5 à 0,7 millimètre. L'emplacement nécessaire pour le fil sera calculé, ce qui permettra de déterminer la résistance exacte et, au besoin, de corriger légèrement la valeur du diamètre pour se trouver dans les conditions de perte fixées.

La bobine secondaire déterminée, on fixe une valeur l_1 pour la spire moyenne de la bobine primaire, en tenant compte de l'épaisseur de l'isolant entre les deux bobines supposées mises l'une dans l'autre. Le nombre de spires N_1 étant connu (formule 3), une relation analogue à celle qui a servi plus haut (4) donne le diamètre du fil :

(5) $$d_1 = 2I_1 \sqrt{\frac{\varrho l_1 N_1}{\pi p_1}},$$

qu'il peut également y avoir lieu de rectifier comme pour la bobine secondaire.

Il peut se faire que les dimensions fixées pour la carcasse soient trop petites ou trop grandes, c'est-à-dire ne permettent pas le logement des bobines ou laissent trop de place perdue entre les deux bobines. On rectifiera les dimensions de la carcasse et on calculera à nouveau les bobines. On vérifiera ensuite les densités de courant dans les fils. Enfin on calculera la perte totale et la surface totale de refroidissement et on verra si l'on se trouve dans de bonnes limites. Si la surface de refroidissement était trouvée insuffisante, il y aurait lieu d'allonger les noyaux, ce qui donnerait lieu à un nouveau calcul.

Application numérique. — Soit à calculer un transformateur d'une puissance utile de 10 kilowatts, devant servir sur un courant de fréquence $\frac{1}{T} = 80$ périodes par seconde ; la différence de potentiel primaire étant de 2400 volts et la force électromotrice au secondaire de 100 volts. Choisissons un type à noyaux tel que celui qui est représenté figure 212; les pertes seront évaluées de la manière suivante :

Perte par effet Joule dans chaque enroulement à pleine charge : 1,5 p. 100, soit 150 watts ;

Perte par hystérésis et courant de Foucault : 2 p. 100, soit 200 watts, ce qui correspond à un rendement à pleine charge de 95 p. 100, à une puissance primaire de 10500 watts et à une perte de 500 watts.

Si l'on donne à $\mathfrak{B}_{max}$, d'après les chiffres de M. Kolben (p. 371) une valeur de 4000 gauss, en portant les valeurs suivantes dans la relation (1) (p. 388):

$$p_h = 160 \text{ watts,}$$
$$T = \frac{1}{80} \text{ seconde,}$$
$$k = 0{,}003 \text{ (bonne tôle de fer),}$$
$$\mathfrak{B}_{max} = 4000 \text{ gauss } (\mathfrak{B}_{max}^{1,6} = 580000),$$

on a pour le volume de fer :

$$V = \frac{160 \cdot 10^7}{0{,}003 \cdot 80 \cdot 580000} = 11500 \text{ centim. cubes,}$$

soit un poids de fer de 90 kilogrammes environ.

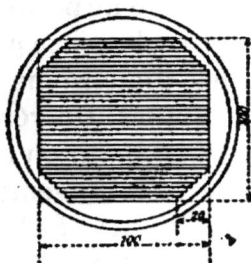

Fig. 220.

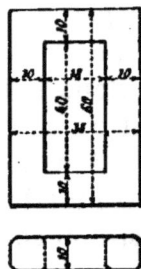

Fig. 221.

En prenant pour la carcasse de fer une section carrée de 10 centimètres de côté avec les coins en biais de 2 centimètres (*fig.* 220), on obtient une section totale de :

$$100 - 8 = 92 \text{ centimètres carrés,}$$

et une section utile de fer de :

$$S = 92 \cdot 0{,}8 = 74 \text{ centimètres carrés.}$$

En donnant à la carcasse les dimensions indiquées (*fig.* 221), on a un volume de fer de :

$$V = 2 . 40 . 74 + 2 . 38 . 74 = 11544 \text{ centimètres cubes}$$

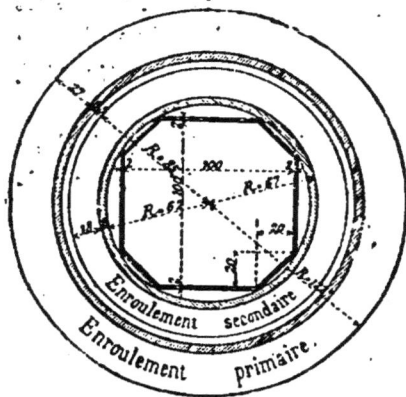

FIG. 222.

qui correspond au volume trouvé précédemment (11500 centimètres cubes).

On enroulera les noyaux avec une bande de toile d'une épaisseur de 1 à 2 millimètres, et on laissera encore un jeu de 2 millimètres pour glisser la bobine secondaire supposée enroulée sur un cylindre de carton de 5 millimètres d'épaisseur. On arrivera ainsi à un rayon extérieur du cylindre de 6,7 centimètres (*fig.* 222).

En comptant une épaisseur d'enroulement secondaire égale à 2 centimètres, le rayon de la spire moyenne sera de 7,7 centimètres, d'où une longueur de spire de :

$$l_2 = 2\pi . 7,7 = 48,4 \text{ centimètres,}$$

soit en chiffres ronds :

$$l_2 = 49 \text{ centimètres.}$$

Portant dans la relation (2) (p. 389) les valeurs

$$E_2 = 100 \text{ volts,}$$
$$T = \frac{1}{80} \text{ seconde,}$$
$$\mathcal{B}_{max} = 4000 \text{ gauss,}$$
$$S = 74 \text{ centimètres carrés,}$$

il vient pour N_2 :

$$N_2 = \frac{100 . 10^8}{4,44 . 4000 . 74 . 80} = 95 \text{ spires.}$$

La relation (4) donne le diamètre du fil en portant les valeurs

$$I_2 = \frac{P_u}{E_2} = \frac{10000}{100} = 100 \text{ ampères,}$$

$$\rho = \frac{2}{10^6} \text{ ohm-centimètre (cuivre à 60° C.),}$$

$l_2 = 49$ centimètres,

$N_2 = 95$ spires,

$p_1 = 150$ watts,

d'où :

$$d_2 = 200 \sqrt{\frac{2 \cdot 49 \cdot 95}{10^6 \cdot 150 \cdot \pi}} = 0{,}888 \text{ centimètre.}$$

On trouve pour le diamètre 8,9 millimètres ; mais, à cause des courants de Foucault, on ne doit pas employer de fils de plus de 6 millimètres de diamètre.

On remplacera donc le fil de 8,9 millimètres par trois fils en quantité de 5,2 millimètres de diamètre chacun, présentant la même section totale (63,6 millimètres carrés au lieu de 62,2 millimètres carrés).

On recherchera l'emplacement pris par ce fil : le guipage augmentera le diamètre et on peut compter 5,9 millimètres de diamètre total.

On a trouvé 95 spires. On en placera 48 sur chaque noyau, soit 96 en tout. Les noyaux ont 40 centimètres de hauteur ; les trois fils étant enroulés ensemble, 1 spire (3 fils en quantité) occupera $3 \cdot 5{,}9 = 17{,}7$ millimètres de hauteur, et on placera par couche :

$$\frac{40}{1{,}77} = 22 \text{ spires.}$$

En ne prenant que 20 spires, il y aura deux couches de 20 spires et la troisième couche ne comportera que 8 spires seulement. L'épaisseur de l'enroulement sera de près de 18 millimètres.

Si l'on compte 5 millimètres d'intervalle entre le cylindre de carton portant l'enroulement primaire et la bobine secondaire et 5 millimètres d'épaisseur pour ce carton, on aura pour rayon intérieur des bobines primaires :

$$67 + 18 + 5 + 5 = 95 \text{ millimètres.}$$

On prendra 3 centimètres comme épaisseur de la bobine primaire, le rayon de la spire moyenne sera :

$$95 + 15 = 110 \text{ millimètres,}$$

et la longueur de spire moyenne de :

$$l_1 = 2\pi \cdot 11 = 69,1 \text{ centimètres.}$$

La relation (3) donne pour le nombre de spires N_1 de la bobine primaire :

$$N_1 = \frac{U_1}{E_2} \cdot N_2 = \frac{2400}{100} \cdot 95 = 2280 \text{ spires.}$$

On augmentera cette valeur de 1 p. 100 (p. 389) ; soit :

$$N_1 = 2300 \text{ spires,}$$

ce qui donne 1150 spires par bobine.

En portant dans la relation (5) (p. 390) les valeurs :

$$I_1 = \frac{10500}{2400} = 4,4 \text{ ampères,}$$

$$\rho = \frac{2}{10^6} \text{ ohm-centimètre,}$$

$$l_1 = 69 \text{ centimètres,}$$

$$N_1 = 2300 \text{ spires,}$$

$$p_1 = 150 \text{ watts,}$$

on trouve pour le diamètre du fil :

$$d_1 = 2 \cdot 4,4 \sqrt{\frac{2 \cdot 69 \cdot 2300}{10^6 \cdot \pi \cdot 150}} = 0,228 \text{ centimètre,}$$

soit 2,3 millimètres. On peut compter avec le fil guipé 3 millimètres, ce qui donne par couche (sur une hauteur de 40 centimètres) :

$$\frac{400}{3} = 133 \text{ spires,}$$

soit 130 spires seulement par couche: Avec 9 couches on

aura en tout 1170 spires au lieu de 1150, ce qui compensera la perte de charge au secondaire.

L'enroulement occupera une épaisseur de :

$$9 \cdot 3 = 27 \text{ millimètres.}$$

Il y aura donc une place largement suffisante pour le logement des bobines et il restera entre les surfaces extérieures un espace de 36 millimètres.

La section de l'enroulement secondaire étant de 63,6 millimètres carrés et le courant 100 ampères, la densité est de moins de 2 ampères par millimètre carré. Pour le primaire la section est de 4,15 millimètres carrés et le courant de 4,4 ampères, soit un peu plus de 1 ampère par millimètre carré. On se trouve donc dans de bonnes conditions.

Les différentes pertes sont les suivantes :

Par hystérésis, on a 160 watts ;

Par courants de Foucault, la perte est donnée d'après Fleming, pour des tôles de moins de 1 millimètre d'épaisseur bien isolées, par la relation

$$p_F = \frac{16 \, (e\mathcal{B}_{max})^2 \, V}{T^2 \cdot 10^{12}} \text{ watts,}$$

e étant l'épaisseur en centimètres, et V le volume de fer en centimètres cubes,

Si l'on prend pour e l'épaisseur 0,05 centimètre, on a :

$$p_F = \frac{16 \, (0,05 \cdot 4000)^2 \cdot 80^2 \cdot 11500}{10^{12}} = 47 \text{ watts.}$$

En prenant des tôles de 0,5 millimètre, on aura donc une perte supérieure à 200 watts par hystérésis et courants de Foucault; on prendra des tôles de 0,4 ou 0,45 millimètre et on pourra compter comme perte 200 watts.

L'enroulement secondaire comprend 96 spires d'une section de 0,636 centimètre carré et d'une longueur moyenne de 46 centimètres, ce qui donne pour la résistance :

$$r_2 = \rho \, \frac{L}{s} = \frac{2 \cdot 96 \cdot 46}{10^6 \cdot 0,636} = 0,0139 \text{ ohm.}$$

soit une perte de charge de 1,39 volts pour 100 ampères et une puissance de 139 watts, inférieure à la puissance fixée 150 watts.

Le poids de cuivre est de :

$$P_1 = 0,636 \cdot 46 \cdot 96 \cdot 8,8 = 24700 \text{ grammes.}$$

Pour le circuit primaire il y a 2340 spires d'une longueur moyenne de 68 centimètres et d'une section de 4,15 millimètres carrés.

La résistance est de :

$$r_1 = \rho \frac{L}{s} = \frac{2 \cdot 2340 \cdot 68}{10^6 \cdot 0,0415} = 7,68 \text{ ohms,}$$

soit une perte de :

$$p_1 = r_1 I_1^2 = 7,68 \cdot \overline{4,4}^2 = 149 \text{ watts.}$$

Le poids de cuivre est de :

$$P_2 = 0,0415 \cdot 68 \cdot 2340 \cdot 8,8 = 58100 \text{ grammes.}$$

La perte totale sera donc de :

$$p = 200 + 139 + 149 = 488 \text{ watts,}$$

soit 490 watts, c'est-à-dire moindre que celle fixée.

La surface de refroidissement que présente le transformateur est d'environ 15000 centimètres carrés, soit une surface de 30 centimètres carrés par watt dépensé suffisante pour un transformateur exposé à l'air.

CHAPITRE IX

ACCUMULATEURS

Définitions. — Un *accumulateur électrique* ou *pile secondaire* est un appareil permettant d'emmagasiner, sous forme d'énergie chimique potentielle, de l'énergie électrique. L'utilisation de cette énergie emmagasinée se fait par une transformation inverse d'énergie chimique en énergie électrique.

L'opération par laquelle on emmagasine l'énergie électrique constitue la *charge* de l'accumulateur et le courant de charge est employé à produire une transformation chimique. L'énergie électrique est restituée à la *décharge* pendant laquelle se produit une transformation chimique inverse, ramenant le couple à l'état primitif.

L'accumulateur constitue donc un voltamètre à la charge et une pile à la décharge ; c'est, en somme, une pile qui se régénère par le passage d'un courant en sens inverse de celui qu'elle a fourni, d'où le nom de pile secondaire.

Un certain nombre de piles dites *piles réversibles* sont ainsi régénérables.

On distingue dans un accumulateur : l'*électrolyte* et les deux *électrodes*, positive et négative. A la décharge, le courant va dans l'électrolyte de l'électrode négative à l'électrode positive. Il passe en sens inverse à la charge.

Facteurs caractéristiques d'un accumulateur. — Comme pour une pile, on distingue dans un accumulateur deux premiers facteurs : la force électromotrice E et la résistance intérieure r.

Pour charger à un régime correspondant à une intensité I, il faut établir entre les deux électrodes une différence de potentiel U :

$$\dot{U} = E + rI.$$

E et r, malgré le nom de constantes qui leur est généralement appliqué, sont des quantités essentiellement variables
pendant toute la durée d'une charge ou d'une décharge. La
charge durant un temps t, l'énergie totale fournie est :

$$W = \int_0^t UIdt = \int_0^t EIdt + \int_0^t rI^2dt,$$

dans laquelle $\int_0^t EIdt$ représente la quantité d'énergie électrique transformée en énergie chimique, et $\int_0^t rI^2dt$ la partie
transformée en chaleur par effet Joule.

La quantité d'électricité emmagasinée est :

$$Q = \int_0^t Idt.$$

A la décharge, pour un débit I', la différence de potentiel
utile U' est égale à :

$$U' = E' - r'I' ;$$

la puissance utile est alors :

$$P' = U'I'.$$

L'*énergie utile* pour une décharge d'une durée t' est :

$$W' = \int_0^{t'} U'I'dt' = \int_0^{t'} E'I'dt' - \int_0^{t'} r'I^2dt',$$

et la *capacité utile* ou quantité d'électricité restituée à la
décharge :

$$Q' = \int_0^{t'} I'dt'.$$

Le *rendement en énergie* est :

$$\eta_e = \frac{W'}{W} = \frac{\int_0^{t'} U'I'dt'}{\int_0^{t} UIdt},$$

et le *rendement en quantité* η_q :

$$\eta_q = \frac{Q'}{Q} = \frac{\int_0^{t'} I'dt'}{\int_0^{t} Idt}.$$

Ces différentes quantités : énergie, capacité, rendements, sont variables avec les régimes de charge et de décharge. Les rendements baissent pour des accroissements de régime, soit à la charge, soit à la décharge.

Pour caractériser un système d'accumulateur, on considère généralement le quotient du débit, de la puissance utile, de la capacité et de l'énergie disponible, par le poids total d'électrodes.

On peut également considérer le quotient de ces quantités par la surface d'électrodes ou encore par le poids total de l'accumulateur (électrodes, électrolyte, vase et accessoires). On a dans ces différents cas ce qu'on appelle le *débit spécifique*, la *puissance spécifique*, la *capacité spécifique* et l'*énergie spécifique*. Il faut avoir soin dans l'expression de ces diverses quantités, de bien indiquer le facteur auquel elles sont rapportées.

DIFFÉRENTS SYSTÈMES D'ACCUMULATEURS

Courants secondaires. — Les courants secondaires, obtenus lorsqu'on réunit ensemble les deux électrodes d'un voltamètre qui vient d'être traversé par un courant, sont connus depuis les expériences de *Gautherot* (1801). On a ainsi un courant de courte durée et de sens inverse du courant primitif.

Accumulateurs à gaz. — *Grove* composa, en 1842, une *pile à gaz* fondée sur l'existence des courants secondaires. Deux lames de platine suspendues dans deux éprouvettes servaient à décomposer de l'eau acidulée ; n réunissant les deux électrodes, l'oxygène et l'hydrogène se recombinaient pour former de l'eau, et cette transformation donnait naissance à un courant. On a combiné depuis un certain nombre de piles à gaz qui n'ont pas reçu d'application. La plus récente est l'*accumulateur à gaz sous pression* de MM. *Cailletet et Collardeau*, dans lequel les gaz sont emmagasinés dans de la mousse de certains métaux rares (platine, iridium, or et palladium). Avec de la mousse de platine et une pression de 580 atmosphères, la capacité est de 56 ampères-heure par kilogramme d'électrodes et le débit spécifique peut atteindre 100 ampères par kilogramme de mousse. Avec de la mousse de palladium, la capacité pour 600 atmosphères de pression est de 176 ampères-heure par kilogramme d'électrodes.

Accumulateurs plomb-plomb. — *Gaston Planté* est le premier qui utilisa le phénomène des courants secondaires pour accumuler l'énergie électrique et qui réalisa, en 1860, le premier couple secondaire ou accumulateur. Planté avait remarqué la grande force électromotrice fournie par un couple secondaire formé par deux lames de plomb plongées dans l'acide sulfurique dilué. Il reconnut que la capacité augmentait par une *formation* consistant en une série de charges et de décharges. Il constitua un accumulateur avec deux feuilles de plomb roulées en spirale, séparées électriquement par de la toile ou des bandes de caoutchouc et plongeant dans de l'eau acidulée au dixième (en volume) par de l'acide sulfurique (*fig.* 223).

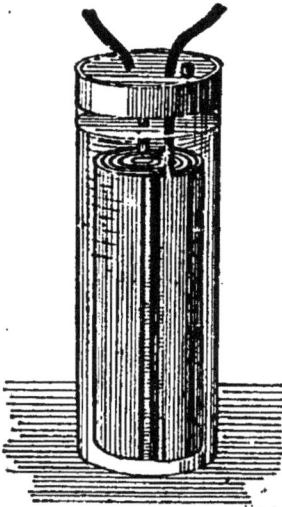

Fig. 223.
Accumulateur Planté.

Planté employa une autre forme qui correspond à celle

généralement adoptée aujourd'hui.. Il constitua des éléments avec des feuilles planes de plomb portant une queue servant à amener le courant, et disposées parallèlement dans un bain d'acide dilué, la polarité des plaques changeant de l'une à la suivante et toutes les plaques de même polarité étant reliées entre elles. La force électromotrice était de 2 volts et la capacité spécifique de 10 à 12 ampères-heure par kilogramme de plomb pour un couple bien formé. Le rendement en quantité atteignait 90 p. 100.

Planté avait ainsi créé l'accumulateur industriel à électrodes de plomb ; c'est celui qui a été et est encore, avec les divers perfectionnements qui lui ont été apportés depuis, de beaucoup le plus employé.

Accumulateur plomb-cuivre. — M. *Sutton* (1881) remplaça l'eau acidulée de l'accumulateur Planté par du sulfate de cuivre, l'électrode négative étant en plomb ou en cuivre.

A la charge, le sulfate de cuivre est décomposé et le cuivre se dépose sur la plaque négative. La plaque positive en plomb est peroxydée. A la décharge, l'opération inverse se produit ; la force électromotrice est seulement de 1,25 volt et la capacité spécifique assez peu élevée. Cette combinaison a été abandonnée.

Accumulateurs plomb-zinc. — Cet accumulateur à lame positive plomb, lame négative plomb ou zinc et électrolyte sulfate de zinc, a été proposé par MM. *d'Arsonval et Carpentier* (1879) et étudié par M. *Reynier*. A la charge, la négative se couvre du zinc, du sulfate de zinc qui est décomposé, et la positive se peroxyde. A la décharge, il y a réaction inverse. La force électromotrice moyenne à la décharge est de 2,36 volts, soit d'environ 0,4 volt plus élevée que pour l'accumulateur Planté. La capacité spécifique est également très élevée, mais le défaut capital de cette combinaison est la perte de la charge à circuit ouvert, perte produite par l'attaque locale du zinc électrolysé. Cette combinaison a reçu quelques applications comme régulateur du courant.

Accumulateur aux zincates alcalins ou zinc-cuivre. — Ce type est basé sur la réversibilité de la pile de *Lalande et*

Chaperon aux zincates alcalins, réversibilité signalée par les inventeurs en 1881. Le premier accumulateur de ce genre a été réalisé, en 1887, par MM. *Commelin, Desmazures et Bailhache*. La solution de zincate de soude ou de potasse est contenue dans un récipient en tôle de fer étamée, les plaques négatives sont reliées au récipient et formées de toiles de fer étamées. Les positives se composent d'un support en toile de cuivre sur lequel on comprime à une pression de 500 à 1000 kg par cm² du cuivre réduit; on obtient ainsi une électrode en cuivre poreux qu'on enferme dans un sac en papier parcheminé et qui est isolée des négatives en fer par des bandes de caoutchouc ou des tubes de verre.

À la charge, les toiles de fer se recouvrent de zinc et les positives en cuivre poreux sont oxydées par l'oxygène naissant qui s'y dégage. A la décharge, les réactions inverses se produisent.

La force électromotrice est seulement de 0,8 volt; mais, la résistance intérieure étant très faible, le débit peut être considérable et la puissance spécifique plus élevée que pour les accumulateurs au plomb. L'énergie spécifique est également plus élevée que dans la plupart des accumulateurs au plomb et atteint 20 watts-heure par kilogramme de poids total.

Ces accumulateurs ont été appliqués en 1887 à la propulsion du bateau sous-marin de M. Zédé expérimenté au Havre. Cet accumulateur fut ensuite délaissé en France.

Accumulateur plomb-cadmium. — Cette combinaison, employée par M. *Peyrusson* (1886), permet d'obtenir une force électromotrice plus élevée que la combinaison plomb-plomb; mais ces accumulateurs ne tiennent pas la charge et il se produit une désagrégation des électrodes.

Considérations générales. — Certaines combinaisons telles que l'accumulateur plomb-zinc et l'accumulateur aux zincates alcalins ont, ou une force électromotrice ou une énergie spécifique, à rendement égal, plus élevée que les accumulateurs plomb-plomb. Malgré tous les essais faits avec ces combinaisons, ainsi qu'avec d'autres offrant des qualités similaires paraissant leur assurer pour certaines applications une supériorité sur l'accumulateur au plomb, ce dernier est encore actuellement le seul employé industriellement. Il offre avec les premiers une différence essentielle dans sa constitution : l'insolubilité de ses électrodes dans l'électrolyte. Avec des électrodes solubles, il a été jusqu'à présent impossible d'assurer d'une manière continue la bonne marche de l'élément à cause des dépôts et dissolutions successives du métal participant à la réaction, dépôts et dissolutions correspondant respectivement à la charge et à la décharge.

ACCUMULATEURS AU PLOMB

Théorie des accumulateurs au plomb. — Plusieurs théories ont été émises au sujet des réactions chimiques qui se passent à la charge et à la décharge dans l'accumulateur à électrodes de plomb et électrolyte d'acide sulfurique dilué.

Dans un accumulateur Planté, formé par exemple par une suite de charges et de décharges, on constate qu'à la fin d'une charge la lame positive est couverte d'une couche brune de peroxyde de plomb PbO^2 et la lame négative de plomb dans un état particulier de division. Ces couches de peroxyde de plomb et de plomb spongieux constituent pour l'électrode correspondante la *matière active* de l'accumulateur et l'opération de la formation a pour but d'augmenter l'épaisseur de ces couches, c'est-à-dire la quantité de matière active. Plusieurs procédés, qui seront examinés plus loin sont employés pour produire cette formation; mais, quel que soit celui qu'on emploie, la composition de la matière active est toujours la même après une charge complète. C'est sur les transformations chimiques que subit cette matière active au cours de la décharge et, par conséquent, sur l'état de cette matière active à la fin d'une décharge, que les théories diffèrent entre elles.

Dans la théorie de la *double sulfatation*, il est admis qu'à la décharge le peroxyde de plomb de la lame positive et le plomb spongieux de la négative se transforment en sulfate de plomb, d'après la réaction :

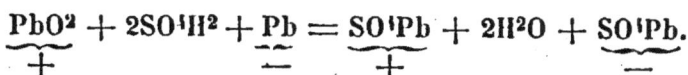

$$PbO^2 + 2SO^4H^2 + \underset{+}{\underbrace{Pb}} = \underset{+}{\underbrace{SO^4Pb}} + 2H^2O + \underset{-}{\underbrace{SO^4Pb}}.$$

La matière active de chaque électrode se composerait donc, à la fin d'une décharge, de sulfate de plomb.

A la charge suivante l'eau acidulée est décomposée, l'hydrogène se porte sur la négative et l'oxygène sur la positive. On aurait alors :

$$SO^4Pb + H^2 = SO^4H^2 + Pb,$$

et

$$SO^4Pb + O + H^2O = SO^4H^2 + PbO^2,$$

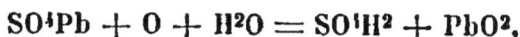

c'est-à-dire transformation du sulfate de plomb de la négative en plomb réduit et du sulfate de la positive en peroxyde de plomb.

M. Drzewiecki, ayant soumis à l'électrolyse deux plaques de sulfate de plomb, a constaté que la plaque reliée au pôle négatif se réduit bien en plomb, spongieux, mais que la plaque positive ne peut passer à l'état de bioxyde de plomb. Les plaques positives d'un accumulateur possèdent encore après la décharge une teinte brune qui ne paraît pas en effet indiquer la formation de sulfate de plomb. De plus, la théorie de la double sulfatation admet à la charge la libération de 2 équivalents d'acide sulfurique et on n'a trouvé expérimentalement que 1,5 équivalent. M. Drzewiecki a fait d'autres expériences qui tendraient à prouver qu'à la fin d'une charge toute la matière active de la positive n'est pas du bioxyde de plomb et que la matière active de la négative n'est pas uniquement du plomb réduit.

M. Darrieus a fait une série d'essais très complets sur les réactions chimiques qui se produisent dans un accumulateur. Ayant analysé la matière active après une charge et après une décharge, il a trouvé les résultats suivants :

A la fin d'une charge, la matière active positive a une teinte brune bien caractéristique ; elle est composée de peroxyde de plomb PbO^2 mélangé d'un peu de sulfate de plomb SO^4Pb, et imprégnée d'acide persulfurique ; la matière active négative a un aspect métallique, elle se compose de plomb spongieux dans un état moléculaire particulier contenant un peu de plomb et des traces d'hydrogène occlus. L'électrolyte augmente de densité pendant la charge, et, dès le commencement de celle-ci, on y reconnaît la présence d'acide persulfurique, la proportion de celui-ci augmentant pendant la charge.

A la fin d'une décharge normale, la matière active positive a une teinte plus rougeâtre qu'à la fin de la charge ; elle se compose de bioxyde de plomb PbO^2, d'oxyde de plomb PbO, le poids de celui-ci étant proportionnel à la quantité d'électricité débitée à la décharge, et de sulfate de plomb (SO^4Pb) en proportion qui n'est pas fonction de la quantité d'électricité. La matière active négative est plus terne qu'à la fin de la charge et se compose de plomb réduit et de sulfate de plomb dont le poids est proportionnel à la quantité d'électricité débitée. L'électrolyte dont la densité diminue renferme de moins en moins d'acide persulfurique. Le sulfate de plomb de la positive provient de la réaction d'un couple local PbO,PbO^2 dans l'acide sulfurique. Le sulfate de plomb de la négative provient de la réaction de l'acide sulfurique sur un sous-oxyde de plomb qui est le produit direct fourni à la décharge par le plomb réduit.

L'acide persulfurique transforme à la charge les oxydes et le sulfate de plomb de la positive en bioxyde.

Au commencement de la décharge on a une grande force électromotrice (2,2 à 2,3 volts), provenant des réactions produites par l'hydrogène occlus et l'acide persulfurique. La force électromotrice diminue rapidement et se maintient sensiblement constante entre 1,9 et 2 volts, cette partie correspondant à la réduction en protoxyde du bioxyde de plomb de la positive et à la sulfatation de la négative.

Le plomb réduit de la négative jouit, en raison de son état moléculaire particulier, de propriétés différentes de celles du plomb ordinaire.

La force électromotrice qu'il donne (1,93 volt) avec une positive est plus élevée que celle qui est donnée (1,60 volt) par une plaque de plomb ordinaire.

De plus, une négative chargée, exposée à l'air, produit un dégagement de chaleur qui correspond au changement d'état moléculaire du plomb réduit pour passer à l'état ordinaire.

PHÉNOMÈNES DIVERS A LA CHARGE ET A LA DÉCHARGE

Électrolyte. — On a signalé les variations de densité à la charge et à la décharge. Ces variations sont d'autant moindres que la quantité d'électrolyte est plus grande. Il se produit à la charge une augmentation de densité correspondant, suivant différents expérimentateurs, à la libération de 1,8 à 3,8 grammes d'acide sulfurique normal (SO^4H^2) par ampère-heure. La densité diminue pendant la décharge par l'absorption d'une même quantité d'acide.

La variation de densité est un indice souvent employé pour suivre l'état de charge ou de décharge d'un accumulateur.

La résistivité de l'électrolyte est fonction de sa teneur en acide sulfurique. D'après M. Kohlraush, la résistivité passe par un minimum qui correspond à une valeur de 1,36 ohm-centimètre à une densité de 1,22 et à 18° C. Le coefficient de température est négatif.

Électrodes. — Les électrodes varient de poids à la charge et à la décharge, en sens inverse de l'électrolyte, soit une perte de poids à la charge et une augmentation à la décharge.

Température. — La température d'un élément s'élève à la charge et s'abaisse à la décharge.

A la charge, le dégagement de chaleur peut être attribué à la perte par effet Joule dans la résistance intérieure de l'accumulateur et à l'hydratation de l'acide sulfurique libéré.

A la décharge, l'absorption de chaleur peut être attribuée à l'absorption de chaleur due à la déshydratation de l'acide diminuée du dégagement produit par effet Joule.

Force électromotrice. — La force électromotrice, fonction de la densité de l'électrolyte, varie pendant la charge et pendant la décharge.

Toutes choses égales, la force électromotrice est d'autant plus élevée que la concentration de l'électrolyte est plus grande; mais, pratiquement, on ne dépasse pas une densité de 1,30 à fin de charge à cause de l'importance que prendraient les réactions locales entre la matière active et l'acide.

A la charge, après une décharge complète et dans des conditions moyennes de densité de l'acide, la force électromotrice s'élève rapidement au début jusqu'à une valeur d'environ 2,1 volts; elle croît ensuite lentement jusque vers 2,2 volts, puis plus rapidement pour atteindre 2,3 à 2,4 volts; si l'on continue la charge, la force électromotrice varie ensuite lentement au-dessus de 2,4 volts. Ces chiffres sont naturellement variables avec la densité de l'électrolyte, la densité du courant de charge et le type d'accumulateur, mais l'allure générale du phénomène reste la même.

Si l'accumulateur est aussitôt déchargé, on constate une chute brusque de force électromotrice jusque vers 2,1 à 2 volts qui constitue ce qu'on appelle le coup de fouet, et ensuite une décroissance d'abord lente jusque vers 1,9 volt qui devient ensuite très rapide. On arrête toujours la décharge au commencement de cette chute de force électromotrice.

Si après la charge on abandonne l'accumulateur, la force électromotrice baisse bien plus lentement et elle tend vers une valeur fonction de la densité de l'acide.

Après l'arrêt de la décharge, la force électromotrice augmente jusqu'à une certaine valeur pour diminuer ensuite lentement si l'accumulateur est abandonné à lui-même. Il se produit dans ce dernier cas des phénomènes de sulfatation sur les deux plaques qui nuisent beaucoup ensuite à la bonne marche de l'élément. Il ne faut jamais, autant que possible, laisser ainsi un élément déchargé et toujours faire suivre une décharge d'une charge même partielle.

Résistance intérieure. — La résistance intérieure est plus élevée à la charge qu'à la décharge. Elle varie peu au com-

mencement de la charge et de la décharge ; elle augmente
vers la fin de celles-ci.

Indices de fin de charge et de fin de décharge. — Plusieurs
indices servent à reconnaître la fin de la charge et la fin de
la décharge. Lorsque l'accumulateur est en bon état et que
le régime de charge n'est pas élevé, on reconnaît la fin de
celle-ci par le dégagement de gaz qui se produit sur les
électrodes et qui donne à l'électrolyte un aspect laiteux. De
meilleurs indices sont fournis par la mesure de la densité
de l'électrolyte ou la mesure de la force électromotrice de
l'élément. Une expérience préalable est nécessaire pour
déterminer les variations de densité de l'électrolyte avec la
charge. M. G. Roux a construit un appareil fondé sur ce
principe qui indique sur un cadran divisé la charge en
p. 100 de l'accumulateur.

Pour la mesure de la force électromotrice qui atteint 2,3 à
2,4 volts lorsque l'accumulateur est chargé, il faut rompre
le circuit de charge et lire aussitôt au voltmètre.

On peut encore amener le régime de charge toujours à la
même valeur vers la fin de celle-ci et suivre la valeur de la
différence de potentiel aux bornes.

Pour la décharge on peut utiliser les variations de densité
ou les variations de force électromotrice ; on ne fait pas
descendre celle-ci au-dessous de 1,8 volt, la lecture étant
faite aussitôt après la rupture du circuit de décharge.

TYPES DIVERS D'ACCUMULATEURS AU PLOMB

Classification. — Les divers types d'accumulateurs au
plomb ne diffèrent entre eux que par la constitution de leurs
électrodes.

Reynier a divisé celles-ci en deux classes, d'après leur
mode de formation :

1° Électrodes à formation autogène ;

2° Électrodes à formation hétérogène ;

la formation étant l'opération par laquelle on développe

sur les électrodes de l'accumulateur une couche suffisante de matière active.

ÉLECTRODES A FORMATION AUTOGÈNE

Dans ces électrodes, la matière active est constituée uniquement aux dépens du support, et la formation consiste à transformer en peroxyde pour les plaques positives, et en plomb spongieux pour les plaques négatives, une portion suffisante, du plomb des électrodes. Le support est soit complètement en plomb doux et disposé de manière à assurer la solidité des plaques malgré la fourniture de matière active, soit en partie en plomb doux et en partie en alliage de plomb inoxydable, c'est-à-dire non formable, le premier fournissant la matière active et le second assurant la solidité mécanique.

Les alliages inoxydables sont constitués par du plomb auquel on ajoute quelques centièmes, soit d'antimoine, soit de mercure et d'antimoine, soit de cadmium.

Dans tous ces accumulateurs on cherche à augmenter la surface d'attaque relativement au poids de la matière pour faciliter la formation et accroître la capacité spécifique.

Il se passe dans la formation un phénomène, dont il faut tenir compte : le foisonnement de la matière active. Celle-ci n'a pas, en effet, la même densité que le plomb qui a servi à la former et elle se transforme elle-même en produits de densités diverses au cours des réactions chimiques à la charge et à la décharge. Il se produit donc des variations de volume de la matière qui tendent soit à la détacher du support, soit à déformer celui-ci. Ces actions sont d'autant moindres que l'épaisseur de la couche est plus faible.

Il y a donc avantage, pour une capacité donnée qui correspond toujours à un même volume de matière active, à avoir celle-ci répartie sur une grande surface et avec une faible épaisseur.

Pour développer la surface par rapport au poids, on fait usage soit de lames minces, soit de fils; on peut encore rendre le plomb poreux en y incorporant à l'état liquide des matières étrangères qu'on élimine après par lessivages.

Afin de faciliter la formation, on fait souvent usage dans

le traitement électrolytique de bains de compositions spéciales. Souvent aussi la plaque subit un traitement chimique
préalable facilitant la transformation en matière active.

Accumulateur Planté. — On a déjà indiqué les deux
formes données par Planté à son accumulateur et le mode
de formation consistant en une série de charges et de décharges successives. La formation se fait plus rapidement si
on inverse de temps en temps la polarité du couple secondaire, la peroxydation de l'électrode positive se faisant mieux
que la réduction de la négative. Planté indique en outre (¹) des
intervalles de repos entre chaque changement de polarité, ce
qui augmente l'adhérence de la matière active. Un séjour
prolongé de lames de plomb dans l'eau acidulée avant l'action
du courant primaire facilite la formation.

La méthode précédente de formation est longue et coû-
teuse ; aussi Planté chercha à l'améliorer. Il obtint une formation plus rapide en chauffant l'électrolyte à 90°-100° C. Il
employa ensuite un décapage préalable des plaques dans de
l'acide azotique étendu de son volume d'eau en les laissant
immergées pendant un ou deux jours ; les métaux étrangers
se dissolvaient et les plaques devenaient très poreuses ; elles
étaient ensuite soigneusement lavées et soumises à la formation électrolytique. Planté obtint ainsi en quelques jours de
formation des résultats qu'il n'avait au-
paravant qu'au bout de plusieurs mois,
mais les plaques devenaient cassantes
au bout d'un certain temps par suite
de l'action de l'acide azotique qui
n'avait pu être enlevé par les lavages.

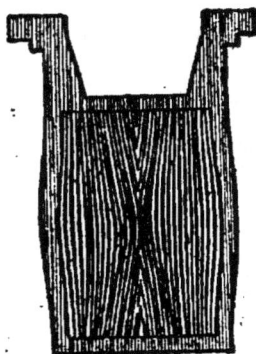

Accumulateur Reynier. — Les électrodes se composent d'une feuille de
plomb longue et mince plissée en ac-
cordéon dans le sens de la largeur et
encadrée dans un support de plomb
obtenu par coulée (*fig.* 224). Un vide est ménagé au milieu

Fig. 224.

(¹) PLANTÉ, *Recherches sur l'électricité.*

du plissé afin de permettre à la formation le foisonnement de la matière active, sans qu'il en résulte une déformation trop grande du cadre.

La capacité est de 6 à 8 ampères-heure par kilogramme de plaques.

Accumulateur Peyrusson. — L'électrode positive est formée d'une tige centrale autour de laquelle rayonnent des lames minces (0,5 millimètre d'épaisseur) fixées par soudure autogène à la tige centrale et en haut et en bas à des disques de plomb antimonié. L'électrode négative a la forme d'un cylindre creux constitué par une lame de plomb mince (0,5 millimètre d'épaisseur) plissée et ajourée, soudée en haut et en bas à des couronnes de plomb antimonié. L'électrode positive est placée à l'intérieur de ce cylindre et maintenue isolée par des pièces en porcelaine. La surface active obtenue est très grande et, en raison de la disposition des électrodes qui, si elles se gondolent, ne peuvent mettre en contact que des parties au même potentiel, l'accumulateur peut supporter des régimes élevés de décharge.

Accumulateur Blot. — Cet accumulateur appelé par l'inventeur « accumulateur à navettes », en raison de son mode de construction, est constitué avec des plaques formées par une série de navettes portant, enroulés autour de leur âme, deux rubans de 0,5 millimètre d'épaisseur, l'un en plomb pur gaufré et strié, l'autre en métal moins oxydable ou en plomb pur gaufré seulement. Les âmes des navettes sont en métal non oxydable et soudées au cadre constitué également par un alliage de plomb inoxydable.

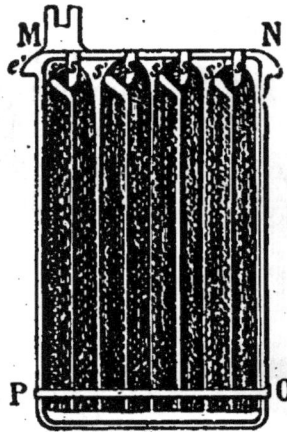

FIG. 225.   FIG. 226.

Les navettes sont sciées en deux parties égales et les

demi-navettes (*fig.* 226) sont assemblées dans le cadre comme
le montre la figure 225. Les soudures *s'* d'un alliage inoxydable assurent une liaison conductrice avec le support pour
tous les rubans de plomb et les soudures *s* fixent les demi-
navettes sur le cadre. La surface active obtenue par cette
disposition est de 0,333 mètre carré par kilogramme de
plaque. Les rubans de plomb portant la matière active sont,
ainsi que le montre la figure 225, libres de se dilater dans tous
les sens, ce qui permet des régimes élevés de charge ou de
décharge sans déformation des plaques. L'accumulateur
entièrement monté est représenté figure 227.

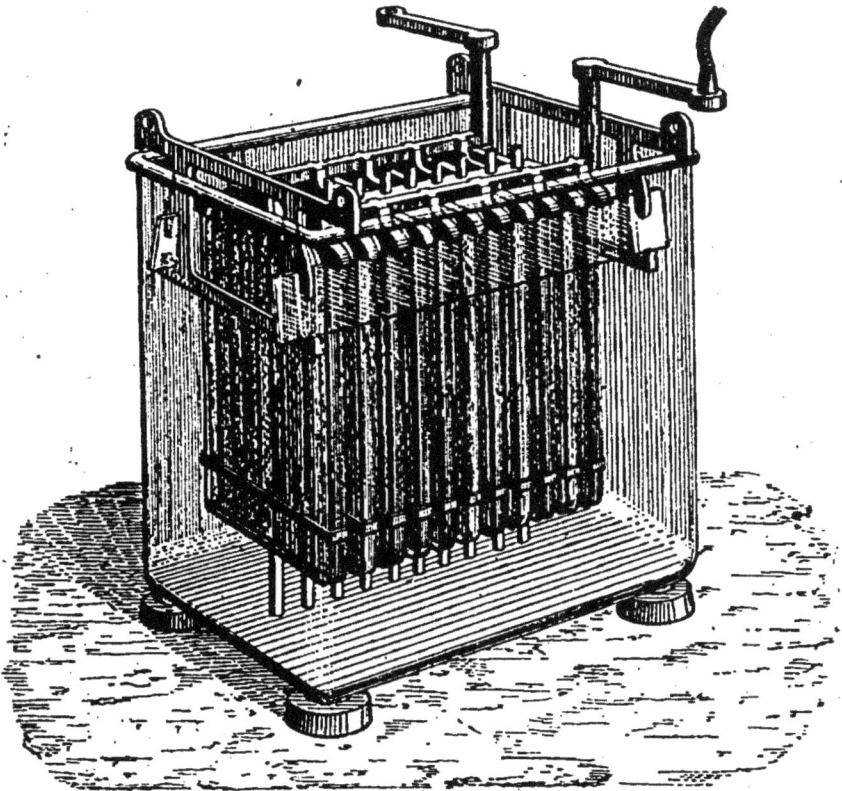

Fio. 227. — Accumulateur Blot.

La capacité varie, suivant l'état de formation, de 10 à 15 ampères-heure par kilogramme d'électrodes pour le régime

normal de décharge de 1 ampère par kilogramme de plaques.

Divers. — M. Monnier augmente la porosité des électrodes en ajoutant au plomb fondu de 4 à 8 p. 100 de zinc et en enlevant ensuite ce zinc dans les plaques par des lessivages.

M. Howell ajoute au plomb fondu des cristaux de chlorure de sodium qu'on répand dans toute la masse en brassant bien pendant le refroidissement. Les plaques étant découpées dans ce plomb, on élimine le sel par des lavages.

Pour activer la formation, certains ont proposé d'ajouter à la solution acidulée différentes substances, par exemple 1 p. 100 d'acide azotique pendant les deux cents premières heures (de Kabath), de l'acide acétique (Bœttcher), de l'azotate de soude (Dujardin).

Un décapage à l'acide azotique, analogue à celui qui a été employé par Planté, peut être produit par un séjour des plaques de plusieurs jours dans une solution bouillante à 1 p. 100 d'acide azotique (Epstein).

M. Schulze a proposé de sulfurer les plaques en les chauffant au contact de la fleur de soufre. Le sulfure de plomb est décomposé à l'électrolyse.

ÉLECTRODES A FORMATION HÉTÉROGÈNE

La matière active, au lieu d'être constituée aux dépens du support, peut être fournie par des oxydes ou des sels de plomb disposés d'une manière convenable sur celui-ci. On a alors des *électrodes à formation hétérogène*.

La matière active, ou les sels ayant servi à la former, sont *déposés électrolytiquement* ou *rapportés mécaniquement* sur le support. Ce support peut être soit totalement, ou en partie seulement, en plomb doux susceptible de se former, soit complètement en alliage inoxydable ne participant pas aux réactions et servant alors simplement à maintenir la matière active.

Certaines électrodes sont constituées uniquement en

matière active ; mais, celle-ci n'étant conductrice que par l'acide qui l'imprègne, leur résistance est très grande et le courant est inégalement réparti. Ces *électrodes sans support* n'ont pas en général donné de résultats satisfaisants.

Les conditions à réaliser dans la construction des électrodes à formation hétérogène sont de plusieurs sortes : il faut d'abord assurer un contact suffisant entre le support et la matière active et ensuite empêcher que le foisonnement de cette dernière ne produise la chute ou le gondolement des plaques. Une autre cause de chute de la matière active ou de son mauvais contact avec le support réside encore dans le dégagement de gaz qui se produit entre le support et la matière, surtout à la fin de la charge ou pour un régime trop élevé de charge. La matière en tombant peut produire des courts-circuits entre les plaques positives et négatives de l'accumulateur, d'où une décharge inutile, le plus souvent très nuisible de l'élément et sa mise hors service tant que le court-circuit n'est pas supprimé.

Lorsque le support est inoxydable, la chute de la matière active amène nécessairement une diminution de la capacité de l'accumulateur ; si le support est totalement ou en partie en plomb doux, susceptible de se former, la formation autogène qui se fait par suite des charges et décharges successives contribue à maintenir la capacité de l'accumulateur, même après la disparition complète de la matière active rapportée.

Certains types sont construits de cette façon ; ils forment pour ainsi dire la liaison entre les électrodes à formation purement autogène et celles à formation purement hétérogène, l'adjonction d'une matière active, soit électrolytiquement, soit mécaniquement sur le support en plomb doux, permettant d'arriver facilement dès le début à une capacité suffisante que la formation autogène contribue à maintenir et même à accroître ensuite.

Les accumulateurs à formation hétérogène supportent plus difficilement que les accumulateurs à formation autogène des régimes élevés de charge ou de décharge, ceux-ci étant naturellement rapportés à la surface utile des électrodes. Aussi, après avoir abandonné à peu près complètement, pendant un certain temps, la formation autogène en raison de la réduction de durée et du prix de revient qu'amène l'emploi de la formation hétérogène, est-on revenu à la première avec laquelle on a obtenu, dans de récents types d'accumulateurs, des résultats très satisfaisants.

Accumulateur de Montaud. — La matière active est déposée électrolytiquement sur des lames de plomb laminé, en se servant de celles-ci comme électrodes dans l'électrolyte d'un bain de plombite de soude porté à 100° C. La densité de courant est de 5 ampères par décimètre carré d'électrode. Il se dépose du peroxyde de plomb très adhérent à l'électrode positive et du plomb spongieux à la négative. Les plaques positives sont employées telles quelles et les plaques négatives sont soumises à une forte pression pour agglomérer et fixer le dépôt de plomb spongieux.

Accumulateur Faure. — Les premiers accumulateurs à formation hétérogène sont ceux de Faure (1880). La matière active était formée aux dépens d'oxydes de plomb étalés à la surface de plaques en plomb doux et ces oxydes y étaient maintenus par un recouvrement de feutre. On se servait, pour les plaques positives, d'une pâte obtenue avec du minium (Pb^2O^3) et de l'eau acidulée et, pour les négatives, d'une pâte analogue, mais avec de la litharge au lieu de minium.

Ces oxydes, en présence d'acide sulfurique, produisaient dans la pâte une certaine quantité de sulfate de plomb.

L'électrolyse transforme le minium et le sulfate de plomb des positives en peroxyde, et la litharge et le sulfate de plomb des négatives en plomb réduit. L'enveloppe de feutre s'altérait rapidement et la matière active n'était plus suffisamment retenue au bout d'un certain temps.

Accumulateur Faure-Sellon-Volckmar. — M. Faure avait breveté (1880-1881) l'emploi de plomb divisé ou d'oxydes ou de sels de plomb. M. Sellon avait étudié différents types de supports maintenant la matière active, et employé pour ces supports un alliage inoxydable composé de plomb et d'antimoine en assurant la durée, M. Volckmar se servit de différents supports ajourés, perforés, quadrillés ou rainés pour maintenir la matière active sans emploi de feutre ou d'un cloisonnement quelconque.

Les brevets Faure, Sellon et Volckmar réunis permirent de faire des accumulateurs sans feutre, constitués de plaques trouées ou de quadrillages coulés en plomb doux ou en alliage inoxydable, dans lesquels on comprime du plomb réduit, des oxydes de plomb ou des sels de plomb. Ces accumulateurs sont désignés souvent sous le nom d'accumulateurs E. P. S., initiales de la Compagnie anglaise Electrical Power Storage Cᵒ.

FIG. 228. — Électrode positive.　　FIG. 229. — Électrode négative.

Les types les plus récents d'accumulateurs Faure, Sellon et Volckmar se composent de plaques coulées, en alliage inoxydable, représentées figures 228 et 229, dans les vides desquelles on rapporte mécaniquement une pâte d'oxydes. Les capacités correspondant aux différents types sont les suivants (Walls et Cⁱᵉ) :

TYPE D'ACCUMULATEUR	DURÉE DE LA DÉCHARGE en heures	RÉGIME DE DÉCHARGE en ampères par kilogramme d'électrodes	CAPACITÉ en AMPÈRES-HEURES par kilogramme d'électrodes
Industriel............	9 6 3	0,68 0,84 1,36	6,1 5 4,1
Décharge rapide........	3 2 1	2 2,78 5	6 5,5 5
Grande capacité........	18 12 6	0,72 0,92 1,6	13 11 9,6
Hermétique transportable	10	2	20

La dépense d'entretien varie d'après les chiffres donnés par le constructeur de : 4 à 8 p. 100 pour le type industriel, 8 à 15 p. 100 pour le type à décharge rapide, et de 15 à 25 p. 100 pour le type à grande capacité.

Accumulateur Julien. — Le support se compose d'une grille obtenue par coulée en alliage inoxydable composé de plomb additionné de 2 à 3,5 p. 100 d'antimoine et de 1 à 1,5 p. 100 de mercure. Les pastilles de matière active sont perforées en leur milieu. La capacité varie de 16 à 20 ampères-heure par kilogramme d'électrodes, au régime de décharge de 1 ampère par kilogramme de plaques.

Accumulateur Dujardin (*fig.* 230). — Les plaques positives se composent de lames de plomb doux, gaufrées, de 0,8 millimètre d'épaisseur et de 10 millimètres de largeur, disposées les unes au-dessus des autres et soudées à chaque bout aux barreaux verticaux d'un cadre ouvert en son milieu pour permettre la dilatation.

Les plaques négatives se composent d'une enveloppe en

plomb pur ou antimonié, percée de trous, à l'intérieur de laquelle on met de l'oxyde de plomb mélangé aux déchets

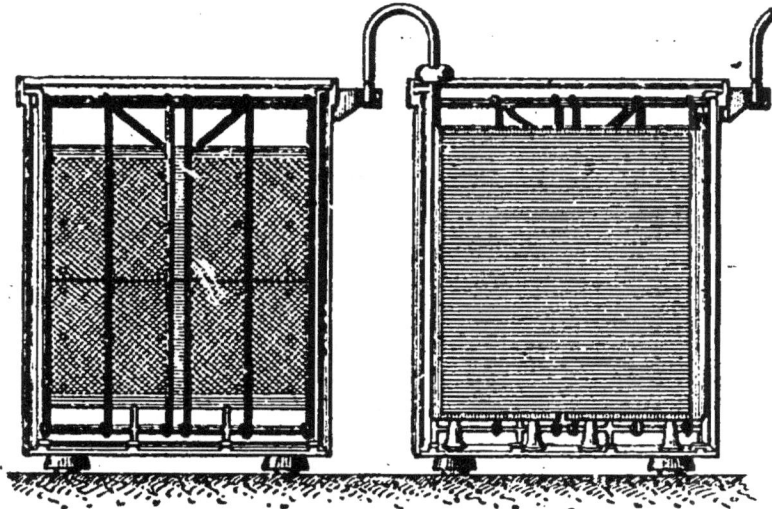

Fig. 230. — Accumulateur Dujardin.

des plaques positives. La capacité est de 15 à 20 ampères-heure par kilogramme de plaques.

Accumulateurs de la Société pour le travail électrique des métaux. — Les positives se composent d'un support inoxydable à âme centrale pleine portant latéralement des rainures horizontales formant augets (*fig.* 231). Ces augets sont remplis de pâte formée avec du peroxyde de plomb et de l'eau acidulée. La plaque est ensuite séchée.

Les négatives sont du système Laurent Cély. On moule à l'avance des pastilles composées de 90 p. 100 de chlorure de plomb et 10 p. 100 de chlorure de zinc. Ces pastilles sont ensuite assemblées dans un moule à plaques où l'on coule du plomb antimonieux qui sertit les pastilles. Les plaques sont ensuite placées dans de l'eau acidulée et en contact avec des plaques de zinc. Il se forme un couple voltaïque qui transforme le chlorure de plomb en plomb spongieux.

Le chlorure de zinc se dissout et on élimine ce qui en reste par des lavages successifs. On obtient ainsi des pastilles de plomb spongieux bien tenues dans le support. La capacité des types transportables est de 18 ampères-heure par

Fig. 231. — Accumulateur de la Société pour le travail électrique des métaux.

kilogramme d'électrodes. Lorsque la matière active des positives est en partie tombée au fond du bac, on la reprend pour la remettre sur les plaques.

Accumulateur Tudor. — Les électrodes sont constituées par un support en plomb pur dont la surface porte une multitude d'ailettes (*fig.* 232, 233, 234). Ces plaques sont soumises à une formation autogène, puis garnies de pâte d'oxydes de plomb qui contribue à accroître la capacité. La pâte tombe peu à peu par l'usage ; elle est remplacée par la matière active fournie par le support. La capacité spécifique en raison de l'épaisseur donnée au support n'est pas élevée, mais les plaques durent longtemps et les dépenses d'entretien sont relativement faibles.

Les capacités indiquées par le constructeur sont les suivantes :

Fig. 232. — Accumulateur Tudor.

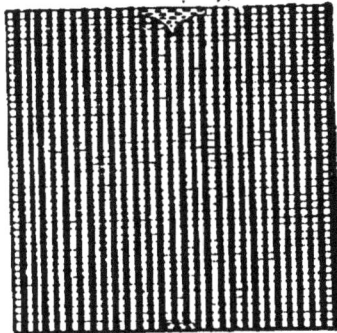

Fig. 233. — Plaque Tudor.

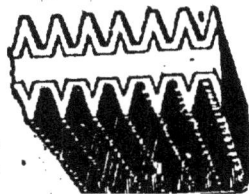

TYPE D'ACCUMULATEUR	DURÉE DE CHARGE en heures	RÉGIME correspondant EN AMPÈRES par kilogramme de plaques	CAPACITÉ en AMPÈRES-HEURES par kilogramme de plaques
Poste fixe...............	10 5 3	0,6 0,96 1,44	6 4,8 4,3
Transportables à dé- charge lente...........	20 15 10	0,46 0,55 0,74	9,2 8,3 7,4
Transportables à dé- charge rapide........	6 3 1,5	1,20 1,90 2,86	7,2 5,7 4,3

L'entretien, pendant une période de temps allant jusqu'à dix années, est assuré par les constructeurs moyennant une redevance annuelle variant de 4 à 9 p. 100 du prix de la batterie.

Accumulateur Fulmen. — Les plaques se composent d'une grille en plomb antimonieux entourée d'une enveloppe en celluloïd perforée d'un grand nombre de petits trous. L'espace entre la grille et l'enveloppe est rempli de minium et de litharge en poudre. L'enveloppe de celluloïd est composée de deux feuilles soudées avec une dissolution de celluloïd dans l'acétone. Les capacités indiquées par les constructeurs sont les suivantes :

Capacité en ampères-heures par kg. de plaques	Régime de décharge en ampère : kg. de plaques
20	1
18	3
15	5

Accumulateur Boëse. — Cet accumulateur appartient aux types à électrodes sans support. Les plaques sont entière-ment composées de matière active entourée d'un simple cadre rectangulaire en plomb antimonié servant de conducteur de courant.

Pour fabriquer la matière active, on prend du minium pour les positives et un mélange de minium et de litharge pour les négatives, et on en fait une pâte avec de l'alcool contenant des résidus de la distillation du goudron, en particulier de l'anthracène. On étend cette pâte dans le cadre en plomb dur et on sèche à l'étuve. La résistance mécanique des plaques ainsi obtenues n'est pas suffisante et, pour l'augmenter, on immerge quelque temps les plaques dans l'acide sulfurique étendu. Cette opération donne aux plaques une très grande dureté, tout en ne nuisant pas à la porosité. Il ne reste plus qu'à former les plaques suivant le procédé ordinaire. Sous l'action d'un courant convenablement réglé, les plaques plongées dans l'eau acidulée se transforment, les positives en peroxyde de plomb et les négatives en plomb spongieux.

Ces accumulateurs présentent une grande solidité et gardent très bien la charge en raison du peu d'actions locales qui s'y produisent.

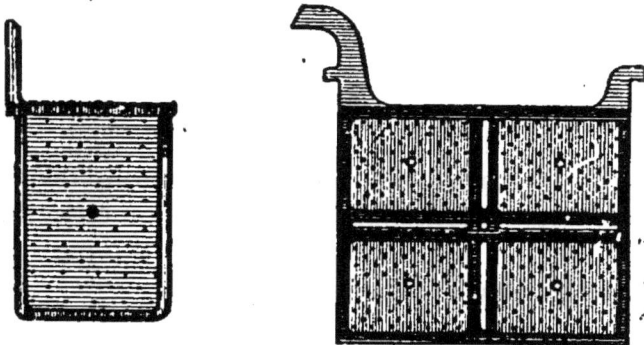

Fɪɢ. 235.   Accumulateur Boȷse   Fɪɢ. 236.
Plaque d'accumulateur transportable.   Plaque d'accumulateur fixe.

Les plaques des accumulateurs transportables (*fig.* 235) ont une épaisseur de 8 millimètres et mesurent 100 sur 140 millimètres; leur poids est de 700 grammes. Les accumulateurs fixes (*fig.* 236) comprennent, pour chaque plaque, quatre plaques unitaires réunies dans une armature commune. Pour les éléments transportables, les bacs sont en celluloïd.

Les constantes de ces éléments rapportées au kilogramme d'électrodes sont les suivantes :

Décharge à 0,75 ampère,   capacité 18,7 ampères-heure
—   1,25   —   —   17   —
—   2,50   —   —   14   —
—   4,50   —   —   12,2   —

ACCESSOIRES DES ACCUMULATEURS

Vases. — Les vases contenant l'électrolyte se font pour les accumulateurs à poste fixe en grès, en verre, en ébonite, en bois doublé de plomb, en alliage de plomb antimonié. Les bacs en verre, que l'on construit très bien aujourd'hui par moulage, permettent de voir entre les plaques, ce qui facilite l'inspection et l'entretien de la batterie.

Les accumulateurs transportables ont des vases légers en ébonite, en celluloïd, en bois revêtu intérieurement de celluloïd.

A cause du dégagement de gaz qui se produit surtout à la fin de la charge et qui entraîne de l'eau acidulée à l'état vésiculaire, on recouvre souvent le dessus des vases d'une feuille de verre, de celluloïd ou de caoutchouc. On peut encore verser sur le liquide de la paraffine fondue; celle-ci, refroidie, forme une couche solide. On a soin d'y percer un trou pour permettre le dégagement des gaz.

Les *éléments transportables* ont besoin d'une fermeture soignée qui se fait en caoutchouc, en ébonite ou en celluloïd. Dans ces éléments on immobilise souvent le liquide avec du silicate de soude ou de la silice gélatineuse.

Séparation et isolation des plaques. — Les plaques de polarité contraire doivent être tenues à une certaine distance les unes des autres. On y arrive au moyen de tubes de verre mis verticalement entre les plaques, de peignes en ébonite ou de bagues de caoutchouc. Les plaques reposent sur des tasseaux en verre, en ébonite ou en bois, placés au fond du vase de manière que la matière active qui tombe ne puisse établir de court-circuit. Quelquefois elles sont suspendues par le haut, au moyen d'un talon venu de fonte qui repose sur une plaque de verre. La figure 237 représente le mode de suspension employé dans l'accumulateur Blot. Les

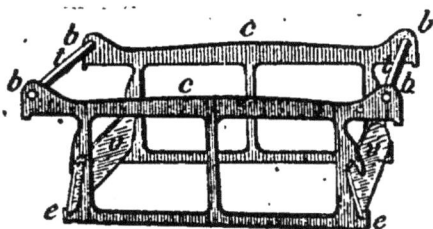

Fig. 237.

plaques portent des queues servant à assurer le courant ; ces queues sont soit soudées à une barre commune, soit réunies entre elles par une tige filetée en bronze portant des écrous, en bronze également. Ce mode de montage permet de retirer les plaques séparément.

On emploie quelquefois un système de plaques doubles de

Fig. 238. — Plaques jumelles.

nom contraire, dites plaques jumelles (*fig.* 238), qui supprime les connexions d'un élément au suivant.

Les liaisons entre les plaques de même nom d'un élément et entre les électrodes des divers éléments d'une batterie demandent à être très soignées de manière à offrir la résistance la plus faible.

INSTALLATION ET ENTRETIEN DES ACCUMULATEURS

Emplacement. — L'emplacement devra être choisi avec soin, et autant que possible sec pour le bon isolement, bien éclairé et bien aéré. On établira au besoin des ventilateurs, eu égard au mélange détonant, oxygène et hydrogène, qui se dégage. La température ne devra pas descendre au-dessous de 0° C. ni trop s'élever. Autant que possible la place sera telle que la visite et l'entretien soient faciles. Le sol sera en briques ou asphalté, avec rigoles pour l'écoulement des eaux. Souvent on dispose un plancher de bois isolé pour la visite de la batterie, surtout lorsque la tension dépasse 300 volts.

Installation des éléments. — Les éléments seront placés sur des supports en bois, en sapin rouge de préférence. Ces supports seront isolés du plancher par des feuilles de verre ou mieux par de gros isolateurs en verre ou en porcelaine (*fig.* 239).

FIG. 239.

On n'emploiera pas de cuivre ni de fer pour l'assemblage ou on les peindra avec un vernis au goudron. Les éléments seront placés sur le support, sur une ligne unique autant que possible, ne se touchant pas entre eux et bien accessibles pour l'entretien ; chaque bac sera isolé avec quatre isolateurs en verre ou en porcelaine.

On ne saurait prendre trop de précautions pour obtenir un très bon isolement de la batterie. Si la place est insuffisante pour établir tous les éléments sur un même plan, on les dispose en plusieurs étages sur une charpente appropriée, et de manière qu'on puisse facilement retirer les plaques des éléments des rangées inférieures.

Liquide. — **Préparation.** — **Remplissage.** — L'électrolyte varie de densité suivant les différents types d'accumulateurs, de 1,12 à 1,25. La densité généralement adoptée est d'environ 1,15 à fin de charge. Le mélange d'eau et d'acide se fait en dehors des bacs d'accumulateurs dans une cuve de grès ou dans un bac en bois doublé de plomb. On doit employer de l'acide sulfurique au soufre, et de l'eau distillée ou de l'eau de pluie. La présence de matières étrangères dans l'électrolyte peut nuire beaucoup au fonctionnement des accumulateurs, et il faut l'éviter en employant des produits purs. Il faut avoir bien soin de ne pas verser l'eau sur l'acide, à cause des projections dangereuses qui se produisent, mais bien l'acide dans l'eau en agitant avec un bâton. Lorsque le mélange est refroidi, on vérifie la densité; on règle celle-ci à la valeur indiquée et on verse ensuite dans les bacs. Le niveau du liquide doit être à 2 ou 3 centimètres au-dessus des plaques.

On doit revérifier la densité après les cinq ou six premières charges et la ramener à la valeur voulue.

Il doit y avoir dans le bac une quantité suffisante de liquide pour que les variations de densité ne soient pas trop grandes.

Circuits et appareils. — Afin d'éviter une trop grande longueur de conducteurs, on devra installer la batterie aussi près que possible du tableau de distribution et des machines. Les connexions entre les divers éléments et avec les appareils devront être très soignées et de section suffisante. Les parties de métal dénudées seront vernies ou paraffinées. Le circuit comprendra les appareils de mesure nécessaires, ampèremètre et voltmètre. Il y aura lieu d'ajouter, en plus des plombs de sûreté, un appareil automatique empêchant les accumulateurs de se décharger dans la machine en cas de ralentissement de celle-ci ou d'arrêt. Cet appareil sera un simple disjoncteur ou un conjoncteur-disjoncteur.

On devra posséder un voltmètre, permettant de mesurer de 1 à 3 volts, qui servira à vérifier chaque élément.

Charge et décharge des accumulateurs. — La charge se fera au régime normal indiqué par le constructeur; on suivra cette charge au moyen des différents indices précédemment indiqués.

La décharge ne devra pas être poussée trop loin, en raison de la sulfatation des positives qu'il est très difficile d'enlever ensuite. La différence de potentiel aux bornes de l'élément

ne devra pas descendre au-dessous d'une certaine valeur,
variable avec chaque régime de décharge et correspondant
à une force électromotrice finale de 1,80 volt.

Surveillance et entretien. — Tous les quinze jours ou tous
les mois on devra, en dehors de la surveillance journalière,
examiner complètement l'état de la batterie et procéder à
un nettoyage des éléments et des contacts dont on vérifiera
le serrage, et des isolateurs. La densité du liquide sera mesurée après une charge, la batterie étant au repos, et ramenée à
sa valeur normale, ainsi que la quantité de liquide, par une
addition d'eau ou d'eau acidulée. Il faut agiter le liquide
avant la mesure de la densité.

La force électromotrice de tous les éléments sera fréquemment mesurée, soit après une charge, soit après une
décharge. Elle ne devra jamais être inférieure à 1,9 volt par
élément déchargé et reposé, et à 2 volts par élément chargé
et reposé. Cette mesure indiquera les éléments en court-
circuit ou en mauvais état et il y aura lieu de remédier au
défaut qu'un examen particulier indiquera.

Ce sera le plus souvent un court-circuit produit soit par
la chute de la matière active, soit par le gondolement des
plaques. Dans le premier cas on passera entre les plaques
une lame de bois ou un tube de verre; dans le second on
écartera les plaques par l'interposition d'une substance
isolante.

Pour cet examen d'un accumulateur en mauvais état, il sera
bon de le mettre hors circuit et de ne le remettre en service,
en raison de son état de décharge, qu'après la décharge de
la batterie et avant la charge suivante.

Lorsque la batterie devra être inutilisée quelques jours, il
faudra la charger complètement auparavant. Une décharge
complète devra d'ailleurs être toujours suivie d'une charge.
Si la batterie ne doit pas servir pendant un temps assez long,
l'eau acidulée des bacs sera enlevée après une charge complète et remplacée par de l'eau distillée ou de l'eau de pluie
après un lavage des plaques pour éliminer l'acide.

Les éléments de la batterie seront numérotés et un carnet
spécial sera affecté aux observations auxquelles ils donne-

ront lieu pendant leur service. Il sera, autant que possible, tenu un compte exact des charges et des décharges, en quantité et en énergie, ce qui permettra d'établir les rendements.

RENSEIGNEMENTS DIVERS

Le choix d'un accumulateur dépend de l'emploi qu'on veut en faire. Il y a lieu de considérer, suivant les cas, la capacité spécifique, les régimes spécifiques possibles, le prix spécifique (quotient du prix par la capacité ou l'énergie disponible), les frais relatifs d'entretien et d'amortissement.

Ces derniers ont été indiqués pour quelques types. Ils sont en général d'autant plus grands que la capacité spécifique ou les régimes spécifiques sont plus élevés.

Les prix sont très variables suivant les quantités des accumulateurs, leur construction et la quantité de matière qui y entre. Rapporté au kilogramme d'électrodes, bac compris, le prix varie de 1,25 à 3 francs. Rapporté à l'ampère-heure de capacité, il varie de 0,10 à 0,50, soit, pour le kilowatt-heure d'énergie disponible, de 50 à 250 francs.

Les rendements sont sensiblement les mêmes pour des régimes spécifiques de charge et de décharge peu élevés. On peut compter pour ces régimes de 85 à 95 p. 100 de rendement en quantité, et de 70 à 80 p. 100 de rendement en énergie. Ces rendements correspondent à des accumulateurs en bon état. Ils s'abaissent très rapidement lorsqu'on augmente les régimes de charge et de décharge. Les tableaux donnés précédemment permettent de calculer ces variations.

EMPLOI DES ACCUMULATEURS

Les différents emplois des accumulateurs seront examinés dans le second volume ([1]) ; ils seront simplement indiqués ici.

Les accumulateurs sont employés comme réservoirs d'énergie, comme régulateurs ou comme transformateurs.

([1]) *Applications industrielles de l'électricité.*

Comme réservoirs d'énergie, ils sont à poste fixe ou transportables. A poste fixe, ils conviennent aux installations particulières d'éclairage et aux stations centrales ; ils permettent l'emploi d'un matériel plus restreint et assurent le service après l'arrêt normal des machines ou lors d'un mauvais fonctionnement de celles-ci. Transportables, ils servent aux installations provisoires d'éclairage, à la propulsion des tramways, des bateaux et à un grand nombre d'autres usages.

Comme régulateurs, ils jouent le rôle de volant en parant aux fluctuations de la vitesse des machines et aux inconvénients des variations rapides de régime.

Comme transformateurs, ils sont employés dans les laboratoires, l'industrie et les distributions d'éclairage. La génération de l'énergie et son utilisation peuvent se faire facilement dans des conditions variables de différence de potentiel et d'intensité, grâce à la possibilité de ne faire travailler, à un usage donné, qu'une partie de toute la batterie ou d'opérer différents couplages des éléments entre eux.

CHAPITRE X

MÉTHODES ET APPAREILS DE MESURES ÉLECTRIQUES

ÉTALONS DE MESURE

Étalons de résistance. — L'unité pratique de résistance est l'*ohm international*, adopté en France par décret du 25 avril 1896, qui est défini comme étant la résistance d'une colonne de mercure de section uniforme, de 106,3 centimètres de longueur, prise à 0° C., la masse de mercure étant de 14,4521 grammes-masse. En suivant cette définition et en employant du mercure purifié par voie chimique, puis distillé dans le vide pour remplir un tube soigneusement calibré dont les extrémités arrivent dans des vases de section suffisante, on réalise des *étalons prototypes* de l'ohm. Ces étalons prototypes servent à faire des *étalons secondaires* plus portatifs destinés aux laboratoires. Ces étalons secondaires se font généralement avec du fil isolé par de la soie et enroulé en double pour éviter les effets de self-induction (*fig.* 240). On construit de la même manière des multiples et sous-multiples décimaux de l'ohm.

Fig. 240.

Boîtes de résistance. — En associant dans une boîte des résistances étalonnées et en les disposant de telle manière

qu'on puisse en prendre un nombre quelconque en tension, on
a une boîte de résistance. La figure 241
représente la disposition des barres
et des clefs permettant de mettre une
bobine en circuit en enlevant la clef
ou de la supprimer par mise en court-
circuit en introduisant la clef.

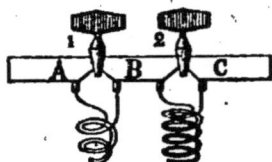

FIG. 241.

Pour une boîte de 10000 ohms, le
minimum de bobines permettant des
variations ohm par ohm est de seize ; on leur donne généralement les valeurs suivantes :

1.2.2.5.10.20.20.50.100.200.200.500.1000.2000.2000.5000
1.2.3.4.10.20.30.40.100.200.300.400.1000.2000.3000.4000

FIG. 242. — Boîte de résistance avec bras de pont.

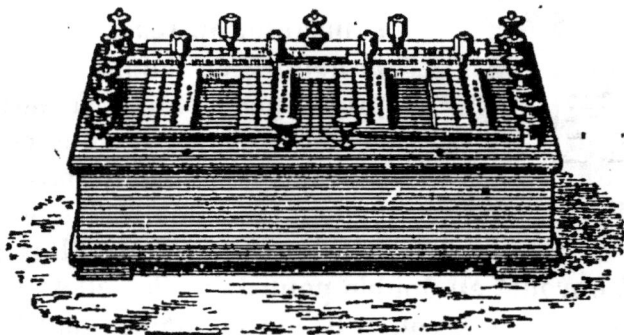

FIG. 243. — Boîte à décades.

Il y a naturellement seize clefs correspondant aux seize
bobines (*fig.* 242).

On adopte souvent une autre disposition dans laquelle on a un minimum de clefs.

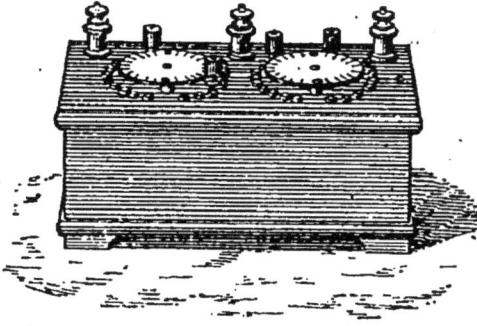

FIG. 244.

Pour une boîte de 10000 ohms, on met quatre groupes de neuf résistances de 1000, 100, 10 et 1 ohm, soit en tout trente-six résistances et quatre clefs (*fig.* 243), une seule clef suffisant pour chaque rangée de résistances.

Les boîtes de résistances ainsi disposées sont appelées boîtes à décades. On peut supprimer les clefs et faire usage de curseurs mobiles se déplaçant sur les plots (*fig.* 244).

Résistances pour courants intenses. — Pour la mesure des courants intenses on se sert souvent de résistances ou shunts traversés par le courant à mesurer.

Il est nécessaire que la résistance du shunt ne varie pas sensiblement par échauffement, c'est-à-dire que la surface de refroidissement soit suffisante (on fait souvent usage d'alliages à coefficient de température nul). Lorsque le courant à mesurer a une grande intensité, on compose la résistance avec des toiles métalliques ou avec une série de fils parallèles réunis en quantité par deux grosses barres de laiton. Deux bornes amènent le courant et deux autres bornes plus petites sont reliées à l'appareil de mesure. On peut placer le gril ainsi composé dans un bain de liquide isolant, du pétrole par exemple, qu'on agite de manière à mieux assurer le refroidissement.

Étalons d'intensité de courant. — L'ampère ou unité pratique d'intensité est défini comme étant égal à 10^{-1} unité C. G. S.

On construit des électro-dynamomètres absolus qui permettent de mesurer par une simple pesée l'intensité du courant qui les traverse.

D'après le décret du 25 avril 1896, l'ampère est suffisamment représenté, pour les besoins de la pratique, par le courant invariable qui dépose en une seconde 0,001118 gramme d'argent.

Étalons de force électromotrice. — L'unité pratique de force électromotrice, ou *volt*, est définie comme étant égale à la force électromotrice qui soutient le courant de 1 ampère dans un conducteur dont la résistance est 1 ohm.

La réunion d'un étalon de résistance et d'un électro-dynamomètre, tel que l'ampère-étalon de M. Pellat, permet d'appliquer directement cette définition. Il suffit de monter en tension, sur une source constante, un accumulateur par exemple, un rhéostat, une résistance-étalon et un électro-dynamomètre. On règle l'intensité du courant avec le rhéostat et on fait la mesure à l'électro-dynamomètre. On calcule la différence du potentiel aux bornes de la résistance étalon par la relation $U = RI$. Si le courant est de 1 ampère et la résistance de 1 ohm, on a le volt.

D'après le décret du 25 avril 1896, l'unité pratique de force électromotrice est suffisamment représentée, pour les besoins de la pratique, par les 0,6974 ou $\frac{1000}{1434}$ de la force électromotrice d'un élément Latimer-Clark, à la température de 15° C.

L'élément Latimer-Clark ne doit être employé que dans des méthodes de mesure où le débit est très faible : avec des électromètres, des condensateurs et dans des méthodes d'opposition.

La force électromotrice est variable avec la température suivant la formule

$$E_\theta = 1,434 - 0,0077 (\theta - 15).$$

Étalon Daniell. — L'élément Daniell, monté dans certaines conditions, constitue un étalon très commode et très suffisant pour beaucoup de mesures industrielles. Il a l'avantage d'avoir un coefficient de variation avec la température négligeable, et de pouvoir servir sur des circuits de résistance relativement peu élevée, quelques milliers d'ohms seulement.

Fig. 245.
Pile étalon Daniell.

Dans le modèle du Post-Office (fig. 245) on fait usage d'une solution demi saturée de sulfate de zinc et d'une solution saturée de sulfate de cuivre. La force électromotrice est de 1,08 volt. Les solutions doivent être soigneusement préparées avec des produits purs. Il est bon de mettre l'élément un instant en court-circuit avant de l'employer.

Étalons de capacité (fig. 246). — Le farad est une unité trop grande en pratique et qui ne se prête pas, d'ailleurs, à une représentation matérielle. L'unité usuelle est le microfarad.

Les étalons de capacité se font avec le mica comme diélectrique.

On réalise des étalons à capacité variable en disposant dans une boîte plusieurs condensateurs qu'on couple entre eux à volonté avec des clefs; les condensateurs sont mis en court-circuit lorsqu'ils ne servent pas.

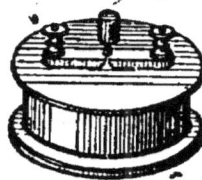

Fig. 246.
Étalon de capacité.

Les condensateurs ordinaires sont simplement constitués avec des feuilles d'étain séparées par des feuilles de papier paraffiné.

Étalons de self-induction. — En enroulant du fil sur une carcasse en bois, de manière à obtenir une bobine de forme convenable, telle qu'une bobine de très grande longueur ou un tore, on construit des étalons de self-induction dont on calcule le coefficient d'après les dimensions.

MM. Ayrton et Perry ont réalisé un étalon variable de self-induction en disposant à l'intérieur d'une bobine circulaire une seconde bobine concentrique en série avec la première et mobile autour d'un axe vertical de manière qu'il soit possible de faire varier l'angle des axes des deux bobines de 0 à 180°. La self-induction est maxima lorsque les deux flux sont de même sens et s'ajoutent; elle est minima lorsqu'ils se retranchent. Une graduation empirique indique la valeur du coefficient de self-induction pour toutes les positions de la partie mobile.

MESURE DES INTENSITÉS DE COURANT

Classification des appareils. — On peut utiliser pour la mesure des courants leurs *effets mécaniques, thermiques* ou *chimiques.*

On utilise les effets mécaniques de deux manières :

1° Par l'action du courant sur un aimant ou *actions électro-magnétiques;* on a alors les *galvanomètres;*

2° Par l'action du courant sur un autre courant, ou *action électro-dynamique;* on a alors les *électro-dynamomètres.*

Les effets calorifiques sont utilisés dans les *appareils thermiques.*

Les effets chimiques ou actions électrolytiques sont utilisés dans les *voltamètres.*

Galvanomètres. — Les galvanomètres se divisent en deux classes principales: les galvanomètres à circuit fixe et les galvanomètres à circuit mobile.

Galvanomètres à circuit fixe. — Le galvanomètre des tangentes est le type des galvanomètres à circuit fixe. On y trouve toujours une ou plusieurs bobines et un système de petits aimants librement suspendus. On emploie généralement pour cette suspension des fils de cocon dont on peut négliger la torsion.

Les galvanomètres à circuit fixe les plus employés sont ceux de lord Kelvin. Les figures 247, 248, 249 représentent l'un des modèles construits par M. Carpentier. Il se compose de deux paires de bobines, entre lesquelles se déplace la partie mobile constituée par une tige d'aluminium portant à ses deux extrémités, au centre des bobines, des petits aimants et, au milieu, un miroir collé sur une lame de mica taillée en losange et formant amortisseur par son frottement dans l'air.

Les petits aimants du haut sont orientés en sens inverse de ceux du bas, de manière à former un système astatique. Un

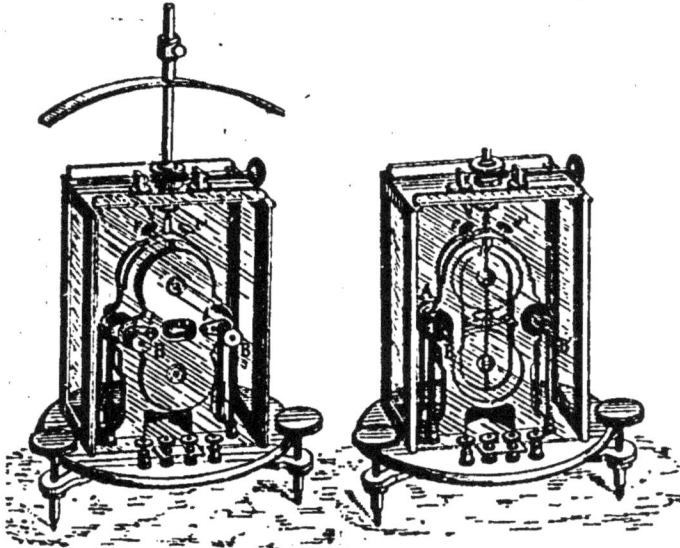

Fig. 249.

Fig. 247.   Fig. 248.

Galvanomètre de Lord Kelvin (W. Thomson).

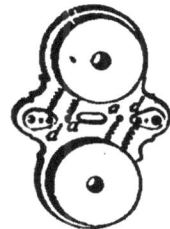

aimant directeur permet d'orienter la partie mobile et de régler la sensibilité.

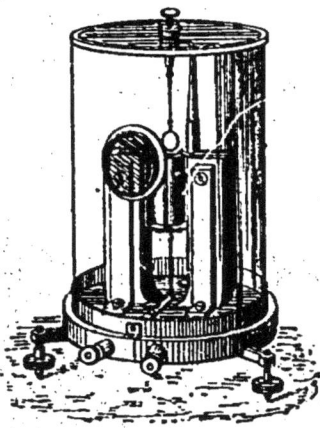

Galvanomètres à circuit mobile. — Le galvanomètre Deprez et d'Arsonval se compose (*fig. 250*) d'un cadre galvanométrique rectangulaire suspendu, entre les branches d'un aimant vertical en fer à cheval, à deux fils qui servent à lui amener le courant et forment un couple élastique de torsion. Un tube de fer placé à l'intérieur du cadre entre les pôles de l'aimant concentre le champ magnétique. Les lectures se font par la méthode de réflexion et, à cet effet, un miroir concave est fixé à la partie supérieure du cadre. L'appareil revient au zéro sans

Fig. 250.

Galvanomètre Deprez et d'Arsonval.

oscillation lorsqu'on réunit les bornes par un court-circuit, ce qui est commode dans les méthodes de réduction à zéro. Les mouvements du cadre sont amortis lorsqu'on shunte celui-ci avec une résistance qui n'est pas trop élevée. Cet amortissement tient aux courants d'induction qui se produisent dans le circuit fermé composé du cadre et de son shunt, par suite du déplacement du cadre dans le champ des aimants.

Dans les appareils construits par M. Carpentier le cadre a ordinairement une résistance d'environ 200 ohms et donne pour un courant de 1 micro-ampère une déviation de 2 millimètres sur une échelle placée à 1 mètre.

Shuntage des galvanomètres. — Lorsque l'intensité du courant à mesurer est plus grande que celle qui convient au galvanomètre employé, on ne fait passer dans celui-ci qu'une fraction connue du courant total en disposant entre ses bornes une dérivation ou *shunt*, dans laquelle passe le reste du courant :

Fig. 251.

Soit un galvanomètre de résistance G (*fig.* 251), dans lequel on ne veut faire passer que $\dfrac{1}{m}$ du courant total I, il passera donc dans le shunt *s* un courant :

$$I_s = \frac{m-1}{m} \, I,$$

et on aura la relation

$$\frac{m-1}{m} \, I_s = \frac{1}{m} \, I_G,$$

soit :

$$S = \frac{G}{m-1};$$

m est appelé *pouvoir multiplicateur* du shunt, c'est le rapport du courant qui traverse le galvanomètre sans shunt à celui qui le traverse lorsqu'il est muni de shunt :

$$m = \frac{G+S}{S}.$$

La résistance du galvanomètre shunté est égale à :

$$G_s = \frac{GS}{G+S}.$$

Lorsqu'on shunte un galvanomètre monté dans un circuit, la résistance du circuit diminue; pour le ramener à sa valeur primitive il faut ajouter une résistance appelée *résistance de compensation*, qui est égale à :

$$R = G - \frac{GS}{G+S} = \frac{G^2}{G+S}.$$

Emploi du galvanomètre à cadre mobile pour la mesure industrielle des intensités. — Le galvanomètre G, muni

Fig. 252.

d'un shunt S est relié aux deux bornes 1 et 2 d'une clef C appelée *clef d'inversion*, dont les bornes 3 et 4 sont reliées à une boîte de résistance R de 10000 ohms et à une pile-étalon Daniell E (*fig.*252). Comme shunt, on peut employer commodément une petite boîte à curseur représentée (*fig.* 253), variant ohm par ohm de 0 à 310 ohms.

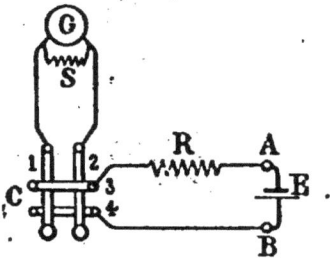

La clef d'inversion C se compose (*fig.* 254) de quatre lames

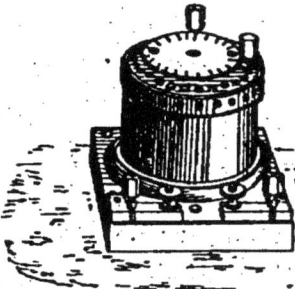

Fig. 253.
Rhéostat pour shuntage de galvanomètre.

Fig. 254.
Clef d'inversion.

métalliques dont deux sont mobiles 1 et 2, et deux fixes 3 et 4.

Les lames 1 et 2, fixées à l'une de leurs extrémités, font ressort de manière à être normalement en contact avec la traverse supérieure 3. En appuyant sur une touche isolante fixée à l'extrémité libre, on peut mettre l'une de ces lames, 1 par exemple, en contact avec la traverse inférieure 4 ; le circuit du galvanomètre se trouve alors fermé sur la pile E et il passe un courant d'un certain sens dans le galvanomètre et le shunt. Si, au lieu d'appuyer sur 1, on appuie sur 2, le sens du courant dans le galvanomètre est inversé. La clef C permet donc d'inverser le courant et de lire des déviations de chaque côté du zéro de l'échelle. La pile doit toujours être reliée aux bornes 3 et 4, et non aux bornes 1 et 2 qui sont constamment en court-circuit par la traverse supérieure 3.

On règle la résistance R et le shunt S, de manière à avoir une déviation de 108 millimètres de chaque côté de l'échelle, soit 100 millimètres par volt. Si les déviations ne sont pas absolument égales, on prend la moyenne. Lorsque la résistance R a une valeur supérieure à 4000 ohms, la résistance de la pile, qui est de quelques ohms seulement, est négligeable. Pour mesurer l'intensité d'un courant, on retire la pile et on relie les deux points A et B aux extrémités d'un shunt de résistance connue. Pour mesurer de 0,1 à 1 ampère on prendra 1 ohm comme shunt ; de 1 à 10 ampères, 0,1 ohm, et au-delà de 10 ampères on pourra monter plusieurs dixièmes d'ohm en quantité. La résistance du shunt employé étant très petite devant la résistance totale du circuit du galvanomètre, la résistance réduite des deux dérivations entre A et B, shunt et galvanomètre, peut être considérée comme étant égale à celle du shunt. Si celui-ci est de 1 ohm pour un courant de 1 ampère, il y aura entre A et B une différence de potentiel de 1 volt et le galvanomètre donnera une déviation de cent divisions de chaque côté de l'échelle, soit une division par centi-ampère.

Avec un shunt de 0,1 ohm il y aura une division par déci-ampère.

Si la résistance du shunt employé ne s'exprime pas par un nombre aussi simple, on peut modifier la résistance totale du circuit du galvanomètre de manière que la déviation soit toujours un multiple simple de l'intensité totale. On fait l'étalonnage du galvanomètre comme précédemment.

Soit une résistance totale de : R + G, pour une déviation de 100 millimètres par volt.

Si la résistance du shunt est r, supposée toujours négligeable devant la résistance du circuit du galvanomètre, et que ce shunt doive servir à la mesure d'un courant maximum I, on fixera d'après cette valeur une déviation de d divisions par ampère, telle que dI soit compris dans la limite de proportionnalité de l'appareil. Pour l'intensité I, la différence de potentiel sera rI et la déviation dI ; il suffit donc de régler la résistance totale du circuit du galvanomètre, le shunt S restant le même, pour que cette relation soit satisfaite.

Une résistance R + G, correspond à 100 millimètres par volt, la résistance x cherchée doit être telle que la déviation soit dI pour une différence de potentiel rI, c'est-à-dire $\dfrac{d}{r}$ par volt.

Pour une même différence de potentiel aux bornes et une même sensibilité, les déviations étant en raison inverse des résistances, on est conduit pour x à la valeur :

$$x = (R + G_s)\,\frac{100r}{d}.$$

La résistance du galvanomètre shunté comptant dans le circuit, il faudra mettre dans la boîte R une résistance égale à :

$$x - G_s.$$

On aura ainsi une déviation d par ampère de chaque côté de l'échelle.

Galvanomètres industriels étalonnés ou ampèremètres. — Les galvanomètres à miroir ne peuvent être utilisés que dans un laboratoire et demandent une installation toute spéciale. Pour la plupart des mesures courantes, on préfère employer des appareils donnant directement par une simple lecture sur la graduation, l'intensité du courant qui les traverse. Ces appareils sont appelés *ampèremètres*.

Un ampèremètre doit être facilement transportable, fonctionner autant que possible dans toutes les positions, n'être pas influencé par les actions extérieures, telles que la température et les champs produits par les courants voisins ou les machines, prendre rapidement sa position d'équilibre et enfin n'être sujet à aucune variation.

Les ampèremètres fondés sur les actions électro-magnétiques du courant peuvent se diviser, comme les galvanomètres, en deux classes principales :

Ampèremètres à circuit fixe ;

—   —   mobile.

AMPÈREMÈTRES A CIRCUIT FIXE

Ces appareils comportent ou non des aimants. Lorsqu'il y a des aimants, comme dans l'ampèremètre Deprez-Carpentier, ceux-ci sont fixes et créent un champ qui se compose avec le champ produit par une bobine que traverse le courant à mesurer. Ces deux champs sont à angle droit, et une palette de fer doux, mobile suivant un axe perpendiculaire à la direction des deux champs, se place suivant le champ composant. Une aiguille indique les déviations sur un cadran.

Dans les appareils qui ne comportent pas d'aimants, une pièce de fer doux se déplace vers les parties où le champ est plus intense (ampèremètre Hummel) ou tend à s'orienter suivant les lignes de force du champ directeur. Dans quelques appareils, deux pièces de fer, l'une fixe, l'autre mobile, s'attirent ou se repoussent (ampèremètre Desruelles et Chauvin).

Les ampèremètres à circuit fixe et fer mobile présentent tous des phénomènes d'hystérésis qu'on diminue le plus possible en employant des pièces de fer doux très petites et en ne fermant pas leur circuit magnétique par d'autres pièces de fer. Ils sont en outre, sauf les appareils à aimants, très influencés par les champs extérieurs. En général, les appareils à circuit fixe ne peuvent pas servir à des mesures un peu précises et ils ne doivent être considérés que comme de simples indicateurs.

AMPÈREMÈTRES A CIRCUIT MOBILE

Les appareils apériodiques Chauvin et Arnoux sont à lecture directe et basés sur le principe du cadre galvanométrique mobile dans un champ magnétique produit par un aimant permanent (*fig.* 255). Le cadre portant une aiguille en aluminium est constitué par une petite couronne de fil de cuivre isolé à la soie et sertie entre deux bagues concentriques de cuivre (*fig.* 256). Ces bagues donnent de la rigidité au cadre et constituent en même temps un amortisseur électro-magnétique très énergique amenant rapidement la partie mobile à l'équilibre.

  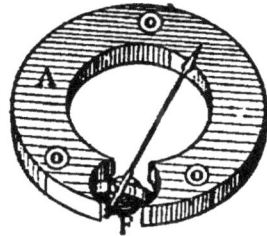

FIG. 255.   FIG. 256.   FIG. 257.
Ampèremètre Chauvin et Arnoux.

L'aimant permanent est en une seule pièce d'acier au tungstène (*fig.* 257) traité par recuits successifs pour en assurer la constance et sans pièces polaires rapportées.

Ces galvanomètres ne présentent pas les erreurs d'hystérésis inhérents à tous les appareils à fer mobile et, en raison de leur apériodicité et de la non-influence sur leurs indications des courants traversant des conducteurs placés dans le voisinage, ils conviennent très bien aux applications industrielles.

Ces galvanomètres sont employés comme ampèremètres par une méthode directe et comme voltmètres par une méthode indirecte de mesure.

FIG. 258. — Shunt.

Comme ampèremètre, on donne au cadre mobile une résistance moyenne de 0,5 ohm, et un courant de 50 milli-ampère produit une déviation de toute l'échelle.

Pour mesurer un courant supérieur à 0,05 ampère, les extrémités du cadre sont placées en dérivation sur un shunt (*fig.* 258). Les shunts sont reliés à l'appareil par deux fils souples de 1 mètre de longueur environ dont les deux extrémités sont terminées par deux broches coniques s'engageant de part et d'autre dans des trous ménagés sur les côtés de l'appareil et sur le shunt. L'emploi de shunts séparés permet de prendre des mesures de courants très différents avec un seul appareil. Chaque shunt a une résistance telle qu'il correspond à un facteur simple des divisions de l'appareil.

Électro-dynamomètres. — Les électro-dynamomètres peuvent se diviser en deux classes :

1° Les *électro-dynamomètres de torsion*, dans lesquels le couple qui se produit entre la partie fixe et la partie mobile est équilibré par la torsion d'un ressort, d'un unifilaire ou d'un bifilaire ;

2° Les *électro-dynamomètres balance*, dans lesquels la force ou le couple qui se produit est équilibré par l'action d'un poids.

Électro-dynamomètre Siemens. — Cet appareil qui sert aux mesures industrielles appartient à la classe des électro-dynamomètres de torsion ; il se compose (*fig.* 259) de deux bobines fixes superposées en fil de cuivre. L'une d'elles sert à la mesure des courants jusqu'à une certaine valeur de ceux-ci ; elle est en fil plus fin que l'autre bobine et d'un nombre de tours plus grand. La seconde bobine sert à la mesure de courants plus intenses.

La bobine mobile comprend une seule spire ; le courant lui est amené par deux godets de mercure à la partie inférieure. Elle est suspendue à un fil sans torsion et fixée à une extrémité d'un ressort à boudin dont l'autre extrémité est reliée à une tête mobile, solidaire d'une aiguille se déplaçant sur une graduation en degrés. Le cadre porte en outre une aiguille dont l'extrémité arrive près de la graduation et sert à repérer la position normale du cadre mobile qui est telle que les axes des deux bobines soient perpendiculaires.

Lorsque aucun courant ne passe et que l'appareil est

réglé de niveau au moyen d'un fil à plomb fixé sur le bâti, les deux aiguillés doivent être au zéro.

Fig. 259. — Électro-dynamomètre Siemens.

Lorsqu'un courant passe dans l'appareil, le cadre mobile est dévié. On ramène alors l'aiguille du cadre au zéro de la graduation en tournant la tête mobile, ce qui tord le ressort et crée un couple antagoniste. En appelant α la torsion de la tête mobile lue sur la graduation, on a la relation :

$$\alpha = KI^2,$$

K étant un facteur de construction, d'où :

$$I = \frac{1}{K} \sqrt{\alpha}.$$

Électro-dynamomètre-balance de lord Kelvin (*fig.* 260). — Lord Kelvin a réalisé des balances électro-dynamiques d'une grande sensibilité en employant un système très ingénieux d'amenée du courant à la partie mobile de l'appareil. Celle-ci, qui se compose de deux bobines placées horizontalement

aux extrémités des pièces d'amenée du courant formant fléau,
est suspendue à la partie fixe par deux séries de fils excessivement fins formant une suspension très flexible, tout en
supportant des intensités de courant élevées (la densité de
courant peut en effet atteindre de très grandes valeurs dans
les fils fins).

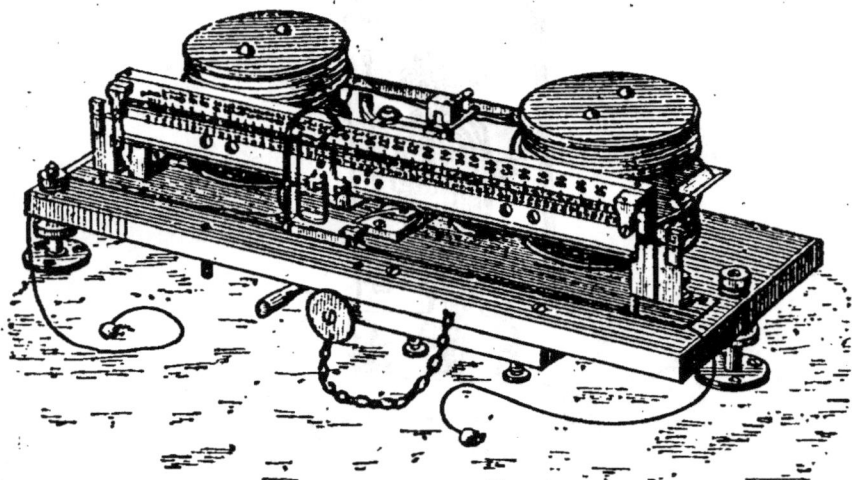

Fig. 260. — Électro-dynamomètre-balance de Lord Kelvin (W. Thomson).

La partie fixe se compose de quatre bobines B placées au-
dessus et au-dessous des deux bobines mobiles B' (fig. 261).
Les bobines mobiles produisant des flux de sens inverse,
l'action du champ terrestre est nulle. Les bobines fixes sont
disposées de telle manière que
l'une des bobines mobiles soit
attirée vers le haut et l'autre
vers le bas. Le couple ainsi
produit est équilibré par l'action d'un poids qu'on déplace
à l'aide de deux cordonnets de
soie par l'intermédiaire d'un

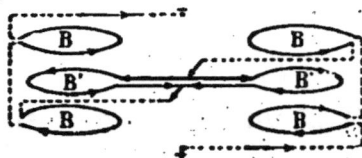

Fig. 261.

chariot (fig. 260). Le curseur mobile se déplace devant une
échelle divisée sur laquelle on lit l'intensité ; la position
d'équilibre de la partie mobile est repérée aux deux extrémités.

On fait varier la sensibilité d'une même balance au moyen
de poids différents.

AMPÈREMÈTRES THERMIQUES

Ampèremètres thermiques. — Dans les ampèremètres thermiques (*fig.* 262) un shunt est traversé par le courant à
mesurer et un fil fin en alliage platine-argent est dérivé sur ce shunt;
au milieu de ce fil est attaché un fil
de laiton dont l'autre extrémité est
fixe.

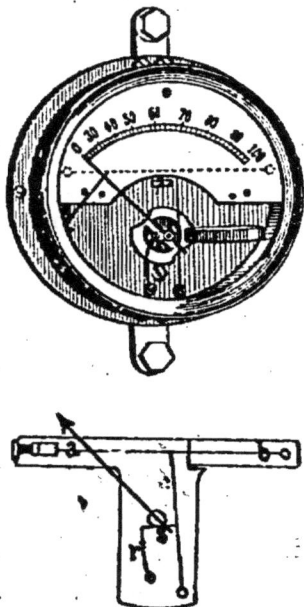

Le milieu de ce fil de laiton est
relié à un fil de soie *s*, s'enroulant
sur une petite poulie et fixé, d'autre
part, à un ressort *r* qui tend le fil.
La poulie porte une aiguille se déplaçant sur la division. Lorsque le
fil se dilate, le système est tendu
par le ressort et l'aiguille se déplace. Afin d'éliminer l'action des
variations de température extérieure, le fil est fixé sur un système
de pièces de laiton et de fer, tel
que son coefficient de dilatation soit
égal à celui du fil.

Fig. 262.
Ampèremètre thermique.

La graduation de l'appareil se fait expérimentalement.
Les appareils thermiques ne sont aucunement influencés
par les actions magnétiques.

Voltamètres. — Les actions chimiques du courant peuvent
être utilisées pour la mesure indirecte des courants. On
emploie des voltamètres à argent et des voltamètres à
cuivre; ces appareils ont été indiqués à propos des étalons
d'intensité de courant. Les voltamètres ne peuvent servir à
mesurer les intensités de courant par la relation $I = \dfrac{Q}{t}$ que
si celles-ci sont constantes; autrement ils ne font connaître
que la valeur moyenne des courants.

Mesure des intensités des courants alternatifs. — Les appareils convenant à la mesure des courants alternatifs sont ceux dans lesquels l'action est proportionnelle au carré de l'intensité. Les électro-dynamomètres et les appareils thermiques sont dans ce cas. Ces appareils utilisés à la mesure du courant alternatif prennent une position d'équilibre correspondant à la moyenne des carrés des intensités, c'est-à-dire au carré de l'intensité efficace. On les étalonne sur du courant continu, ce qui permet d'avoir le facteur de proportionnalité pour les électro-dynamomètres et de tracer une division en ampères pour les appareils thermiques.

Il faut, dans la construction des électro-dynamomètres et même dans leur emploi, éviter de placer des masses métalliques près des bobines. Les courants induits qui y prendraient naissance fausseraient les mesures.

Les électro-dynamomètres conviennent spécialement aux expériences ; les appareils thermiques se placent sur les tableaux de distribution.

On peut utiliser comme indicateurs des appareils à fer doux mobile dans lesquels l'action ne change pas de sens avec le courant. Ces appareils doivent être étalonnés sur le courant alternatif en se servant d'un électro-dynamomètre pour mesurer l'intensité du courant. Dans ces appareils on doit diviser convenablement les masses métalliques pour éviter le développement de courants de Foucault.

MESURES DES DIFFÉRENCES DE POTENTIEL

Les différences de potentiel se mesurent :

Par les actions électrostatiques, avec les électromètres ;
—   électro-magnétiques, avec les galvanomètres ;
—   électro-dynamiques, avec les électro-dynamomètres ;
—   thermiques, avec les appareils thermiques.

Voltmètres électrostatiques de lord Kelvin. — La figure 263 représente l'appareil servant à mesurer de 200 à 20000 volts. La partie fixe se compose de deux quadrants A et B réunis entre eux. L'armature mobile C, en aluminium, tournant sur couteaux autour de l'axe O, porte à sa partie inférieure D un contrepoids de réglage et un crochet auquel on peut suspendre des poids différents contenus dans la boîte E; ces poids permettent de donner à l'appareil des sensibilités variables et d'étendre l'échelle des mesures. Les oscillations de la partie mobile sont amorties par le frottement sur l'aiguille H d'un trapèze F qui est manœuvré en G. Les bornes de l'appareil se trouvent à l'arrière et ne sont pas visibles sur la figure.

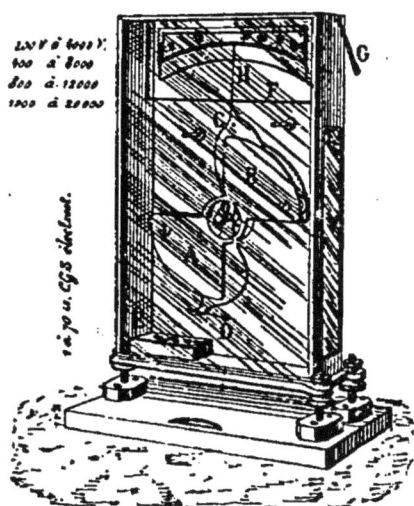 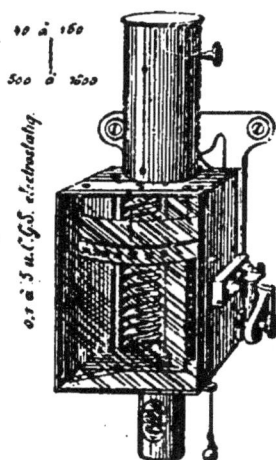

Fig. 263.   Fig. 264.

Voltmètres électrostatiques de Lord Kelvin (W. Thompson).

Un second modèle d'électromètre, représenté par la figure 264, sert à mesurer des différences de potentiel plus petites variant de 40 à 1600 volts.

Afin d'avoir un couple suffisant avec d'aussi faibles différences de potentiel, le nombre des plateaux fixes et des plateaux mobiles est multiplié; de là le nom de multicellulaire donné à l'appareil.

La partie mobile est suspendue à un fil métallique fin et porte une aiguille horizontale se déplaçant sur l'échelle divisée; à la partie inférieure, un disque suspendu à la partie mobile se déplace dans de l'huile et amortit les oscillations. Les bornes sont placées sur le côté de l'appareil et celui-ci est fixé sur un support qui permet de le régler dans une position déterminée.

MÉTHODES GALVANOMÉTRIQUES

Méthode de la grande résistance. — Le principe de cette méthode est le suivant : On monte en tension un galvanomètre, muni, si cela est nécessaire, d'un shunt, une résistance connue et une pile-étalon. On note la déviation obtenue et la résistance totale. On enlève la pile-étalon et on relie le galvanomètre et la résistance en circuit à la différence de potentiel à mesurer. Enfin on règle la résistance de manière à avoir une lecture dans les limites de l'échelle et on note la résistance totale.

Si dans le premier cas on a E, R et d, et dans le second cas U, R' et d', le shunt du galvanomètre étant resté le même, on a :

$$i = \frac{E}{R} = kd,$$

$$i' = \frac{U}{R'} = kd' ;$$

en divisant membre à membre :

$$\frac{ER'}{UR} = \frac{d}{d'} ;$$

d'où :

(1) $$U = \frac{ER'd'}{Rd}.$$

Dans l'application de cette méthode il est nécessaire que l'introduction de la résistance R' entre les points du circuit dont on veut mesurer la différence de potentiel ne fasse pas varier celle-ci; il suffit pour cela que la résistance R' soit très grande par rapport à la résistance du circuit entre les deux points considérés, ce circuit pouvant ou non comprendre un générateur. On donne donc à R' une très grande résistance, d'où le nom de la méthode.

Lorsqu'on fait $d = d'$, la formule (1) devient :

$$U = E\frac{R'}{R},$$

on a ce qui s'appelle la *méthode de l'égale déviation*.

L'application de la méthode de la grande résistance convient spécialement avec le galvanomètre à cadre mobile Deprez-d'Arsonval. On réalise le même montage que celui qui a été indiqué pour la mesure des intensités (*fig.* 252). On fait l'étalonnage avec un étalon Daniell en mettant dans la boîte une résistance de quelques milliers d'ohms. En réglant à 100 millimètres de chaque côté par volt, on peut mesurer, sans changement, les forces électromotrices ou différences de potentiel jusqu'à 1,5 volt. En réglant seulement à 50 millimètres, on mesure jusqu'à 3 volts pour une déviation de 15 centimètres. En portant la résistance totale à une valeur 100 fois plus grande que celle qui correspond à ce dernier étalonnage, on mesurera jusqu'à 300 volts et on aura 0,5 millimètre par volt de chaque côté. D'une manière générale, la formule (1) permettra de calculer la résistance totale R',

$$R' = \frac{URd}{Ed'},$$

nécessaire pour avoir une déviation d' pour U, lorsque l'étalon E donnera une déviation d pour une résistance totale R.

APPAREILS INDUSTRIELS OU VOLTMÈTRES

Voltmètres électro-magnétiques. — Ces appareils ne diffèrent des ampèremètres électro-magnétiques que par la résistance totale de l'enroulement. On relie les extrémités de cet enroulement de résistance R aux points dont on veut mesurer la différence de potentiel U; on a :

$$I = \frac{U}{R}.$$

Au lieu de porter sur la graduation les valeurs de I, on porte les valeurs de U correspondantes, soit :

$$U = RI.$$

Il faut que la résistance de ces appareils soit suffisamment élevée pour ne pas modifier les différences de potentiel à mesurer.

On peut diviser les voltmètres en voltmètres à *circuit fixe* et voltmètres à *circuit mobile*.

Les voltmètres à circuit fixe Deprez-Carpentier, Hummel, Desruelles et Chauvin, ne diffèrent des ampèremètres déjà décrits que par l'enroulement qui est fait en fil fin de cuivre de manière à présenter une résistance suffisante.

Pour les appareils dont l'enroulement est en cuivre, les variations de température ont une influence nuisible, en raison du coefficient de température élevé du cuivre. Ce coefficient est égal à 0,004 par degré centigrade. La résistance d'un voltmètre ainsi construit augmente donc de 4 p. 100 pour un accroissement de température du fil de 10° C. L'intensité du courant qui le traverse et, par conséquent, les indications de l'appareil se trouvent diminuées d'autant. La température de la bobine varie pour deux raisons : 1° échauffement par effet Joule dans la résistance de la bobine ; 2° variations de la température ambiante. Pour éliminer la cause d'erreur due à l'échauffement par effet Joule, certains appareils sont munis d'un petit interrupteur permettant de ne laisser passer le courant que pendant le temps de la lecture. Ajoutons à cet inconvénient ceux déjà signalés : hystérésis, influence des champs extérieurs, etc.; on voit que ces appareils ne conviennent que comme simples indicateurs de potentiel.

Les appareils Chauvin et Arnoux sont des voltmètres à cadre mobile. Ils sont constitués avec les galvanomètres déjà décrits auxquels on donne une grande résistance. Le cadre mobile a une résistance moyenne de 75 ohms, et un courant de 5 milli-ampères suffit pour que l'aiguille dévie de toute l'échelle. Cette valeur du courant détermine la résistance qui est adjointe au cadre pour un voltmètre donné.

Un appareil devant aller, par exemple, jusqu'à 150 volts, a une résistance totale de $\frac{150}{0,005} = 30000$ ohms, ce qui représente une résistance additionnelle de 30000 — 75 = 29925 ohms. Les résistances additionnelles sont en alliage ne variant pas sensiblement de résistivité avec la température et, comme elles sont toujours très grandes par rapport à la résistance du cadre, il s'ensuit que les indications des voltmètres sont elles-mêmes indépendantes de la température. De plus, en raison de la valeur du champ directeur, elles ne sont pas influencées par les courants voisins.

Un même appareil peut être pourvu de plusieurs bornes correspondant à différentes résistances additionnelles et par conséquent à diverses échelles de mesure. Avec une échelle portant cent cinquante divisions et une borne commune, cinq autres bornes suffisent pour qu'on ait le maximum de déviation pour 3, 15, 150, 300 ou 600 volts. Ces voltmètres se construisent pour mesurer jusqu'à 3000 volts.

Voltmètres électro-dynamiques. — En remplaçant dans les électro-dynamomètres les enroulements de gros fil par des enroulements de fil fin, de manière à avoir une grande résistance, on réalise un appareil pouvant servir comme voltmètre.

Un électro-dynamomètre servant à la mesure des courants de faible intensité peut également, en lui adjoignant une résistance connue, être employé comme voltmètre.

Le modèle de balances électro-dynamiques de lord Kelvin pour les petites intensités, dite balance centi-ampère, permet de mesurer de 1 à 100 centi-ampères; en adjoignant à cette balance une résistance additionnelle de platinoïde, telle que la résistance totale soit de 1600 ohms, on peut alors mesurer de 10 à 400 volts.

Voltmètres thermiques. — Les voltmètres de Hartmann et Braun sont analogues comme principe aux ampèremètres déjà décrits. Le fil de platine-argent, au lieu d'être placé en dérivation sur un shunt, est mis en tension avec une résis-

tance sans self-induction et à faible coefficient de température.

Dans le voltmètre de Cardew (*fig.* 265 et 266), un fil mince en
alliage platine-argent, d'environ 0,06 millimètre de diamètre,

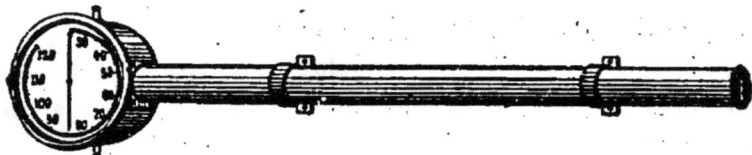

FIG. 265. — Voltmètre de Cardew.

fixé à une extrémité, est placé dans un tube de laiton et
passe sur trois petites poulies en ivoire; l'autre extrémité
est fixée à un fil de soie s'enroulant autour d'une poulie et
attaché lui-même à un ressort qui
tend tout le système. Lorsqu'un
courant passe dans le fil, celui-ci
s'échauffe et se dilate, il est tendu
par le ressort et les déplacements
de la poulie sur laquelle passe le
fil de soie, amplifiés par un petit
engrenage, sont communiqués à
une aiguille marquant sur un cadran.

Pour éliminer l'influence des variations de la température extérieure, la pièce supportant les fils
est composée d'un alliage fer et

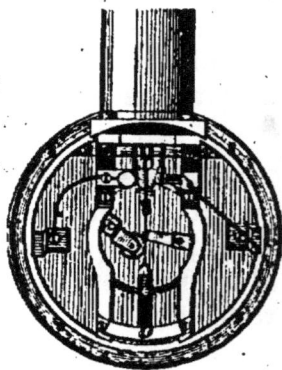

FIG. 266.
Voltmètre de Cardew.—Détail.

cuivre ayant le même coefficient de dilatation que le fil.

Les voltmètres thermiques présentent l'avantage de n'être
pas influencés par les champs extérieurs et, pour les courants alternatifs, d'avoir une self-induction négligeable; mais
leur résistance est toujours peu élevée et il en résulte que la
puissance qu'ils absorbent pour leur fonctionnement est
relativement grande.

Mesure des courants alternatifs. — Les électromètres
conviennent à la mesure des courants alternatifs; ils indiquent

les forces électromotrices ou les différences de potentiel en valeur efficace.

Parmi les voltmètres électro-magnétiques, ceux à circuit fixe et sans aimants peuvent seuls être employés ; mais, en raison des inconvénients déjà signalés, ils ne sont applicables au courant alternatif que comme simples indicateurs de potentiel. Il est nécessaire qu'ils comportent des masses de fer très petites et saturées pour une valeur faible du courant. Ces appareils, en raison de leur self-induction, doivent être étalonnés sur le courant alternatif même et la division ainsi tracée ne convient que pour la fréquence du courant ayant servi à l'étalonnage.

Les voltmètres thermiques sont couramment employés ; s'il y a une résistance additionnelle, elle doit être sans self-induction et invariable avec la température. Ces appareils absorbent une puissance relativement grande.

Les électro-dynamomètres étalonnés sur du courant continu ne sont applicables que si leur constante de temps est suffisamment petite ; autrement il est nécessaire de les étalonner, comme les voltmètres, sur un courant alternatif de même fréquence que celle du courant sur lequel ils doivent servir.

Les électromètres et les voltmètres sont toujours étalonnés sur du courant continu.

MESURE DES RÉSISTANCES ÉLECTRIQUES

Pont de Wheatstone. — La combinaison connue sous le nom de pont de Wheatstone et qui est employée à la mesure des résistances, a été exposée au point de vue théorique (p. 32).

Le pont de Wheatstone comprend quatre résistances ou bras du pont qui forment un circuit fermé présentant quatre points de liaison ou sommets du pont (*fig.* 20°) ; deux sommets opposés sont reliés à une pile, les deux autres sommets à un galvanomètre. Lorsqu'on a l'équilibre pour ce dernier, les produits des résistances des bras opposés sont égaux :

$$ax = bc.$$

Si, a, b et c sont connus, on tire pour x la valeur

(1)
$$x = \frac{b}{a} c.$$

On munit d'une clef le circuit de la pile ainsi que le circuit du galvanomètre et, en rai-
son de la self-induction que peut
présenter la résistance x mesurée, on ferme d'abord la clef de
pile 1 et ensuite la clef du galvanomètre 2. Le régime permanent
pour lequel seulement la relation (1) est applicable s'établit
dans l'intervalle. A la rupture,
on procède en sens inverse en
rompant d'abord 2, puis 1 ; on
évite ainsi les extra-courants
dans le galvanomètre.

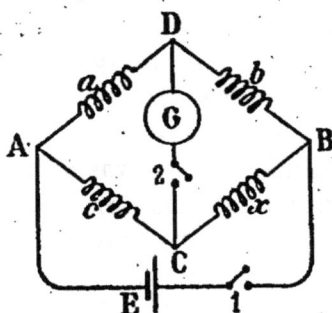

Fig. 267. — Pont de Wheatstone.

Le montage tel qu'il est indiqué dans la figure schématique
demanderait trois boîtes de résistance a, b et c. En pratique,
on réunit ces trois résistances dans une même boîte appelée
boîte à pont et on y ajoute également les deux clefs 1 et 2.
Les deux bras a et b sont composés chacun de trois résistances
de 10, 100 et 1000 ohms. On met quelquefois une quatrième
résistance de 1 ohm. Le bras c est une résistance variant,
ohm par ohm, de 0 à 10000 ohms, ce qui permet de mesurer
de 0,01 ohm à 1 mégohm.

On peut adopter pour les boîtes à pont, soit la disposition
ordinaire avec autant de chevilles que de bobines, soit la
disposition en décades, soit encore des résistances à curseurs. Les figures 242, 243 et 244 représentent ces dispositions.

Dans l'emploi des boîtes à pont on peut donner au rapport
$\frac{b}{a}$ de la formule (1) les valeurs $\frac{1}{100}$, $\frac{1}{10}$, 1, 10 et 100 ; on règle

ensuite la résistance c de manière à arriver à l'équilibre du galvanomètre.

Il peut arriver que l'équilibre n'existe que pour une résistance r comprise entre les valeurs c et $c + 1$ du bras c. La valeur c donne une déviation d d'un côté; la valeur $c + 1$ donne une déviation d_1 de l'autre côté du zéro. On calculera r par interpolation en supposant que dans l'intervalle de c à $c + 1$, les variations de déviations du galvanomètre sont proportionnelles aux variations de résistances; on aura alors :

$$r = c + \frac{d}{d + d_1}$$

et

$$x = \frac{b}{a} \cdot r = \frac{b}{a} \left(c + \frac{d}{d + d_1} \right).$$

Pont à fil divisé. — Le pont de Wheatstone peut être employé avec une autre disposition appelée pont à fil divisé. Dans la relation

$$x = \frac{b}{a} \cdot c,$$

au lieu de donner à $\frac{b}{a}$ une valeur constante et de faire varier c comme dans le pont à bobines, on fait varier le rapport $\frac{b}{a}$,

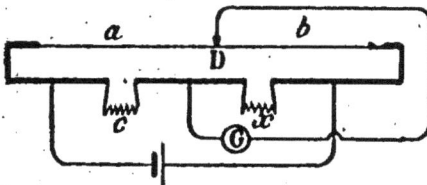

Fig. 268.

c restant constant. A cet effet, on constitue les deux résistances a et b par un simple fil tendu (*fig.* 268), et on fait glisser le contact D sur le fil. La résistance de part et d'autre de D est proportionnelle à la longueur de fil correspondante lorsque celui-ci est bien homogène et de diamètre uniforme; on a alors :

$$x = \frac{l_b}{l_a} \cdot c.$$

Mesures des faibles résistances. — *Pont double de lord Kelvin.* — Lorsque les résistances à mesurer ont une valeur très faible, les résistances de contact dans les méthodes précédentes peuvent introduire des erreurs très grandes. La disposition connue sous le nom de pont double de lord Kelvin (*fig.* 269) permet de rendre ces erreurs négligeables.

La résistance à mesurer entre deux points A et B étant x, on monte cette résistance en tension avec un étalon r dont la résistance est bien déterminée entre deux points C et D et avec une pile E. D'autre

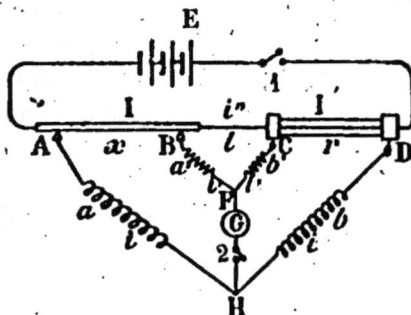

Fig. 269.

part, on relie les points A, B, C et D à quatre résistances a, a', b, b' et à un galvanomètre G, comme l'indique le schéma. Lorsque les quatre résistances sont réglées de manière que le galvanomètre reste au zéro en fermant les clefs 1 et 2, la différence de potentiel entre les deux points F et H est nulle, et on a :

$$\frac{r}{b} - \frac{x}{a} + \left(\frac{b'}{b} - \frac{a'}{a}\right) \frac{l}{a' + b' + l} = 0.$$

On rend le troisième terme nul en faisant :

$$\frac{a}{a'} = \frac{b}{b'},$$

et il reste simplement :

$$\frac{x}{a} - \frac{r}{b} = 0,$$

d'où :

$$x = \frac{a}{b} \cdot r.$$

Pratiquement on opère de la manière suivante :
On donne aux bras a et a' des valeurs égales ou dans un

rapport simple ; la plus petite résistance étant en a', on met entre b et b' des résistances dans le même rapport que a et a', en prenant d'abord des valeurs très petites qu'on augmente ensuite, tout en conservant toujours la relation $\frac{b}{b'} = \frac{a}{a'}$ jusqu'à ce qu'on observe un changement de sens dans a déviation du galvanomètre. Il ne reste plus qu'à diminuer b et b' jusqu'à ce que l'équilibre soit établi.

Méthode indirecte par l'ampèremètre et le voltmètre. — Cette méthode est fréquemment employée industriellement pour la détermination des faibles résistances. Elle consiste simplement à faire passer dans la résistance à mesurer un courant dont on mesure l'intensité I avec un ampèremètre. Ce courant produit aux bornes de la résistance une différence de potentiel U qu'on mesure avec un voltmètre.

La valeur de r est égale à :

$$r = \frac{U}{I}.$$

Dans cette méthode, ainsi que dans la précédente, le courant ne doit pas produire d'échauffement de la résistance ou passer en un temps suffisamment court pour que l'échauffement soit négligeable.

Mesures de grandes résistances. — La méthode généralement employée pour la mesure des grandes résistances telles que les résistances d'isolement des câbles, des installations d'éclairage, des circuits de machines, etc., est la suivante : On note la déviation d que donne un galvanomètre muni d'un shunt de pouvoir multiplicateur m, avec un circuit de résistance totale R sur une pile de force électromotrice E ; on monte ensuite ce galvanomètre en tension avec une pile E' et la résistance d'isolement x à mesurer ; on a une déviation d' avec un shunt de pouvoir multiplicateur m'.

La résistance cherchée x a pour valeur :

$$x = \frac{md \cdot \frac{E'}{E} \cdot R}{m'd'}.$$

La quantité $\left(md \cdot \dfrac{E'}{E} \cdot R \right)$ est ce qu'on appelle généralement, dans l'application de cette méthode, *la constante du
galvanomètre*. Cette constante est la résistance qu'il faudrait
mettre en circuit avec la pile E' et le galvanomètre non shunté
pour avoir une déviation d'une division de l'échelle.

Le montage à employer pour cette méthode est le même
que pour la méthode de la grande résistance. Dans le cas
d'essais de câbles qui présentent toujours une capacité notable, on évite de faire passer le courant de charge dans le
galvanomètre en mettant d'abord celui-ci en court-circuit.

Résistance intérieure des piles et des accumulateurs. —
Méthode des potentiels. — On mesure la force électromotrice
E de la pile et la différence de potentiel u aux bornes, lorsque
la pile est fermée sur une résistance connue R. On a alors la
relation

$$u = RI = R \cdot \frac{E}{R + r},$$

d'où l'on tire :

$$r = R \cdot \frac{E - u}{u}.$$

Méthode des appareils étalonnés. — On mesure la force
électromotrice E avec un voltmètre et, la pile étant fermée
sur un rhéostat, la différence de potentiel u aux bornes;
l'intensité du courant I est donnée par un ampèremètre mis
en circuit, on a alors:

$$u = E - rI;$$

d'où :

$$r = \frac{E - u}{I}.$$

MESURE DES QUANTITÉS D'ÉLECTRICITÉ

On peut avoir à mesurer des quantités d'électricité s'écou-
lant soit dans un temps très court comme la charge ou la
décharge d'un condensateur, soit sous forme de courant
constant ou sensiblement tel. Dans le premier cas on a
recours aux méthodes balistiques; dans le second on

utilise les méthodes voltamétriques, ou bien on mesure périodiquement l'intensité de courant, et on trace la courbe en fonction du temps. Il suffit ensuite de planimétrer cette courbe que fournissent directement les ampèremètres enregistreurs.

Une autre classe d'appareils appelés *coulombs-mètre* ou *compteurs de quantité* qui seront examinés dans le second volume ([1]), opèrent automatiquement l'intégration et indiquent à chaque instant la quantité totale d'électricité qui a traversé le circuit.

Méthodes balistiques. — L'emploi du galvanomètre à cadre fixe a été indiqué pour la mesure des quantités d'électricité par la méthode balistique. On peut étalonner le galvanomètre en y déchargeant un condensateur dont la charge est connue, ou bien en utilisant la relation

$$Q = \frac{T}{2\pi} \cdot I \cdot \frac{\epsilon}{\alpha},$$

en ayant soin de prendre pour ϵ la valeur $\epsilon = \epsilon_1 \left(1 + \frac{\lambda}{2}\right)$, λ étant le décrément logarithmique du galvanomètre ou, si l'amortissement est faible, la valeur $\epsilon = \epsilon_1 + \frac{\epsilon_1 - \epsilon_3}{4}$.

ϵ_1 est l'élongation ([2]) due à la décharge de la quantité Q, α la déviation produite par une intensité de courant I dans le galvanomètre, et T la durée périodique d'une oscillation de la partie mobile du galvanomètre.

Dans les méthodes balistiques on utilise une clef spéciale appelée *clef de décharge* ou *de Sabine*. Elle se compose (*fig.* 270)

Fig. 270. — Clef de décharge ou de Sabine.

d'une lame flexible fixée par une de ses extrémités à une

([1]) *Applications industrielles de l'électricité.*
([2]) Le courant instantané qui passe à travers un galvanomètre produit une impulsion brusque de l'aiguille aimantée appelée *élongation.*

borne, l'autre étant munie d'une touche isolante. Cette lame
se déplace entre deux contacts reliés chacun à une borne, et
dans sa position normale elle est appliquée sur le contact
supérieur. Deux leviers à griffes manœuvrés par des touches
permettent de maintenir la lame mobile,
soit en contact avec la pièce inférieure,
soit isolée entre les deux contacts.

Pour décharger un condensateur dans
un galvanomètre balistique, on réalise —
en utilisant cette clef — le montage
(*fig.* 271). Les points A et B sont reliés à
la pile E. On charge le condensateur en
maintenant la lame sur le contact inférieur *b* et on le décharge dans le balistique en libérant la lame mobile qui
vient toucher *a*.

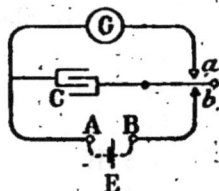
Fig. 271.

MESURE DES COEFFICIENTS D'INDUCTION

Comparaison de deux coefficients de self-induction. —
Méthode de Maxwell (*fig.* 272). — Les deux bobines de coefficients
de self-induction L et L' étant placées dans les deux bras d'un
pont de Wheatstone dont on règle les résistances des quatre
bras de manière à avoir l'équi-
libre du galvanomètre aussi
bien pour le régime permanent que pour le régime variable, on a la relation :

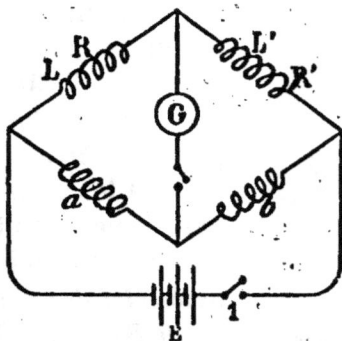
Fig. 272.

$$\frac{L}{L'} = \frac{a}{b} = \frac{R}{R'}.$$

Une boîte de résistance est
mise en tension avec la bobine
de self-induction dont la constante de temps est la plus élevée, soit L par exemple, et,
l'équilibre en régime permanent étant atteint, on fait varier
à la fois et dans la même proportion les résistances *a* et R
pour obtenir l'équilibre en régime variable.

On procède par inversion de courant.

Lorsqu'on dispose d'un étalon variable de self-induction tel que celui d'Ayrton et Perry, la mesure est rendue beaucoup plus facile. Une résistance additionnelle mise dans l'un des bras R ou R' permet l'ajustement pour le régime permanent avec un rapport $\frac{a}{b}$ donné. On fait ensuite varier la self-induction de l'étalon jusqu'à ce qu'on obtienne l'équilibre pour le régime variable. Il peut se faire que le rapport $\frac{a}{b}$ soit tel qu'on ne puisse y arriver. Il faut alors modifier ce rapport dans un sens qui se déduit facilement de la première expérience, ce qui demande un nouvel ajustement du pont. Le coefficient de self-induction L' se lit directement sur l'étalon lorsque l'équilibre est établi. On a alors pour le coefficient L cherché :

$$L = L' \cdot \frac{a}{b}.$$

Méthode de M. Joubert. — Cette méthode est applicable industriellement lorsqu'on dispose d'un courant alternatif de forme sinusoïdale dont on connaît la fréquence $\frac{1}{T}$.

Une résistance R de self-induction L offre au passage d'un courant alternatif une impédance égale à :

$$\sqrt{R^2 + \frac{4\pi^2 L^2}{T^2}} = \sqrt{R^2 + \omega^2 L^2}.$$

Si la différence de potentiel aux bornes de cette résistance est u_{eff}, il y passera un courant I_{eff} tel que

$$\sqrt{R^2 + \omega^2 L_2} = \frac{u_{eff}}{I_{eff}}.$$

I_{eff} et u_{eff} pourront être mesurés chacun avec des appareils pour courants alternatifs, I avec un électro-dynamomètre ou un ampèremètre thermique, u avec un électromètre ou un voltmètre thermique.

Connaisant ω, R, I et u, on tirera la valeur de L :

$$L = \frac{1}{\omega} \sqrt{\frac{u^2}{I^2} - R^2}.$$

On peut également mettre en tension avec la résistance R une résistance connue R' sans self-induction. On mesure simplement les différences de potentiel u et u' aux bornes de ces deux résistances ; on a alors :

$$I_{\text{eff}} = \frac{u'_{\text{eff}}}{R'}$$

et

$$L = \frac{1}{\omega} \sqrt{R'^2 \frac{u^2}{u'^2} - R^2}.$$

La résistance sans self-induction est composée soit de fils droits réunis en zigzag, soit de lampes à incandescence.

MESURES PARTICULIÈRES AUX COURANTS ALTERNATIFS

Forme des courbes des courants alternatifs. — Dans la majorité des cas de la pratique, les courbes représentatives des différences de potentiel et des intensités en fonction du temps ne sont pas des sinusoïdes. Il y a souvent intérêt à déterminer la forme exacte de ces courbes.

MÉTHODE DE M. JOUBERT. — La première méthode employée dans ce but est due à M. Joubert ; elle a été le point de départ d'un grand nombre d'autres méthodes basées sur le même principe.

Un disque calé sur l'arbre de la machine à étudier porte à sa périphérie un contact qui, à chaque tour, vient toucher un balai fixe. Ce dispositif permet de mettre en relation, pendant un temps très court, avec un appareil de mesure convenable, un électromètre par exemple, les deux points entre lesquels on veut mesurer la différence de potentiel pour le moment de la période déterminé par la position relative du balai fixe et de la partie fixe de la machine. La durée du contact étant très courte par rapport au temps périodique, on obtient, en donnant au balai différentes positions, la valeur des différentes ordonnées correspondantes de la courbe représentant en fonction du temps la différence de potentiel étudiée.

M. Janet[1] et M. Blondel[2] ont transformé la méthode de M. Joubert de manière à rendre possible l'enregistrement direct, par un procédé photographique, de la forme des courbes des courants alternatifs. Le procédé consiste à rendre lentement mobile le balai fixe des expériences de M. Joubert.

OSCILLOGRAPHES. — Il est possible de construire des appareils de mesure dont la partie mobile a, sous l'influence du couple directeur seul, un temps périodique d'oscillation suffisamment petit pour pouvoir suivre sans retard appréciable des variations très rapides du courant qui les traverse. Ces appareils, que M. Blondel a appelés oscillographes et dont il a fait une étude très complète[3], permettent d'étudier directement les formes des courants alternatifs.

MÉTHODE ÉLECTRO-CHIMIQUE DE M. JANET. — On dispose sur un cylindre enregistreur une feuille de papier blanc qui a été imbibée de la solution de ferrocyanure de potassium et d'azotate d'ammonium employée dans le télégraphe électro-chimique de Bain. Sur ce papier frotte un stylet en acier ou en fer. Le cylindre d'une part et le stylet d'autre part sont reliés aux deux points entre lesquel existe la différence de potentiel à étudier. On introduit au besoin une résistance non inductive dans le circuit, mais la résistance propre de celui-ci est souvent suffisante. Si l'on tourne rapidement le cylindre, il se formera sur le papier des traces discontinues de bleu de Prusse qui correspondront aux périodes de temps pendant lesquelles le potentiel du stylet est supérieur d'une

---

[1] *Société de Physique*, 29 mars 1891. — *Revue génér. des Sciences*, 30 mars 1891.

[2] *La Lumière électrique*, t. XLI, p. 403; t. XLIX, p. 501.

[3] *Comptes Rendus de l'Académie des Sciences*, 1893, t. CXVI, p. 502. — *L'Industrie électrique*, 1893, p. 137.

certaine valeur à celui du cylindre. Il y aura donc un trait par période et ce trait présentera un maximum qui correspondra au maximum de différence de potentiel.

Pour obtenir le tracé de la courbe de la différence de potentiel en fonction du temps, il suffit de disposer sur le tambour un nombre suffisant de stylets dont les extrémités sont également espacées et de créer entre ces stylets et par rapport au tambour, des différences de potentiel constantes variant toujours de la même valeur et dans le même sens d'un stylet au suivant.

M. Janet faisait usage de quinze stylets distants de 1 millimètre environ, reliés successivement en quinze points équidistants pris sur une batterie d'accumulateurs.

Mesure des différences de phase. — La méthode généralement employée pour mesurer la différence de phase entre une différence de potentiel et l'intensité du courant qu'elle produit dans un circuit d'utilisation donné, consiste à mesurer, d'une part, la puissance absorbée dans ce circuit avec un wattmètre et, d'autre part, la valeur de la différence de potentiel et celle de l'intensité.

La relation

$$W = U_{ef} I_{ef} \cos\varphi$$

permet de tirer le facteur de puissance :

$$\cos\varphi = \frac{W}{U_{ef} I_{ef}}.$$

Dans le cas de courants bien sinusoïdaux, φ représente la différence de phase cherchée.

Les méthodes employées pour déterminer la forme des courants alternatifs permettent également de mesurer la différence de phase.

La méthode électro-chimique de M. Janet est d'une application facile. Il suffit alors de deux stylets, l'un relié à la différence de potentiel considérée, l'autre aux bornes d'une résistance sans self-induction ; la différence de phase est déduite des deux tracés obtenus.

Si l'on connaît la vitesse angulaire du tambour, on peut également déterminer la fréquence du courant.

MESURE DE LA PUISSANCE ÉLECTRIQUE

COURANT CONTINU

Méthode indirecte. — La puissance électrique correspondant à une différence de potentiel u et à une intensité I étant :

$$P = uI,$$

il suffit de mesurer séparément les valeurs de u et de I et d'effectuer le produit pour obtenir la puissance correspondante.

Ces mesures se font par les méthodes déjà indiquées, soit avec les appareils à miroir, soit avec les appareils industriels à lecture directe.

Lorsqu'on emploie un galvanomètre à miroir, le même appareil peut servir à la mesure de u et à la mesure de I. Il suffit de relier successivement le galvanomètre aux bornes de la partie A du circuit pour lequel on veut mesurer la puissance et aux bornes d'une résistance r montée en tension avec A. La première mesure donne la valeur de u, la seconde donne la valeur de I par la relation

$$I = \frac{u'}{r},$$

u' étant la différence de potentiel aux bornes de r.

Il est commode, dans ce montage, d'avoir un commutateur double à deux directions, représenté en aa', bb', cc' (fig. 273), ce que l'on réalise facilement avec six godets à mercure.

Le galvanomètre est muni d'un shunt S et la résistance R en circuit est telle que les déviations correspondent à un

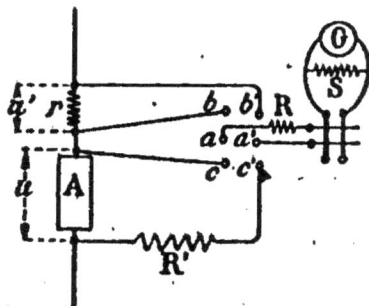

Fig. 273.

multiple commode de l'intensité en ampères. Pour la mesure de u, qui est plus grand que u', on ajoute une résistance R' telle qu'on ait également une déviation qui soit un multiple commode de la différence de potentiel, par exemple 1, 5, 10 millimètres par volt; R et R' sont calculés après étalonnage du galvanomètre sur une pile-étalon en tenant compte de ce que pour la mesure de u la résistance totale est $R + R' + G_s$ et $R + G_s$ seulement pour la mesure de I.

Méthode directe. — Wattmètre. — Il est possible de mesurer directement la puissance avec un appareil appelé wattmètre. Un wattmètre est un électro-dynamomètre dans lequel la bobine fixe, faite de quelques tours de gros fil, est traversée par le courant total; la bobine mobile en fil fin qui présente une grande résistance R est montée en dérivation aux bornes de la partie considérée du circuit (*fig.* 274). La différence de potentiel étant u entre ces bornes et I le courant qui y passe, on voit que le courant $i = \dfrac{u}{R}$ du cadre mobile B s'ajoute au courant I dans le reste du circuit et qu'un courant $I + i$ traverse le cadre fixe A. Le couple qui s'exerce entre les deux cadres est donc égal à :

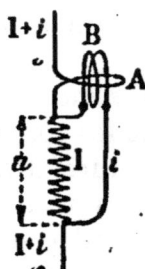

Fio. 274.

$$W = k\,(I + i)\,i = \frac{k}{R}\,uI + \frac{k}{R} \cdot \frac{u^2}{R},$$

k étant une constante de construction.

Ce couple est mesuré par la torsion du ressort fixé à la tête mobile et au cadre; cette torsion α, proportionnelle au couple W, est lue sur la graduation et on a :

$$W = k'\alpha = \frac{k}{R} \cdot UI + \frac{k}{R} \cdot \frac{u^2}{R}.$$

Soit, pour la puissance mesurée UI, la valeur :

$$P = UI = \frac{k'}{k}R \cdot \alpha - \frac{u^2}{R}.$$

$$UI = K\alpha - \frac{u^2}{R}.$$

La constante K, variable avec R, est déterminée expérimen-talement, $\frac{u^2}{R}$ est la puissance dépensée dans le cadre mobile,

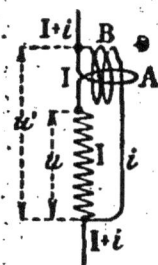

on la retranche de la puissance totale Kα indiquée par l'appareil. Si R est très grand, cette puissance peut être négligeable.

Si, au lieu de relier la bobine mobile aux bornes du circuit considéré, on la met en dérivation sur l'ensemble, bobine fixe et circuit (*fig.* 275), le courant de la bobine mobile ne traverse plus la bobine fixe ; mais, si r est la résistance de cette dernière bobine, il passe dans la bobine mobile un courant :

FIG. 275.

$$i = \frac{u'}{R} = \frac{u + r\mathrm{I}}{R},$$

soit

$$W = k\alpha = k\mathrm{I}i = \frac{k}{R} \cdot u\mathrm{I} + \frac{k}{R} \cdot r\mathrm{I}^2,$$

d'où

$$P = u\mathrm{I} = \frac{k'}{k} R \cdot \alpha - r\mathrm{I}^2$$
$$= K\alpha - r\mathrm{I}^2.$$

Le wattmètre indiquerait alors en plus la puissance dépensée dans la bobine fixe, mais cette puissance est négligeable lorsque r est très petit.

Wattmètre de Ganz. — La bobine fixe, à gros fil, comporte deux enroulements de sections différentes, l'un de fil plus fin et comprenant plus de tours que l'autre. Un système de plots et de chevilles permet, sans interrompre le circuit, de mettre les deux bobines en tension ou de ne faire passer le courant total que dans l'une ou l'autre des bobines.

La bobine mobile en fil fin, dont l'axe est perpendiculaire à l'axe des bobines fixes, est suspendue comme un cadre de galvanomètre Deprez-d'Arsonval à deux fils fins en argent par lesquels le courant arrive au cadre (*fig.* 276).

Le couple électro-dynamique est équilibré par la torsion d'un ressort à boudin auquel on imprime la torsion avec une tête mobile comme dans l'électro-dynamomètre de Siemens. Deux bornes sont reliées au cadre mobile, lequel pour effectuer une mesure est monté en tension avec les résistances, sans self-induction, d'une boîte qui est adjointe à l'appareil et sur laquelle se trouvent également un interrupteur et un commutateur inverseur permettant d'avoir la déviation toujours dans le même sens.

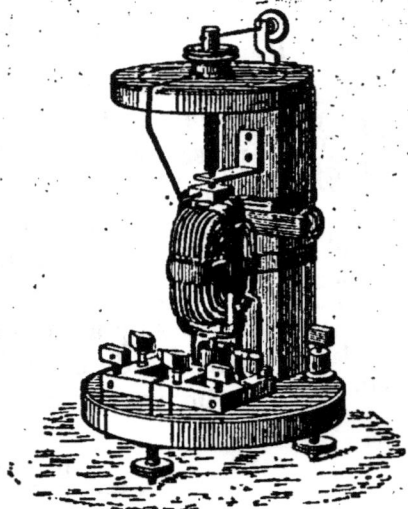

Fig. 276.
Wattmètre de Ganz.

COURANT ALTERNATIF

Puissance. — La puissance mise en jeu dans un circuit traversé par un courant alternatif est égale à chaque instant au produit $u.i$ de la différence de potentiel par l'intensité. Industriellement on considère toujours la puissance moyenne :

$$P_{moy} = \frac{1}{T} \int_0^T uidt = u_{ef} I_{ef} \cos \varphi,$$

φ étant le décalage entre la courbe de la différence de potentiel et la courbe de l'intensité, décalage dû à la réactance du circuit.

Circuit de réactance nulle. — MESURE AVEC LE VOLTMÈTRE ET L'AMPÈREMÈTRE. — Lorsque la réactance est nulle, c'est-à-dire que le circuit ne présente ni capacité ni self-induction, comme c'est le cas pour des lampes à incandescence, par exemple, le décalage est nul et cos $\varphi = 1$. On a alors simplement :

$$P = u_{eff} I_{eff}.$$

La puissance peut se déterminer indirectement, en mesurant séparément u_{eff} et I_{eff} et en faisant le produit de deux valeurs trouvées.

La mesure de u et de I se fait avec les appareils qui ont été indiqués pour le courant alternatif.

MESURE AVEC LE WATTMÈTRE. — *Facteur de correction.* — On supposera que le gros fil du wattmètre qu'on introduit en circuit a une résistance et un coefficient de self-induction suffisamment faibles pour ne pas modifier le régime dans le circuit d'utilisation considéré, dont la réactance est supposée nulle.

La bobine mobile ayant un coefficient de self-induction L et la résistance totale de la dérivation (bobines et résistances additionnelles sans self-induction) étant R, la constante de temps correspondante sera :

$$t = \frac{L}{R}.$$

Le cadre mobile sera parcouru par un courant sinusoïdal d'intensité égale à :

$$(1) \qquad i_{eff} = \frac{u_{eff}}{\sqrt{R^2 + \omega^2 L^2}}$$

ω étant égal à 2π fois la fréquence $\frac{1}{T}$.

Mais ce courant sera décalé par rapport à la différence de potentiel qui le produit d'un angle φ tel que :

$$\operatorname{tg} \varphi = \omega \frac{L}{R} = \omega t.$$

Le cadre fixe sera parcouru par le courant total I_{eff}.

Le cadre mobile prendra une position d'équilibre sous l'action du couple électro-dynamique moyen qui sera proportionnel à :

(2)
$$k \mathrm{I}_{\mathrm{ef}} \cdot i_{\mathrm{ef}} \cdot \cos \varphi,$$

puisqu'il résulte de deux courants décalés d'un angle φ, mais

(3)
$$\cos \varphi = \frac{1}{\sqrt{1 + \mathrm{tg}^2 \varphi}} = \frac{1}{\sqrt{1 + \dfrac{\omega^2 \mathrm{L}^2}{\mathrm{R}^2}}};$$

remplaçant dans l'expression (2) i_{ef} et $\cos \varphi$ par leurs valeurs équations (1) et (3), il vient :

$$k \mathrm{I}_{\mathrm{ef}} i_{\mathrm{ef}} \cos \varphi = k \, \frac{u_{\mathrm{ef}} \mathrm{I}_{\mathrm{ef}}}{\sqrt{\mathrm{R}^2 + \omega^2 \mathrm{L}^2}} \cdot \frac{1}{\sqrt{1 + \dfrac{\omega^2 \mathrm{L}^2}{\mathrm{R}^2}}} = k \, \frac{u_{\mathrm{ef}} \mathrm{I}_{\mathrm{ef}}}{\mathrm{R}} \cdot \frac{1}{1 + \omega^2 t^2}.$$

L'angle de torsion α sera tel que :

$$k'\alpha = \frac{k}{\mathrm{R}} \, u_{\mathrm{ef}} \mathrm{I}_{\mathrm{ef}} \cdot \frac{1}{1 + \omega^2 t^2}$$

d'où :

$$u_{\mathrm{ef}} \mathrm{I}_{\mathrm{ef}} = \frac{k'}{k} \, \mathrm{R}\alpha \, (1 + \omega^2 t^2).$$
$$= \mathrm{K}\alpha \, (1 + \omega^2 t^2).$$

Le facteur K est celui fourni par un étalonnage sur du courant continu. Le produit $\mathrm{K}\alpha$ ne sera donc pas égal à la puissance moyenne u_{ef}, I_{ef}, et il faudra, avec le courant alternatif, considérer une nouvelle constante K′, telle que :

$$\mathrm{K}' = \mathrm{K} \, (1 + \omega^2 t^2),$$

le facteur $1 + \omega^2 t^2$ est appelé *facteur de correction*; ce facteur a d'autant moins d'importance que la constante de temps $t = \dfrac{\mathrm{L}}{\mathrm{R}}$ du circuit dérivé a une valeur plus faible.

Circuit avec réactance. — La puissance moyenne est égale à :

$$\mathrm{P} = u_{\mathrm{ef}} \mathrm{I}_{\mathrm{ef}} \cos \varphi.$$

La puissance ne pourra être déterminée par la métho de indirecte avec un voltmètre et un ampèremètre que si l'on connaît la valeur de φ. Cette valeur n'étant pas facile à déterminer, on mesure la puissance avec un wattmètre.

MESURE DE LA PUISSANCE AVEC UN WATTMÈTRE. — *Facteur de correction.* — De même que dans le cas d'un circuit sans réactance, la self-induction du circuit dérivé a pour effet de diminuer l'intensité du courant qui le traverserait sans cette self-induction et de décaler ce courant de dérivation par rapport à la différence de potentiel qui le produit d'un angle $φ_1$. Le couple entre les deux bobines est donc dû au courant I_{eff} dans la bobine fixe décalé de φ par rapport à u_{eff} et au courant i_{eff} dans la bobine mobile décalé de $φ_1$. En calculant comme précédemment le facteur de correction et en appelant τ la constante de temps du circuit d'utilisation dans lequel on mesure la puissance et τ' celle du circuit dérivé du wattmètre, on arrive à la valeur

$$\frac{1 + \omega^2\tau'^2}{1 + \omega^2\tau'\tau},$$

soit pour la constante à appliquer au wattmètre :

$$K' = K\,\frac{1 + \omega^2\tau^2}{1 + \omega^2\tau'\tau}.$$

Le facteur de correction n'est nul que si $\tau' = o$ ou $\tau^2 = \tau'\tau$, c'est-à-dire $\tau' = \tau$.

La valeur de τ étant variable avec les différents circuits d'utilisation, l'égalité $\tau' = \tau$ ne se présentera que tout à fait accidentellement, et il sera nécessaire, pour que l'on puisse négliger dans tous les cas le facteur de correction, de rendre τ', c'est-à-dire la constante de temps du circuit dérivé, aussi voisine de zéro que possible.

Le coefficient de self-induction d'une bobine étant proportionnel au carré du nombre de spires et le couple entre les bobines étant, toutes choses égales d'ailleurs, simplement proportionnel à ce nombre, il y a lieu de mettre le moins de spires possible sur la bobine mobile, quitte à réduire

dans le même rapport la résistance du circuit de dérivation ; le mieux serait de n'avoir qu'une seule spire, comme
dans l'électro-dynamomètre, aussi l'emploie-t-on souvent
comme wattmètre, en adjoignant au circuit mobile une résistance convenable sans self-induction.

Le seul inconvénient dans ce cas est la puissance relativement élevée que demande le circuit dérivé.

Courants diphasés. — Il y a deux cas à considérer suivant
qu'il y a ou non un fil de retour commun.

1° *Circuits distincts* (4 fils). — La puissance est mesurée
dans chaque circuit avec un wattmètre, la puissance totale
étant la somme de ces deux puissances. Si les charges des
deux circuits et les décalages sont égaux, dans le cas d'alimentation de moteurs, par exemple, on peut prendre le
double de l'indication d'un seul wattmètre.

2° *Circuits avec retour commun* (3 fils). — Deux wattmètres
sont montés, les gros fils respectivement dans chaque fil distinct et les circuits dérivés de chacun d'eux entre le fil correspondant et le fil commun.

La puissance totale est la somme des indications des deux
wattmètres.

Courants triphasés. — Dans le cas de décalages égaux et
de charges égales sur les trois circuits, quand on alimente
simplement des moteurs par exemple, la puissance totale pour
le montage en étoile est égale à trois fois la puissance qu'indique un wattmètre dont le gros fil est monté dans l'un des
conducteurs de ligne et le fil fin en dérivation entre ce conducteur et le point neutre.

Si le point neutre n'est pas accessible, ou si le montage
est en triangle, le fil fin est branché entre le conducteur
correspondant au gros fil et l'un des deux autres ; la puissance totale est alors le double de celle qu'indique le wattmètre.

Dans le cas général de charges inégales il faut employer
deux wattmètres dont les gros fils sont montés sur deux des
conducteurs et les fils fins respectivement entre le conducteur correspondant et le troisième conducteur qui n'a pas de

bobine de wattmètre. La puissance totale est la somme des indications des deux wattmètres.

DÉTERMINATION DU RENDEMENT DES MACHINES GÉNÉRATRICES ET DES TRANSFORMATEURS

1° **Machines à courant continu.** — *Méthode directe.* — La méthode directe consiste à déterminer la puissance mécanique P_m fournie au générateur et la puissance électrique utile P_u fournie par celui-ci. On a alors pour le rendement industriel :

$$\eta = \frac{P_u}{P_m}.$$

La machine génératrice débite sur un rhéostat ou sur des accumulateurs. On mesure la différence de potentiel aux bornes, l'intensité, et, dans le cas d'une machine shunt ou compound, l'intensité dans le fil fin de l'excitation. On maintient la machine à une vitesse angulaire constante qu'on vérifie avec un compte-tours ou un tachymètre. On fait plusieurs expériences en faisant varier le débit par le réglage du circuit de travail.

Méthode indirecte de M. Swinburne. — Cette méthode repose sur les deux hypothèses suivantes, très sensiblement exactes pour les machines à bon rendement :

1° A égalité de vitesse angulaire et d'excitation et pour une même valeur de la puissance totale mise en jeu, une machine a le même rendement comme moteur ou comme générateur ;

2° Les pertes par frottements, hystérésis et courants de Foucault, restent à peu près les mêmes à toutes les charges pour une même vitesse angulaire et une même valeur du champ inducteur.

On détermine par un essai à vide, la machine étant alimentée en moteur, les pertes par hystérésis, courants de Foucault et frottements.

L'excitation est réglée de manière que la machine tournant en moteur à sa vitesse normale, la force électromotrice ait également sa valeur de régime E. Si r est la résistance de l'induit et I l'intensité qui le traverse, il y a aux bornes une différence de potentiel u :

$$u = E + rI;$$

rI est négligeable devant E, et la puissance

$$p = uI$$

représente les pertes par frottements, hystérésis et courants de Foucault.

Connaissant la résistance des inducteurs, il est facile de calculer le rendement qui correspond à toutes les charges.

Si la machine est shunt, par exemple, pour une puissance utile,

$$P_u = uI,$$

la puissance totale sera, la résistance du shunt étant S,

$$P_t = P_u + p + \frac{u^2}{S} + r\left(I + \frac{u}{S}\right)^2,$$

soit pour valeur du rendement :

$$\eta = \frac{P_u}{P_t}.$$

2° **Machines à courant alternatif.** — On peut appliquer aux alternateurs la méthode directe décrite à propos des machines à courant continu ou une méthode indirecte, analogue à la méthode de M. Swinburne, qui a été préconisée par M. Blondel.

Dans la méthode de M. Blondel on détermine la perte par hystérésis, courants de Foucault et frottements, en faisant travailler l'alternateur comme moteur à vide avec un courant de même fréquence. On règle l'excitation de manière que le courant soit normal dans l'induit et on détermine la puissance absorbée au moyen d'un wattmètre.

3° **Transformateurs.** — *Méthode directe.* — La méthode directe consiste à déterminer la puissance primaire absorbée P_1 et la puissance secondaire produite P_2. On a alors $\eta = \dfrac{P_2}{P_1}$. Les appareils les plus commodes à employer sont les wattmètres ou encore des électro-dynamomètres, le cadre mobile étant mis en tension avec des résistances sans self-induction telles que des lampes à incandescence et monté en dérivation sur la différence de potentiel aux bornes du circuit dans lequel est branché le cadre fixe.

Le rendement élevé des bons transformateurs, 95 à 96 p. 100 à demi-charge et 97 p. 100 à pleine charge, rend très difficile l'emploi de la méthode directe, en ce sens que de très petites différences d'étalonnage entre les appareils et les erreurs de lecture apportent dans les résultats des différences de l'ordre des pertes à déterminer. De plus, il est nécessaire de fournir au primaire la puissance totale, et le secondaire doit absorber cette puissance dans un rhéostat. On préfère, à cause de ces inconvénients, employer des méthodes indirectes.

Méthode indirecte. — M. Fleming a reconnu par un grand nombre d'expériences que, dans les transformateurs bien construits, ayant un bon rendement et dont le circuit magnétique est fermé, les pertes dans les noyaux de fer (hystérésis et courants de Foucault) restent sensiblement constantes à toutes les charges et égales à la perte à vide. La différence de potentiel primaire étant constante, les pertes totales se composent de la perte dans le fer (hystérésis et courants de Foucault) et de la perte dans le cuivre, par effet Joule (résistance des circuits primaire et secondaire). Il est facile de déterminer séparément ces pertes.

La perte dans le fer se détermine en alimentant à vide, avec la différence de potentiel normale de fonctionnement, l'un des deux circuits du transformateur. Un wattmètre sert à mesurer la puissance ainsi absorbée qui correspond à la perte dans le fer à laquelle s'ajoute la perte par effet Joule dans la bobine employée. Cette perte est généralement négligeable devant la première.

La perte par effet Joule dans les bobines peut se calculer après avoir mesuré la résistance de celles-ci. La mesure doit

sé faire les bobines étant à la température de fonctionnement, ou bien on ramène la valeur des résistances à cette
température. Il faut tenir compte, dans la valeur de l'intensité
qui correspond à une puissance donnée, du facteur de puissance.

FIN

TABLE ANALYTIQUE DES MATIÈRES

NOTIONS PRÉLIMINAIRES

§ 1. — Énergie

§ 2. — Système C. G. S.

Quantités et unités fondamentales

Quantités et unités dérivées

CHAPITRE I

ÉTUDE GÉNÉRALE DES PHÉNOMÈNES ÉLECTRIQUES

ÉNERGIE DU COURANT ÉLECTRIQUE

§ 1. — Actions thermiques du courant

§ 2. — Actions chimiques du courant

§ 3. — Actions mécaniques du courant

CHAPITRE II

PILES THERMO-ÉLECTRIQUES

NOTIONS RELATIVES AUX PILES EN GÉNÉRAL

DESCRIPTION DES PRINCIPAUX TYPES DE PILES THERMO-ÉLECTRIQUES

CHAPITRE III

PILES HYDRO-ÉLECTRIQUES

CHAPITRE IV

MAGNÉTISME

Induction magnétique

ÉLECTRO-MAGNÉTISME

INDUCTION ÉLECTRO-MAGNÉTIQUE

Self-induction

Circuits de perméabilité constante

CHAPITRE VI

MACHINES DYNAMO-ÉLECTRIQUES A COURANTS ALTERNATIFS OU ALTERNATEURS

CHAPITRE VII

MACHINES DYNAMO-ÉLECTRIQUES A COURANT CONTINU

Induits

CHAPITRE VIII

TRANSFORMATEURS

CHAPITRE IX

ACCUMULATEURS

Phénomènes divers à la charge et à la décharge

CHAPITRE X

MÉTHODES ET APPAREILS DE MESURES ÉLECTRIQUES

ÉTALONS DE MESURE

MESURE DES INTENSITÉS DE COURANT

Galvanomètres

Électrodynamomètres

MESURE DES DIFFÉRENCES DE POTENTIEL

DÉTERMINATION DU RENDEMENT DES MACHINES GÉNÉRATRICES ET DES TRANSFORMATEURS

Tours. — Imprimerie DESLIS FRÈRES.

www.ingramcontent.com/pod-product-compliance
Lightning Source LLC
Chambersburg PA
CBHW031612210326
41599CB00021B/3146